中文翻译版

成功药物研发Ⅱ

Successful Drug Discovery

原　著　〔匈〕亚诺斯·费舍尔

〔瑞士〕克里斯汀·克莱恩

〔美〕韦恩·E.柴尔德斯

主　译　白仁仁

主　审　徐进宜　谢　恬

科　学　出　版　社

北　京

图字：01-2021-2556 号

内 容 简 介

本书首先概述了药物研发的新趋势、小分子和大分子药物的专利保护策略，以及非甾体雄激素受体拮抗剂的研究进展，然后详细介绍了近年上市新药博纳吐单抗、奥滨尤妥珠单抗、奥匹卡朋、沙芬酰胺、奥格列汀、匹托利生、色瑞替尼和曲氟尿苷-替匹嘧啶的研发历程。各个药物的研发故事均由直接参与相关药物研发的核心成员撰写，体现了不同药物的实际研发流程，描述了这些重磅药物从发现到成功开发的全过程，以及研发中面对的困难和挑战。

本书可供医药研发领域从业者或投资者、高等院校和科研院所的师生，以及对新药研发感兴趣者阅读。

图书在版编目（CIP）数据

成功药物研发．Ⅱ /（匈）亚诺斯・费舍尔（János Fischer）等著；白仁仁主译．—北京：科学出版社，2021.5

书名原文：Successful Drug Discovery

ISBN 978-7-03-068760-9

Ⅰ．①成…　Ⅱ．①亚…②白…　Ⅲ．①药物－研制　Ⅳ．① TQ46

中国版本图书馆 CIP 数据核字（2021）第 087797 号

责任编辑：盛　立 / 责任校对：张小霞
责任印制：赵　博 / 封面设计：龙　岩

科学出版社出版
北京东黄城根北街 16 号
邮政编码：100717
http://www.sciencep.com

北京九天鸿程印刷有限责任公司　印刷
科学出版社发行　各地新华书店经销

*

2021 年 5 月第　一　版　开本：720 × 1000　1/16
2023 年 5 月第三次印刷　印张：18 1/2
字数：348 000

定价：178.00 元

（如有印装质量问题，我社负责调换）

翻译人员

主　译　白仁仁
主　审　徐进宜　谢　恬
译　者　江　波　中国科学院海洋研究所
侯　卫　浙江工业大学
姚　鸿　中国药科大学
李子元　四川大学
白仁仁　杭州师范大学
叶向阳　杭州师范大学
董　菁　军科正源（北京）药物研究有限责任公司

中译本序

自新冠病毒肺炎疫情暴发以来，全球医药界经历了一场巨大考验。我们更深切地体会到创新药物研发不仅关系到人民健康，也关乎国家安全。面对日益复杂的国际形势和技术封锁，我国医药界必须奋起直追，为“健康中国”战略的实施保驾护航。

在国家政策支持和社会资本的助力下，我国医药行业已正式步入新药研发自主创新的新时代。在此大背景下，为提高我国创新药物的研发效率，降低失败风险，借鉴国外重磅药物尤其是新近上市药物的成功研发经验十分重要。

《成功药物研发Ⅱ》是一本专门介绍国外近年来成功上市新药研发历程的专著，该书是由中国药科大学徐进宜教授和杭州师范大学谢恬教授担任主审，杭州师范大学白仁仁教授担任主译，联合其他药学领域的青年才俊共同翻译完成。

该书首先概述了药物研发的新趋势、小分子和大分子药物的专利保护策略，以及非甾体雄激素受体拮抗剂的研发进展。随后分别介绍了博纳吐单抗、奥滨尤妥珠单抗、奥匹卡朋、沙芬酰胺、奥格列汀、匹托利生、色瑞替尼和曲氟尿苷-替匹嘧啶的研发历程。所介绍的药物均为2010年以后的成功研发案例。该书内容具有很好的广度和深度，除了经典小分子药物外，还专门介绍了抗体药物的研发。书中还罗列了最新的新药研发策略，并对药物的临床试验方案和数据进行了综合分析。该书原著作者均为直接负责和参与相关药物研发的一线科研人员，真实、生动地讲述了每一种药物的研发故事。这些特色在以往的同类书籍中是很少见的，这无疑将有助于拓展和启迪读者的思维，培养读者对于新药研发的全局观念。

《成功药物研发Ⅱ》翻译组成员的平均年龄不到40岁，他们朝气蓬勃、精益求精，体现了新一代药学领域青年人才的责任和担当。衷心希望该书能对我国从事新药研发的科研人员有所启发和裨益，为今后书写“中国的新药研发故事”做出贡献。

孙宏斌

中国药科大学

2021年1月

译 者 序

新药研发人员和制药企业都期望能成功地研发出自己的新药，这是所有药物研发从业人员应有的理想。但坦率而言，这往往是不容易实现的梦想。众所周知，成功的新药研发所涉及的因素甚广，除了扎实的专业知识、过硬的科研实力和雄厚的财力资本外，借鉴成功的新药研发经验、少走弯路，同样很重要。

想要了解某一药物的研发历程，往往需要大量地查阅文献，收集相关信息，再通过自己的理解，将这些信息片段融合在一起，撰写出这一药物的自传——“研发回忆录”。由于文献介绍的内容未必是问题的全貌，相关信息也未必能及时发布，部分内容甚至被原研公司刻意保密。这就造成了两种尴尬的局面：一是基于文献的推断可能并不是实际的情况，“故事情节”未必真实；二是有关新药研发历程的报道大多是针对一些已上市一二十年的老药，“故事情节”不够新颖。

为了让国内研发人员了解最前沿的成功药物研发案例，我们组织相关专家学者翻译了*Successful Drug Discovery*，*vol. 3*，作为《成功药物研发》系列丛书的第二卷。本丛书由著名药学专家亚诺斯·费舍尔（János Fischer）博士组织编著，邀请直接领导和参与药物研发项目的科研人员介绍最新上市药物的研发历程。原著名为*Successful Drug Discovery*，直译应为《成功药物发现》。而实际上，书中每一章节不仅介绍了相关药物的发现过程，而且详细介绍了这一药物的开发历程。因此，书中内容实际是有关药物研发的全过程。所以将本书中文版译为《成功药物研发》，与第一卷保持一致。

除我本人外，本书译者还包括中国科学院海洋研究所江波老师、浙江工业大学侯卫老师、四川大学李子元老师，军科正源（北京）药物研究有限责任公司董菁老师，中国药科大学姚鸿老师以及杭州师范大学叶向阳老师。各位译者投入宝贵的精力，才使得本书成功出版。在此，对大家表示由衷的感谢。

衷心感谢中国药科大学徐进宜教授和杭州师范大学谢恬教授担任主审，为本书把关、提供指导帮助。

感谢科学出版社编辑团队为本书出版所付出的辛勤工作。

感谢我的研究生钟智超、葛嘉敏、揭小康、朱俊龙等同学在译书校对工作中的付出。

书中不足之处，敬请读者批评指正。

白仁仁

renrenbai@126.com

2020年7月于杭州

原 书 序

作为国际纯粹与应用化学联合会（International Union of Pure and Applied Chemistry，IUPAC）特别支持的丛书，《成功药物研发》（*Successful Drug Discovery*）第三卷持续关注创新药物的研发，主要包括以下三方面的内容：新药研发概论、药物分类研究、案例研究。书中介绍了2013～2016年获批的代表性小分子药和生物药，同时涵盖了药物化学和生物制药研究领域，旨在促进两个学科的交融。

衷心感谢顾问委员会委员近藤和美（Kazumi Kondo，日本大冢制药）、巴里·V. L. 波特（Barry V. L. Potter，英国牛津大学）及以下评审人对各位作者和编辑的帮助：吉姆·巴罗（Jim Barrow）、马克·S.克拉格（Mark S.Cragg）、多里亚诺·法布罗（Doriano Fabbro）、杜克·费奇（Duke Fitch）、伯克哈德·福格曼（Burkhard Fugmann）、贾加斯·雷迪·朱努图拉（Jagath Reddy Junutula）、贝拉·基斯（Béla Kiss）、保罗·李森（Paul Leeson）、约翰·麦考尔（John McCall）、卡洛·德·米其里（Carlo De Micheli）、延斯·乌韦·彼得斯（Jens-Uwe Peters）、约翰·普罗福特（John Proudfoot）、沙克·拉梅沙（Chack Ramesha）、马蒂亚斯·拉斯·安德森（Mathias Rask-Andersen）、约格·森·比芬格（Jörg Senn-Bilfinger）、史蒂夫·斯塔本（Steve Staben）、罗纳德·P.泰勒（Ronald P.Taylor）、克劳斯·T.万纳（Klaus T.Wanner）、斯科特·沃尔肯伯格（Scott Wolkenberg）、杰伊·沃伯（Jay Wrobel）和吉野孝之（Takayuki Yoshino）。特别感谢罗恩·威尔（Ron Weir）基于IUPAC术语、命名和符号国际委员会相关原则对本书进行的审阅。

格德·施诺伦贝格（Gerd Schnorrenberg）在概论性章节“药物研发的新趋势”中概述了药物研发的新态势。除小分子药物外，生物药的作用正在日益增强。

乌尔里希·斯托兹（Ulrich Storz）及其同事在“小分子和大分子药物的专利

保护”中介绍了药物专利保护的重要策略，这将对学术界和工业界的药物研发人员大有裨益。

阿威德·克里夫（Arwed Cleve）及其同事在“非甾体雄激素受体拮抗剂的研发”中介绍了前列腺癌治疗药物的研究进展。

帕特里克·A.博伊尔勒（Patrick A. Baeuerle）介绍了博纳吐单抗的设计和开发。博纳吐单抗是一种新型双特异性T细胞结合的CD19特异性抗体，用于治疗费城染色体阴性的成年复发性/难治性急性淋巴细胞白血病。

克里斯汀·克莱恩（Christian Klein）及其同事介绍了Ⅱ型抗CD20抗体奥滨尤妥珠单抗的研发历程，该药物已被美国食品药品监督管理局（FDA）批准用于慢性淋巴细胞白血病的治疗。

拉斯洛·E.基斯（László E. Kiss）及其同事介绍了长效儿茶酚-*O*-甲基转移酶（COMT）抑制剂奥匹卡朋的发现与开发历程，该药物已被欧洲药品管理局（EMA）批准作为帕金森病的辅助疗法。

马里奥·瓦拉西（Mario Varasi）及其同事介绍了沙芬酰胺的研发历程，该药物被批准作为左旋多巴的附加疗法用于帕金森病的治疗。

特斯法耶·比夫图（Tesfaye Biftu）概述了2型糖尿病长效治疗药物DPP-4抑制剂奥格列汀的研发历程，该药物仅需每周给药1次即可发挥稳定的降糖疗效。

罗宾·加内林（Robin Ganellin）及其同事介绍了匹托利生的研发历程，该药物是首个用于治疗嗜睡症的组胺H_3受体反向激动剂。

皮埃尔-伊夫·米歇尔里斯（Pierre-Yves Michellys）介绍了色瑞替尼的发现和开发历程，该药物是一种用于治疗非小细胞肺癌的新型间变性淋巴瘤激酶（ALK）抑制剂。

武智祯治（Teiji Takechi）及其同事介绍了一种新型抗代谢联用药物曲氟尿苷-替匹嘧啶的发现和开发历程，该药物中的替匹嘧啶可阻断核苷酸类似物的快速代谢。

最后，各位编辑和作者衷心感谢威利出版公司（Wiley-VCH），以及弗兰克·温赖希（Frank Weinreich）博士的出色协作。

亚诺斯·费舍尔（János Fischer，布达佩斯）
克里斯汀·克莱恩（Christian Klein，苏黎世）
韦恩·E.柴尔德斯（Wayne E. Childers，费城）
2017年3月24日

目　录

第1章

药物研发的新趋势

1.1 引言

在过去的几年里，药物研发的产出率一直是一个热点话题。获批新药数量的下降伴随着研发（R&D）成本的逐年增长引起人们的担忧[1]。这也使人们对药物研发公司的总体策略、研发部门的效率和商业模式的可持续性提出质疑。许多研究论文深入讨论了新药产出率差距的后果，并就如何克服这一问题提出了大量建议[2-5]。

在2014年和2015年，新药申请数量大幅增加，导致2015年美国FDA批准药品的数量也创下66年以来的历史新高[6]。

2015年，FDA批准了51个新分子实体（new molecular entity，NME）[7]，这一数字仅在1950年达到过。在这51个获批的新药中，有31个（61%）属于新化学实体（new chemicalentity，NCE），20个属于新生物实体（new biological entity，NBE）。在过去的几年中，NBE的占比出现了较大幅度的增长，2015年已经上升至39%。在获批的20个NBE中，12个是“传统”抗体和治疗性蛋白，其他获批的是血液补充疗法，以及1个疫苗和1个溶瘤病毒（oncolytic virus）。

将获批药物与其适应证进行分析可以清晰地发现，过去十年聚焦在肿瘤学领域的研究促成16个新抗癌药物获得批准（占所有获批准药物总数的31%）。其次是罕见病领域，也有不少获批药物。而血液病和传染性疾病领域各有5个药物获批（各占总数的10%）、心血管和精神疾病领域各有4个药物获批（各占总数的8%）、代谢性疾病领域有3个NME获批（占6%），呼吸系统疾病领域有2个NME获批（占4%）。

在这51个获批的新药中，有高达27个NME（53%）是通过FDA药品评价与研究中心（Center for Drug Evaluation and Research，CDER）的加速审批程序获得批准的。这些经加速审批的获批药物标志着新药研发中治疗评估的进步。这些加速审批被分为如下几类：“快速通道（fast track）”“突破性疗法（therapeutic breakthrough）”和“加速批准（accelerated approval）”。在获得突破性疗法的10个NME（20%）中，包括5个NCE和5个NBE，详见表1.1。

表1.1 2015年FDA授予突破性疗法的获批药物

商品名	通用名	申请单位	临床应用
Alecensa	艾乐替尼	罗氏（Roche）	非小细胞肺癌（NSCLC）
Kanuma	sebelipase alfa	特里美里斯（Synageva BioPharma）	溶酶体酸性脂肪酶缺乏症
Empliciti	埃罗妥珠单抗	百时美施贵宝（Bristol-Myers Squibb）	多发性骨髓瘤亚群
Darzalex	达雷木单抗	杨森（Janssen）	多发性骨髓瘤亚群
Tagrisso	奥希替尼	阿斯利康（AstraZeneca）	非小细胞肺癌亚群
Strensiq	asfotase alfa	亚力兄（Alexion）	低磷酸酶血症
Praxbind	依达赛珠单抗	勃林格殷格翰（Boehringer Ingelheim）	逆转达比加群引起的抗凝作用
Xuriden	三乙酸尿苷	威士达（Wellstat）	遗传性乳清酸尿症
Orkambi	匹莫苯丹（lumacaftor）/依伐卡托（ivacaftor）	福泰（Vertex）	囊性纤维化
Ibrance	帕博西尼	辉瑞（Pfizer）	乳腺癌亚群

在2015年的获批药物中，35%（18个NME）属于全球“首创性（first-in-class）”药物：用于逆转某些麻醉引起的术后神经肌肉阻滞的舒更葡糖（sugammadex，Bridion®）、用于治疗晚期转移性乳腺癌的帕博西尼（palbociclib，Ibrance®）、用于逆转血液稀释剂达比加群（dabigatran）引起的不良抗凝作用的达比加群单抗（idarucizumab，Praxbind®）。有25个针对罕见性疾病的新分子实体：sebelipase α（Kanuma®），用于治疗溶酶体酸性脂肪酶缺陷，这是一种罕见的疾病，可导致肝病、心血管疾病和危及生命的器官损伤；asfotase α（Strensiq®），是一种低磷酸酶血症的长期替代疗法药物，低磷酸酶血症是一种严重的，且有时甚至是致命的骨质疾病；dinutuximab（Unituxin®），一种治疗小儿神经母细胞瘤的神经节苷脂GD2抑制剂；三乙酸尿苷（uridine triacetate，Xuriden®），一种治疗遗传性乳清酸尿症的新药，这种疾病可导致患者血液异常、尿路梗阻和发育迟缓。

值得注意的是，抗癌药物主要包括达雷木单抗（daratumumab，Darzalex®）、埃罗妥珠单抗（elotuzumab，Empliciti®）、帕比司他（panobinostat，Farydak®）、伊沙佐米（ixazomib，Ninlaro®）（治疗多发性骨髓瘤）、艾乐替尼（alectinib，Alecensa®）、奥希替尼（osimertinib，Tagrisso®）（治疗某些非小细胞肺癌）、考比替尼（cobimetinib，Cotelic®，治疗某些转移性黑色素瘤）、替吡嘧啶（tipiracil，Lonsurf®，治疗转移性结直肠癌）和曲贝替定（trabectedin，Yondelis®，治疗软

组织癌变）。每10个被FDA认定为“突破性疗法”的NME中，就有5个是新的抗癌药物，这充分反映了药物研发人员在肿瘤学领域的深入研究和喜人成绩（图1.1）。

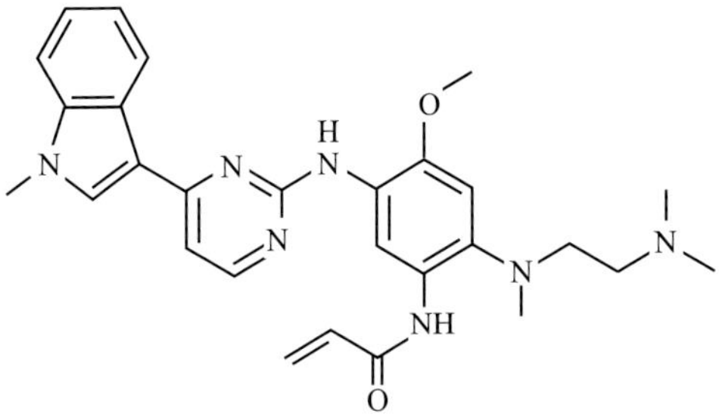

奥希替尼 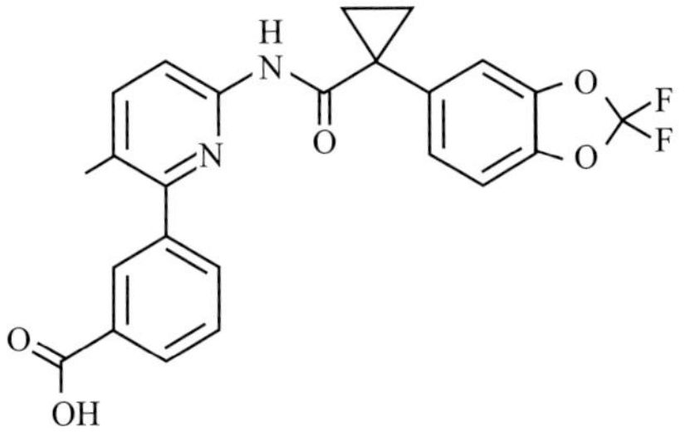　　　　匹莫苯丹

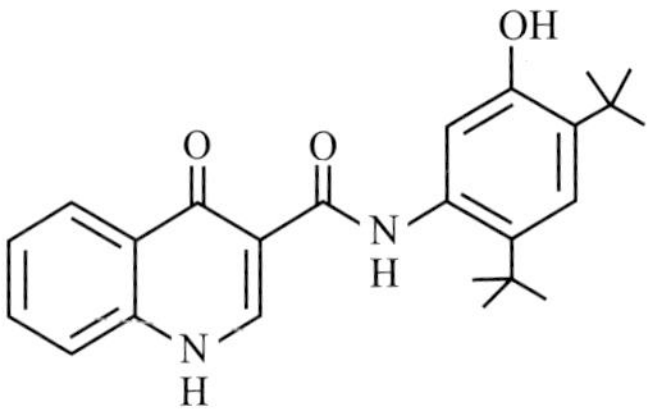

依伐卡托 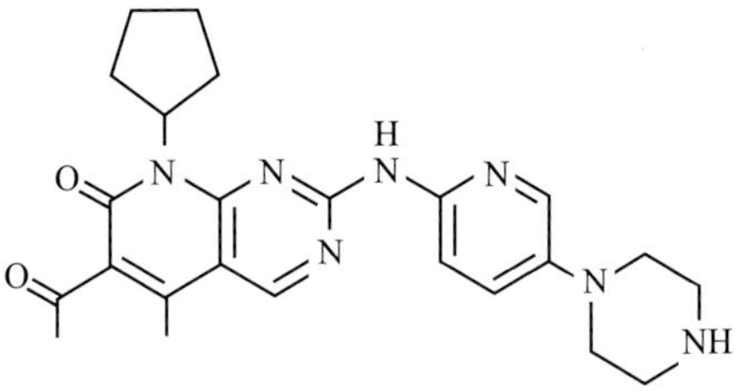　　　　帕博西尼

图1.1　**奥希替尼、匹莫苯丹、依伐卡托和帕博西尼的结构**

总结和回顾2015年获得FDA批准的药物，可归纳出以下结论。

（1）获批药物多达51个，这一历史新高反映了新药研发领域再次的成功。

（2）NBE占所有获批药物总数的近40%，主要是治疗性抗体和蛋白，但疫苗和类似溶瘤病毒的新药也得到了批准。在过去几年间，NBE所占的比例大幅增加。

（3）大多数获批药物的适应证为肿瘤和罕见疾病。有意思的是，过去人们一直对以NME治疗罕见病的商业可行性持质疑态度。新药的获批也为跟踪医疗保健系统的报销政策提供了一个很好的机会。

（4）初创公司获批的新药多达14个，而大型制药公司获批的新药共37个（请注意有关“初创公司”和“大型制药公司”的定义有不同的标准）。

尽管过去几年获批的新药数量不少，但我们需要承认，目前可用的治疗药物在许多方面仍存在不足。总体而言，许多疾病依然没有令人满意的疗法，许多广泛传播的疾病缺乏明显改善症状的治疗方案。这也导致以下推论：药物发现需要与医学紧密结合，以明确定义目标产品的性质，从而精确指导针对空白领域治疗新方法的研究探索。目前，许多罕见病仍然得不到治疗，在很多情况下这些罕见病的后果都是致命的。尽管大量新的抗癌药物被批准，但仍然还有不少癌症类型有待攻克，治疗效果方面也亟须提高，这些都是创新药物研发可选择的方向。例如，能有效治疗胰腺癌的药物需求仍然很高。而对于非小细胞肺癌这样的癌症类型，尽管最近引入了新的治疗方法，但是仍然迫切需要更多的治疗方案，以应对特定的亚型和突变，从而有效延长患者的生存期。此外，其他范围更广的疾病，如心血管疾病，也需要新的药物来提高疗效和存活率。在糖尿病方面，则需要更好的药物来治疗糖尿病并发症，如糖尿病视网膜病变和糖尿病肾病等。此外，还需要新的治疗糖尿病的药物，以减缓甚至阻止疾病进程，从而达到长效治疗效果。中枢神经系统药物研发方面还面临着精神性疾病领域的重大空白，现有的治疗方法要么不良反应严重，要么只对部分患者人群有效。特别是如阿尔茨海默病和帕金森病，尚缺乏从根本上改善疾病的疗法。新近引入的精神性疾病分类明确了综合症状，这可能会提供更具体的药物研发途径，从而更有效地治疗中枢神经系统和神经退行性疾病。另一个缺乏有效疗法的领域是日益增多的多药耐药（multidrug resistant，MDR）感染，需要更为有效且能克服多药耐药的抗感染药物来拯救生命。

在所有上述情况下，研究人员必须确定与人类疾病有密切联系的新靶点。为了建立与人类疾病的联系，在进行药物研发之前，需要大量的前期投入，以对靶点进行验证。其中许多新靶点很可能属于已有靶点的类别，如具有类似激动（部分、反向、完全）或拮抗功能的各种不同功能的G蛋白偶联受体（G-proteincoupled receptor，GPCR）、核激素受体、具有抑制或功能/表达刺激的酶、具有ATP竞争性和非竞争性抑制的激酶、具有阻断剂或变构调节（正性或负性）的离子通道，以及包括正在进行科学验证的蛋白-蛋白相互作用和表观遗传方面的更新的一类靶点。

在开始药物研发之前，必须先明确一个概念。无论药物研发是针对小分子、治疗性蛋白还是抗体，都需要根据靶点的类型、属性和靶点上结合位点的特征，定义靶点所在的区域和相互作用的类型。此外，对于抗体药物而言，其抗体依赖性细胞毒作用（antibody-dependent cell-mediated cytotoxicity，ADCC）或补体依赖性细胞毒作用（complement-dependent cytotoxicity，CDC）等附加特性可能会在药物的预期功能基础上，达到协同增强疗效的作用。同样，新的治疗方式，如基于细胞或基因的疗法，也增加了实现预期疗效的新机会。在某些情况下，可以运用的治疗方式（如NCE、抗体、治疗性蛋白、基于细胞/基因的疗法）可能不止一种。如此一来，人们将面临抉择：是同时并进还是按照先后顺序，用哪种方法才能更有效地降低风险。

下文将重点介绍NCE和NBE研发领域的一些趋势，总结这两个领域日益丰富的研究经验。这些经验教训将指导药物的研发、为研究人员提供新的机会，并为他们解决项目研发过程中的早期关键问题提供背景知识，从而筛选出更高质量的候选药物。

1.2 新化学实体研究的新趋势

NCE具有独特的理化性质，几乎可以到达生物体中的所有靶点。从这个意义上讲，膜的穿透性与特定的分子性质有关，如分子量、总体极性等[8]，这些性质就是小分子可优先获得的特性。正是由于这一原因，NCE研究将继续成为研究针对细胞内和中枢神经系统靶点的主要选择。口服NCE在方便患者方面也将继续保持优势，且其通常成本较低，有助于控制医疗费用。

这些独特的NCE理化性质将小分子与抗体、治疗性蛋白和疫苗等NBE区分开来。NBE透膜的百分率很低，通常低于1%，因此NBE的应用仅限于细胞外靶点，需要静脉或皮下给药。最近，NBE研发的新方法[9]旨在通过将治疗性蛋白连接到主动和被动转运系统而实现透膜。虽已取得了一些进展[10]，但到目前为止还没有关于将这种修饰的NBE推进到临床研究的报道。

对传统NCE和NBE之间的分子差别进行比较是很有趣也是很重要的。最近有一种开发内源性肽替代物的治疗策略，即用于治疗糖尿病的GLP-1类似物[6, 11, 12]。相关类似物已被开发出来，它们对糖尿病的疗效得到提高，并且半衰期获得了极大改善，可实现长达每周1次的皮下给药。这些多肽类似物主要利用非天然氨基酸对侧链进行修饰，以调节其半衰期，因此需要通过复杂的肽合成方法完成合成。从其性质来看，它们介于小分子和蛋白之间，根据它们的合成可行性可将其归类为NCE。

2015年新批准的药物中，NCE的比例高达61%，清楚地证明了NCE研发的效率和成功率。促成这一趋势的因素很多，本章将主要关注有助于显著提高成功率的两个方面：①改进苗头化合物/先导化合物的获得策略；②改善候选药物的理化特性，以降低与化合物相关的失败率。

1.3 改进先导化合物的获得策略

每一个NCE药物研究的伊始都面临着如何确定与治疗靶点相互作用的药效模型的问题。NCE研究的历史主要是由类似物方法（analogue approach）主导的[13, 14]，从临床研究的已知化合物或上市药物的活性成分开始，通过探索结构空间获得与同源靶点的特定相互作用。受体激动剂、拮抗剂和激酶抑制剂通过这一研究方法获得成功的例子不胜枚举。另一种方法是以已知药物为起点，在不可知和偶然性驱动下的非同源靶点药物研发。这种方法也可以通过对已知药物其他作用模式的新见解来推动。高通量筛选（high throughput screening，HTS）的应用极大地支持和优化了对已知化合物新应用的研究[15, 16]。在这种方法中，将药物研究项目中的化合物或类药分子化合物库中的化合物用于大量感兴趣靶点的筛选，其目的是发现苗头化合物或先导化合物，以便进一步优化。利用自动化设备，可建立起从样品处理到测试和数据采集的全自动过程。复杂的软件系统确保了大量数据的有效自动评估。高效的HTS系统可以在几天内完成对数十万个化合物的测试工作。目前，"经典"的类似物方法和HTS方法都已在多个方面得到了优化，进一步提高了获得苗头化合物/先导化合物的效率和质量。

新的研究方法也在不断涌现，且在过去几年中也被证明是非常成功的。分子生物学的进展提供了药物蛋白靶点的生物学结构，如酶（主要是蛋白酶和激酶）和GPCR。X线技术使得人们对酶和受体的三维（3D）结构，以及配体/蛋白复合物、结合模式、结合位点有了更深入的研究[17]。随着生物物理学方法的不断更新，配体/蛋白相互作用的动力学方面的研究也取得了重要进展[18]。这些研究成果已经为基于结构的创新配体设计奠定了基础，为苗头化合物/先导化合物的选择提供了有效的方法。

虚拟筛选（virtual screening，VS）是对HTS技术的重要补充。虚拟筛选是将虚拟化合物在计算机程序上进行模拟，以获得它们与靶点的相互作用。这种方法既可以从基于配体的虚拟筛选（ligand-based virtual screening，LBVS）中的已知配体开始[19, 20]，也可以将虚拟化合物对接到靶点蛋白的三维结构中，后者也称为基于结构的虚拟筛选（structure-based virtual screening，SBVS）[21]。近年来，研究人员借助蛋白的柔性，采用分子动力学模拟对蛋白的结合口袋进行探索，已经为VS建立的药效团模型提供了有力补充[22]。另一种实验方法是雅培（Abbott）公司科学家于1996年引入的，称为基于结构片段的药物发现（fragment-based drug discovery）[23]。该过程从筛选结构片段库（通常分子量小于350）开始寻找弱亲和力结合片段。然后，借助对结构片段/靶点相互作用的认知，通过结构片段的增长、合并和连接，进一步发展为先导化合物。

表型筛选（phenotypic screening）的目的是以一种靶点不可知的方法检测细胞系统中预期的功能效果。先导化合物的特征是能够产生预期的表型效应，相关结果将引导研究人员对潜在靶点、相互作用和特定作用模式进行研究。

重新定位（repositioning），俗称"老药新用"，其定义如下：将已获批的药物或正在开发的化合物在相同的作用模式下应用于新的适应证，或发现新的作用模式并应用于新的适应证。这些新应用的挖掘可以是通过遵循合理的设计进行，也可以是偶然性驱动的。

上述技术和方法大大丰富了寻找苗头化合物和先导化合物的手段，使得研究人员可以发现和获得某一靶点前所未有的早期小分子结构，以作为进一步研发的起始结构。后文将更详细地介绍这些方法的研究进展和发现苗头化合物/先导化合物的成功例子，以及这些技术和方法对提高最近NCE成功率的实质性影响的证据。

1.3.1 类似物策略

沙利度胺（thalidomide）的例子说明了如何开发出一个批准药物的全新应用。沙利度胺曾作为镇静剂上市，但由于对孕妇的致畸作用而被撤回。但其还具有免疫调节和抗血管生成活性，在其类似物的表型优化中，发现了来那度胺（lenalidomide）。来那度胺是一种沙利度胺类似物，没有镇静和致畸作用。后来发现来那度胺的作用靶点是泛素连接酶E3（ubiquitin ligase E3）。来那度胺最终获批用于多发性骨髓瘤的治疗（图1.2）[24]。

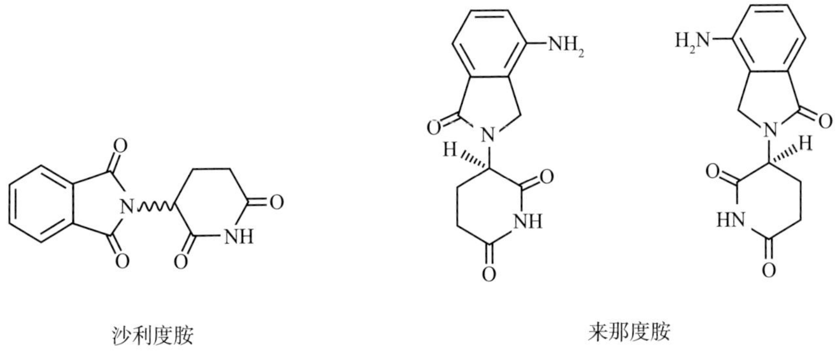

沙利度胺　　　　来那度胺

图1.2 沙利度胺和来那度胺的结构

第二个例子是表皮生长因子受体（epidermal growth factor receptor，EGFR）激酶抑制剂阿法替尼（afatinib）的发现，其主要被用于EGFR突变的非小细胞肺癌的治疗。阿法替尼是从已知的ATP竞争性EGFR/Her2激酶抑制剂苯胺喹唑啉结构出发，在侧链引入了可与EGFR的Cys797和Her2激酶的Cys805结合的迈克尔（Michael）受体官能团。这导致阿法替尼对两种激酶的不可逆结合，与已知的竞争性抑制剂相比，其具有更好的临床疗效（图1.3）[25]。

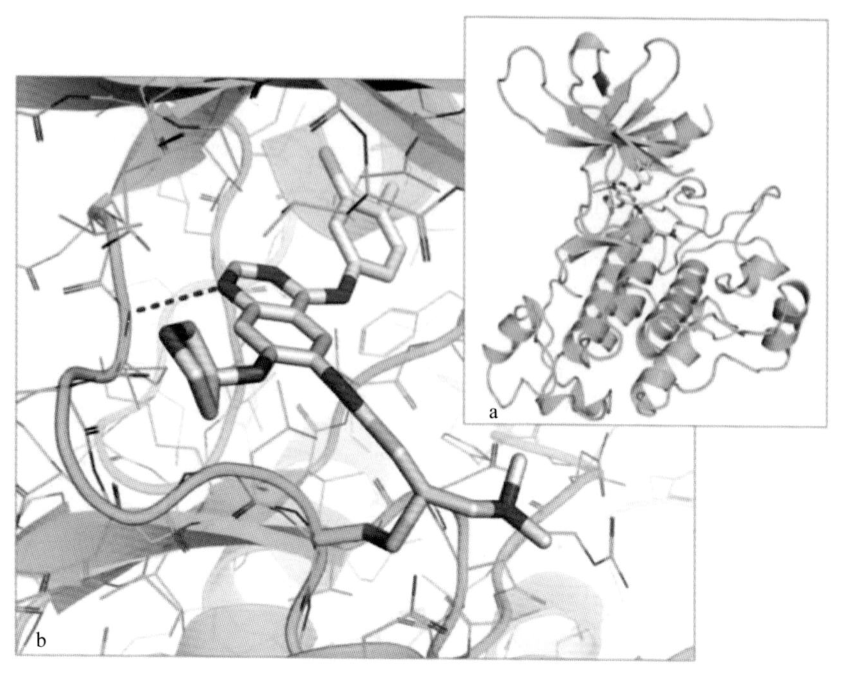

图1.3 EGFR激酶(a)和阿法替尼EGFR激酶结合位点(b)的X线结构

1.3.2 高通量筛选

HTS在苗头化合物和先导化合物发现中的重要作用已被无数的例子证实[26-29]。在过去，天然产物是新药的主要来源[30, 31]。然而，天然产物筛选的复杂性是巨大的，这种复杂性来源于两个不同的方面。天然产物是植物/生物体的提取物或是从发酵液中获得的，常常作为混合物来进行筛选。尽管提取物通常是预先分级分离过的，但仍是由各种复杂的混合物组成的。如果在分析过程中发现其具有活性，需要对这些混合物进一步纯化（一个称为“摒弃复杂性”的过程）来确定单一的活性化合物，然后进行结构解析。这个过程异常烦琐，需要大量的样品，常常还需要重新获取原始样品。另一个复杂性是由于多组分混合物常常会非特异性地影响许多生物学活性测试，导致假阳性数据，从而影响活性成分的解析。与单一的合成化合物筛选相比，追踪天然产物混合物中活性成分的复杂性延缓了从天然产物中发现苗头化合物的速度，从而导致许多公司降低了基于天然产物的药物发现的优先级别。

在基于单一分子化合物库的高通量筛选中，大量实例已经确定了影响苗头化合物质量的重要因素，以及它们作为先导化合物优化的合适程度。这些因素分为化学相关因素和生物学相关因素[32]。

在以往从苗头化合物转化为先导化合物和临床候选药物的过程中，研发人员积累了大量的经验，其中就包括通过各种物理化学和计算机模拟参数来增加获得具有成药性苗头化合物的机会。例如，相似性评分、理化参数（如log*P*、总极性表面积）、结构相关参数（如分子量、SP3杂化比例）和药物相似度定量评估等[18]。随后针对这些参数对化合物库进行筛选，可显著提高苗头化合物的质量。

基于生物学筛选数据的综合分析，可推断出与生物学相关的因素。显而易见的是，所谓的泛筛选干扰化合物（pan-assay interference compounds，PAIN，即在许多测试中似乎都表现出活性的化合物）[33]应该被鉴定出来，并被排除在常规筛查之外。对PAIN的结构要素进行仔细分析，就可以确定其共同点。在PAIN中，引起共价结合、氧化还原反应和螯合的结构元素很多，应该避免将其纳入筛选库中。同样的，测试模式和亲和检测方法的正确选择对筛选结果的质量有很大影响。选择范围包括从针对限定的和分离的靶点的亲和/抑制，到限定细胞参数的全细胞筛选，再到在细胞或更复杂的生理环境下对单一药理作用的表型筛选。分析方法的正确选择取决于药物开发项目的目的。另外，选择最佳的活性检测方法也有助于HTS的成功。在过去的几年中，研究人员已经成功地引入了各种各样的检测系统[18]，并且大多数技术很容易与自动化机器人系统、在线数据收集和评估相结合。

源自筛选的获批药物实例包括：①源自天然产物筛选的环孢素A（cyclosporin A），其是一种免疫抑制剂，用于克罗恩病和移植物抗宿主病的治疗；②奈韦拉平（nevirapine），一种非核苷类逆转录酶抑制剂，是抗HIV药物；③波生坦（bosentan），一种内皮素拮抗剂，用于肺动脉高压；④芬戈莫德（fingolimod），一种鞘氨醇-1-磷酸受体-1调节剂，是一种免疫抑制剂，用于多发性硬化症（图1.4）。

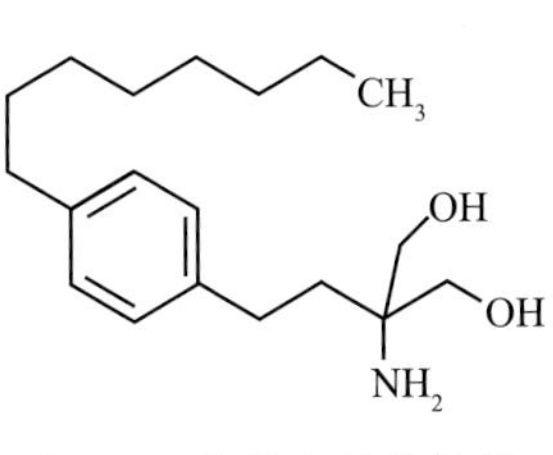

图1.4　芬戈莫德的结构

1.3.3　基于结构的设计

分子生物学的进步使研究人员可以获得足量的蛋白靶点，从而进行结构解析和生物物理学研究。这些分析揭示了大量蛋白的3D结构。X射线晶体学已经成为一种重要的方法，可用于解析单个蛋白、蛋白复合物和配体/蛋白复合物的结构。这些研究促进了对配体-靶点相互作用和与结合有关的构象变化的更深入了解，从而为基于新靶点的合理配体设计奠定了基础[17]。在许多情况下，X射线晶体学不仅为设计提供基础，而且在苗头化合物和先导化合物的结构优化中也提供了持续的指导。在此过程中，对结合模式及靶蛋白和配体构象变化的重新认识最终促进了高特异性且强效的临床候选药物的发现。经典的例子包括沙奎那韦（saquinavir，HIV蛋白酶抑制剂）、奥司他韦（oseltamivir，神经氨酸酶抑制剂，甲型/乙型流感）、达比加群（dabigatran，直接凝血酶抑制剂，抗凝剂，脑卒中的二线预防药物，图1.5），以及抗丙型肝炎病毒的NS3蛋白酶抑制剂博赛泼维（boceprevir）和特拉普韦（telaprevir）。

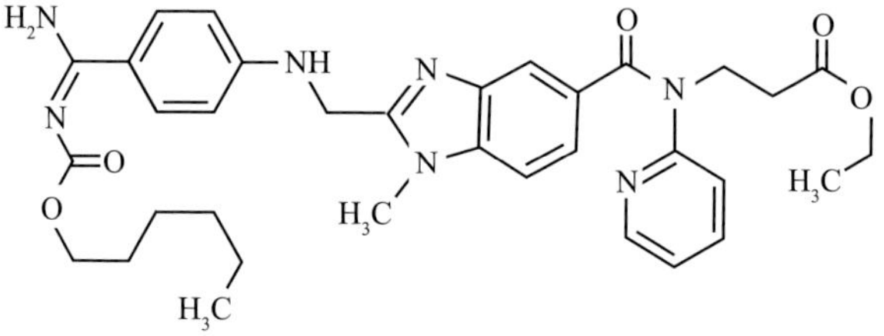

图1.5 达比加群的结构

1.3.4 虚拟筛选

VS利用不同的计算方法从数据库中筛选可能与目标靶点相结合的化合物。VS可以从对靶点的结构认知［基于结构的虚拟筛选（structure-based virtual screening，SBVS）[21，22]］，或对目标靶点有活性的配体结构的认知［基于配体的虚拟筛选（ligand-based virtual screening，LBVS）[19，20]］开始。

LBVS不需要相关目标靶点的任何3D结构信息，而是从活性结构的机械学习开始，借助于诸如神经网络、贝叶斯分类器（Bayesian classifiers）、决策树，以及其他一些可以预测可能与靶点结合的结构新颖的工具[19]。除此之外，建立在相似性搜索之上的基于化学信息的虚拟筛选也已得到成功的应用。分子指纹图谱已被广泛用于相似性搜索[21]。指纹可以定义特定结构元素的存在或缺失。而其他方法则使用如3D形状或亚结构的静电位等物理化学参数来识别相似的化合物[34-36]。利用各种不同的方法依次或并行地定义相似性，可以提高虚拟筛选的成功率[37]。

SBVS需要了解目标靶点蛋白的3D结构，并涉及将虚拟结构对接到假定的结合位点，并根据结合的可能性对化合物进行评分排序[38]。将苗头化合物嵌入到蛋白结构中的对接（docking）既可以基于靶蛋白的单一构象，如基于X射线结构，也可以考虑靶蛋白在骨架和侧链构象上的灵活性，即所谓的“整合”嵌入方法[39, 40]。诸如FlexX[41]、Gold和Glide[42]之类的程序还可以把水分子及其被配体结合的替代物纳入考量。评分则是根据配体与靶蛋白的自由结合能来计算。即使结合模式的基本假设是预定义的，这些计算在运行上的要求也是非常苛刻的。

对于LBVS和SBVS而言，很明显，对活性化合物、靶点的蛋白结构和亲和位点的特定了解是其成功应用的先决条件，这也限制了虚拟筛选在全新和前所未有的靶点中的应用。

除了通过评估苗头化合物的活性来确认虚拟结果外，在LBVS和SBVS中，还建议通过实验来进一步扩展苗头化合物。该过程通过展示阳性苗头化合物构效关系的一致性来扩展对配体和假定结合模式的认知。基于此，研究人员可以完善关于结合模式和构象的假设，可在多次重复循环过程中更好地定义虚拟筛选的切入点。

一个从虚拟筛选中衍生出来并获得批准的药物例子是替罗非班（tirofiban），它是一种GP Ⅱb/Ⅲa（原文为GP Ⅱa/Ⅲa，译者注）拮抗剂，用于预防心肌梗死（图1.6）。

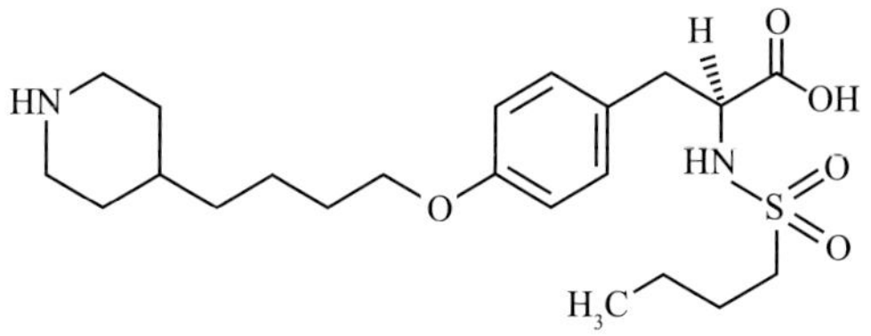

图1.6　替罗非班的结构

1.3.5　基于片段的先导化合物发现

基于片段的先导化合物发现（fragment-based lead discovery，FBLD）是对分子量小于300且有可能成药的分子片段的筛选。片段应与靶蛋白的功能化相关的口袋结合。结合片段通常具有较低的结合亲和力，所以必须通过“衍生化”方法来提高其结合亲和力，这是在了解片段的结合模式的前提下进行的。随后，将该结构合理地扩展到附近的结合位点口袋中。这种结构片段扩展等同于基于结构的药物设计方法。FBLD的优势是结构碎片分子量较低，结构扩展可以产生亲和力更高的分子，且仍保持类药物分子所必需的结构和理化参数[43, 44]。

最常用的用于片段亲和检测的方法是NMR波谱法（核磁共振波谱法）、表面等离子共振法（surface plasmon resonance，SPR）、差示扫描荧光法（differential scanning fluorimetry，DSF）和微量热泳法（microscale thermophoresis，MST）。这

些方法的灵敏度和通量随靶点的不同而差异非常大，因此我们必须针对每个靶点选择最佳检测方法。作为后续步骤，需借助X射线分析确证化合物与靶点的亲和作用及特异性结合模式，从而合理扩展苗头化合物。

已经报道了许多有关FBLD的成功研发案例[44]，其中最新的一个例子是维罗非尼（vemurafenib）[45]，该化合物已于2012年上市，用于恶性黑色素瘤的治疗（图1.7）。

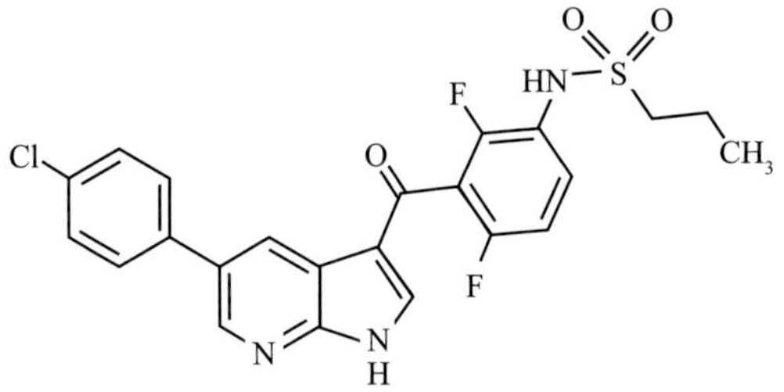

图1.7　维罗非尼的结构

基于结构片段的筛选例证了过去几年间开发的生物物理方法如何促进和扩展苗头化合物/先导化合物的发现，从而促进了NCE药物研究成功率的提高。表1.2总结了药物发现中广泛应用的生物物理学方法，总结了每种方法的优势和局限性[18]。

表1.2　分析蛋白-配体相互作用的生物物理学方法

方法	可获取的信息	优势	局限性
X射线	结合位点的靶点-配体相互作用	可视化的结构	需要提供优质晶体，没有定量结合信息
NMR	结合位点的靶点-配体相互作用	结合表位和K_D的测定	需要大量的蛋白配体同位素标记
SPR	多种条件下，时间分辨的蛋白质配体相互作用	高敏感性、高通量、片段结合的检测	需要固定相关蛋白并保持其功能
DSF	蛋白在配体结合下的构象稳定性，T_m增益反映了稳定性和潜在的K_D	稳定的分析，少量的蛋白质	可能会因荧光探针淬灭而失败
MST	配体诱导的热载体迁移率变化K_D值的检测	溶液测量，如可溶膜、蛋白质	荧光标记要求或固有蛋白荧光

1.3.6　药物的重新定位

除上文中列举的有关沙利度胺/来那度胺重新定位的例子外，最近一个经典的实例是尼达尼布（nintedanib），该药物以血管生成因子FGF（成纤维细胞生长因子，译者注）为靶点，研发的初衷是用于抗实体瘤的血管生成。近来，研究人员提出了尼达尼布可通过抑制FGFR而抑制特发性肺纤维化（idiopathic lung fibrosis, IPF）的假说。这一假说在体内动物研究和后来的临床研究中都得到证实。最终，尼达尼布（Ofev®）获批用于IPF的治疗（图1.8）[46]。

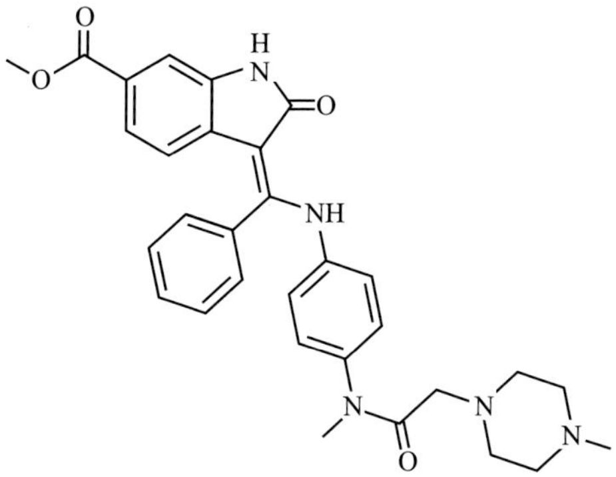

图1.8 尼达尼布的结构

生物物理方法也可帮助研究人员更好地了解化合物各种重要的参数，如结合亲和力和动力学参数（K_d，K_{on}，K_{off}）。这些参数可以帮助研究人员更好地理解化合物如何发挥其活性，因此会影响药物研发过程中的各个阶段。

表1.3中列举了已获批药物中一些比较突出的实例，这些实例都是采用上述讨论的不同方法获得了相关的苗头化合物/先导化合物。

表1.3 苗头化合物/先导化合物发现的成功例子（按方法分类）

发现方法	例子	适应证	备注
类似物法	阿法替尼	非小细胞肺癌	第一个不可逆EGFR/Her2抑制剂
HTS	芬戈莫德	多发性硬化症	鞘氨醇-1-磷酸受体-1调节剂
基于结构的从头设计	博赛泼维、特拉普韦	丙型肝炎	NS3蛋白酶抑制剂
虚拟筛选	替罗非班	心肌梗死的预防	GP Ⅱb/Ⅲa拮抗剂
基于片段的先导化合物发现	维罗非尼	黑色素瘤	B-raf抑制剂

在苗头化合物/先导化合物发现中，一种常见的做法是利用上述方法的组合来最大限度地提高成功率。对靶点和配体的认识及其自身的属性决定了采用哪种方法或哪些组合方法可以发挥协同作用[33]。表1.3列举了一些寻找苗头化合物和

先导化合物成功的例子及所采用的方法。

1.3.7 发现苗头化合物/先导化合物的其他新趋势

化合物库共享：最近，人们倡议在公司之间共享化合物库和化合物的性质信息[47]。其目的是在严格定义的化合物质量标准下，通过增加结构多样性来增加发现作用于新靶点的新分子结构的概率。

探针化合物：在许多情况下，药物化学的研究可发现新的具有未知生理相关性靶点的高选择性活性化合物。近年来，这些所谓的探针化合物可以提供给科学界，用于生化、细胞或体内环境的各种测试。这将有可能找到针对新靶点的前所未有的治疗应用。后续研发活动可以在上市公司/私有公司的合作模式下进行。图1.9总结了药物和探针化合物之间的区别[48]。

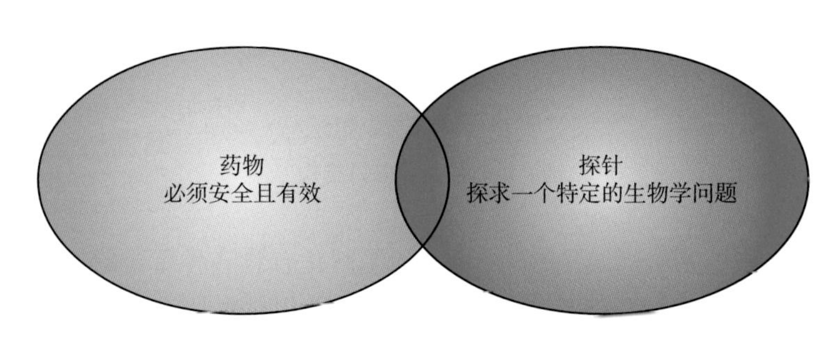

- 可以有不明确的作用机制
- IP限制：有限的获得性
- 必须具有人体生物利用度
- 高标准的物理化学特性（分子量、亲脂性等指标方面的要求）和药剂学性质（稳定性、合理性和经济性的合成、确定的晶形等）

- 需要有明确的作用机制
- 需要具有选择性
- 免费获取（化合物本身和活性数据）
- 不一定需要具有类药性质，如生物利用度
- 通过使用结构相关的无活性化合物和结构无关的活性化合物，其应用价值显著提高

图1.9 探针和药物的不同用途和要求

结构基因组学联盟（Structural Genomics Consortium，SGC）是一个能够提供非常强大探针化合物实体的范例。它已经以开放的模式向科学界提供了30余种探针化合物[49]。

1.4 药物发现过程中的早期评估

在20世纪80年代后期，由于药物研发中存在药物动力学（pharmacokinetic，PK）、耐受性、理化特性等诸多方面的问题，给制剂开发带来不利影响，最终使得小分子候选药物研发失败的现象越来越多。据估计，自1950年以来，FDA批准的新药数量每9年减少一半[1]。在深入分析医药行业产出率问题的可能原因后，人们提出了相应的改进建议[2-5]。最近的失败数据显示，只有4.3%的药物研发项目能成功地从临床前阶段进展到临床Ⅲ期阶段，并且具有良好的疗效。其中，临床Ⅱ期试验的失败率最高，缺乏药效是其最主要的原因[50]。与化合物/候选药物相关的第二个最普遍的失败原因则是耐受性问题，该问题一般是在动物的临床前安全性研究或Ⅰ期临床试验的早期出现。药代动力学特性的缺陷是临床候选药物第三个最常见的失败原因。因此，在药物发现阶段就必须加大投入，以便在前期先导化合物的优化过程中就能尽早发现这些问题。首先，在先导化合物的发现过程中可以引入能够提高初始化合物质量的方法，即对化合物库和被选择用于进一步活性研究的化合物采取严格的质量控制标准（见1.3）。接下来应对先导化合物优化过程中的药物代谢和药代动力学（drug metabolism and pharmacokinetics，DMPK）、耐受性和物理化学性质进行评估，以及获得高质量候选化合物（在药效、特异性、DMPK、耐受性和理化性质方面具有优势）并将其推进到临床前和临床研究进行讨论分析，并做一简短评述。

1.4.1 药物代谢与药代动力学研究

药物代谢与药代动力学（DMPK）研究可分为体外模型、亚细胞组分研究、全细胞系统研究、原位/离体模型研究和体内研究[51]。按次序的筛选方法可在体外测试多个化合物，并从中筛选出一些优选化合物以进行更深入的体内表征。许多体内DMPK性质都可以通过体外测试进行模拟。

体外测试：用高通量的方式测定细胞色素同工酶的抑制作用，以选择不具有药物-药物相互作用（drug-drug interaction，DDI）可能性的化合物。

亚细胞组分（肝、肠）：S9组分（胞质和微粒体）含有几乎全部的代谢酶和转运蛋白。在这些体系中对化合物进行研究将得到内在清除率和潜在的药物-药物相互作用的预测数据。

全细胞系统：肝细胞研究将提供更全面的代谢稳定性和转运蛋白介导的摄取信息。肝细胞可以从包括人源在内的许多物种中获得，因此可以获得有关物种特有代谢模式的进一步信息。此外，还可以观察到急性细胞毒性作用。

肝细胞的应用已取得了重大进展[52]。研究人员已经掌握了不同培养条件对肝细胞功能的影响，如下调转运蛋白的表达。利用细胞外基质或自组装的肝细胞进行三维培养，可以获得更好的极化细胞结构，从而更有效地反映真实的体内肝功能。三维培养或精密切割肝切片（precision cut liver slices，PCLS）已被用于全面的代谢和转运体研究。PCLS也可为药物性肝损伤（drug-induced liver injury，DILI）提供线索，并能反映肝纤维化的进展。对于特异性DILI，即使是早期迹象也可以通过PCLS发现。通过研究芳香烃受体激活和PPARα信号通路，可以更好地了解肝脏的癌变。冷冻保存的人肝细胞和以胚胎、胎儿或成人干细胞为来源的诱导性多功能干细胞为相关测试研究提供了必需的实验原料。各项实验的数据使得研究人员能够更广泛地收集DMPK参数，获得肝损伤的早期指标并极大地改善人类肝细胞的处理和获取。这些新进展将对体外DMPK的质量和详细程度，以及早期药物研发的耐受性评估和候选化合物质量产生重大影响。

细胞通透性：Caco-2细胞筛选能够提供化合物的渗透性信息，并预估其口服吸收的潜力[8]。而MDCK细胞在探索外排和摄取转运蛋白方面有着广泛的应用，特别是当这两种转运蛋白同时表达的时候[53, 54]。

原位/离体模型：肝脏灌注模型是一个经典的例子，可提供有关肝脏首过效应、蛋白结合效应、母体化合物摄取和代谢，以及母体化合物和代谢物消除的信息。可以检测母体药物和代谢物的毒性信号，包括具有化学反应活性的代谢物。给药后观察肝脏离体变化的研究可以预测肝损伤的潜在可能性。

体内模型：为了能顺利进入临床试验，必须在两个独立的物种中评估一个候选化合物的安全性和DMPK性质。第一类体内模型通常是大鼠，接下来会选择一个非啮齿类动物物种，优先选择犬或小型猪。如果观察到两个物种之间的临床前药代动力学参数存在重大差异，则建议开展非人灵长类动物体内研究。许多参数可以在活体研究中测量，包括C_{max}、T_{max}、AUC、V_{ss}、CL、$t_{1/2}$和生物利用度。这些数据可很好地反映动物的药代动力学特征，并帮助研究人员选择最佳的非啮齿类动物物种进行后续的毒理学研究。

体外和体内数据的异速生长比例（allometric scaling）原则上可用于估算人体临床疗效研究的对应剂量。建模技术已取得了很大进展，可更好地反映药物浓度与时间的药代动力学关系，以及药效与时间的药效学关系[55, 56]。这种关系中非常重要的一点是药物从血浆到靶点位置的分布。基于机制的药代动力学/药效学（pharmacokinetic/pharmacodynamic，PK/PD）模型通常整合了药物浓度的时间进程，包括生物相分布、药物-靶点相互作用（药理学）和相关生理学，以及疾病的转换过程。回顾性分析发现，在许多因疗效原因而导致失败的临床案例中，其靶点部位的药物浓度不足以发挥预期的药理作用。因此，PK/PD模型需要整合到药物发现的体内药效研究的规划中。

1.4.2 理化参数的评估

许多物理化学参数取决于候选药物的盐型。赛诺菲（Sanofi）公司科学家于2004年发表的一篇文章[57]及2014年发表的一篇后续文章[58]报道了一种称为“100 mg方法”的盐晶型选择方法。第一步，从药物可接受的酸和碱的列表中，选择与候选化合物平衡离子之间具有两个pK_a单位差值的酸或碱。第二步，通过微孔板技术对50～100 mg的候选化合物进行初步的盐型筛选。采用X射线粉末衍射法研究药物的晶型，并通过拉曼光谱、X射线衍射和磁共振对所选盐的稳定性和化学计量学进行了进一步的表征。第三步，对最优候选药物的晶型开展更深入的表征，包括以热重分析法检测水合物/溶剂化物、评估化学和物理稳定性，以及研究再沉淀后晶型的溶解度和多晶型形成。最后，研究候选药物pH依赖的溶解度、多态性、溶解速率和微粉化的可行性。

在葛兰素史克（GSK）公司科学家发表的一篇文章中[59]，对2011～2013年处方量前100名的口服药物进行了分析，并得出了一个风险分类方案，以帮助筛选出具有良好配方开发前景的候选药物盐型。方案中建立了由log *D*值和药物分子中芳香环数计算而得的性质预测指数（property forecast index，PFI）。根据禁食状态模拟肠液（fasted-state simulated intestinal fluid，FaSSIF）的溶解度和以毫克为单位的绝对剂量，可得到以下分类：高风险（PFI＞6、低FaSSIF溶解度、剂量＞100 mg）、次高风险、中等风险和理想范围（PFI＜6，FaSSIF溶解度＞100 mg/mL，剂量＜100 mg），共4个类别。除了抗肿瘤药物和一些抗感染药物，大多数处方排名前100名的口服药物属于“中等风险”或“理想范围”类别，这一分类有助于选择制剂处方具有良好开发前景的候选药物。

除了盐型选择的进展外，纳米结晶、脂质体制剂和固体分散体方面的药学研究进展也对从候选药物中寻找到可开发的制剂有很大的帮助[60-63]。

1.4.3 耐受性评估

潜在耐受性问题的初始数据可以通过细胞或体内研究获得。在体内研究中，无论是药效实验还是DMPK，细胞毒性或耐受性问题都可能发出早期警示。此外，耐受性问题的警示还可能来自一般药理学研究。对一些靶点类别的分析也已经获得潜在的耐受性问题经验。例如，激酶存在耐受性问题的可能性特别高。当观察到细胞毒性、不耐受的迹象或靶点属于“高危类别”时，最好计划更详细的研究。这些研究可能是为观察到某一效果而特定设计的。例如，当检测到hERG离子通道风险后，可以对几种物种的心电图（electrocardiogram，ECG）进行考察，或开展一般的耐受性的深入测试，通常是在大鼠中进行探索性毒理学研究。在这类研究中，候选化合物通常以覆盖多个有效剂量的不同剂量给药两周。从存活期和综合组织病理学的总体现象中得出毒理学概况，也可以初步确定药物的治疗窗，并因此从耐受性的角度评估该化合物进一步开发的风险。虽然除制备化合物的时间外，探索性毒理学研究仍需要2～3个月的时间，但是如果候选化合物具有合理的治疗窗并顺利通过探索性毒理学研究，那么将其推进到临床Ⅰ期研究的机会将大大提高。

1.5 新生物实体

2015年，FDA批准了有史以来最多的新生物实体新药（表1.4）。

表1.4 2015年FDA批准的NBE

商品名	通用名	申请单位	作用机制	适应证	化学名
Cosentyx	苏金单抗（secukinumab）	诺华（Novartis）	白细胞介素17A拮抗剂	银屑病和其他自身免疫性疾病	免疫球蛋白G1
Natpara	重组甲状旁腺激素	NPS制药	甲状旁腺激素受体1和2	骨质疏松性甲状旁腺功能减退症	甲状旁腺素
Unituxin	达妥昔单抗（dinutuximab）	联合制药（United Therapeutics）	神经节苷脂抗原GD2拮抗剂	癌症，神经母细胞瘤	免疫球蛋白G1
Praluent	阿利库单抗（alirocumab）	赛诺菲-安万特（Sanofi-Aventis）	PCSK9抑制剂	高胆固醇血症	免疫球蛋白G1融合蛋白
Repatha	依洛尤单抗（evolocumab）	安进（Amgen）	PCSK9抑制剂	高胆固醇血症，高脂血症	免疫球蛋白G1
Praxbind	依达赛珠单抗（idarucizumab）	勃林格殷格翰	逆转达比加群的抗凝作用	非特殊性出血症	免疫球蛋白Fab G1-κ，人源化单克隆抗体
Strensiq	asfortase alfa	亚力兄	磷酸酶刺激剂	低磷酸酶血症，神经纤维瘤病	人单克隆抗体免疫球蛋白G1-κ
Nucala	美泊利单抗（mepolizumab）	葛兰素史克（GlaxoSmithKline）	白细胞介素5拮抗剂	哮喘	免疫球蛋白G1，人源化小鼠单克隆抗体
Darzalex	达雷木单抗（daratumumab）	杨森	CD38拮抗剂	多发性骨髓瘤	免疫球蛋白G1-κ
Portrazza	耐昔妥珠单抗（necitumumab）	礼来（Eli Lilly）	EGFR拮抗剂	非小细胞肺癌	免疫球蛋白G1-κ
Empliciti	埃罗妥珠单抗	百时美施贵宝	SLAMF7拮抗剂	癌症，骨髓瘤	免疫球蛋白G1
Kanuma	sebelipase alfa	特里美里斯	溶酶体酸性脂肪酶刺激素	溶酶体酸脂酶缺乏症	sebelipase alfa

在20个获批的NBE中，包括9个抗体、8个重组蛋白、1个疫苗、1个溶瘤病毒和1个螯合剂。这些NBE中的5个被用于治疗血液学疾病。

3个NBE通过代替凝血因子治疗血友病A或血友病B，而1个通过补充相关酶而治疗血管性血友病（von Willebrand disease）。1个抗体被用于逆转达比加群疗法期间的出血并发症，这是第一个用于逆转新型口服抗凝血药物的例子。

另有5个NBE用于癌症治疗，其中2个抗体用于治疗多发性骨髓瘤（CD38和SLAMF7）；1个EGFR抗体用于治疗肺癌；1个GD2抗体用于治疗神经母细胞瘤；还有1个溶瘤病毒用于治疗黑色素瘤。其中单克隆CD38抗体达雷木单抗以商品名Darzalex® 上市。

4个NBE用于治疗代谢性疾病，包括2个PCSK9抗体、1个治疗糖尿病的胰岛素类似物和1个用于治疗低磷酸酯酶症的酶替代物。

2个NBE被批准用于炎症性适应证，1个是治疗哮喘的IL-5抗体，另1个是治疗银屑病的IL-17抗体。

获批的1个疫苗用于治疗B型脑膜炎，而螯合剂用于逆转麻醉后引起的神经肌肉阻滞。另1个获批的治疗型蛋白用于甲状腺功能减退的治疗。

在一篇2006年发表的综述文章中，保罗·卡特（Paul Carter）汇总了20世纪90年代中期到2006年NBE的获批情况[64]。在此期间，共有18个抗体被FDA批准，该数字与2015年获批的9个相比，表明生物制剂在药物发现中的重要性日益增长。这18个抗体的适应证包括癌症、慢性炎症、移植免疫和传染性疾病。其中，14个是未被修饰的免疫球蛋白G（immune globulin，IgG），2个是放射-免疫偶联物（radio-immunoconjugate，RIC），1个是抗体-药物偶联物（antibody-drug conjugate，ADC），1个是抗原结合片段（antigen binding fragment，Fab）。通过分析2010～2014年FDA CDER批准的NBE的数据（表1.5），可以明显地看出2010～2013年的获批数量保持恒定，而后在2014年急剧上升，持续至2015年，导致获批的NBE与NCE的比率发生了显著的变化。

表1.5 基于策略分类的苗头化合物/先导化合物发现的成功实例

	2010年	2011年	2012年	2013年	2014年	总数
FDA药品评价与研究中心						
获批的NBE个数	6	6	6	4	11	33
治疗性蛋白个数	4	1	3	0	5	13
抗体个数	2	5	3	4	6	20
IgG个数	2	2	2	3	5	14
非IgG类个数	0	2	1	0	1	4

续表

	2010年	2011年	2012年	2013年	2014年	总数
Ab DC	0	1	0	1	0	2
适应证						
癌症	0	3	4	2	6	15
免疫性疾病	1	2	0	2	1	6
代谢性疾病	1	0	0	0	3	4
罕见病	4	0	0	0	1	5
眼科	0	1	1	0	0	2
其他	0	0	1	0	1	2
FDA生物制品评价与研究中心						
疫苗	5	*	2	7	1	15
细胞疗法	0	1	1	0	0	2
血液因子	*	1	0	2	3	6
其他	*			1	3	4

注：*数据暂缺

抗体类药物是所有NBE中的领头羊，紧随其后的是治疗性蛋白。鉴于FDA生物制品评价与研究中心（Center for Biologics Evaluation and Research，CBER）报告的不同表述，很难对疫苗、血液因子及其他NBE的批准数目进行准确分析。但是很明显，就批准的生物制剂数量而言，疫苗位居第三，随后是血液因子。这一时期，针对NBE的一项史无前例的事件是有两种细胞疗法获得批准。

在抗体类里，免疫球蛋白G占有很大的份额，有13个获批药物。其中的3个拥有新的结构模式，两个是单链可变片段-碎片可结晶区域（single-chain variable fragment-fragment crystallizable region，scFv-Fc），一个是单链可变片段二聚体（scFv）$_2$。另外两个是抗体-药物偶联物（antibody drug conjugate，ADC）。在治疗性蛋白类别中，7种代替内源性因子（如酶）的替代物占主导地位，其中一些酶与聚乙二醇基团或碎片可结晶区域（Fc）融合，以延长其半衰期。

在2010～2014年FDA批准的NBE中，有15种药物用于癌症治疗。其中，2种是免疫肿瘤治疗领域的首创获批药物（抗-PD1抗体）；6种药物（全部为抗体）用于治疗自身免疫性疾病；另有4种生物制剂，包括GLP-1类似物，用于治疗代谢系统紊乱；5种新的生物制剂专用于治疗罕见病，主要以重组蛋白为代替疗法治疗内源性的酶缺失；此外，还包括2种用于治疗老年性玻璃体植入后的黄斑退化的抗体。

对从首次用于人体试验到获得批准的累积成功率进行分析，发现嵌合抗体和人源化抗体的成功率在20%以上。这一成功率相比当时11%的小分子药物的成功率更高[64]。卡特（Carter）认为，随着时间的推移，人们对抗体的研究经验不断增加，成功率将会进一步提高。在1996～2014年，研究人员对每3～4年时间段的累积成功率进行了分析调查[65]。这些分析指标稍微有别于卡特的分析，但是有关生物制剂的成功率高于NCE成功率方面，则显示出一致性(图1.10)。

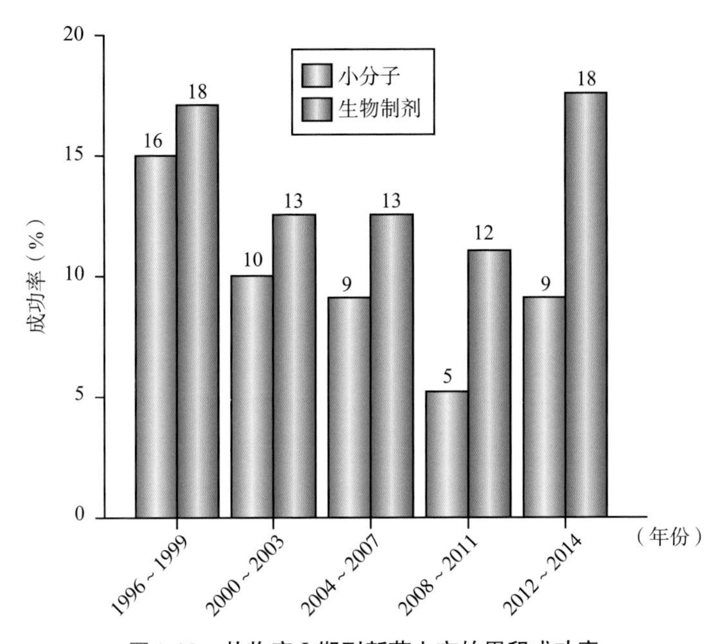

图1.10 从临床Ⅰ期到新药上市的累积成功率

然而，卡特对于NBE的累积成功率在随后几年将继续升高的期望并没有成为现实。NBE获批数在2008～2011年持续下降，直到2012～2014年的最后时期才有轻微的回升。但是，在新的抗体形式、优化抗体药效、免疫原性原因的深入理解和绕开免疫原性的可能性、改进及更实用的放大生产工艺等方面，均取得了巨大的研究进展。这些进展有力地提高了NBE的获批成功率，并增加了其在获批新药内的份额，拓宽了NBE的适应证范围。最近几年，NBE获批数目的升高和成功率的增长可能正好反映了科学研究进展的丰硕成果。

1.5.1 通过抗体工程降低免疫原性

小鼠单克隆抗体（monoclonal antibody，mAb）的嵌合（chimerization）和人源化（humanization）大大提高了其在临床上的应用[66, 67]。嵌合，即以人源序列替换小鼠遗传物质的恒定区域；人源化，即可变骨架区域的额外替换，促进了显著降低免疫原性（immunogenicity）产品的开发。完整的人源抗体已经可以直接从转基因小鼠和噬菌体库中分离获得[68, 69]。可是，一些人源化的，甚至全部从人源基因序列衍生出来的抗体分子仍然具有保留免疫原性的风险[70]。

“对抗体的免疫反应”包括细胞臂（cellular arm，如T细胞）和体液臂[humoral arm，如抗药抗体（antidrug antibody，ADA）]，它们可能是由同种类型的IgM、IgG、IgE或IgA组成。从抗体药代动力学的改变到抗体效应的中和，再到超敏反应ADA和交叉反应的中和ADA，都是ADA可能面临的临床风险。许多检测方法都是通过ADA来筛选抗体的亲和力和中和反应。这些检测方法包括酶联免疫吸附测定（enzyme-linked immunosorbent assay，ELISA）、放射免疫沉淀法（radio-immunoprecipitation，RIP）、SPR，以及检测药物抗体功能中和反应的细胞检测法[71]。许多因素可能会促进免疫原性的形成[72]，这些因素可分为产品相关因素、患者相关因素和临床试验设计相关因素。

产品相关因素包括分子结构/排序的变化、聚集体、融合蛋白、隐秘表位暴露（如通过糖基化变化）、氨基酸修饰，以及与内源性蛋白相比的糖基化模式变化等方面。与产品相关的因素也可以来自产品特定的属性，如宿主细胞蛋白或DNA，以及翻译后的各种修饰，如氧化、脱酰胺化、剪切、变性等[72]。

患者特异性因素与个体免疫能力有关，包括遗传背景、年龄和性别，暴露于促炎环境，以及由于先前抗原暴露或交叉反应抗体而产生的先存抗体（preexisting antibody）[72]。

临床设计相关因素的特定属性包括NBE的给药途径、剂量、给药频率和与其他化合物的联合给药潜力。单次给药通常会引起IgM有限幅度的响应；两次给药可能导致同种类型的转换，导致更明显的免疫反应；而多次暴露还会引起同型转换和更高亲和力的ADA，甚至导致严重的影响。这些关于抗体免疫原性原因的见解也将继续促进临床研究安全性和NBE研发成功率的提高。

1.5.2 抗体生产与理化性质工程的研究进展

与小分子相比，抗体和治疗性蛋白的生产成本很高。与NCE成本相比，抗体的高昂生产成本直接导致药物费用的大幅提高。单克隆抗体是非常大的分子，具有复杂的结构和功能，其生产过程决定了其高昂的生产成本。生产过程和技术在不断地进步。培养条件和纯化过程可以产生独特的产品质量属性，如结构差异、转化后修饰、生物活性和蛋白稳定性。这些因素导致每个抗体都具有独立于其他抗体之外的特定属性。

研究人员付出了诸多努力，希望通过优化和使用不同的表达系统来提高抗体的产量[73]，在实现高表达效价、加快周转时间和优化工艺经济学方面已经取得了重大进展。

目前占主导地位的表达系统仍以真核中国仓鼠卵巢（Chinese hamster ovary，CHO）细胞为基础，特别是对于全长抗体（full-length antibody）。而对于抗体片段和治疗性蛋白，已经可以利用大肠杆菌进行表达。抗体的基本序列决定了表达水平、聚集倾向和蛋白的稳定性，这些都是开发能力的重要因素。根据前面提到的特性，噬菌体展示技术（phage display technique）一直对优化蛋白排序发挥着重要的作用，从根本上促进了生产优化和研发的成功。例如，由大肠杆菌产生的NBE有赛妥珠单抗（certolizumab，Cimzia®，抗TNF-α抗体用于治疗克罗恩病和类风湿关节炎）和雷珠单抗（ranibizumab，Lucentis®，抗VEGF抗体用于治疗老年性黄斑变性）。

大肠杆菌表达体系的优点如下所示。

- 易于基因操纵。
- 工艺开发时间短。
- 简单并且可以放大发酵。
- 没有病毒污染。

全长抗体通常在真核细胞中表达，如CHO细胞或酵母。真核细胞具有复杂的折叠和分泌途径，能够有效表达异源表达的蛋白。此外，真核细胞有能力在转译后对蛋白进行修饰，如对蛋白进行糖基化。对于抗体的Fc区域，糖基化对ADCC和CDC等效应子的功能至关重要，但糖基化也会影响抗体诸多特性，如PK、体内清除率、溶解度、抗原性和细胞分泌等。可变结构域内的*N*-糖基化也可能影响药效，如西妥昔单抗（cetuximab，Erbitux®，抗EGFR抗体用于治疗结直肠癌和头颈癌）。通常情况下，在可变区域去除糖基化以获得均匀的抗体产物是首选的方法。

酵母作为第二个真核表达体系，其有简单、可放大发酵及有糖基化能力等优点。然而，酵母的糖基化与哺乳动物的糖基化并不匹配，导致高甘露糖结构的产生。因此，研究人员正致力于酵母糖基化酶的基因工程研究，以匹配CHO体系的功能。

每个生产过程都需要通过全面的分析评估来跟踪，以确保重现性和质量。首先，可采用多种正交方法对单克隆抗体进行全面的物理化学表征，以描述单克隆抗体的物化特征，包括主要（氨基酸）排序、蛋白质折叠、截短、转录后修饰（糖基化）、单克隆抗体蛋白数量，以及降解产物和聚集体的存在。对不同辅料和初级包装（如小瓶包装）的适用性进行测试，可以确定是否存在宿主细胞杂质。

总之，人们在优化CMC性能（使得研发可以顺利进行）和高产量表达水平（以控制成本）方面已经取得了巨大的进展。

1.5.3 通过基因工程提高药效

抗体的药效与以下几个因素有关[64]。

· 抗原结合亲和力和特异性。

· 对目标细胞/组织的穿透能力。

· 治疗概念的效应子功能。

对于亲和力成熟（affinity maturation），噬菌体展示库、酵母展示库和核糖体展示库已被非常成功地用于将亲和力提高到皮摩尔的范围内。解离率和结合率的增加都是亲和力成熟的结果。但是，哪个因素占主导地位很难预测。亲和力成熟往往转化为生物活性的同步增加。然而，在某些情况下，如在某些肿瘤类型中，与较高亲和力的变体相比，较低的亲和力会导致更均匀的肿瘤分布，从而提高抗肿瘤效果[74]。穿透目标组织的能力也取决于抗体的形式。已经表明，scFvs在靶向肿瘤组织方面比全长抗体更好。

治疗方案的选择决定了Fc介导的效应子功能是否可取。例如，在肿瘤学中，Fc功能的选择将取决于通过ADCC或CDC破坏肿瘤细胞是否有助于或支持抗原结合的预期效果。利妥昔单抗（rituximab）是一个由Fc介导对抗体药效有贡献的强有力的例子，它在非霍奇金淋巴瘤中的疗效与免疫效应细胞上表达的Fcγ受体的多态性相关联。利妥昔单抗在纯合子FcγⅢa（Val158）型患者中应答率最高，在纯合子FcγRⅢa（Phe158）型患者中应答率最低[75]。Fc介导的ADCC和CDC不仅可以通过一级序列的Fc基因工程来改造，还可以通过Fc区域的聚糖结构的工程化来调节[76-78]。成功的糖工程例子是单克隆CD20抗体奥滨尤妥珠单抗（obinutuzumab，Gazivaro®），其可用于治疗慢性淋巴细胞白血病（见第5章）。

另外，FcγR结合也可以导致由T细胞和细胞因子释放引发的有丝分裂效应。这可以通过使用IgG2和IgG4同种型或IgG1 Fc基因工程来预防。这一点可以通过muromonb-CD3来说明，它被用于免疫抑制（移植物与宿主之间的排异反应）[79]。

令人印象深刻的是，抗体的多功能性已被用于设计适合的治疗性抗体，并将继续应用。此外，对患者特定基因突变的深入了解将使得精准医学方法中靶向抗体的设计成为可能。

1.5.4 抗体的新形式

1.5.4.1 抗体-药物偶联物

ADC主要应用于癌症的治疗。目前使用传统抗体治疗方法在临床实践中往往显示出疗效上的局限性。克服癌症疗效局限性的一个有前景的方法是以抗体介导递送的免疫偶联物作为高效的效应分子。当细胞毒性小分子附着在抗体上时，这些分子被称为ADC，当放射性核素附着在抗体上时，被称为RIC[80]。

在免疫偶联物药物的研发领域，研究人员试图将单克隆抗体（mAb）治疗的特异性与效应分子结合起来，这些效应分子对癌细胞有很强的细胞毒性，可以诱导直接或间接的细胞死亡。在理想情况下，抗体所赋予的组织特异性限制了其对正常组织的脱靶毒性。细胞毒性原理与运载工具的耦合通常是通过连接臂或螯合分子实现的，而连接臂部分的稳定性对ADC的临床毒理学、药理学和药效有着至关重要的影响。

目前，FDA批准了4个免疫偶联物药物。其中，替伊莫单抗-替坦偶联物（ibritumomab tiuxetan，Zevalin®，2002）是一种靶向^{90}Y的抗CD20 IgG1 RIC的小鼠抗体类药物，用于治疗低度或滤泡性、复发性/难治性CD20阳性B细胞非霍奇金淋巴瘤。托西莫单抗（tositumomab，Bexxar®，2003）是被^{131}I标记的抗CD20 IgG2a RIC的小鼠抗体类药物，用于治疗CD20阳性的、化疗后对利妥昔单抗耐药的非霍奇金淋巴瘤（转移型的或非转移型的）。本妥昔单抗-维多汀偶联物（brentuximab vedotin，Adcetris®，2011）是一种人源化的IgG1抗CD30抗体与维多汀的偶联物，用于治疗淋巴瘤；而曲妥珠单抗-恩美坦新偶联物（ado-trastuzumab emtansine，Kadcyla®，2013）是一种IgG1抗p185 neu受体抗体与恩美坦新的偶联物，用于治疗非小细胞肺癌、胰腺癌和膀胱癌。

ADC的设计和合成方面面临的挑战主要包括：①选择能够选择性地在肿瘤组织中过表达并在结合其mAb配体后可被有效内源化的合适抗原；②具有与靶向肿瘤抗原相结合的ADC特异性；③可开发出一种合适的连接臂，借助于合适的化学反应将细胞毒性基团与抗体有效连接，且该ADC在循环过程中保持较高的稳定性，并能在肿瘤组织中释放出特定的细胞毒性药物；④ADC具有良好的物理化学性质和组织渗透性。为了应对这些挑战，ADC采用模块化的方式，主要由三个部分组成（图1.11）。

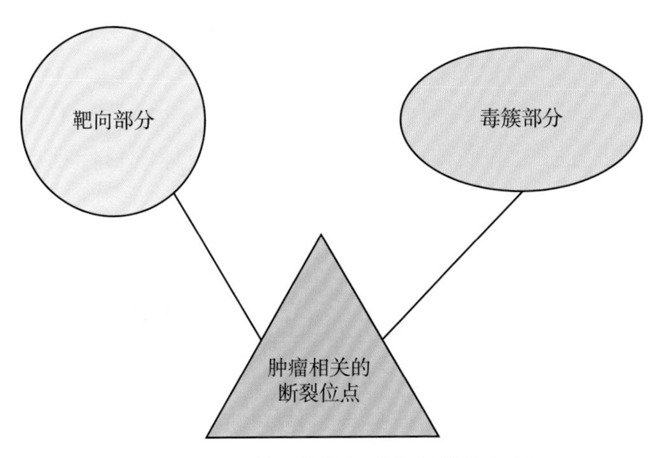

图1.11　抗体-药物偶联物的模块组成

为了对特定ADC的有效性和耐受性产生有益的影响，细胞毒性部分和特定的连接臂必须满足几个要求。由于IgG和IgG衍生出的ADC在循环中的半衰期较长，必须确保细胞毒性药物和连接臂部分的高度稳定性。为了使细胞毒性药物完全在肿瘤组织的作用部位释放，最理想的条件是在肿瘤细胞内释放细胞毒性药物。通常，ADC的抗原结合与肿瘤细胞的有效内源化有关，这种内源化最终发生在溶酶体内。目前使用的ADC是基于链接臂的化学性质，使其能够在溶酶体内释放细胞毒性药物。因此，细胞表面的抗原-ADC复合物倾向内源化到细胞内，这是药效的驱动因素[81-83]。已经报道的有三类内源化路线：①通过网格蛋白包被的窖孔介导的内吞作用快速内源化；②通过细胞膜穴样内陷介导的内吞作用实现内源化；③通过胞饮作用实现内源化[84, 85]。

对ADC的肿瘤相关的切割原理起始于肿瘤细胞对单克隆抗体组分的识别、内源化和ADC-抗原复合物的细胞内转运。介导细胞毒性药物释放的适当裂解机制包括二硫键的还原断裂、在酸性pH溶酶体条件下的腙键水解断裂、缩醛和顺式乌头酸类酰胺水解、溶酶体酶催化的肽裂解（如组织蛋白酶），以及在溶酶体中完全降解单克隆抗体后释放效应基团。ADC和链接化学[86]的成功实例展示了药物化学如何有效促成NBE的研发并用于癌症的治疗。

总之，提升ADC安全性、有效性方面的研究已经取得了长足的进步。这一经验将指导未来ADC药物的研发。基于对日益增长的ADC开发管线的深入了解，可以预期，癌症治疗领域ADC获批数量还将大大增加。

1.5.4.2 双特异性抗体

双特异性抗体（bispecific antibody，bsAb）的临床研究目前主要集中在两个方面，即癌症和炎症性疾病的治疗。主要目标是同时作用于病理生理过程中涉及的不同靶点，从而提高治疗效果[87, 88]。这两个靶点可以协同起效或者被靶向后可以阻断借由其他通路的逃逸作用。

双特异性抗体具有结合两种抗体的特性，可同时作用于不同的抗原或表位。具有“两个目标”功能的双特异性抗体可以干扰多种表面受体或配体，如与癌症、增殖或炎症过程有关的受体或配体。双特异性抗体的目标靶点可以位于邻近的位置，也可以与一个细胞上的蛋白形成复合物，或者触发细胞间的接触。“强制连接”功能的例子主要是凝血级联或肿瘤靶向免疫细胞招募蛋白和激活剂中支持蛋白络合的双特异性抗体。

目前获批上市的双特异性抗体有两个。抗上皮细胞黏附分子（EpCAM）/抗-CD3 bsAb卡妥索单抗（catumaxomab，Removab®）是第一个获批上市的双特异性抗体[89]。它是由含有肿瘤抗原、小鼠IgG2a及大鼠IgG2b的CD3结合杂交组成的一种三功能双特异性抗体。它通过EpCAM靶向肿瘤，通过与T细胞受体复合物CD3结合来招募T效应细胞，并通过FCγ受体结合激活单核细胞、巨噬细胞、树突状细胞和NK细胞[90]，进而诱导杀伤卵巢癌肿瘤细胞，并可以预防腹水。

第二个得到FDA批准的双特异性抗体是博纳吐单抗（blinatumomab），它是一种针对肿瘤细胞CD19和T细胞CD3的双特异性T细胞接合器（bispecific T cell engager，BiTE）。博纳吐单抗已被批准用于治疗B细胞急性淋巴细胞白血病。与卡妥索单抗不同的是，博纳吐单抗是一种以两个scFvs通过肽链连接的双特异性抗体。它的血清半衰期较短，但发挥着成对招募分子的作用，可以经历几轮靶细胞裂解。

目前，临床开发中已有50多种不同的双特异性抗体，它们涵盖了多种多样的形式。双特异性抗体可分为两类，即具有Fc区域和无Fc区域的双特异性抗体。具有Fc区域的双特异性抗体具有利用ADCC和CDC等Fc介导的效应器功能，半衰期更长，且具有更好的溶解性和稳定性等优点。无Fc区域的双特异性抗体的药效完全取决于其双重抗原结合能力。聚乙二醇结合和白蛋白融合基团[91]的引入显著延长了双特异性抗体的半衰期。

讨论具有Fc区域的多种类型的双特异性抗体（图1.12），就必须提到“孔中旋钮（knob-in-holes）”技术，其是最近取得的研究进展[92]。通过在两个CH3结构域中引入不同的突变，可以诱导重链异二聚化。通过引入CrossMab技术，使得恒定CL区域与CH1区域交换，实现正确的轻链配对[92]。此外，双重亲和力重新定向（dual affinity re-targeting，DART）技术已被用来开发T细胞参与的临床候选

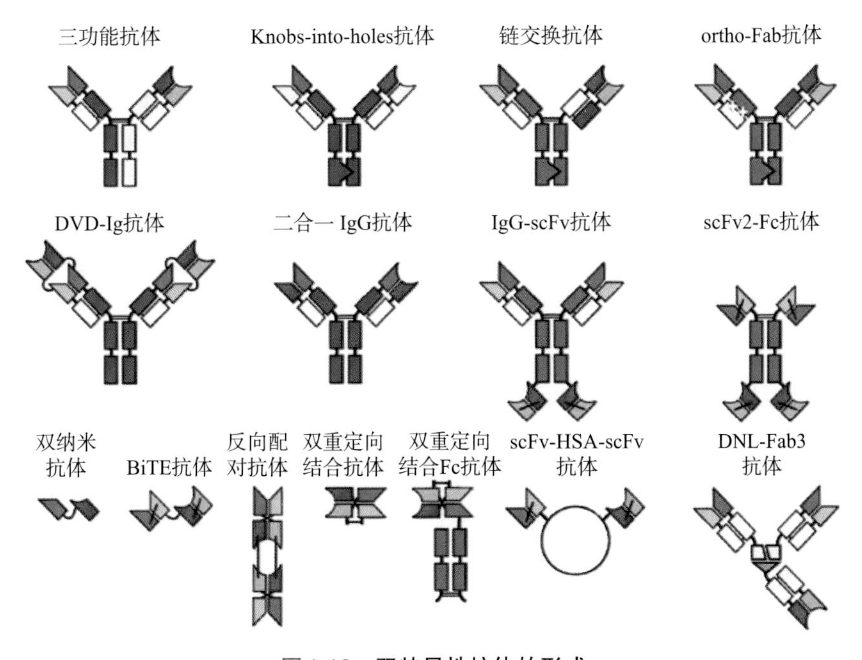

图1.12　双特异性抗体的形式

物。在DART中，第一可变区域与第二黏合物的可变轻（variable light，VL）链域相连，而第二可变区域的可变重（variable heavy，VH）链域与第一可变区域的可变轻链域相连。然后引入了额外的二硫键，以实现结构的稳定化。在一个临床候选物中，融合于一个Fc结构域可促进半衰期的延长。

如图1.12所示，双特异性抗体的广泛形式可为给定的双特异性治疗概念选择最佳的方案。这种多功能性的抗体有望刺激双特异性药物的研发。

总之，过去十年间，NBE药物研发已取得了重大的进展。该领域以抗体为主，其次是治疗性蛋白和疫苗。越来越多的NBE获得批准反映了人们在对免疫原性的理解、影响因素和降低免疫原性技术方面所取得的关键进展。这些进展得益于蛋白表达效价的提高，以及对CMC有关问题的理解和克服，从而改进了NBE的生产规模。相关进展也涉及药效的提高。对于如何在亲和力和组织分布之间找到恰当的平衡，以及如何、何时根据治疗理念利用效应器功能，研究人员已经有了深入的认识。此外，从ADC到双特异性抗体，在抗体新形式方面的研究也取得了关键性的进展。这种多功能性使得新的治疗概念可以采用量身定做的形式。虽然上述进展尚未充分反映在过去几年NBE的获批药物数量上，但是，通过对开发/临床管线的分析，可以明显看出，新的抗体形式势必会为NBE的批准提供更多的机会并做出更多的贡献。此外，新的治疗模式将是对NBE领域的有力补充，如基于细胞的治疗、基因治疗和肿瘤病毒等。同样重要的是，NBE和NCE之间原本明显的界限将逐渐消失。结构研究、复杂的共享生物测试体系和药物化学对NBE研发所产生的影响，都是生物和化学两门学科密切合作的例子。

1.6 药物研发的常规挑战

当分析临床试验失败的根本原因时，显而易见的是，临床Ⅱ期阶段的失败率与缺乏药效有着非常显著的关系[93]。不具备预期的临床药效是其失败的主要原因（占35%），其次是临床安全性方面（占25%）。这清楚地反映了一个事实，即药物研发中预期的新治疗概念往往不能转化为疾病治疗的疗效。很明显，疾病相关的动物模型和基因敲除动物并不总是与疾病具有很好的关联性。有许多方法可以更好地建立靶点与疾病之间的关联性。其中的两个例子：对人原代细胞或人干细胞的表型筛选；人体样本的整合基因组、转录组和代谢组学数据的综合组学分析。这些数据需要与患者个体的临床数据关联起来。在这种背景下，需要调查患者群体的同质性。回顾分析许多失败的临床案例可以发现，将患者分成不同的亚群可显示出对药物更好的反应率。例如，用于治疗高骨膜蛋白血浆水平哮喘的IL-13抗体[94]。

为了提高临床药效研究的成功率，对新靶点进行更好的表征是必不可少的。

需要解决的问题如下所示。

（1）新靶点与人类疾病的关联性有多强？

（2）在调控新靶点时，是否存在可能影响药效的多余机制？

（3）是否有迹象表明疗效可能与患者亚群有关联？

（4）在调节新靶点时，是否存在潜在的耐受性问题？

（5）潜在的耐受性问题是否可以在药物研发的早期进行测试？

提高成功率的第二种方法是尽早获得针对药效和耐受性问题的早期预警。在这方面，对生物标志物的系统探索和应用有助于指导临床前和临床研究。在昂贵的晚期临床研究开始之前，生物标志物可以指导研究人员做出决定，是否继续或终止相关的临床和非临床开发工作。对于许多新靶点而言，有关靶点生物标志物的研究尚未存在，因此，研究发现这些生物标志物并对它们进行表征需要根据相关的细胞和体内模型，且在药物发现的早期就及时介入。

1.7 总结

新药研发成功率的提高促进了未来药物的发现和开发。显然，这一进展与上述提到的NCE和NBE的研发取得的大幅进展有密切的关系。可以预期，最近的更多进展将使得未来的药物研发更加成功。近来获批的药物实例证明，NCE和NBE研发上的差异性正在逐渐消失，两门学科需要联合起来取长补短。此外，与临床医生的合作需要在药物研发的早期就及时开展。只有紧密的合作才能获得有效的新药。发现治疗领域空白的有效靶点，治疗患者群体的定义和新治疗理念的产生，包括药效和安全性方面的考虑，都是这种合作不可或缺的一部分。

（叶向阳　白仁仁）

原作者介绍

格德·施诺伦贝格（Gerd Schnorrenberg），药物化学家。他于1972～1978年在波恩大学（University of Bonn）接受有机化学训练，并获得博士学位，其导师是W.斯特格利奇（W. Steglich）教授。1981～2016年，他于勃林格殷格翰公司（Boehringer Ingelheim）从事创新药物研究开发工作，在高血压和呼吸系统疾病的多个新药研发项目中担任药物化学家。1995～2008年，他担任勃林格殷格翰公司位于德国的药物化学部门负责人。2008～2015年，他担任勃林格殷格翰公司德国研究院院长。他对10款新药的上市做出了贡献，主要涉及呼吸系统、心血管、代谢和肿瘤方面的适应证。他还获得了美因茨大学（University of Mainz）名誉教授的

称号，并在该大学担任药物化学讲师。

致谢

感谢T·施威卡德（T. Schweikardt）、D·斯坦卡普（D. Stenkamp）和E·博尔赫斯（E. Borges）在本章手稿撰写时给予的支持，以及韦恩·E.柴尔德斯（Wayne E. Childers）、亚诺斯·费舍尔（János Fischer）、克里斯汀·克莱因（Christian Klein）、卡洛·迪·米歇里（Carlo di Micheli）、查克·雷曼沙（Chakk Ramesha）、贾加斯·雷迪·朱努图拉（Jagath Reddy Junutula）和约格·森·比尔芬格（Jörg Senn-Bilfinger）的评阅意见。

参考文献

1. Scannell, J.W., Blanckley, A., Boldon, H., and Warrington, B.（2012）Diagnosing the decline in pharmaceutical R&D efficiency. *Nat. Rev. Drug Discovery*, 11, 191-200.
2. Pammolli, F., Magazzini, L., and Riccaboni, M.（2011）The productivity crisis in pharmaceutical R&D. *Nat. Rev. Drug Discovery*, 10, 428-438.
3. Paul, S.M.（2010）How to improve R&D productivity: the pharmaceutical industry's grand challenge. *Nat. Rev. Drug Discovery*, 9, 203-214.
4. Munos, B.（2009）Lessons from 60 years of pharmaceutical innovation. *Nat. Rev. Drug Discovery*, 8, 959-968.
5. Morgan, P., Van der Graaf, P.H., Arrowsmith, J., Feltner, D.E., Drummond, K.S., Wegner, C.D., and Street, S.D.A.（2012）Can the flow of medicines be improved? Fundamental pharmacokinetic and pharmacological principles toward improving Phase II survival. *Drug Discovery Today*, 17, 419-424.
6. Munos, B.（2016）Forbes online/Pharma & Healthcare（January 4）.
7. FDA homepage/Drugs/Novel Drug Approvals（2015）, www.fda.gov/drugs/new-drugs-fda-cders-new-molecular-entities-and-new-therapeutic-biological-products/novel-drug-approvals-2015
8. Fan, J. and de Lannoy, I.A.M.（2014）Pharmacokinetics. *Biochem. Pharmacol.*, 87, 93-120.
9. Webster, C.I., Caram-Salas, N., Haqqani, A.S., Thom, G., Brown, L., Rennie, K., Yogi, A., Costain, W., Brunette, E., and Stanimirovic, D.B.（2016）Brain penetration, target engagement, and disposition of the blood-brain barrier-crossing bispecific antibody antagonist of metabotropic glutamate receptor type 1. *FASEB J.*, 30（5）, 1927-1940.
10. Yu, Y.J., Zhang, Y., Kenrick, M., Hoyte, K., Luk, W., Lu, Y., Atwal, J., Elliott, J.M., Prabhu, S., Watts, R.J., and Dennis, M.S.（2011）Boosting brain uptake of a therapeutic antibody by reducing its affinity for a transcytosis target. *Sci. Transl. Med.*, 3（84）, 84ra44.
11. Gupta, V.（2013）Glucagon-like peptide-1 analogues: an overview. *Indian J. Endocrinol. Metab.*, 17（3）, 413-421.

12. Patterson, S., de Kort, M., Irwin, N., Moffett, R.C., Dokter, W.H., Bos, E.S., Miltenburg, A.M., and Flatt, P.R. (2015) Pharmacological characterization and antidiabetic activity of a long-acting glucagon-like peptide-1 analogue conjugated to an antithrombin Ⅲ-binding pentasaccharide. *Diabetes Obes. Metab.*, 17 (8), 760-770.
13. Ettmayer, P., Schnitzer, R., Bergner, A., and Nar, H. (2017) *Hit and Lead Generation Strategies. Comprehensive Medicinal Chemistry*, 3rd edn, Elsevier, pp. 33-63.
14. Fischer, J., Ganellin, C.R., and Rotella, D.P. (2012) *Analogue-Based Drug Discovery Ⅲ*, John Wiley & Sons.
15. Pereira, D.A. and Williams, J.A. (2007) Origin and evolution of high through-put screening. *Br. J. Pharmacol.*, 152 (1), 53-61.
16. Fox, S., Farr-Jones, S., Sopchak, L., Boggs, A., and Wang Nicely, H. (2006) High-throughput screening: update on practices and success. *J. Biomol. Screening*, 11, 864-869.
17. Nar, H., Fiegen, D., Hörer, S., Pautsch, A., and Reinert, D. (2017) *High Throughput Crystallography and its Applications. Drug Discovery, Comprehensive Medicinal Chemistry*, 3rd edn, Elsevier, pp. 153-179.
18. Renaud, J.-P., Chung, C., Danielson, H., Egner, U., Hennig, M., Hubbard, R.E., and Nar, H. (2016) Biophysics in drug discovery: impact, challenges and opportunities. *Nat. Rev. Drug Discovery*, 15, 679.
19. Lavecchia, A. (2015) Machine-learning approaches in drug discovery: methods and applications. *Drug Discovery Today*, 20 (3), 318-331.
20. Ripphausen, P., Nisius, B., and Bajorath, J. (2011) State-of-the-art in ligand-based virtual screening. *Drug Discovery Today*, 16, 372-376.
21. Spyrakis, F. and Cavasotto, C.N. (2015) Open challenges in structure-based virtual screening: receptor modeling, target flexibility consideration and active site water molecules description. *Arch. Biochem. Biophys.*, 583, 105-119.
22. Yu, W., Lakkaraju, S.K., Raman, E.P., and MacKerell, A.D.Jr. (2014) Site identification by ligand competitive saturation (SILCS) assisted pharmacophore modeling. *J. Comput.-Aided Des.*, 28 (5), 491-507.
23. Shuker, S.B., Hajduk, P.J., Meadows, R.P., and Fesik, S.W. (1996) Discovering high-affinity ligands for proteins: SAR by NMR. *Science*, 274 (5292), 1531-1534.
24. Zhu, Y.X., Kortuem, K.M., and Stewart, A.K. (2013) Molecular mechanism of action of immune-modulatory drugs thalidomide, lenalidomide and pomalidomide in multiple myeloma. *Leuk. Lymphoma*, 54, 683-687.
25. Solca, F., Dahl, G., Zoephel, A., Bader, G., Sanderson, M., Klein, C., Kraemer, O., Himmelsbach, F., Haaksma, E., and Adolf, G.R. (2012) Target binding properties and cellular activity of afatinib (BIBW 2992), an irreversible ErbB family blocker. *J. Pharmacol. Exp. Ther.*, 343, 342-350.
26. Suzuki, S., Enosawa, S., Kakefuda, T., Shinomiya, T., Amari, M., Naoe, S., Hoshino, Y., and Chiba, K.A. (1996) Novel immunosuppressant, FTY720, with a unique mechanism of action, induces long-term graft acceptance in rat and dog allotransplantation. *Transplantation*, 61 (2), 200-205.

27. Pinto, D.J.P., Orwat, M.J., Koch, S., Rossi, K.A., Alexander, R.S., Smallwood, A., Wong, P.C., Rendina, A.R., Luettgen, J.M., Knabb, R.M., He, K., Xin, B., Wexler, R.R., and Lam, P.Y.S. (2007) Discovery of 1-(4-methoxyphenyl)-7-oxo-6-(4-(2-oxopiperidin-1-yl) phenyl)-4,5,6,7-tetrahydro-1H-pyrazolo [3,4-c] pyridine-3-carboxamide (apixaban, BMS-562247), a highly potent, selective, efficacious, and orally bioavailable inhibitor of blood coagulation factor Xa. *J. Med. Chem.*, 50 (22), 5339-5356.
28. Rheault, T.R., Stellwagen, J.C., Adjabeng, G.M., Hornberger, K.R., Petrov, K.G., Waterson, A.G., Dickerson, S.H., Mook, R.A., Laquerre, S.G., King, A.J., Rossanese, O.W., Arnone, M.R., Smitheman, K.N., Kane-Carson, L.S., Han, C., Moorthy, G.S., Moss, K.G., and Uehling, D.E. (2013) Discovery of dabrafenib: a selective inhibitor of Raf kinases with anti tumour activity against B-Raf-driven tumours. *Med. Chem. Lett.*, 4 (3), 358-362.
29. Bouyssou, T., Hoenke, C., Rudolf, K., Lustenberger, P., Pestel, S., Sieger, P., Lotz, R., Heine, C., Buettner, F.H., Schnapp, A., and Konetzki, I. (2010) Discovery of olodaterol, a novel inhaled β2-adrenoceptor agonist with a 24 h bronchodilatory efficacy. *Bioorg. Med. Chem. Lett.*, 20 (4), 1410-1414.
30. Von Wartburg, A. and Traber, R. (1988) Cyclosporins, fungal metabolites with immunosuppressive activities. *Prog. Med. Chem.*, 25, 1-33.
31. Takahashi, N., Hayano, T., and Suzuki, M. (1989) Peptidyl-prolyl cis-trans isomerase is the cyclosporin A-binding protein cyclophilin. *Nature*, 337, 473-475.
32. Lipinski, C.A. (2001) Drug-like properties and the causes of poor solubility and poor permeability. *J. Pharmacol. Toxicol. Methods*, 44, 235-249.
33. Baell, J. and Walters, M.A. (2014) Chemistry: chemical con artists foil drug discovery. *Nature*, 513, 481-483.
34. Eckert, H. and Bajorath, J. (2007) Molecular similarity analysis in virtual screening: foundations, limitations and novel approaches. *Drug Discovery Today*, 12, 225-233.
35. Hert, J., Willett, P., Wilton, D.J., Acklin, P., Azzaoui, K., Jacoby, E., and Schuffenhauer, A. (2005) Enhancing the effectiveness of similarity-based virtual screening using nearest-neighbor information. *J. Med. Chem.*, 48, 7049-7054.
36. Willett, P. (2006) Similarity-based virtual screening using 2D fingerprints. *Drug Discovery Today*, 11, 1046-1053.
37. Bergner, A. and Parel, S.P. (2013) Hit expansion approaches using multiple similarity methods and virtualized query structures. *J. Chem. Inf. Model.*, 53, 1057-1066.
38. Mark, A.E. and van Gunsteren, W.F. (1994) Decomposition of the free energy of a system in terms of specific interactions. Implications for theoretical and experimental studies. *J. Mol. Biol.*, 240 (2), 167-176.
39. Beier, C. and Zacharias, M. (2010) Tackling the challenges posed by target flexibility in drug design. *Expert Opin. Drug Discovery*, 5, 347-359.
40. Ben Nasr, N., Guillemain, H., Lagarde, N., Zagury, J.F., and Montes, M. (2013) Multiple structures for virtual ligand screening: defining binding site properties-based criteria to optimize the selection of the query. *J. Chem. Inf. Model.*, 53 (2), 293-311.
41. Kämper, A., Apostolakis, J., Rarey, M., Marian, C.M., and Lengauer, T. (2006) fully automated flexible docking of ligands into flexible synthetic receptors using forward and

inverse docking strategies. *J. Chem. Inf. Model.*, 46 (2), 903-911.

42. Verdonk, M.L., Cole, J.C., Hartshorn, M.J., Murray, C.W., and Taylor, R.D. (2003) Improved protein-ligand docking using GOLD.*Proteins*, 52 (4), 609-623.

43. Velvadapu, V., Farmer, B.T., Reitz, A.B., and Wermuth, C.G. (2015) *Fragment-Based Drug Discovery. In The Practice of Medicinal Chemistry*, 4th edn, Academic Press, London, pp. 161-180.

44. Baker, M. (2013) Fragment-based lead discovery grows up. *Nat. Rev. Drug Discovery*, 12, 5-7.

45. Tsai, J., Lee, J.T., Wang, W., Zhang, J., Cho, H., Mamo, S., Bremer, R., Gillette, S., Kong, J., Haass, N.K., Sproesser, K., Li, L., Smalley, K.S.M., Fong, D., Zhu, Y.-L., Marimuthu, A., Nguyen, H., Lam, B., Liu, J., Cheung, I., Rice, J., Suzuki, Y., Luu, C., Settachatgul, C., Shellooe, R., Cantwell, J., Kim, S.-H., Schlessinger, J., Zhang, K.Y.J., West, B.L., Powell, B., Habets, G., Zhang, C., Ibrahim, P.N., Hirth, P., Artis, D.R., Herlyn, M., and Bollag, G. (2008) Discovery of a selective inhibitor of oncogenic B-Raf kinase with potent antimelanoma activity. *Proc. Natl. Acad. Sci. U.S.A.*, 105 (8), 3041-3046.

46. Wollin, L., Wex, E., Pautsch, A., Schnapp, G., Hostettler, K.E., Stowasser, S., and Kolb, M. (2015) Mode of action of nintedanib in the treatment of idiopathic pulmonary fibrosis. *Eur. Respir. J.*, 45 (5), 1434-1445.

47. Wigglesworth, M.J., Murray, D.C., Blackett, C.J., Kossenjans, M., and Nissink, J.W.M. (2015) Increasing the delivery of next generation therapeutics from high throughput screening libraries. *Curr. Opin. Chem. Biol.*, 26, 104-110.

48. Arrowsmith, C.H., Audia, J.E., Austin, C., Baell, J., Bennett, J., Blagg, J., Bountra, C., Brennan, P.E., Brown, P.J., Bunnage, M.E., Buser-Doepner, C., Campbell, R.M., Carter, A.J., Cohen, P., Copeland, R.A., Cravatt, B., Dahlin, J.L., Dhanak, D., Edwards, A.M., Frederiksen, M., Frye, S.V., Gray, N., Grimshaw, C.E., Hepworth, D., Howe, T., Huber, K.V.M., Jin, J., Knapp, S., Kotz, J.D., Kruger, R.G., Lowe, D., Mader, M.M., Marsden, B., Mueller-Fahrnow, A., Müller, S., O'Hagan, R.C., Overington, J.P., Owen, D.R., Rosenberg, S.H., Ross, R., Roth, B., Schapira, M., Schreiber, S.L., Shoichet, B., Sundström, M., Superti-Furga, G., Taunton, J., Toledo-Sherman, L., Walpole, C., Walters, M.A., Willson, T.M., Workman, P., Young, R.N., and Zuercher, W. (2015) The promise and peril of chemical probes. *Nat. Chem. Biol.*, 11 (8), 536-541.

49. Brown, P.J. and Müller, S. (2015) Open access chemical probes for epigenetic targets. *Future Med. Chem.*, 7, 1901-1917.

50. Sacks, L.V., Shamsuddin, H.H., Yasinskaya, Y.I., Bouri, K., Lanthier, M.L., and Sherman, R.E. (2014) Scientific and regulatory reasons for delay and denial of FDA approval of initial applications for new drugs, 2000-2012. *JAMA*, 311, 378-384.

51. Zhang, D., Luo, G., Ding, X., and Lu, C. (2012) Preclinical experimental models of drug metabolism and disposition in drug discovery and development. *Acta Pharm. Sin. B*, 2 (6), 549-561.

52. Godoy, P., Hewitt, N.J., Albrecht, U., Andersen, M.E., Ansari, N., Bhattacharya,

S., Bode, J.G., Bolleyn, J., Borner, C., Böttger, J., Bräuning, A., Budinsky, R.A., Burkhardt, B., Cameron, N.R., Camussi, G., Cho, C.-S., Choi, Y.-J., Rowlands, J.C., Dahmen, U., Damm, G., Dirsch, O., Donato, M.T., Dong, J., Dooley, S., Drasdo, D., Eakins, R., Sá Ferreira, K., Fonsato, V., Fraczek, J., Gebhardt, R., Gibson, A., Glanemann, M., Goldring, C.E.P., Gomez-Lechon, M.J., Groothuis, G.M.M., Gustavsson, L., Guyot, C., Hallifax, D., Hammad, S., Hayward, A., Häussinger, D., Hellerbrand, C., Hewitt, P., Hoehme, S., Holzhü tter, H.-G., Houston, J.B., Hrach, J., Ito, K., Jaeschke, H., Keitel, V., Kelm, J.E., Park, K., Kordes, C., Kullak-Ublick, G.A., LeCluyse, E.L., Lu, P., Luebke-Wheeler, J., Lutz, A., Maltman, D.J., Matz-Soja, M., McMullen, P., Merfort, I., Messner, S., Meyer, C., Mwinyi, J., Naisbitt, D.J., Nussler, A.K., Olinga, P., Pampaloni, F., Pi, J., Pluta, L., Przyborski, S.A., Ramachandran, A., Rogiers, V., Rowe, C., Schelcher, C., Schmich, K., Schwarz, M., Singh, B., Stelzer, E.H.K., Stieger, B., Stöber, R., Sugiyama, Y., Tetta, C., Thasler, W.E., Vanhaecke, T., Vinken, M., Weiss, T.S., Widera, A., Woods, C.G., Xu, J.J., Yarborough, K.M., and Hengstler, J.G.（2013）Recent advances in 2D and 3D *in vitro* systems using primary hepatocytes, alternative hepatocyte sources and non-parenchymal liver cells and their use in investigating mechanisms of hepatotoxicity, cell signaling and ADME.*Arch. Toxicol.*, 87, 1315-1530.

53. Wang, Q., Rager, J.D., Weinstein, K., Kardos, P.S., Dobson, G.L., Li, J., and Hidalgo, I.J.（2005）Evaluation of the MDR-MDCK cell line as a permeability screen for the blood-brain barrier. *Int. J. Pharm.*, 288（2）, 349-359.
54. Dukes, J.D., Whitley, P., and Chalmers, A.D.（2011）The MDCK variety pack: choosing the right strain. *BMC Cell Biol.*, 12, 43.
55. Jusço, W.J.（2013）Moving from basic toward systems pharmacodynamic models. *J. Pharm. Sci.*, 102（9）, 2930-2940.
56. Danhof, M.（2015）Kinetics of drug action in disease states: towards physiology-based pharmacodynamic（PBPD）models. *J. Pharmacokinet. Pharmacodyn.*, 42, 447-462.
57. Korn, C. and Balbach, S.（2004）Pharmaceutical evaluation of early development candidates "the 100 mg-approach". *Int. J. Pharm.*, 275, 1-12.
58. Korn, C. and Balbach, S.（2014）Compound selection for development-Is salt formation the ultimate answer? Experiences with an extended concept of the "100 mg approach". *Eur. J. Pharm. Sci.*, 57, 257-263.
59. Bayliss, M.K., Butler, J., Feldman, P.L., Green, D.V.S., Leeson, P.D., Palovich, M.R., and Taylor, A.J.（2016）Quality guidelines for oral drug can-didates: dose, solubility and lipophilicity. *Drug Discovery Today*, 21（10）, 1719-1727.
60. Hauss, D.J.（2007）Oral lipid-based formulations. *Adv. Drug Delivery Rev.*, 59, 667-676.
61. Kesisoglou, F., Panmai, S., and Wu, Y.（2007）Nanosizing-oral formulation development and biopharmaceutical evaluation. *Adv. Drug Delivery Rev.*, 59, 631-644.
62. Merisko-Liversidge, E., Liversidge, G.G., and Cooper, E.R.（2002）Nanosizing: a formulation approach for poorly-water-soluble compounds. *Eur. J. Pharm. Sci.*, 18, 113-120.

63. Pouton, C.W. (2006) Formulation of poorly water-soluble drugs for oral administration: physicochemical and physiological issues and the lipid formulation classification system. *Eur. J. Pharm. Sci.*, 29, 278-287.
64. Carter, P.J. (2006) Potent antibody therapeutics by design. *Nat. Rev. /Immunol.*, 6, 343-357.
65. Smietana, K. and Siatkowski, M.M. (2016) Trends in clinical success rates. *Nat. Rev. / Drug Discovery*, 15, 379-380.
66. Hwang, W.Y. and Foote, J. (2005) Immunogenicity of engineered antibodies. *Methods*, 365, 3-10.
67. Léger, O. and Saldanha, J.W. (2011) Humanization of antibodies, in *Antibody Drug Discovery* (ed. C.R.Wood), Imperial College Press, pp. 1-23. ISBN: 978-1-84816-919-7
68. Lonberg, N. (2008) Fully human antibodies from transgenic mouse and phage display platforms. *Curr. Opin. Immunol.*, 20, 450-459.
69. Green, L.L. (2014) Transgenic mouse strains as platforms for successful discovery and development of human therapeutic monoclonal antibodies. *Curr. Drug Discovery Technol.*, 11, 74-84.
70. Harding, F.A., Stickler, M.M., Razo, J., and DuBridge, R.B. (2010) The immunogenicity of humanized and fully human antibodies. *MAbs*, 2 (3), 256-265.
71. Pedras-Vasconcelos, J.A.The immunogenicity of therapeutic proteins (see http://www.fda.gov/downloads/Drugs/DevelopmentApprovalProcess/ SmallBusinessAssistance/UCM408709.pdf).
72. Wadhwa, M., Knezevic, I., Kang, H.-N., and Thorpe, R. (2015) Immunogenicity assessment of bio therapeutic products: an overview of assays and their utility. *Biologicals*, 43, 298-306.
73. Stephens, P. and Sweeney, B.M. (2011) Antibody expression from bacteria to transgenic animals, in *Antibody Drug Discovery* (ed. C.R.Wood), Imperial College Press, pp.221-269. ISBN: 978-1-84816-919-7
74. Adams, G.P. (2001) High affinity restricts the localization and tumour penetration of single-chain Fv antibody molecules. *Cancer Res.*, 61, 4750-4755.
75. Koene, H.R. (1997) Fc gammaR Ⅲ a-158V/F polymorphism influences the binding of IgG by natural killer cell Fc gammaR Ⅲ a, independently from the Fc gammaR Ⅲ a-48L/R/H phenotype. *Blood*, 90, 1109-1114.
76. Umaña, P., Jean-Mairet, J., Moudry, R., Amstutz, H., and Bailey, J.E. (1999) Engineered glycoforms of an antineuroblastoma IgG1 with optimized antibody-dependent cellular cytotoxic activity. *Nat. Biotechnol.*, 17, 176-180.
77. Shields, R.L. (2002) Lack of fucose on human IgG1 N-linked oligosaccharide improve binding to human FcγR Ⅲ and antibody-dependent cellular toxicity. *J. Biol. Chem.*, 277, 26733-26740.
78. Shinkawa, T. (2003) The absence of fucose but not the presence of galactose or bisecting *N*-acetylglucosamine of human IgG1 complex-type oligosac-charides shows the critical role of enhancing antibody-dependent cellular cytotoxicity. *J. Biol. Chem.*, 278, 3466-3473.
79. Alegre, M.L. (1994) A non-activating 'humanized' anti-CD3 monoclonal anti-body retains immunosuppressive properties *in vivo*. *Transplantation*, 57, 1537-1543.

80. Sheikh, S.E., Lerchen, H.-G., Müller-Tiemann, B., and Wlluda, J. (2011) Design and application of immuno-conjugates for cancer therapy, in *Anti-body Drug Discovery* (ed. C.R.Wood), Imperial College Press, pp. 313-372. ISBN: 978-1-84816-919-7
81. Kovtun, Y.V. and Goldmacher, V.S. (2007) Cell killing by antibody-drug conjugates. *Cancer Lett.*, 255, 232-240.
82. Chari, R.V. (2008) Targeted cancer therapy: conferring specificity to cytotoxic drugs. *Acc. Chem. Res.*, 41, 98-107.
83. Sun, Y., Yu, F., and Sun, B.W. (2009) Antibody-drug conjugates as targeted cancer therapeutics. *Yao Xue Xue Bao*, 44, 943-952.
84. Grant, B.D. and Donaldson, J.G. (2009) Pathways and mechanisms of endo-cytic recycling. *Nat. Rev. Mol. Cell Biol.*, 10, 597-608.
85. Dyba, M., Tarasova, N.I., and Michejda, C.J. (2004) Small molecule toxins targeting tumour receptors. *Curr. Pharm. Des.*, 10, 2311-2334.
86. Tsuchikama, K. and An, Z. (2016) Antibody-drug conjugates: recent advances in conjugation and linker chemistries. *Protein Cell.* doi: 10.1007/s13238-016-0323-0
87. Zhu, Z. (2012) Dual-targeting bispecific antibodies as new therapeutic modalities for cancer, in *Antibody Drug Discovery* (ed. C.R.Wood), Imperial College Press, pp. 373-406. ISBN: 13 978-1-84816-628-8.
88. Kontermann, R.E. and Brinkmann, U. (2015) Bispecific antibodies. *Drug Discovery Today*, 20 (7).
89. Heiss, M.M. (2005) Immunotherapy of malignant ascites with trifunctional antibodies. *Int. J. Cancer*, 117, 435-443.
90. Zeidler, R. (2000) The Fc region of a new class of intact bispecific anti-body mediates activation of accessory cells and NK cells and induces direct phagocytosis of tumour cells. *Br. J. Cancer*, 83, 261-266.
91. Kontermann, R.E. (2011) Strategies for extended serum half-life of protein therapeutics. *Curr. Opin. Biotechnol.*, 22, 868-876.
92. Ridgway, J.B. (1996) 'Knobs-into-holes' engineering of antibody CH_3 domains for heavy chain heterodimerization. *Protein Eng.*, 9, 617-621.
93. Waring, M.J., Arrowsmith, J., Leach, A.R., Leeson, P.D., Mandrell, S., Owen, R.M., Pairaudeau, G., Pennie, W.D., Pickett, S.D., Wang, J., Wallace, O., and Weir, A. (2015) An analysis of the attrition of drug candidates from four major pharmaceutical companies. *Nat. Rev. Drug Discovery*, 14, 475-486.
94. Corren, J., Lemanske, R.F., Hanania, N.A., Korenblat, P.E., Parsey, M.V., Arron, J.R., Harris, J.M., Scheerens, H., Wu, L.C., Su, Z., Mosesova, S., Eisner, M.D., Bohen, S.P., and Matthews, J.G. (2011) Lebrikizumab treatment in adults with asthma. *N. Engl. J. Med.*, 365 (12), 1088-1098.

第2章

小分子和大分子药物的专利保护

2.1 专利在制药领域中的作用

新药研发是一项既耗资又耗时的系统工程。现如今，开发一个上市新药的平均成本（包括对研发失败药物的投入）约为26亿美元[1]。尽管人们曾经推断，当引入基于蛋白和核酸等生物类药物的研发项目后，情况可能会有所好转，然而却并非如此。

专利为一项授权的发明，这一发明提供了禁止权，是对创新者所投入的努力和资源的一种补偿，但同时也影响了自由竞争和商品交换。因此，这种特权的生命周期是受限的，目的是在专利期满后提供该发明主题内容的公共访问权，使第三方有权使用曾经受到保护的技术。

相比于其他行业，专利在制药行业中发挥着更为重要的作用，这是制药行业的高研发成本决定的。获得专利保护通常是研发投资和新药批准决策过程中的关键环节之一，这意味着不利的专利情况可能导致一项药物研发工作的叫停。此外，与其他行业不同，即便是较小的临床市场，制药公司也会去努力争取覆盖，这也导致制药领域的专利成本高于平均专利成本。例如，有研究证明，一项长达106页、在58个国家申请授权的专利在其整个生命周期中的累计成本高达80万欧元[2]。

专利有时被认为是造成人类健康领域耗资巨大的重要原因。事实上，一些药物治疗的费用的确非常高。例如，吉利德（Gilead）科学公司研制的一种新型HCV治疗药物索非布韦（sofosbuvir，Harvoni®）正在美国销售，为期12周的治疗费用高达50 400美元[3]。而诺华（Novartis）公司治疗慢性粒细胞白血病的药物伊马替尼（imatinib，Gleevec®），在2001年上市时[4]，每年的治疗费用也在30 000美元左右。

尽管专利保护使创新药物研发公司向医疗保险公司提出更高的药物价格要求，但药品的高费用仍不能归咎于专利。2013年，世界卫生组织（World Health Organization，WHO）基本药物清单（list of essential medicines，LEM）中95%的药物都处于专利过期状态[5]。反观，清单中的所有药物都曾受到专利的保护，这表明专利确实是新药研发的重要驱动力之一。

受篇幅限制，本章无法对专利法相关辖区内的所有主题进行全面而详细的概述。尽管如此，本章将为非专利领域的专业人士描绘出可以理解的图景。文中概述了一些共同原则，这些原则并非局限于所讨论的案例，在世界大多数专利法辖区内都可能发生类似的情况。

2.2 药物活性成分的分类

药物的活性成分至少可以分为四个不同类别，分别是小分子药物、多肽类药物、生物大分子药物和核酸类药物（表2.1）。

表2.1 活性药物分子的分类及其实例

小分子药物	生物药物		
阿司匹林（aspirin）	多肽类药物胰岛素	蛋白类药物单克隆抗体	核酸类药物适配体

根据分子量范围和生物利用度，大多数小分子药物被归属于适于口服的盖伦制剂（galenic formulations）范畴。约80%的处方药和非处方药销售额属于此类药物。“现代”小分子药物起源于20世纪初，其中非常著名且商业上较为成功的代表是阿司匹林（aspirin）和可的松（cortisone）。

第二类是基于氨基酸的分子量更大、结构更复杂的多肽类药物，其分子量为500～5000 Da。通常通过生物技术工艺获得。在早期，这类活性分子主要是一些典型的内源性物质，后来又逐步涵盖了一些修饰类多肽，如多功能肽或细胞穿透肽，以及多肽-小分子药物偶联物。目前，大多数多肽类药物是通过非肠道途径给药，其中约75%为注射剂。这类药物中最为广泛应用的是不同剂型的胰岛素，一些市售的胰岛素类似物的分子量被认为介于活性多肽和生物小分子药物之间（如Lantus™，赛诺菲）。

第三类活性物质主要是分子量大于5000 Da的生物大分子。这个定义同时涵盖从活体（器官、全血或干细胞等）中获得的大分子物质，以及通过生物技术获得的大分子物质（如单克隆抗体），这里的定义仅限于后者。

第四类活性物质具有极强的异源性，包括反义核苷酸（siRNA、shRNA和miRNA）、核酸适配体（aptamer）、肽核酸和基于核酸的纳米颗粒。由于这种异源性，加之至今尚无基于核酸的疗法获得批准，本章仅做简要讨论。

2.3 可专利性标准和可专利实施例

2.3.1 专利资格和可专利性

“专利资格（patent eligibility）”是指发明内容受专利法保护的发明类别。无专利资格的发明由于道德伦理因素或实际情况方面的考量不受专利法保护，在某些辖区内，包括计算机程序、算法、从自然界或人类胚胎中分离的特定分子等都不具备专利资格。“可专利性（patentability）”是指一项发明符合专利法规定的实质性标准，一般包括新颖性和创新性（非显而易见性）。

2.3.2 分子的专利资格

现代专利制度初建时，包括活性药物成分在内的分子在某些辖区内无法获得专利保护。大多数情况下，只有化学生产工艺可以成为专利保护的对象，这就给竞争对手留下了很大的专利突破空间，他们可以采用不同的生产工艺作为替代方案。

直到1994年，世界贸易组织（World Trade Organization，WTO）成员签署了《与贸易有关的知识产权协定》（Agreement on Trade-Related Aspects of Intellectual Property Rights，TRIPs）后，这一情况才得以改变。协议规定，所有技术领域的产品和工艺，只要具有新颖性、创造性和实用性，WTO成员均同意授予其发明专利[6]。TRIPs协定的实施使产品（包括活性成分）本身的专利保护成为可能，也被称为“化合物的绝对保护”。

2.3.2.1 小分子和多肽

对于小分子和多肽而言，其专利资格和可专利性的问题与其他任何发明并无不同。在某些专利法辖区，如果用于商业开发的发明违反公共秩序或道德，那么它将不会被授权。根据这一原则，在美国和其他专利法辖区之外，即使有知识产权保护，对人体或动物的诊断、治疗及手术方法也可以免费实施而不受专利保护。但是，用于上述任何方法的产品，特别是活性物质或组合物，却并不适用于此豁免规则。基于这一点，至少在TRIPs适用的司法管辖区，作为活性成分的小分子及包含小分子的治疗药物都具有专利资格。

2.3.2.2 从自然界中分离的分子

近十年来，在美国曾发生过一起关于“从自然界中分离的产品”的重大专利纠纷，而引发此纠纷的源头是一项要求保护人类BRCA1基因序列及其在癌症诊断中应用的专利[7]。针对DNA序列的专利要求最终被美国最高法院裁定不符合专利资格，因为这仅仅是自然的产物。这一决定对美国专利和商标局（United States Patent and Trademark Office，USPTO）审查员的专利批准政策产生了巨大影响，特别是在专利申请与基于核酸的诊断或生物制药分子紧密相关的情况下。

此后，USPTO陆续发布了几份指南，以协助审查员认定生物技术发明是否符合专利申请条件。这些指南关注的主要问题是专利申请主题是否与最高法院规定的司法例外有本质区别。自那时起，生物技术相关专利（包括核酸或生物类药物分子）的申请过程变得较为繁冗，常常花费高昂却最终被驳回，即使专利申请主题不仅仅为分子或已被改造的分子，其情况仍是如此。

2.3.3 新颖性

一个分子或包含这一分子的某一药物，若其并不属于现有已知技术，即可被认为具有新颖性（novelty）。技术状态的定义反映了绝对新颖性的原则，即在专利申请日之前，通过书面或口头描述，或使用任何其他方式向公众提供的任何信息均被视为现有技术（先前技术）。这种认定适用于所有遵从优先申请原则的司法管辖区（大多数司法管辖区采用这一原则）。在《美国发明法案》（America Invents Act，AIA）实施后，美国也开始贯彻优先申请原则。

然而，只有待申请专利相关内容已在某个现有技术来源中向技术人员明确披露时，其新颖性才会受到影响。例如，在优先权日期之前公布的专利申请。

1883年3月20日，最古老的知识产权多边条约之一——《保护工业产权巴黎公约》（Paris Convention for the Protection of Industrial Property）于巴黎签署，简称《巴黎公约》。《巴黎公约》对优先权进行了定义，即指申请人在首次向缔约国中的一国提出正式专利申请的基础上，可以在12个月内向任一其他缔约国申请专利保护，这些后续申请的日期将被视为与首次的申请日期相同。换言之，申请人将在上述期间内对其他申请人提出的同一发明申请享有优先权。

此外，这些在其他缔约国提交的后续申请并不受在此期间产生的与该发明相关的任何新事件的影响，如新的发表内容、相似发明或带有此商标或设计的商品销售等。这项规定的重要优势之一是，当申请人计划在多个国家寻求专利保护时，并不需要在提交第一份专利申请时立即做出决定并付诸行动，而是可在12个月（从优先权日开始计算）内从容地考虑和规划需要在哪些国家申请专利保护，以及需要采取哪些行动等。在这12个月的期限内，申请人可以获得专利局的检索报告或审查报告，并结合与本发明相关的进一步实践结果，可以纳入二次申请及市场反馈等各方面的内容和依据，来决策是否需要在更多国家申请专利保护。

这一原则在20世纪70年代早期生效的《专利合作条约》（Patent Cooperation Treaty，PCT）中得到了进一步阐释。条约中规定二次申请可以作为所谓的国际申请，在申请人决定需要进一步向哪些成员国提交专利申请之前有18个月（在一些国家中时间更长）的考虑期限。

判断专利的新颖性时存在一个障碍，因为其他专利申请在提交后18个月才会公开。尽管这是有益的，但较晚提出专利申请的申请人只有在专利公布后才能获知较早的专利申请内容。为避免“重复授权”情况的发生——即将两项申请主题内容相同的专利授予两个不同的申请人——在大多数司法管辖区内，规定申请日期优先的专利代表该技术领域发展的最新水平，这就包括了前一份专利的申请日期早于后一份专利的申请日期，以及前一份专利是在后一份专利的提交日期之后公布的情况。然而，这种定义在不同的司法管辖区内存在一定的局限性。

值得注意的是，大多数司法管辖区已经接受了所谓“选择发明”的概念。例如，即使一项发明中披露了一个分子的结构通式，分子中两个取代基可以分别选自两个不同的列表，如果另一个特定分子中两个特定的取代基分别也选自这两个列表，仍可认为其具有新颖性。

表2.2以抗精神病药奥氮平（olanzapine）为例，对“选择发明”进行了说明。虽然奥氮平已被现有技术中的结构通式（表2.2中右边的结构通式）囊括，但它最终被德国最高法院认定具有新颖性[8]。

表2.2　以奥氮平为例，对“选择发明”的说明

［左：专利保护的奥氮平（olanzapine）；右：现有技术中囊括了奥氮平的结构通式］

奥氮平	现有技术
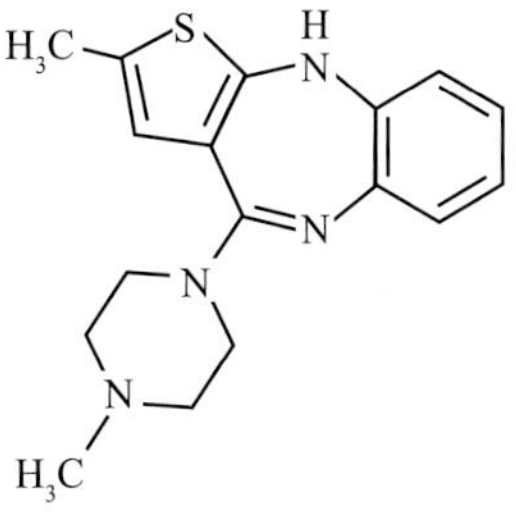	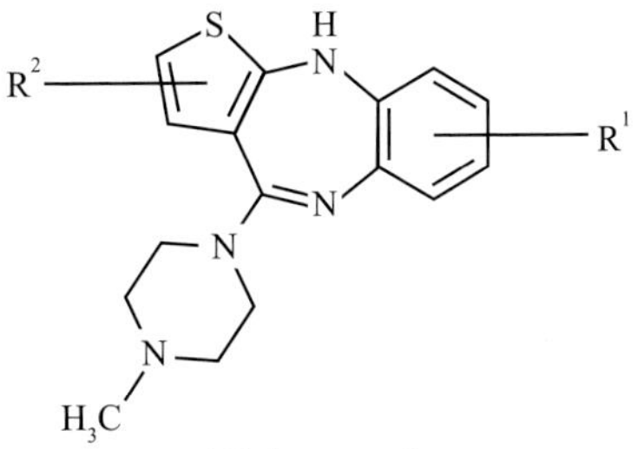 R^1选自H、Cl和F R^2选自H、CH_3、CH_2CH_3和异丙基

人体内源性物质类似物的新颖性

与人体内源性物质相似的分子主要应用于人体功能失调或内源性物质缺乏的治疗。这些内源性物质包括激素（如胰岛素、生长激素、胰高血糖素、促性腺激素、促红细胞生成素、集落刺激因子）、酶（如胰酶）、血液因子（因子Ⅷ和因子Ⅸ）、溶栓剂（组织纤溶酶原激活剂）、干扰素和白细胞介素等。

这些分子实体已得到了准确表征，并且它们在人体中发挥的功能也被研究得较为透彻，因此，无论是通过分离还是重组技术获得，这些分子本身都不能再申请专利。然而，只要具有特定的效果，其工程改造之后的分子版本（如糖基化修饰或氨基酸修饰）仍可申请专利。此外，由这些分子实体组成的具有新颖性和创新性的组合物也可能具有可专利性。

但是，从对某种疾病（如神经退行性疾病）不敏感的人类供体中分离出的单克隆抗体是一个例外。由于T细胞和B细胞成熟早期的重组过程，人体所能产生抗体的多样性已达到了令人难以置信的程度，尤其是在应对外界病原体入侵时。即使一种给定的抗体可能已预先存在于人体中，但它的分离和药物转化仍旧被认为是一项可申请专利的发明。下文将对抗体进行更加详细的讨论。

2.3.4 创造性/非显而易见性

新颖性（novelty）是一个非黑即白的问题，但判断一项发明是否具有创造性（inventive step）或是否显而易见（obvious）却没有那么简单。具有创造性意味着申请主题内容除新颖外，鉴于现有技术水平还不应是显而易见的。与评估新颖性不同的是，在评估创造性时要参照多种来源的现有技术内容。发明的创造性要求，旨在防止独占权对标准或常规技术的发展设置障碍。然而，对于不同的专利权授予机构（即相关国家专利局或知识产权局），其对创造性进行实事求是和综合性评估的准则可能有所不同。

USPTO对非显而易见性的认定标准参照的是《美国法典》第35编第103条（35 U.S.C. § 103）的规定。欧洲专利局（European Patent Office，EPO）对创新性的认定标准参照的是《欧洲专利公约》(European Patent Convention，EPC）第56条的规定。这两项认定标准都限制了所谓发明（即使具有新颖性）的可专利性，以避免在现有技术条件下，该专利申请内容对相关领域人员来说具有显而易见性。

美国过去曾采用不同的认定方法。在美国KSR案件对泰利福（Teleflex）[9]的判决中，最高法院认为所谓的格雷厄姆分析（Graham analysis）是对专利非显而易见性的真正检验方法，因此废止了低级法院使用的另一类检验方法。最高法院认为低级法院采用的这种检验方法过于狭隘和僵化，并宣称专利申请的明显主题不应被限制在一个“太局限而不能达到其目的”的审查中。在格雷厄姆分析法中，法院审查现有技术的范围和内容、技术中的普通工艺水平、申请发明与现有技术之间的差异、商业上的成功、一直存在但尚未解决的需求，以及其他人的失败等因素可作为非显而易见性的客观证明。

EPO则采用所谓的问题解决法。在这种审查中，首先，需明确最接近的现有技术；其次，明确申请发明与现有技术的区别并确定其技术效果，相应地，规定从最接近的现有技术来获得这种效果将是申请发明的客观技术对象；最后，考虑对于具有相关技能的人而言，解决这一客观技术问题是否是显而易见的。

尽管所有目的都是为了使上述审查方法尽量具有可重复性，但在现实中仍然存在很大的不确定性。实际执行过程中，不仅在美国与欧盟（European Union，EU）或其他司法管辖区之间存在差异，在不同的学科技术，甚至同一司法管辖区的不同部门之间也会存在差异。

2.3.5 生物药的可专利性标准和可专利实施例

2.3.5.1 不同类别的生物药

尽管人们在细胞水平上对大多数生理信号通路已经有了较为深刻的认知，但诸如受体、配体、酶、核酸序列等新的生物因子仍在不断被发现。

对于一种新的生物制品，只要它的生理作用被阐述清楚，使其有潜力提供生理干预方面的商业用途（如作为一种药物），那么它就可以成为专利申请的主体。

本章介绍的侧重点是典型的生物类药物，包括：①通过杂交瘤或重组技术产生的单克隆抗体，以及融合蛋白（由与抗体恒定区偶联的天然受体组成）；②基于核酸的治疗药物；③人体内源性物质的生物类似物，如激素、酶、血液因子、细胞因子，以及从体内分离的抗体。本节不讨论疫苗、干细胞或器官等其他生物实体。

2.3.5.2 单克隆抗体

靶点规范说明（Specification by Target）。目前已获批的生物药确认了100余个生物学靶点[10]。实际上，被发现的靶点只是冰山一角，尚未被发现的靶点数目可能非常巨大。

提交针对新靶标的抗体专利申请通常是较为安全的选择。如果专利申请中描述并充分说明了一种可能在人体中发挥生理作用的新蛋白，即使申请人尚未生产该抗体，也未提供与此类抗体相关的数据或可实施例（参考美国对Noelle v Lederman的判决[11]或EPO技术委员会的判决T0542/95）[12]，针对该蛋白理论抗体相关的专利权利要求通常会被主要司法管辖区接受并给予授权。这两个案例中判决的立场依据（所谓抗体例外）如下：对一种新型蛋白的正确、规范性阐述能够使相关技术人员通过标准流程获得针对所述蛋白的抗体，如杂交瘤技术、CDR嫁接技术或噬菌体展示技术。因此，理应授予与该蛋白理论抗体相关的权利要求。

已知靶点的规范说明（Specification if the Target is already Prior Art）。如果靶点已知，还可以通过以下方面对抗体进行阐释：①结合表位[13]；②特定的功能特征（如与靶标的亲和力、激动活性或拮抗活性等）；③抗体结构，通过披露其序列（一般至少需要所有CDR序列）或为产生该抗体的细胞株提供参考。

然而，任何专利的权利要求都需要通过创新性审查。抗体技术领域的快速发展使得过去被认为足够支撑专利创新性的论据在如今可能会被认为属于熟练技术人员的常规实验方法，进而被拒绝。换言之，抗体产业在某种程度上是其自身成功发展的“受害者”[14]。这一点在抗体序列的权利要求方面体现得尤为明显，当存在针对相同靶标的现有技术抗体时，EPO要求申请人提供的实验数据需证明申请保护的抗体具有令人意想不到的性质。

2.3.5.3 核酸类药物

核酸类药物具有明显的异源性，包括：①仅通过其三维构象发挥作用的分子（如核酸适配体）；②通过与特定目标序列的序列同源性发挥作用，这些分子可以是编码的或非编码的。对于核酸适配体，也适用于与抗体相似的判定条件（因为单凭序列无法预测靶标的特异性，且存在从SELEX文库中选择靶标特异性适配体的技术）[15]。其他方法，至少从专利角度而言，会受到困扰，因为相关作用模式要求分子序列与目标序列具有同源性，因此它们的序列不太可能被认为具有创新性。然而，抗体例外原则在这里同样适用，如果一项专利申请中详细阐述了一个可能在人体内发挥生理作用的新靶标基因序列，与其反义核酸相关的专利申请则应被给予授权。

2.4 专利期限的补偿和调整、补充保护证书制度及生物药的试验数据保护制度

2.4.1 引言

通常情况下，保护一种新药的专利申请在新药开发之初就须提出。由于最初的专利申请与最终药物上市的时间间隔很长，专利权人只能在有限的时间内利用其专利所提供的独占权。为激励研发新药的积极性，所有主要司法管辖区均制定了相关的试验数据保护制度，作为对现有专利保护体系的补充。本节将对此内容进行讨论。此外，还将讨论专利生命周期的管理策略，包括针对延长保护期的后续专利的战略性申请。

2.4.2 专利有效期

1995年6月8日及之后申请的美国专利，其专利保护期为自实际申请日起20年［美国专利法第154 条a款第2项，35 U.S.C. § 154（a）2］。通过对内容相同

或相似的较早专利进行优先权要求，可以将专利保护期限延长至21年。所谓的优先权要求，大多数情况下是指在USPTO提交的临时申请或在《巴黎公约》成员国中提交的国外申请[16]。然而，对于1995年6月8日前申请的发明专利，专利保护期按照以下两种情况中的时间较长者计算，即从获得授权日起17年或从申请日起20年。这意味着，对于在上述日期之前申请的专利，专利有效期可延长至21年以上。相比之下，欧洲专利在申请满20年后到期［EPC第63条第1款，Art63（1）EPC］，在要求优先权的情况下有效期限可能延长至21年。类似条款也适用于大多数工业化国家的专利。

2.4.2.1 专利期限调整制度

与欧洲专利无法延长实际有效期不同的是，为了补偿由于USPTO的专利审查过程延误而给专利权人造成的专利有效期损失，根据《美国法典》第35编第154条b款［35U.S.C.154（b）］的规定，USPTO可对正常的专利期限给予逐日补偿。这一延期制度需抵扣由申请人造成的时间延误。计算实际专利期限调整（patent term adjustment，PTA）的过程需考虑双方在专利诉讼中不同阶段预设的时间范围，但调整期限不能小于零。实际的PTA会在公开专利的扉页中注明。该制度适用于2000年5月29日及之后申请的专利，USPTO会在专利授权（issuance of a patent）前采用计算机算法对PTA进行至少一次的计算后再通知申请人。由于USPTO对PTA的计算往往存在大量错误[17]，申请人应该对PTA计算结果进行复核，尤其是涉及保护生物类药物的专利，每增加一天的专利寿命都会带来可观的收入。申请人应咨询有资质的专利律师，以尽可能获得最高PTA的方式进行专利审查，并在合理情况下要求并实现对PTA的更正。

2.4.2.2 专利期限补偿和补充保护证书制度

许多司法管辖区制定了相关制度，以适当延长专利的保护期限，主要是补偿因漫长的药品审批流程所耗费的大量时间[18]。这一期限延长在创新药保护方面发挥着至关重要的作用。礼来（Lilly）公司研发的氟西汀（fluoxetine，Prozac®）是一个经常被提及的案例，该药物的欧洲专利于1995年到期。因为在英国申请了专利保护期限延长，其在英国80%的销售额是在专利到期后的5年延长期内实现的[19]。

根据《美国法典》第35编第154条（35 U.S.C.154）的规定，与药物的活性成分、活性成分组合物、医疗设备制造方法或使用方法（如果该产品受《美国联邦食品、药品和化妆品法案》监管）相关的专利期限可以延长。这就是所谓的专利期限补偿制度（patent term extensions，PTE，勿与PTA相混淆）。

PTE适用于因监管审查而造成首次上市日期推迟的情况，延期时间应与因监管审查而推迟上市的时间相同。专利补偿期限的计算方法如下：根据①临床试验豁免的批准（允许在美国开展临床试验）或②从专利授权到提交新药上市申请。补偿期为这二者中期限较长者的一半，再加上从提交上市申请到批准上市的时间。补偿期限最长不超过5年，药品获得上市许可后剩余的基本专利期加上延长期限不得超过14年。此外，依据专利的权利要求，保护范围仅限于已授权的产品、产品用途或制造授权产品的方法。

依据EPC第63条第2款［EPC 63（2）］及欧洲议会和理事会（European parliament and of the council，EC）第469/2009号法规（EC469/2009），欧盟成员国可以通过补充保护证书制度（Supplementary Protection Certificates，SPC）[20]延长已获批新药的化合物保护期限。与PTE不同，SPC不是对专利保护期本身的延长，而仅仅涉及特定基本专利的市场独占权。

依据EC第469/2009号法规第7条的内容，SPC申请的起始日期选自以下两个日期中的较晚者，并需在6个月内提出申请：①该药物在欧洲经济区（European Economic Area，EEA，欧盟及冰岛、列支敦士登和挪威地区）任一成员国首次获得上市许可；②专利获得正式授权，且必须向不同国家的专利机构提出申请。从专利期限结束时开始计算，SPC最长不超过5年，计算公式为

$$LT = MA - FD - 5\text{年}$$

式中，LT＝SPC期限（lifetime of the SPC）；MA＝首次上市许可日（date of first market authorization）；FD＝基本专利申请日（filing date of basic patent）。这意味着如果首次上市许可日与专利申请日的时间差距不足5年，则SPC为0，理论上甚至为负值。

目前尚不清楚SPC制度的保护范围是否会从生物药扩展至生物仿制药（biosimilar，也称为生物类似药）。生物仿制药经过加速审批，在原研药专利期满后上市，通常具有不同的糖基化模式［糖型（glycoform）］。根据上述法规的第4条，SPC范围“仅包括获得授权并将相应药品投放至市场的产品”。

欧洲联盟法院（Court of Justice of the European Union，CJEU）在C-392/97号决定[21]中进一步扩大了这一概念，阐述如下：

“一种活性成分……在相关上市许可中提及且被有效的基本专利保护，该证书保护范围……包括目前由基本专利保护的盐、酯等各种衍生物。”

然而，这一规定涉及的是小分子药物，还未考虑到生物仿制药及不同的糖基化的产物。此外，由于生物仿制药需要单独授权（即使是简略申请），目前还不明确它们是否被划入上述条款的界定范围。

在SPC申请中，经常会遇到以下几项内容是否能够正确匹配的问题：①基本专利中保护的产品；②获得首次上市许可的产品；③SPC制度保护的产品。

在美国，联邦巡回上诉法院（Court of Appeals for the Federal Circuit，CAFC）裁定的一个关键点是“专利是否确实对受监管审查的产品进行了权利要求[22]”，过去有很多申请因未满足该要求而被拒绝。爱必妥［Erbitux®，西妥昔单抗（cetuximab）］在英国的情况与此相似，爱必妥及其与化疗联用的两项SPC申请由于不符合第3条b款的规定而被拒绝。此条款规定，申请SPC的专利权必须有效，申请涉及的产品上市许可也必须有效（基本专利保护的产品和提交SPC申请的主体必须精确匹配）。在这个案例中，基本专利保护爱必妥与化疗联用的权利要求，但上市许可——分别来自瑞士和欧洲药品管理局（European Medicines Agency，EMA）——仅涉及爱必妥自身，而与伊立替康（irinotecan）的联合应用只是作为一种选择。因此，法院裁定基本专利的权利要求与上市产品不匹配[23]。

有趣的是，欧盟其他成员国对此案的裁决有所不同。在比利时、西班牙、法国、意大利和瑞典，只有针对爱必妥自身的SPC申请被批准；在奥地利，只有针对组合产品的SPC申请被批准；在希腊和卢森堡，两项SPC申请都获得批准；而荷兰的裁决与英国相似，两项SPC申请都被拒绝。

EC第469/2009号法规显然也留下了许多其他没有解决的问题。2011年6月2日，有9宗悬而未决的案例正等待CJEU对相关法规的解释，其中有4宗与第3条a款有关。根据这一要求，提交SPC申请的产品必须受到有效的基本专利保护[24]。

尽管至少在欧盟成员国中存在着明显的法律不确定因素，但申请人还是应该始终确保基本专利产品与授权产品之间的正确匹配。在单药和药物联用的SPC申请中，申请人应为它们分别寻求专利保护，并应注意它们各自的上市许可。

2.4.2.3　儿科药物研究

根据EC第1901/2006号法规，如果专利权人开展儿科药物研究计划（pediatric investigation plan，PIP），SPC期限可再延长6个月，现在欧洲大多数的新药审批都要求必须执行该计划。甚至当PIP研究表明相应药物不适合儿童使用，或该药物所针对的疾病只发生在成年人中时，都可以获得期限延长的批准。

一个悬而未决的问题是，是否可以授予0或负值的SPC（见上文）。以西格列汀（sitagliptin）为例，从专利申请到获得上市许可的时间不足5年。因此，其SPC应于专利到期前100天左右结束。由于申请人向EMA提交了一份PIP，很可能据此获得6个月的延长，最终将获得80天左右的保护延长期。申请人在不同的欧盟成员国申请了SPC，不同管辖区对这些申请的处理方式可能不同。

2010年，德国联邦专利法院（German Federal Patent Court，BPatG）将此案提交至CJEU[25]，咨询“如果专利申请和上市许可之间的时间少于5年，是否可以获得SPC批准”。这个问题不单单具有学术上的重要性，因为如果0或负值的SPC可获批准，那么PIP至少还可以增加最长6个月的保护期限。

CJEU最终判定，即使从提交基本专利申请到首次获得上市许可之间的时间少于5年，SPC申请仍可获得批准[26]。因此，即使它的期限为负值，申请SPC也是有意义的，或者说至少它的权益可以在专利保护期第20年的下半年结束。

尽管被寄予厚望，但一种新的治疗性抗体的开发和批准在耗资与耗时方面并不逊色于小分子药物。因此，PTE和SPC制度在生物药领域与小分子药物领域中都同等重要。

2.4.3 监管程序相关的独占权

2.4.3.1 数据独占权与市场独占权

另一种与专利无关的保护手段是大多数司法管辖区对药物（包括生物类药物）提供的数据独占权（data exclusivity）和市场独占权（market exclusivity）制度。这些术语在不同的法律体系中不完全一致，然而普遍的共识是，数据独占权禁止仿制药或生物仿制药制造商基于或引用与原研药批准相关的数据用于自己的药物申请，即使原研药的专利保护已过期也不允许。然而，这种制度不会阻碍第三方以成本较高的代价获取相关数据。

与此形成对比的是，市场独占权则定义了这样一种情况：即使仿制药或生物仿制药制造商已经申请了此类批准，并提交了必要的数据或已获得创新药公司的数据授权，也不会获得相关机构的批准。

这两种制度均与上述TRIPs协定的第39条第3款内容相符。

在欧盟，根据EC第726/2004号法规的“8＋2＋1”原则，如果原研药与现有疗法相比，能够针对新适应证表现出显著的临床效果，那么它可获得从上市许可起开始计算的8年数据独占期，此外还能被授予2年的市场独占期。如果在8年期间发现一个或多个新的治疗适应证，市场独占期还可延长1年。本规定适用于2005年10月31日之后申请批准的药品。

对于此前提交申请的药物，在EMA提交的申请数据独占期为10年，而对于国际申请或相互认可的程序，则为6年，某些国家（比利时、法国、德国、意大利、卢森堡、荷兰、瑞典和英国）将此期限延长至10年。

如果药物不受或不再受专利和SPC保护，可以通过儿科用药上市许可（pediatric use marketing authorization，PUMA）制度获得10年的数据独占期。

在美国，根据《哈奇-瓦克斯曼法案》（Hatch-Waxman Act），小分子药物（也称为新化学实体）的数据独占期为5年，新适应证的数据独占期为3年，而美国FDA规定进行儿科用药研究的药物可获得额外6个月的延长期限。

关于生物类药物，2010年颁布的《患者保护和平价医疗法案》（Patient Protection and Affordable Care Act）规定了12年的数据独占期，儿科用药研究的数据独占期可在此基础上延长6个月。在此期间的前4年（授予儿科药独占期的情况下为4年半），FDA不会审查任何涉及相应原研生物药的生物仿制药申请。此外，该法案为第一个获得可互换性许可的生物仿制药（即首仿的生物仿制药）制造商提供了所谓的生物仿制药独占期。该独占权可防止后续的可互换性许可申请，因此是一种市场独占权，其期限在12～42个月视具体情况（如当事方是否参与法律诉讼）而定。

2.4.3.2 孤儿药

孤儿药（orphan drug）是用于治疗罕见疾病的药物。为了给这种商业吸引力较小的药物开发提供足够的激励，已建立了额外的独占期保护制度。

根据EC第41/2000号法规，孤儿药可获得10年的市场独占期。根据该条例，在欧洲，“每年影响少于23万名患者（或少于万分之五的患者），且会威及生命、使人严重衰弱的疾病或严重的慢性疾病”被定义为孤儿病（罕见病）。此外，一些主要在发展中国家发现的热带病也属于孤儿病。然而，孤儿药的状态与特定的适应证相关，这意味着存在相应药物已针对其他适应证上市销售的情况，可能存在超出药品说明书用药的情况。此外，市场独占期会根据实际情况进行调整，如果不再满足罕见病状态所需的条件，可以缩短为6年。

在美国，每年影响少于20万名患者（或少于万分之七点五的患者）的疾病被定义为孤儿病，《孤儿药法案》（Orphan Drug Act，ODA）对治疗这些疾病的药物进行了特殊对待。除了税收优惠和其他财政优惠政策外，还提供了7年的市场独占期。

2011年5月15日，欧洲孤儿药产品注册目录[1]列出了727种注册孤儿药品，其中有70种是抗体或抗体类似物。

因此，如果某一公司开发的药物所针对的靶标已有其他药物上市，那么选择早期上市的药物尚未涵盖的适应证以获得孤儿药批准不失为一种战略选择。

尼妥珠单抗（nimotuzumab）就是一个代表性的案例，它是一种人源化的抗EGFR的IgG抗体，与默克（Merck）公司的爱必妥（cetuximab，Erbitux®）存在竞争关系。尼妥珠单抗由古巴哈瓦那分子免疫学中心开发（The Centre of Molecular Immunology in Havana，Cuba），受专利号为5891996的美国专利保护，在欧盟（治疗神经胶质瘤和胰腺癌，欧盟指定编号：EU/3/04/220和EU/3/08/550）和美国（治疗神经胶质瘤）都具有孤儿药资格。

另一个例子是法国LFB公司开发的LFB-R603，一种抗CD20的嵌合IgG抗体。LFB公司宣称，LFB-R603相对于其对照抗体利妥昔单抗（rituximab）可显示出更好的抗体依赖性细胞介导的细胞毒性作用（antibodydependent cell-mediated cytotoxicity，ADCC）。LFB-R603在美国和欧洲（EU/3/09/699）均已获得治疗慢性淋巴细胞白血病（chronic lymphocytic leukemia，CLL）的孤儿药资格。

表2.3和表2.4概述了制药公司可以利用且应该充分利用的垄断权和独占权。

表2.3 文中讨论的垄断权概述

垄断权	要求	美国	欧洲	影响
专利	新颖性和创新性	20年	20年	专利权人或SPC所有人可以阻止第三方制造、使用、要约销售或出售其专利发明 可在法庭上强制索赔。如果是强制许可，则可以在某些司法辖区内给予补偿款
PTA	USPTO审查造成的延误	*X*天	-	
	上市批准程序引起的耗时	最长5年		
儿科药的SPC延长	儿科用药研究＋获批的SPC	SPC延长6个月	6个月	
优先权要求		1年	1年	

表2.4 文中讨论的独占权概述

独占权	要求	美国	欧洲	影响
数据独占权	完全获批的新药	12年（生物药） 5年（小分子药物） 3年（小分子药的新适应证）	8年 （“8＋2＋1”原则）	第三方不能参考原研药的临床试验数据提交仿制药或生物仿制药上市申请，FDA不会在前四年审查任何生物仿制药申请（与市场独占权类似）
市场独占权		-	2年（“8＋2＋1”原则），如果前8年内有新的适应证获批则再增加1年	仿制药或生物仿制药可提交申请，但在独占期结束之前不会获批
儿科用药的数据独占期延长	需要进行儿科用药研究	6个月	-	见数据独占权

续表

独占权	要求	美国	欧洲	影响
儿科用药上市许可（PUMA）	未被专利或SPC保护的药物，开展了补充的儿科用药研究	-	10年	用于提交PUMA的数据享有独占权
仿制药独占权	首仿药	12～42个月（生物仿制药） 180天（小分子药物）	-	阻止了后续仿制药或生物仿制药的申请
孤儿药独占权	每年影响不超过20万（美国）或23万（欧盟）患者的疾病治疗药物	7年	10年	美国：市场独占期＋其他激励政策 欧盟：市场独占期

2.5 专利的生命周期管理

除了以上讨论的针对特定专利或特定上市许可的独占期延长手段外，还可采用有效扩大药物专利保护范围的特定策略，即提出一系列能够反映某种药物开发历程的后续专利申请。例如，一个有潜力的生理靶标的发现；一种已被详细研究的活性化合物；一种该化合物的新配方或盖仑制剂；包含该化合物的组合物；该化合物的临床新适应证；或该药物的一种新给药方法。

通过应用这种策略，发明人可以极大地延长对给定药物的有效专利保护期。此外，该策略还考虑了在发现新靶标时（此时应针对该靶标申请专利），基于该靶标的具体药物尚未出现的情况。同样，一旦确定了潜在的候选药物，即使在该药物尚未获批的情况下也应提交专利申请。适当的专利生命周期策略反映了药物开发过程的不同阶段，以及所述药物的第二代或后续改进的新方案。下面将针对这些不同阶段展开讨论。

2.5.1 配方和盖仑制剂专利

一种已知药物的新配方可以申请专利，这一策略有助于将竞争对手拒之门外，特别是在新配方与已知配方相比具有较大优势的情况下。针对给定生物药的特定药物递送系统，如反义RNA，也属于此类范畴。

获批药品的标签中必须注明相应的配方，这也是配方专利的最大优势。生物仿制药或仿制药制造商通常希望复制原研药标签中的配方，而不愿意开发自己的剂量或配方。然而，在某些情况下，监管机构可以接受配方的调整且不会使其失去仿制药或生物仿制药的地位，因此为这些制造商提供了新的解决方案。

此外，虽然EPO仍接受列举成分详细清单的配方专利申请（基于现有技术，这种详细清单通常不是显而易见的），但英国法院的态度似乎更加严格，此类型专利的权利要求很可能因其显而易见性而被拒绝，至少当该配方的不同组分选自一系列常规组分时会是如此[27]。

2.5.2 组合物专利

在某些情况下，两种或多种药物活性成分的新型组合可能具有协同治疗作用。此时可以针对这种组合物进行专利申请以获得垄断权。特别是在癌症治疗中，经常使用联合用药的方式，如单克隆抗体和细胞生长抑制剂的组合。疫苗和抗病毒治疗（如HIV或HCV）也是如此，疫苗通常使用不同抗原的组合物使患者对多种疾病免疫。如果发明人提交了与这种药物组合物相关的专利申请（单组分药物已为现有技术），即使保护单组分药物的专利已过期，也可以阻止竞争对手销售这种组合物。

许多专利管辖区[28]不仅处罚直接专利侵权，也处罚间接专利侵权（又称共同侵权）。例如，如果一项专利的权利要求包含两个或多个特征（如化合物A和化合物B），虽然第三方供应商仅提供化合物A，但在化合物A仅能被合理解释为用于制造该权利要求中的组合产品时（例如，唯一存在的相关市场授权是A和B的组合），也可以视为间接侵权。

药物组合物也是市场授权的主体（即使两个单组分都不是），即使该单组分不受专利保护，药物组合物相关专利提供的保护可以阻止第三方出售组合物中的单个组分。

2.5.3 第二适应证或更多适应证专利

已知药物的新适应证也可以申请专利。因为相应的权利要求将侧重于使用方法，所以必须确保这种权利要求不属于治疗方法，否则依据EPC，它在欧盟等许多专利管辖区将不能获得专利[29]，在美国等其他专利管辖区也基本无法获得授权[30]。

在美国，“使用”不是美国专利法所规定的权利要求类别[31]，因此可以采用以下权利要求措辞，如“一种通过向人体施用含有抗体XY组合物以有效治疗疾病Z的过程”或“通过施用抗生素XY来治疗XXX感染的方法”。

这种专利的保护效果似乎会因超说明书使用而受到限制。在许多司法管辖区，针对某一特定适应证的某种药物，由医生开取的个人处方可享有专利豁免。根据这一特权，医生可以合法开取原研药已过期的仿制药或生物仿制药处方，用以治疗特定疾病，即使该适应证是受专利保护的“第二适应证或更多适应证”。

然而，这一特权只适用于基于患者情况的个人处方，最近德国法院也对此提出了质疑[32]。

在上述情况下，仿制药或生物仿制药制造商无法提供有关第二适应证或更多适应证的任何信息，更不必说为该适应证做广告了。此外，如果第二适应证是唯一的临床相关适应证，则仅提供仿制药或生物仿制药就可能已构成间接专利侵权（见上文）。

2.5.4 新给药方法专利

如果新的给药方案与现有技术中已知的相同药物或药物组合物的给药方法相比具有新颖性和创新性，也可以作为专利申请的主题[33]。但这种专利的保护作用是有限的，留下了大量的旁路解决方案。然而，与配方专利不同的是，仿制药或生物仿制药制造商不能简单地更改获批药物的剂量，否则将失去其仿制药或生物仿制药的地位，从而极大地增加了获得监管审批所需的付出。

英国法院似乎对这类专利采取了与配方专利同样严格的态度。欧洲专利EP1210115B1与抗Her2抗体曲妥珠单抗（trastuzumab）的新型给药方案相关，其内容为8 mg/kg的负荷剂量和6 mg/kg的三周随访剂量。该专利在EPO遭到反对，并因缺乏创新性于2012年3月19日被撤销，因为一项FDA批准的已公布治疗方案内容为4 mg/kg的负荷剂量和2 mg/kg的每周随访剂量。欧洲专利的英国部分最终也在2015年2月6日被撤销。但与EPO的异议庭类似，法院内部的反对意见认为权利要求中的治疗方案明显优于FDA批准的已公开治疗方案。在专利法院的一审判决中[34]，法院指出“临床医生会与药代动力学专家协商，决定继续进行为期三周的给药方案试验，并选择所要求的剂量”。在上诉法院的二审判决中[35]，法院甚至更进一步指出，“药代动力学不受计算的束缚，并且临床变化意味着这种剂量方案总是有可能落在一个范围内”。后面的陈述显然过于简化了开发和建立新给药方案所需要的技术（包括仔细地平衡患者依从性、治疗效果和副作用）。

2.5.5 小分子药物的更多选择

对于小分子或多肽药物的生命周期管理，可以采用前面所述的相同策略。然而，对于小分子药物，可以考虑开展更多的化学衍生变化。

一种获得“新”的小分子的方法是改变小分子的电荷状态和化学环境。大多数化合物可以由不带电荷（中性的）变成带电荷形式，因此需要反离子进行总体电荷补偿。带电荷的小分子和反离子的复合物定义为小分子盐，而现有技术中未知的小分子盐毫无疑问具有新颖性。尽管本领域技术人员通常了解不同的盐型（并清楚如何获得），但是只要某一种小分子的盐型具有意想不到的化学、物理、生理特性，就有可能突破发明的创新性门槛。

除了不同的盐型外，大多数小分子活性物质还能通过相互作用形成不同的超分子结构。一般可通过溶解/蒸发过程获得不同的超分子聚集体。小分子聚集体可能具有或缺乏长程有序性。在第一种情况下，聚集体表现出结晶特性（晶型）；在后一种情况下，物质是无定形的。根据小分子结构和采用的结晶过程，可以获得不同的结晶形态，即不同的多晶型物。针对晶型的可专利性要求与盐型类似，即这种未公开的小分子多晶型物是新型的，在某些专利法辖区，申请人还需证明该新型晶体具有意想不到的效果，以表明其创新性。

2.5.6 分案申请

除上述讨论的战略路线外，分案申请（divisional application）的提交也是扩展保护范围的重要工具。分案申请无法延长保护期限，但分案申请可使申请人实现专利组合的多样化，并提高潜在竞争者进入同一技术领域的门槛。一般而言，分案申请的范围不超过母案申请（parent application）的公开范围。根据美国法律，部分延续案申请的（continuation-in-partapplication）原则是一个例外，这个原则允许申请人对母案申请内容增加重要的披露项。

2.6 结论

通过对专利和相关垄断权、独占权及专利生命周期管理策略的充分运用，生物制药公司可以确保对新药研发投入的精力和资源获得相应的补偿，从而为未来的创新药物开发提供足够的资源和激励，因此尤为重要。尽管被寄予厚望，但事实已经证明，开发一种新的生物药并非像预期的那样简单，至少与开发小分子药物一样耗资和耗时。

（侯　卫　苏　琳）

原作者简介

乌韦·阿尔伯斯迈耶（Uwe Albersmeyer），自1997年起于杜伊斯堡-埃森大学（University of Duisburg-Essen）化学专业学习，并于2002年获得有机化学博士学位。在化工行业短暂工作后，他迈入知识产权法领域，并成为杜塞尔多夫律师事务所（Düsseldorf law firm）的专利律师，并于2007年获得欧盟知识产权局（European Union Intellectual Property Office）律师执业资格。他于2009年底加入了Michalski Hüttermann& Partner律师事务所。自2010年以来，他一直位

列欧洲专利局的专业代表名单。他的主要执业领域是电化学、材料科学和建筑材料化学，同时在发电厂、环境技术和生物技术领域也具有丰富的经验。除了技术产权外，他的核心工作还包括商标和外观设计保护。

拉尔夫·马雷萨（Ralf Malessa），Michalski Hüttermann&Partner专利律师事务所的专利律师。他先后于多特蒙德工业大学（Technical University of Dortmund）和伦敦大学学院（University College of London）学习，并获得了物理化学博士学位。十多年来，他在许多国际代理公司担任管理职务，从事运营和战略研究与开发，主要是负责生命科学和医药产品领域。2011年，他在Michalski Hüttermann&Partner专利律师事务所开始了他的专利职业生涯。自2015年以来，他一直是特许德国专利代理人和欧盟知识产权局的授权代表。

乌尔里希·斯托兹（Ulrich Storz），2002年于明斯特大学（University of Münster）获得博士学位，研究方向为神经生物学。随后，他完成了相关培训并成为德国专利律师，并于2006年成为欧洲专利局的专业代表。他的主要执业领域是管理和执行专利、专利申请，以及起草FTO分析和意见。他还就专利战略问题提供咨询，尤其是在生命科学（生物技术、生物物理学、生物化学和微生物学）领域，其中最擅长治疗性抗体方向。他经常参与欧洲专利局的重大抗体异议案件处理。近年来，他还在制药和生命科学领域的许多大型调查项目中担任代表。

参考文献

1. Mullard，A.（2014）New drugs cost US$2. 6 billion to develop. *Nat. Rev. Drug Discov.*，13，877.
2. Poredda，A.（2016）Patent challenges in the pharmaceutical field. Presentationat Swiss Biotech，September 29.
3. IMS Institute for healthcare Informatics：Comparison of Hepatitis C Treatment Costs，September 2016.
4. Nelson，R.（2016）Two Generic Versions of Imatinib Launched-But WillPrices Drop? Medscape Medical News，August 09.
5. Taylor，W.（2010）*Pharmaceutical Access in Least Developed Countries：On-the-Ground*

Barriers and Industry Successes, Cameron Institute.

6. Agreement on Trade-Related Aspects of Intellectual Property Rights, Article 27, Paragraph1.
7. US Supreme Court, Association for Molecular Pathology v. Myriad Genetics, No. 12-398.
8. BGH X ZR 89/07-Olanzapin.
9. Decision KSR Int'l Co. v. Teleflex, Inc., 550 US 398, US Supreme Court2007.
10. Overington, J.P., Al-Lazikani, B., and Hopkins, A.L. (2006) How many drugtargets are there? *Nat. Rev. Drug Discov.*, 5, 993-996.
11. Decision Noelle vs Lederman, 355 F.3d 1343, 2004 U.S.App. LEXIS 774.
12. EPO Technical Board decision T0542/95 (1999) EPO Board of appeal decisions database No. T0542/95.
13. Sandercock, G. and Storz, U. (2012) Antibody specification beyond the target: claiming a later-generation therapeutic antibody by its target epitope. *Nat. Biotechnol.*, 30, 615-618.
14. Storz, U. (2011) Intellectual property protection: strategies for antibody inventions. *MAbs*, 3 (3), 310.
15. Ulrich, H. *et al.* (2006) DNA and RNA aptamers: from tools for basic research towards therapeutic applications. *Comb. Chem. High ThroughputScreen.*, 9 (8), 619-632.
16. The Paris Convention is an international contract from 1883 on the mutual recognition of priority rights in intellectual property.
17. I.Kayton (2008) in *Patent term duration and its calculation*, Release No.3, pp.54-55, https://www.patentterm.com/.
18. World Intellectual Property Organization (2002) in *Survey on the grant andpublication of supplementary protection certificates of* January 2002, http://www.wipo.int/standards/en/pdf/07-07-01.pdf.
19. According to information provided by IMS Health Incorporated.
20. For plant protection products, SPCs can be obtained under the rules set forth in regulation (EC) No 1610/96.
21. Case C-392/97 (Farmitalia Carlo ErbaSrl's SPC Application), published on the website of the European Court of Justice, http://curia.europa.eu.
22. Decision Hoechst-Roussel Pharmaceuticals v. Lehman, 42 USPQ2d 1220 (Fed. Cir. 1997).
23. UK High Court, Decision [82010] EWHC 1733 (Pat).
24. Cases C-322/10 (Medeva BV v Comptroller-General of Patents), C-422/10 (Georgetown University, University of Rochester, Loyola University of Chicago v Comptroller-General of Patents, Designs and Trade Marks), C-630/10 (University of Queensland, CSL Ltd v Comptroller-General of Patents, Designs and Trade Marks) and C-6/11 (Daiichi Sankyo Company v Comptroller-General of Patents). published on the website of the European Court of Justice, http://curia.europa.eu.
25. Federal Patent court 15W (pat) 36/08, case C-125/10 (Merck & Co Inc. vs. Deutsches Patent-und Markenamt), published on the website of the European Court of Justice, http://curia.europa.eu.
26. Case C-125/10 (Merck Sharp & Dohme), published on the website of the European Court of Justice, http://curia.europa.eu.

27. UK Patents Court Decision [2016] EWCA Civ 780.
28. For example，§ 10 of the German Patent Act，or 35 U.S.C. § 271（c）.
29. Art. 54（5）EPC："*Paragraphs 2 and 3 shall also not exclude the patentability of any substance or composition referred to in paragraph 4 for any specific use in a method referred to in Article 53（c），provided that such use is not comprised in the state of the art.*"
30. 35 U.S.C. § 287（c）(1)："*[…] the provisions of sections 281，283，284，and 285 of this title shall not apply against the medical practitioner or against a related health care entity with respect to such medical activity.*"
31. 35 U.S.C.101："*Whoever invents or discovers any new and useful process，machine，manufacture，or composition of matter，or any new and useful improvement thereof，may obtain a patent therefore.*"
32. District Court Hamburg，Case No 315 O 24/15.
33. Storz，U.（2016）Extending the market exclusivity of therapeutic antibodies through dosage patents. *MAbs*，8（5），841-847.
34. UK Patents Court（2014）EWHC 1094（Pat）.
35. UK Court of Appeal（2015）EWCA Civ 57.

第3章

非甾体雄激素受体拮抗剂的研发

3.1 引言

前列腺癌是发达国家老年男性最常见的癌症类型，患者的死亡率仅次于肺癌和结直肠癌，排名第三。2014年，前列腺癌在七个主要的医药市场（美国、法国、德国、意大利、西班牙、英国和日本）的粗发病率为142/10万[1]，其中2/3的患者为65岁以上的男性[2]。随着人口的老龄化，在2014～2024年，上述七个国家确诊的新发前列腺癌患者数量预计将增加超过20%[1]。

1941年，哈金斯（Huggins）和霍奇斯（Hodges）在他们的开创性工作中阐明，前列腺肿瘤的生长依赖于雄性激素睾酮（testosterone）。因此，通过手术或药物治疗降低血清睾酮浓度成为一种合理的前列腺癌治疗方法[3]。尽管这种疗法最初是有效的，但大多数患者的病情仍在持续恶化，即使血清睾酮已处于去势水平（去势抵抗性前列腺癌）。研究发现，在这个阶段前列腺癌仍然依赖于雄激素受体（androgen receptor，AR）的信号转导[4, 5]。

雄激素受体属于甾体类激素受体家族，位于细胞质中，以非激活的形式与热休克蛋白（heat shock protein）结合形成AR/分子伴侣复合物。睾酮和其活性代谢产物5α-二氢睾酮（5α-dihydrotestosterone，DHT）可以激活AR。其中DHT可与AR的配体结合域（ligand binding domain，LBD）结合，引起AR的构象变化，进而导致AR/分子伴侣复合物的解离，随后发生核移位和AR二聚化。在细胞核中，AR与雄激素反应元件结合。雄激素反应元件位于靶基因的调控区，通过招募辅助因子，最终引起基因转录。这对维持正常男性的性特征，以及对前列腺肿瘤细胞的生长和存活都是必需的[6]。

前列腺癌各个阶段对AR信号转导的高度依赖性激发了AR拮抗剂（又称为抗雄激素药物）的发现与开发。先灵葆雅公司（Schering AG，现为拜耳公司，Bayer AG）于1973年推出了第一个甾体类抗雄激素药物——醋酸环丙孕酮（cyproterone acetate，Androcur®，1），这也是AR拮抗剂研发史上第一个激动人心的里程碑。本章将介绍非甾体AR拮抗剂氟他胺（flutamide，Eulexin®，2）、尼鲁米特（nilutamide，Anandron®，3）、比卡鲁胺（bicalutamide，Casodex®，4）和恩杂鲁胺（enzalutamide，Xtandi®，5）等药物成功研发的故事（图3.1）。

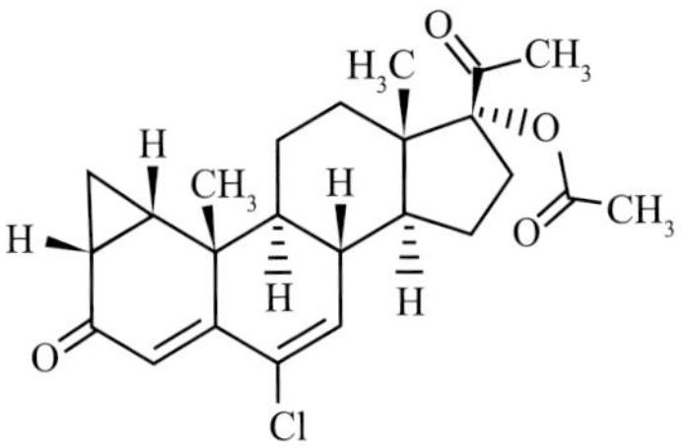

醋酸环丙孕酮
(1)

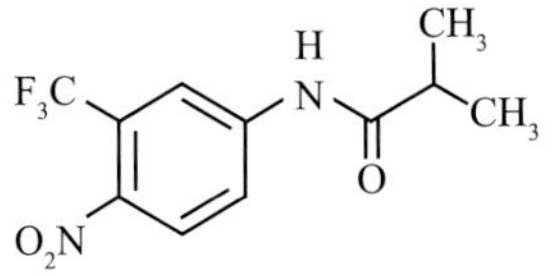

氟他胺
(2)

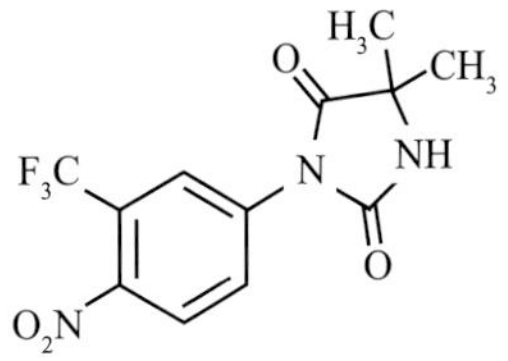

尼鲁米特
(3)

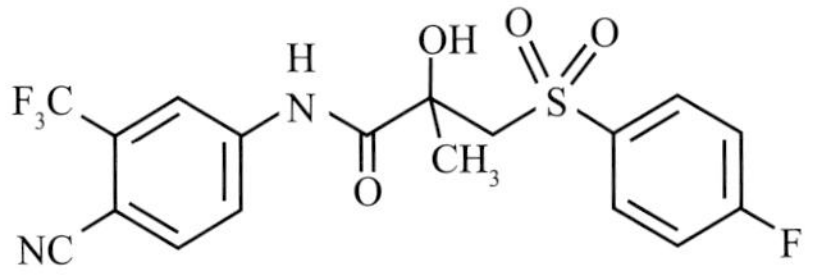

比卡鲁胺
(4)

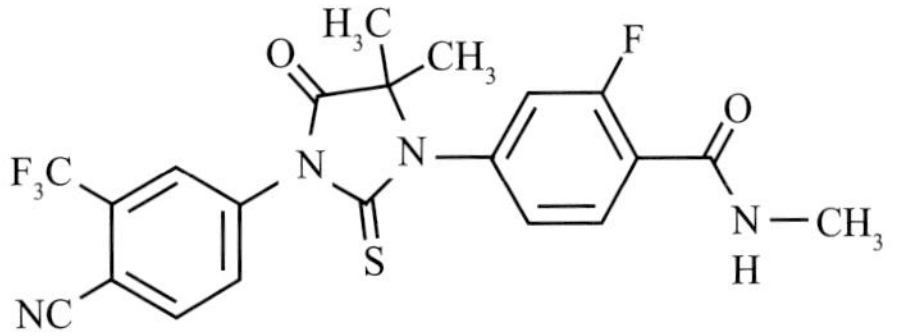

恩杂鲁胺
(5)

图3.1　代表性雄激素受体拮抗剂

3.2 氟他胺

20世纪60年代，氟他胺最初是孟山都公司（Monsanto）抗菌药物发现项目中所合成的一系列*N*-酰基苯胺类化合物中的一员[7]。不久之后，先灵公司测试了该化合物的药理活性，并进一步将其开发，代号为SCH-13521[8]。研究发现，氟他胺通过取代原配体结合位点的激动剂，抑制其对AR的激动作用，是第一个在动物体内有效的非甾体抗雄激素化合物。与甾体类抗雄激素（如醋酸环丙孕酮，1）相比，氟他胺没有其他的激素类活性，而醋酸环丙孕酮仍表现出显著的孕激素活性。此外，氟他胺也不会降低血清睾酮的水平。相反，黄体生成素（luteinizing hormone，LH）和促卵泡激素（follicle-stimulating hormone，FSH）的水平略有增加，导致血清睾酮水平升高。这对于维持性活跃患者的性欲和性能力是有益的。另外，外周睾酮芳构化引起患者血清雌二醇水平升高，从而导致男性患者的乳房发育症。

氟他胺是一种本身雄激素拮抗活性较弱的前药，它在体内的主要代谢物为氧化生成的活性代谢物羟基氟他胺（hydroxyflutamide，6，图3.2）。羟基氟他胺的消除半衰期相对较短，患者单次口服250 mg氟他胺后可以维持4～6.6 h的药效[9]。因此，临床上需要采用“每日3次，每次250 mg”的口服给药方案。1975年，氟他胺作为晚期前列腺癌一线治疗的单一药物首次进入临床研究[10]。1989

年，美国FDA最终批准氟他胺与促黄体素释放素（luteinizing hormone-releasing hormone，LHRH，又称促性腺激素释放激素，gonadotropin-releasing hormone，GnRH）激动剂联合治疗转移性前列腺癌，如醋酸亮丙瑞林（leuprovrelin acetate，leuprolide®，Lupron®）或醋酸戈舍瑞林（goserelin acetate，Zoladex®）[11]。采用氟他胺联合LHRH激动剂或手术的雄激素阻断疗法，可以最大限度地发挥阻断作用。氟他胺还能抑制肾上腺分泌雄激素，但肾上腺分泌的雄激素不会因LHRH激动剂的化学去势或手术去势而受影响。此外，应用AR拮抗剂也避免了单独使用LHRH激动剂时出现的不可接受的初始肿瘤耀斑。

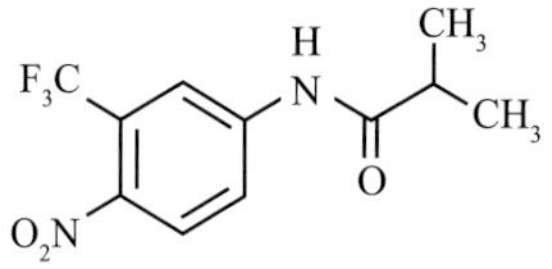

F_3C H N CH_3 CH_3 O O_2N

氟他胺
（2）

F_3C H N OH CH_3 CH_3 O O_2N

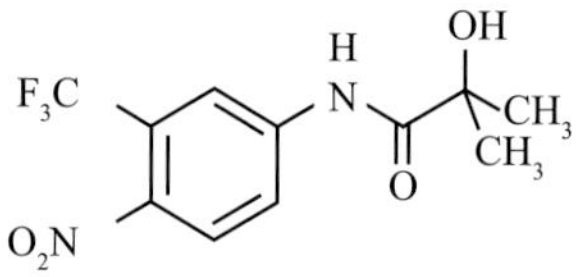

羟基氟他胺
（6）

图3.2　氟他胺及其活性代谢产物羟基氟他胺的结构

氟他胺单药治疗或联合治疗都对晚期前列腺癌患者有良好的疗效，可以延缓病情进展，延长患者寿命。例如，美国国家癌症研究所（National Cancer Institute，NCI）发起了一项试验（INT-0036），结果表明，在晚期前列腺癌患者中，亮丙瑞林与氟他胺的联合治疗比亮丙瑞林单药治疗更加有效[11]。然而，也有报道表明联合治疗具有显著的副作用。表3.1总结了最常见的副作用，如表所示，氟他胺明显增强了LHRH激动剂引起的一些副作用。

表3.1　促黄体素释放素激动剂单独给药和与氟他胺联合用药的副作用

副作用	醋酸亮丙瑞林＋安慰剂（$n=268$）（组发生率）(%)	醋酸亮丙瑞林＋氟他胺（$n=264$）（组发生率）(%)
潮热	60.8	63.6
腹泻	4.9	13.6
男性乳腺发育	12.7	13.3
恶心、呕吐	14.2	11.8
外周性水肿	4.9	4.9

到目前为止，第一代抗雄激素药物的副作用是其仅限应用于晚期前列腺癌患者的主要原因。只有发现耐受性更好的化合物，抗雄激素药物才能成为大量前列

腺癌早期患者的治疗选择（见3.6）。

不幸的是，经过平均18个月的氟他胺治疗，前列腺癌会进展到去势抵抗（castration-resistant，CRPC）阶段。尽管应用抗雄激素治疗，但肿瘤仍能恢复生长。反常的是，取消抗雄激素治疗反而会减弱肿瘤的生长。文献报道的抗雄激素药物抵抗的可能机制之一是AR配体结合域发生了一个点突变——T877A。877位的丙氨酸突变为苏氨酸之后，使AR在结合较老的抗雄激素药物（如醋酸环丙孕酮、羟基氟他胺和尼鲁米特）时采用激动剂的构象。因此，这种新的结合方式会将这些药物从拮抗剂转变为激动剂，从而促进了肿瘤的再次生长。T877A突变是在人源前列腺淋巴结癌的LNCaP细胞系中发现的[12]。目前，这个细胞系已经成为广泛应用于克服氟他胺诱导的抗性机制研究，以及研发新型抗雄激素药物的有力生化工具。

除前列腺癌之外，氟他胺还被测试和应用于其他高雄激素水平的相关疾病，如良性前列腺增生、寻常性痤疮和多毛综合征等[13]。氟他胺具有致畸作用，因此绝经前妇女只有有效避孕才能使用此药。

3.3 尼鲁米特

第二个上市的非甾体抗雄激素药物是尼鲁米特（图3.1）。20世纪70年代，法国罗素优克福公司［Roussel Uclaf，现为赛诺菲（Sanofi）］的研究人员采用大鼠前列腺模型测试了一系列氟他胺类似物对雄激素摄取的抑制作用，并从中发现了尼鲁米特，编号为RU23908[14]。尼鲁米特的结构与羟基氟他胺密切相关，羟基氟他胺中的α-羟酰胺可能与AR-LBD结合形成分子内氢键，而尼鲁米特的乙内酰脲部分可看作是对羟基氟他胺活性构象的模拟（图3.3）。

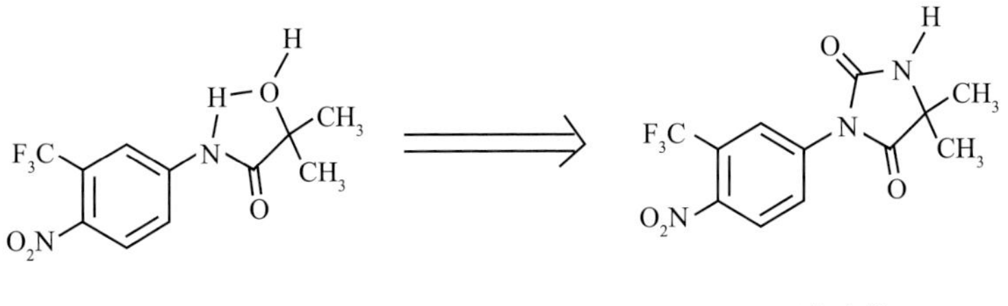

羟基氟他胺
（hydroxyflutamide，6）

尼鲁米特
（nilutamide，3）

图3.3　尼鲁米特的发现受启发于羟基氟他胺的活性构象

与氟他胺一样，尼鲁米特也能阻断睾丸和肾上腺所分泌雄激素的作用，并且没有任何其他激素类活性。它的消除半衰期约为2天，明显长于氟他胺。因此，每日1次口服150 mg即可发挥疗效。

尼鲁米特的临床试验主要与睾丸切除术联合进行[15]。结果表明它可以延缓晚期前列腺癌患者的疾病进程，并减轻转移性骨痛。然而，与单纯去势相比，患者存活率的受益很小[16]。尼鲁米特单药治疗或与LHRH激动剂联合治疗的研究没有足够的患者数量，因此无法得出关于疗效的可靠结论。1987年，尼鲁米特在法国首先上市，用于外科去势辅助治疗转移性前列腺癌。在随后的几年里，尼鲁米特在另外几个主要市场也都获得了上市批准。

尼鲁米特的耐受性与氟他胺相似。潮热、恶心、腹泻、便秘、胃肠道疼痛、肝功能异常和男性乳房异常发育是两种药物的常见不良反应。其他不良反应主要与尼鲁米特治疗有关，包括间质性肺炎、黑暗适应能力受损和乙醇不耐受。

基于非甾体抗雄激素药物氟他胺和尼鲁米特而建立的联合雄激素阻断疗法已经成为转移性前列腺癌的一线疗法。尽管如此，在总生存期（overall survival，OS）和耐受性方面其仍有改进的空间。

3.4 比卡鲁胺

比卡鲁胺（图3.1）是用于治疗前列腺癌的第三个非甾体抗雄激素药物。虽然氟他胺可以有效地治疗前列腺癌，但它是一种纯拮抗剂，也会影响下丘脑垂体轴，从而抑制雄激素的负反馈机制。因此，LH的水平升高可刺激睾丸激素的合成，最终抵消抗雄激素的功效。此外，氟他胺的活性代谢产物——羟基氟他胺的半衰期相当短，因此需要采用“每日3次、每次250 mg”的剂量方案，而且氟他胺会引起包括男性乳房发育、腹泻和可逆性肝脏异常等不良反应[17]。为了发现一种半衰期比氟他胺更长，并且与氟他胺和尼鲁米特相比具有更好的耐受性的新型外周选择性雄激素拮抗剂，研究人员进行了大量的研究，最终成功发现了比卡鲁胺。比卡鲁胺具有比氟他胺更长的半衰期，每日只需给药1次。已报道的比卡鲁胺的不良事件包括光/暗适应和间质性肺炎等问题。

比卡鲁胺是由帝国化学工业有限公司［Imperial Chemical Industries，现为阿斯利康（AstraZeneca）］的塔克（Tucker）等在20世纪80年代发现的[18, 19]。先前关于氟他胺的研究表明，高活性抗雄激素药物所必需的关键结构特征包括一个与酰胺基团连接的缺电子芳香环（图3.4）。与单取代的衍生物相比，在苯胺氨基的对位和间位同时引入吸电子基团对于增强抗雄激素活性是有益的。就间位而言，氯或三氟甲基取代是最佳的选择。而硝基或氰基是对位的最佳取代基。采用三氟甲基取代叔醇中心的甲基，可得到具有激动活性的化合物。与氟他胺相比，比卡鲁胺在酰胺部分通过硫原子连接引入第二个芳香基团。其中，硫连接部分为砜、亚砜和砜类似物时表现出相同的活性。研究发现，亚砜会被代谢氧化为对应的砜基活性代谢物，表明砜基衍生物是真正的生物活性产物。苯磺酰基中的苯环无取代，或引入体积较小的取代基（如氟），似乎对抗雄激素活性是最有利的。

比卡鲁胺是一种竞争性AR拮抗剂，与合成雄激素R1881和天然DHT相比，它在体外对AR的亲和力较低。然而，亲和力测定实验发现，它与AR的亲和力比羟基氟他胺高4倍[19, 20]。研究发现，比卡鲁胺能够抑制人前列腺癌LNCaP/FGC细胞的生长，而羟基氟他胺对其毫无效果。比卡鲁胺的体内抗雄激素活性可通过大鼠精囊和腹侧前列腺的剂量依赖性重量减轻来确定，因此可在完整和去势大鼠的邓宁（Dunning）R3327-G_H前列腺癌模型中进一步评价药效。

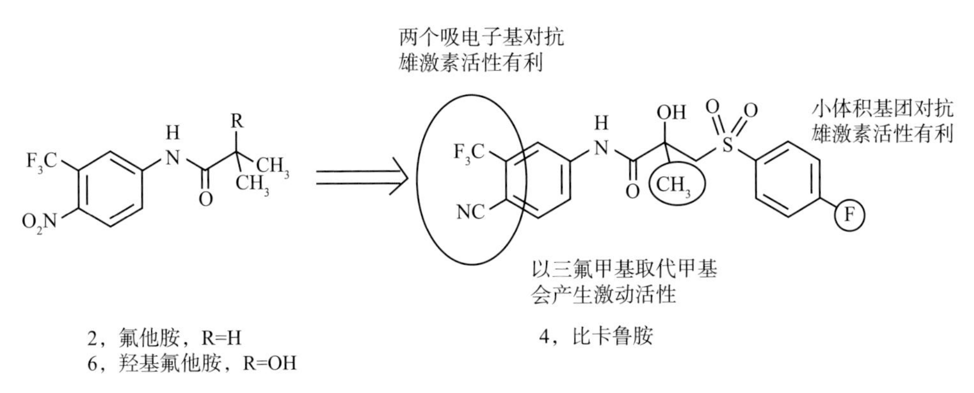

图3.4　**比卡鲁胺的构效关系**

比卡鲁胺被用于多种癌症的临床研究，其完整概述比较烦琐，本章不一一介绍，本章仅着重介绍比卡鲁胺用于治疗前列腺癌，并且与获批上市密切相关的临床研究[21]。

在局部晚期或转移性前列腺癌患者中进行的药代动力学研究表明，比卡鲁胺的口服剂量在10～150 mg/d范围内具有线性动力学关系。剂量高于150 mg/d时与线性关系的偏差增加。此外，据报道，比卡鲁胺的半衰期为7～10天，其口服暴露量较高，足以采用每日口服1次的用药方案[22]。比卡鲁胺从10 mg/d到200 mg/d所有剂量的治疗效果都有报道。在较低剂量下（如30 mg/d和50 mg/d），前列腺特异性抗原（prostate-specific antigen，PSA）水平降低（50 mg/d更有效）。因此，选择50 mg/d作为初始剂量进行临床试验的疗效评估。

在单药治疗晚期前列腺癌患者的疗法中，比卡鲁胺在50 mg/d剂量下的疗效并没有优于对照药物或手术去势疗法。在比卡鲁胺治疗组的患者中，血清PSA浓度降低了85%～88%，而去势组患者中血清PSA浓度降低了96%～97%。中位随访17个月后，比卡鲁胺组的存活期为25个月，去势组的存活期为28个月。

随后的Ⅲ期临床试验评估了比卡鲁胺在150 mg/d剂量下的治疗效果。在该剂量下，比卡鲁胺在非转移性前列腺癌患者的生存率方面与去势组相当。在转移性前列腺癌患者中，去势组在治疗失败时间、疾病进展时间及存活期方面均表现出优势，但存活期差异（比卡鲁胺组为737天，去势组为779天）小于前期50 mg/d剂量下的试验结果（比卡鲁胺组为765天，去势组为862天）。

雄激素拮抗剂与LHRH激动剂的联合雄激素阻断治疗可抑制睾丸中雄激素的产生，并在受体水平阻断残余肾上腺睾酮的活性。在晚期前列腺癌患者的无进展生存期和总生存期方面，这种联合疗法已被证明优于单一的去势疗法[23]。

研究人员对813例晚期前列腺癌患者进行了随机、多中心、双盲试验，用于比较“比卡鲁胺（50 mg/d）＋LHRH类似物（LHRH analogue，LHRH-A，醋酸戈舍瑞林或醋酸亮丙瑞林）”和“氟他胺（250 mg，每日3次）＋LHRH-A”的疗效。中位随访160周后，两种疗法在疗效和疾病进展时间方面的表现相当。但是，“比卡鲁胺＋LHRH-A”治疗组的中位生存期为180周，而“氟他胺＋LHRH-A”治疗组为148周。此外，两组患者的生活质量和客观反应相似。

比卡鲁胺在单药疗法和联合疗法中均具有良好的耐受性，未见剂量相关的不良反应增加的报道。不良反应部分归因于雄激素拮抗剂的药理作用，其中包括男性乳房发育、乳房胀痛和潮热。其他非药理学的不良反应，如便秘、恶心、腹泻、虚弱、疼痛和感染的发生率≥ 10%。与氟他胺相比，比卡鲁胺引起的腹泻和肝功能异常发生率要低得多。与去势疗法相比，比卡鲁胺单药治疗可保持患者的性欲，同时具有更好的体力，从而改善了患者的生活质量。

基于上述临床试验结果，比卡鲁胺于1995年首次获批上市。临床上将比卡鲁胺（50 mg/d）与LHRH-A联用用于治疗转移性前列腺癌。

另外，欧洲在最初只批准了比卡鲁胺（150 mg/d）用于局部晚期非转移性前列腺癌的治疗，但随后也批准其用于早期非转移性前列腺癌。然而，这种方案在美国一直未能获得批准。由于死亡率增加，欧洲于2003年撤销了比卡鲁胺（150 mg/d）用于早期前列腺癌的治疗。修订后，比卡鲁胺（150 mg/d）在欧洲适用于疾病进展高风险的局部晚期前列腺癌患者（单独给药或作为根治性前列腺切除术或放疗的辅助药物）和局部晚期非转移性前列腺癌患者，因为这些患者没有其他更好的医疗选择[24]。

与较早的非甾体抗雄激素尼鲁米特和氟他胺相比，比卡鲁胺显示出更优的药效和药代动力学性质。良好的安全性和耐受性使它成为近二十年来首选的抗雄激素药物。比卡鲁胺的美国专利保护于2009年3月到期，已可以进行仿制药开发。

比卡鲁胺是以外消旋体的形式获批上市和进行临床应用的。1996年，文献报道，(*R*)-比卡鲁胺（7，K_i＝11 nmol/L，图3.5）比（*S*）-比卡鲁胺（K_i＝364 nmol/L）对AR的亲和力高33倍[25]。（*R*）-比卡鲁胺在患者体内也表现出相同的对映体活性差异。此外，研究表明，与（*S*）-对映异构体相比，(*R*)-比卡鲁胺的代谢和消除速度要慢得多，而前者在口服后会发生强烈的首过代谢[26]。消除速率的差异可能是由于（*S*）-对映异构体对葡萄糖醛酸转移酶具有更高的亲和力，而葡萄糖醛酸化的位点是其手性中心的羟基。这表明男性的抗雄激素作用几乎完全是由（*R*）-对映异构体（7）产生的。但是，外消旋比卡鲁胺已经具有良好的药效学和药代动力学特征，因此目前市场上并没有应用活性更高的（*R*）-比卡鲁胺来代替外消旋体。

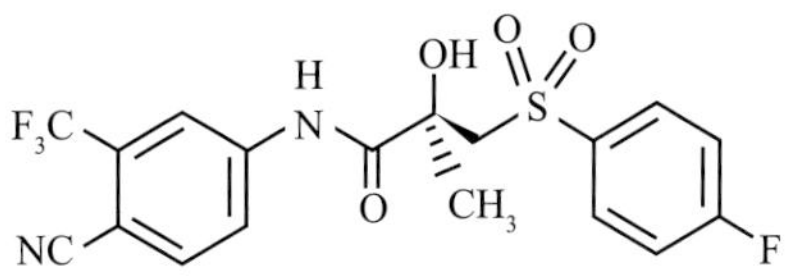

7,（*R*）-比卡鲁胺

图3.5 比卡鲁胺的活性构型

3.5 恩杂鲁胺

尽管前列腺癌患者最初受益于比卡鲁胺，但比卡鲁胺与其他抗雄激素药物（如氟他胺和尼鲁米特）的长期应用会导致耐药性的产生。随后，疾病会继续恶化，这在临床上已通过抗雄激素戒断反应得到了很好的证明。耐药机制包括AR突变（如W741C或W741L，其中色氨酸741被半胱氨酸或亮氨酸取代），以及肿瘤内雄激素水平升高或AR过度表达。此外，比卡鲁胺对转移性前列腺癌患者无效。对于部分患者而言，即使雄激素的血清浓度处于去势水平，前列腺癌也会继续进展（去势抵抗性前列腺癌）。既有去势抵抗性又有转移性的前列腺癌患者最初接受多西他赛（docetaxel，Taxotere®）的治疗，然而当其进一步产生化学耐药性，发展到去势抵抗性疾病阶段后，在当时尚无药可医。因此，开发第二代抗雄激素药物以克服比卡鲁胺、尼鲁米特和氟他胺的不足，特别是用于治疗去势抵抗转移性前列腺癌患者，是当时很迫切的临床需求[27]。

研究人员于2005年解析了（*R*）-比卡鲁胺与AR的W741L突变体的共晶结构，结果表明比卡鲁胺位于突变体的激动剂结合口袋中。迄今为止尚未成功解析天然雄激素受体与抗雄激素的共晶结构，因此这项研究首次为AR与其拮抗剂的相互作用提供了结构方面的信息[28]。与DHT在天然受体LBD中的伸展方向相比，（*R*）-比卡鲁胺的苯甲腈环与甾体激素的A环和B环所占据的区域结合，而其结构中的氰基模拟了甾体激素3-氧代基团的功能。雄激素受体中741位的色氨酸突变为亮氨酸后，为比卡鲁胺的氟苯基片段提供了结合空间，该空间在天然受体中是由色氨酸残基所占据的。这些结构信息表明，可以通过诱导配体化合物与AR的12号螺旋残基之间的空间位阻来获得拮抗活性，因为空间位阻可以破坏辅因子结合所需的表面，这种结合方式类似于已知的雌激素受体。

加州大学的索耶斯（Sawyers）等以强效的非甾体AR激动剂RU-59063（8）为先导化合物，结合上述共晶结构提供的结构信息，通过广泛的结构修饰开发了一系列含有二芳基硫代乙内酰脲骨架的抗雄激素化合物[29，30]。

关键的结构修饰是以苯环取代ω-羟烷基侧链（图3.6），得到的新化合物10与比卡鲁胺相比，在激素敏感的LNCaP细胞系中可以更加明显地降低AR介导的转录活性和PSA水平。偕二甲基部分也可以被环烷基取代，例如，对于从环辛基到环丁基不同大小的环结构，在不影响综合性质的前提下，环丁基对应的化合物9的活性最强。化合物9和化合物10在前列腺癌LNCaP/AR细胞异种移植模型中展示出良好的治疗效果（过表达AR的LNCaP细胞系用以模拟临床上的去势抵抗性

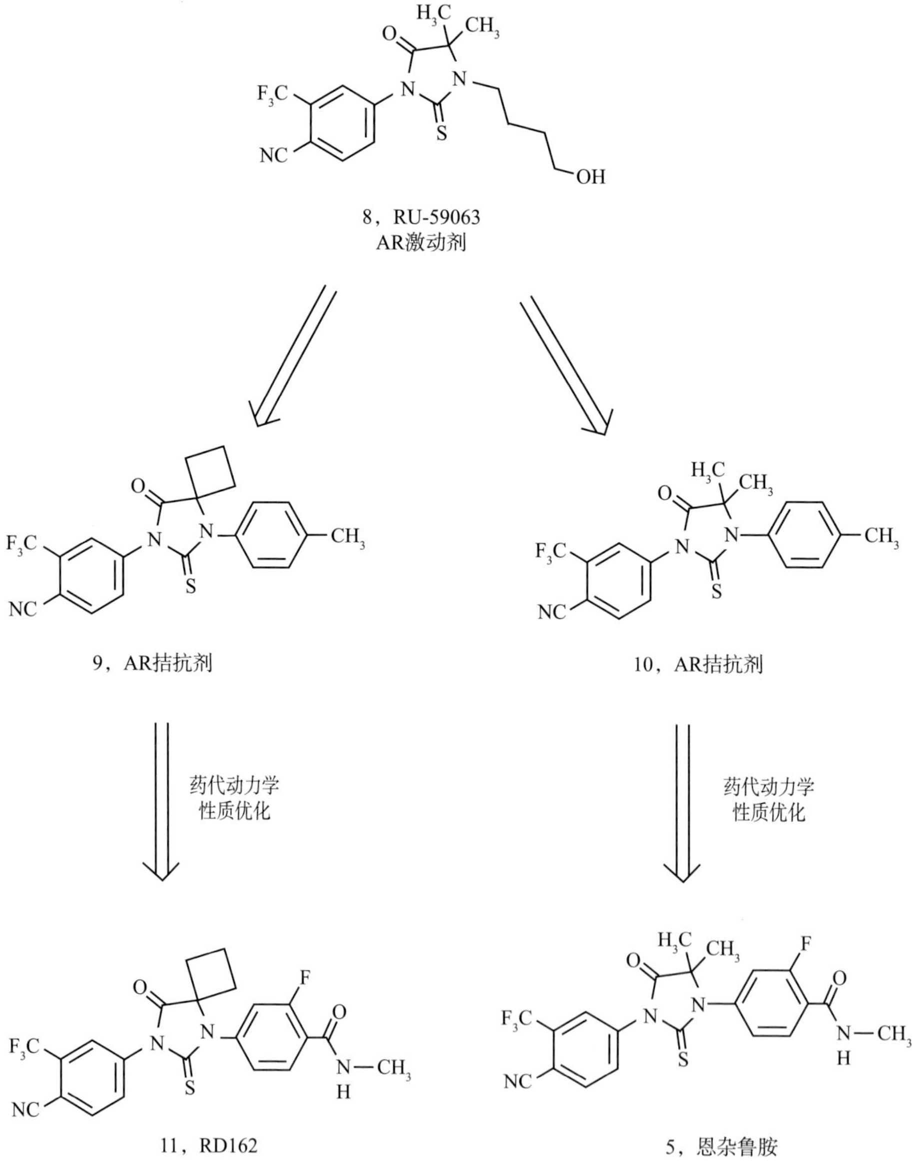

8，RU-59063
AR激动剂

9，AR拮抗剂

10，AR拮抗剂

药代动力学
性质优化

药代动力学
性质优化

11，RD162

5，恩杂鲁胺

图3.6 恩杂鲁胺的发现过程

环境），而比卡鲁胺对其是毫无效果的。较高的亲脂性，以及在N^1-苯基处甲基的羟基化作用导致化合物9在体内被迅速代谢，因此化合物9的半衰期较短。为了改善化合物的药代动力学性质，进一步的修饰聚焦于对N^1-苯基上的取代基的改造，最终得到了化合物11和化合物5。在LNCaP/AR细胞系开展的浓度依赖性应答研究中，化合物5的活性略高于化合物11[29]。

在体外实验中，化合物5在LNCaP/AR细胞系中展示出强于比卡鲁胺的AR亲和力。同时，化合物5也能抑制AR-W741C突变体的转录活性。与比卡鲁胺相比，在化合物5作用后的LNCaP/AR细胞系中未观察到AR靶基因，如跨膜蛋白酶、丝氨酸2基因（TMPRSS2）和PSA的诱导，说明化合物5是一个完全拮抗剂[27]。此外，与比卡鲁胺相比，化合物5与AR结合之后可以导致AR核移位减少、AR与DNA结合受损，以及受体募集共激活因子能力的降低。在AR过表达的前列腺癌细胞系（如LNCaP/AR）和具有内源性AR扩增（如VCaP）的细胞系中，化合物5作用后均能观察到生长抑制和凋亡现象。

化合物5的体内药效是在去势抵抗性前列腺癌细胞（如LAPC4/AR和LNCaP/AR）异种移植模型中得到证实的（异种移植是通过去势雄性小鼠的连续传代获得的）。

2005年，化合物5被授权给Medivation公司［现归为辉瑞公司（Pfizer）］，随后被称为MDV3100，然后又被命名为恩杂鲁胺。恩杂鲁胺于同年进入治疗转移性去势抵抗性前列腺癌（metastatic castration-resistant prostate cancer，mCRPC）的临床试验。2009年，Medivation公司和阿斯特拉斯制药（Astellas Pharma）共同联合开发恩杂鲁胺，并将其商业化用于早期和晚期前列腺癌的治疗。

为了确定恩杂鲁胺的安全性、耐受性和最大耐受剂量，研究人员选取了140例转移性去势抵抗性前列腺癌患者进行了临床Ⅰ/Ⅱ期研究。这些患者先前未接受或接受过化疗，日剂量范围为30～600 mg。试验中，恩杂鲁胺在人体的吸收较快，达峰时间为30 min至4 h，而其半衰期约为1周。患者在每日给药治疗1个月后达到稳态血浆浓度。临床试验在所研究的剂量上得到了线性药代动力学曲线。

在临床试验中，所有剂量下均能观察到抗肿瘤应答，56%的患者的PSA降低了50%。在150～240 mg剂量下，抗肿瘤应答达到一个稳定的平台期。在这个范围之上的剂量并没有获得更好的抗肿瘤效果。此外，研究者还观察到软组织疾病消退、骨疾病无进展、PSA和影像学进展时间延长等现象。最常见的3～4级不良事件是剂量依赖性疲劳。除此之外，当剂量为360 mg或更高时，研究者观察到3例癫痫发作，据此将240 mg定义为最大耐受剂量[31, 32]。经过进一步的安全性评估最终选择160 mg用于进一步的临床研究[33]。

在一项多中心、随机、安慰剂对照的Ⅲ期临床试验（AFFIRM）中，接受治疗的1199例转移性去势抵抗性前列腺癌患者先前曾接受多西他赛治疗。与安慰剂组相比，恩杂鲁胺治疗组（160 mg/d）的总生存期具有统计学意义的显著改善。恩杂鲁胺治疗组的中位总生存期为18.4个月，而安慰剂组为13.6个月，可以称得上是一项重要的临床效果。与安慰剂相比，恩杂鲁胺还可以显著延长影像学无进展生存期和PSA进展时间。据报道，乏力、疲劳、背痛、腹泻、关节痛、潮热、外周性水肿、肌肉骨骼疼痛、头痛和上呼吸道感染是常见的不良事件，发生频率≥ 10%。0.9%的恩杂鲁胺治疗组患者癫痫发作，导致治疗中断。基于患者的获益风险特征，恩杂鲁胺于2012年被FDA批准用于化学耐药性转移性去势抵抗性前列腺癌患者的治疗。两年后，恩杂鲁胺由于Ⅲ期临床试验（PREVAIL）的良好疗效，其临床应用进一步扩展到未化疗的转移性去势抵抗性前列腺癌患者。

随着恩杂鲁胺被引入临床应用，仅几年之后就从进行性去势抵抗性前列腺癌（castration-resistant prostate cancer，CRPC）患者的血浆DNA中发现了AR-F876L点突变[34]。像T877A和W741C一样，新发现的突变F876L位于AR的配体结合域中。这种突变引起的氨基酸变化使AR在结合恩杂鲁胺或与其结构密切相关的类似物阿帕鲁胺（apalutamide，12，图3.7）时采取激动剂构象，对后者正在进行临床研究。两种化合物在表达AR-F876L的细胞系中均表现出部分激动作用。AR过表达是产生肿瘤抵抗的另一个可能原因，但这两个化合物未对表达AR-F876L的细胞产生这一影响。

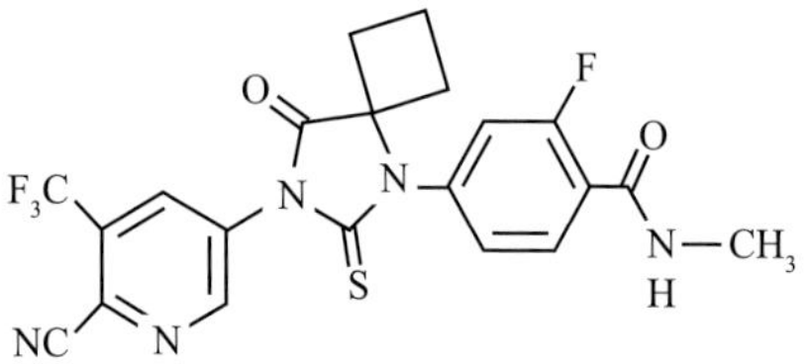

阿帕鲁胺（JNJ-927，12）

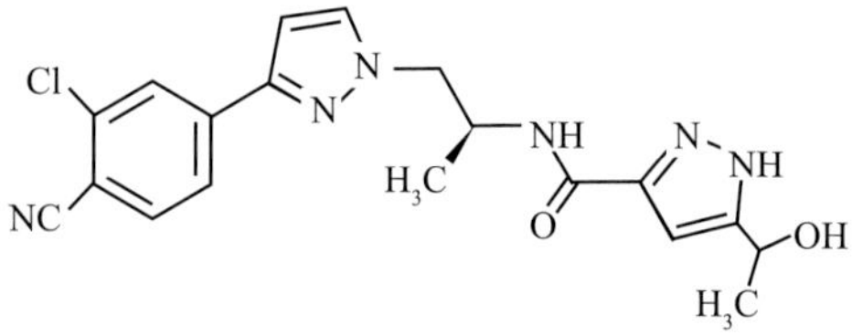

达洛鲁胺（ODM-201，13）

图3.7 两种处于Ⅲ期临床研究的抗雄激素药物

3.6 展望

在恩杂鲁胺被批准上市的同时，还有四种其他非抗雄激素的疗法被批准用于转移性去势抵抗性前列腺癌的治疗，包括丹德里昂公司（Dendreon）的西普赛尔疫苗（sipuleucel-T，Provenge®），强生公司（Johnson & Johnson）的裂解酶抑制剂乙酸阿比特龙酯（abiraterone acetate，Zytiga®），拜耳公司（Bayer）的骨转移靶向药物alpharadin（Xofigo®）和赛诺菲公司（Sanofi）的第二代紫杉烷卡巴他赛（cabazitaxel，Jevtana®）。这些研究进展为转移性去势抵抗性前列腺癌患者带来了巨大的福音，尤其是那些不适合常规化疗的患者。但是，这也进一步增加了该疾病领域的抗雄激素药物的准入标准。

使用AR拮抗剂目前仍然是前列腺癌的关键疗法。当前的关注重点已转移到医疗需求远未得到满足的疾病早期阶段，包括非转移性去势抵抗性前列腺癌（nonmetastatic castration-resistant prostate cancer，nmCRPC）和激素敏感性前列腺癌。正在进行恩杂鲁胺相关的临床Ⅲ期试验，另外还有两种新型抗雄激素即将上市，分别是强生/Aragon制药研发的硫代乙内酰脲类似物阿帕鲁胺（12，代号为JNJ-927和JNJ-56021927，早期为ARN-509）[35]和拜耳/Orion制药开发的结构迥异的吡唑衍生物达洛鲁胺（darolutamide，13，ODM-201，图3.7）[36]。

到目前为止，上述的AR拮抗剂都作用于雄激素受体的配体结合域。抗雄激素领域的新进展还包括进入Ⅱ期临床试验的EPI-506（不列颠哥伦比亚大学），该化合物的结构尚未公开，作用于AR的*N*端结构域（*N*-terminal domain，NTD）[37]。

3.7 结论

过去的几十年中，在提高抗雄激素活性、疗效和耐受性方面取得了重要的进展。但耐药性的产生仍然继续对AR拮抗剂的临床应用构成挑战。如今，可用的疗法包括化学疗法、免疫疗法、雄激素合成抑制剂和放射性药物，因此可以使用几种互补的手段来延长晚期前列腺癌患者的生存期。尽管可用的抗雄激素药物会不断产生耐药性，但是雄激素受体即使在疾病晚期也仍然是前列腺肿瘤生长的主要因素，因此它仍然是前列腺肿瘤药物研究中的重要靶点。新疗法可以通过上游靶标来直接或间接地解决有关AR的问题。

（侯　卫　苏　琳）

原作者简介

阿威德·克里夫（Arwed Cleve），德国拜耳公司（Bayer）高级科学家。他曾在德国柏林工业大学（Technische Universität Berlin）学习化学，并于1984年获得学士学位。随后，他师从费迪南德·博尔曼（Ferdinand Bohlmann）教授，并于1988年获得博士学位。同年，他加入先灵公司（Schering，现为拜耳公司）的药物化学部，致力于先导化合物的优化。他一直是妇科、男科、肿瘤和免疫等多个疾病

领域的药物化学家和研究项目负责人。

阮维（Duy Nguyen），德国拜耳公司的高级科学家。1997年，他于法兰克福大学（Goethe University Frankfurt）获得了化学学士学位。2001年，他于亚琛工业大学（RWTH Aachen）获得有机化学博士学位，师从迪特尔·恩德斯（Dieter Enders）教授。同年，他加入多伦多大学（University of Toronto）马克·劳滕斯（Mark Lautens）教授团队进行博士后研究工作。2002年，他加入先灵公司的药物化学部。此后，他一直从事与生育控制、炎症、中枢神经系统及肿瘤相关的药物研发工作。

参考文献

1. Nawaz，K.，Hughes，M. and Anderson，S.（2015）Pharmacor Oncology Prostate Cancer. Decision Resources Group（see https://decisionresourcesgroup.com/report/49138-biopharma-prostate-cancer-definition-forecast-overview）.
2. The prostate cancer therapeutics market forecast 2014-2024：Opportunities for leading companies（2014）（see https://www.visiongain.com/Report/1294/The-Prostate-Cancer-Therapeutics-Market-Forecast-2014-2024）.
3. Huggins，C. and Hodges，C.V.（1972）Studies on prostatic cancer：I.The effect of castration，of estrogen and of androgen injection on serum phosphatases in metastatic carcinomas of the prostate. CA Cancer J. Clin.，22（4），232-240.（Reprinted from（1941）Cancer Research 1，293-297）.
4. Scher，H.I. and Sawyers，C.L.（2005）Biology of progressive，castration-resistant prostate cancer：directed therapies targeting the androgen-receptor signaling axis. J. Clin. Oncol.，23（32），8253-8261.
5. Attard，G.，Cooper，C.S.，and de Bono，J.S.（2009）Steroid hormone receptor in prostate cancer：a hard habit to break? Cancer Cell，16（6），458-462.
6. Feldman，B.J. and Feldman，D.（2001）The development of androgen-independent cancer. Nat. Rev. Cancer，1（1），34-45.
7. （a）Baker，J.W.，Bachman，G.L.，Schumacher，I.，Roman，D.P.，and Tharp，A.L.（1967）Synthesis and bacteriostatic activity of some nitrotrifluoromethylanilides. J. Med. Chem.，10（1），93-95；
   （b）Furr，B.J. and Kaisary，A.V.（1999）in Textbook of Prostate Cancer：Pathology，Diagnosis and Treatment（eds A.V.Kaisary，G.P.Murphy，L.Denis，and K.Griffiths），CRC Press，pp.277-290.
8. Neri，R.，Florance，K.，Koziol，P.，and van Cleave，S.（1972）A biological profile of a nonsteroidal antiandrogen，SCH 13521. Endocrinology，92（2），427-437.

9. Brogden, R.N. and Chrisp, P. (1991) Flutamide. Drugs & Aging, 1 (2), 104-115.
10. Wasan, H. and Waxman, J. (1994) in Tumours in Urology: Biology and Clinical Management (ed. D.E.Neal), Springer-Verlag, London, pp. 163-174.
11. Crawford, E.D., Eisenberger, M.A., McLeod, D.G., Spaulding, J.T., Benson, R., Dorr, F.A., Blumenstein, B.A., Davis, M.A., and Goodman, P.J. (1989) A controlled trial of leuprolide with and without flutamide in prostatic carcinoma. N.Engl. J. Med., 321 (7), 419-424.
12. Veldscholte, J., Berrevoets, C.A., Brinkmann, A., Grootegoed, J.A., and Mulder, E. (1992) Anti-androgens and the mutated androgen receptor of LNCaP cells: differential effects on binding affinity, heat-shock protein interaction, and transcription activation. Biochemistry, 31 (8), 2393-2399.
13. Carmina, E. and Lobo, R.A. (2002) A comparison of the relative efficacy of antiandrogens for the treatment of acne in hyperandrogenic women. Clin. Endocrinol. (Oxf), 57 (2), 231-234.
14. Raynaud, J.-P., Bonne, C., Bouton, M.-M., Lagace, L., and Labrie, F. (1979) Action of a non-steroid anti-androgen, RU 23908, in peripheral and central tissues. J. Steroid Biochem., 11 (1), 93-99.
15. Dole, E.J. and Holdsworth, M.T. (1997) Nilutamide: an antiandrogen for the treatment of prostate cancer. Ann. Pharmacother., 31, 65-75.
16. Chodak, G., Gomella, L., and Phung, D.H. (2007) Combined androgen blockade in advanced prostate cancer: looking back to move forward. Clin. Genitourin. Cancer, 5 (6), 371-378.
17. Furr, B.J. (1996) The development of Casodex (bicalutamide): preclinical studies. Eur. Urol., 29 (Suppl. 2), 83-95.
18. Tucker, H., Crook, J.W., and Chesterson, G.J. (1988) Nonsteroidal antiandrogens. Synthesis and structure-activity relationships of 3-substituted derivatives of 2-hydroxypropion-anilides. J. Med. Chem., 31 (5), 954-959.
19. Furr, B.J.A., Valcaccia, B., Curry, B., Woodburn, J.R., Chesterson, G., and Tucker, H. (1987) ICI 176, 334: a novel non-steroidal, peripherally selective antiandrogen. J. Endocrinol., 113 (3), R7-R9.
20. Maucher, A. and von Angerer, E. (1993) Antiproliferative activity of Casodex (ICI 176. 334) in hormone-dependent tumours. J. Cancer Res. Clin. Oncol., 119 (11), 669-674.
21. Kolvenbag, G.J.C.M., Blackledge, G.R.P., and Gotting-Smith, K. (1998) Bicalutamide (Casodex) in the treatment of prostate cancer: history of clinical development. Prostate, 34 (1), 61-72.
22. Kaisary, A.V. (1994) Current clinical studies with a new nonsteroidal antiandrogen, Casodex. Prostate Suppl., 5, 27-33.
23. Crawford, E.D., Eisenberger, M.A., McLeod, D.G., Spaulding, J.T., Benson, R., Dorr, F.A., Blumenstein, B.A., Davis, M.A., and Goodman, P.J. (1989) A controlled trial of leuprolide with and without flutamide in prostatic carcinoma. N.Engl. J. Med., 321 (20), 419-424.
24. Thomson Reuters CortellisTM (2016) (see https://cortellis.thomsonreuterslifesciences.com/).
25. Mukherjee, A., Kirkovsky, L., Yao, X.T., Yates, R.C., Miller, D.D., and Dalton, J.T. (1996)

Enantioselective binding of Casodex to the androgen receptor. Xenobiotica, 26 (2), 117-122.

26. McKillop, D., Boyle, G.W., Cockshott, I.D., Jones, D.C., Phillips, P.J., and Yates, R.A. (1993) Metabolism and enantioselective pharmacokinetics of Casodex in man. Xenobiotica, 23 (11), 1241-1253.
27. Tran, C., Ouk, S., Clegg, N.J., Watson, P.A., Arora, V., Wongvipat, J., Smith-Jones, P.M., Yoo, D., Kwon, A., Wasielewska, T., Welsbie, D., Chen, C.D., Higano, D.S., Beer, T.M., Hung, D.T., Scher, H.I., Jung, M.E., and Sawyers, C.L. (2009) Development of a second-generation antiandrogen or treatment of advanced prostate cancer. Science, 324 (5928), 787-790.
28. Bohl, C.E., Gao, W., Miller, D.D., Bell, C.E., and Dalton, J.T. (2005) Structural basis for antagonism and resistance of bicalutamide in prostate cancer. Proc. Natl. Acad. Sci. U.S.A., 102 (17), 6201-6206.
29. Jung, M.E., Ouk, S., Yoo, D., Sawyers, C.L., Chen, C., Tran, C., and Wongvipat, J. (2010) Structure-activity relationship for thiohydantoin androgen receptor antagonists for castration-resistant prostate cancer (CRPC). J. Med. Chem., 53 (7), 2779-2796.
30. Sawyers, C.L., Jung, M.E., Chen, C.D., Ouk, S., Welsbie, D., Tran, C., Wongvipat, J. and Yoo, D. (2007) Diarylhydantoin compounds. US Patent 0, 004, 753 A1, filed May 15, 2006 and issued Jan. 4, 2007.
31. Scher, H.I., Beer, T.M., Higano, C.S., Anand, A., Taplin, M.-E., Efstathiou, E., Rathkopf, D., Shelkey, J., Yu, E.Y., Alumkal, J., Hung, D., Hirmand, M., Seely, L., Morris, M.J., Danila, D.C., Humm, J., Larson, S., Fleisher, M., and Sawyers, C.L.(2010)Antitumour activity of MDV3100 in castration-resistant prostate cancer: a phase 1-2 study. Lancet, 375 (9724), 1437-1446.
32. Higano, C.S., Beer, T.M., Taplin, M.-E., Efstathiou, E., Hirmand, M., Forer, D., and Scher, H.I. (2015) Long-term safety and antitumor activity in the phase 1-2 study of enzalutamide in pre-and post-docetaxel castration-resistant prostate cancer. Eur. Urol., 68 (5), 795-801.
33. Ning, Y.M., Pierce, W., Maher, V.E., Karuri, S., Tang, S.-H., Chiu, H.-J., Palmby, T., Zirkelbach, J.F., Marathe, D., Mehrotra, N., Liu, Q., Gosh, D., Cottrell, C.L., Leighton, J., Sridhara, R., Ibrahim, A., Justice, R., and Pazdur, R. (2013) Enzalutamide for treatment of patients with metastatic castration-resistant prostate cancer who have previously received docetaxel: U.S.food and drug administration drug approval summary. Clin. Cancer Res., 19 (22), 6067-6073.
34. Joseph, J.D., Lu, N., Qian, J., Sensintaffar, J., Shao, G., Brigham, D., Moon, M., Maneval, E.C., Chen, I., Darimont, B., and Hager, J.H. (2013) A clinically relevant androgen receptor mutation confers resistance to second-generation antiandrogens enzalutamide and ARN-509. Cancer Discov., 3 (9), 1020-1029.
35. Smith, M.R., Antonarakis, E.S., Ryan, C.J., Berry, W.R., Shore, N.D., Liu, G., Alumkal, J.J., Higano, C.S., Chow Maneval, E., Bandekar, R., de Boer, C.J., Yu, M.K., and Rathkopf, D.E. (2016) Phase 2 study of the safety and antitumor activity of apalutamide (ARN-509), a potent androgen receptor antagonist, in the high-risk nonmetastatic castration-

resistant prostate cancer cohort. Eur. Urol., 70 (6), 963-970.

36. Moilanen, A.-M., Riikonen, R., Oksala, R., Ravanti, L., Aho, E., Wohlfahrt, G., Nykänen, P.S., Törmäkangas, O.P., Palvimo, J.J. and Kallio, P.J. (2015) Discovery of ODM-201, a new-generation androgen receptor inhibitor targeting resistance mechanisms to androgen signaling-directed prostate cancer therapies (see www. nature. com/ scientificreports). DOI: 10.1038/srep12007.
37. Imamura, Y. and Sadar, M.D. (2016) Androgen receptor targeted therapies in castration-resistant prostate cancer: bench to clinic. Int. J. Urol., 23 (8), 654-665.

第4章

博纳吐单抗——一种治疗B细胞恶性肿瘤的双特异性抗体的研发

4.1 引言

CD19/CD3-双特异性抗体（bispecific antibody）博纳吐单抗（blinatumomab）是美国FDA批准的首个T细胞结合的CD19特异性抗体，也是获得FDA批准较快的药物之一。本章主要介绍博纳吐单抗的研发历程及其独特的性质。对于难治性/复发性（refractory or relapsed，R/R）B细胞前体（B-cell precursor）急性淋巴细胞白血病（acute lymphocytic leukemia，ALL）和R/R非霍奇金淋巴瘤（non-Hodgkin lymphoma，NHL）患者，博纳吐单抗以极低的剂量单药治疗即可发挥显著的临床活性。博纳吐单抗独特的性质和研发历程为基于抗体的非常规癌症治疗开辟了道路。

利用患者自身T细胞治疗癌症的策略，虽然采用的方法不同，但均表现出显著的临床活性。在某些情况下，首先将离体肿瘤的滤过性T细胞进行离体扩增，然后再输注到患者体内，可使黑色素瘤病变明显消退，临床反应率可达50%[1]。诸如纳武单抗（nivolumab）、派姆单抗（pembrolizumab）和阿特珠单抗（atezolizumab）等，均能抑制癌细胞表达的相关配体激活T细胞上的PD1受体，可有效治疗晚期黑色素瘤、肾细胞癌、膀胱癌和非小细胞肺癌（non-small cell lung cancer，NSCLC）[2]。而伊匹单抗（ipilimumab）对T细胞负调节剂CTLA-4的阻断作用可有效治疗晚期黑色素瘤[3]。自体T细胞可有效用于R/R ALL和其他B细胞恶性肿瘤的治疗，其表达的嵌合抗原受体（chimeric antigen receptor，CAR）主要由T细胞受体（T-cell receptor，TCR）CD3ε亚基、CD28或CD137衍生的细胞内信号转导域，以及一个基于CD19的特异性细胞外抗体片段组成[4]。此外，基于T细胞的双特异性抗体卡妥索单抗和博纳吐单抗对EpCAM阳性上皮性肿瘤[5]和B细胞恶性肿瘤[6]都具有很好的临床活性。以上实例表明，T细胞激活已成为高效癌症治疗的新策略。博纳吐单抗是研究人员耗时17年开发出的一种新型抗肿瘤免疫疗法。下文将聚焦其具体研发历程。

4.1.1 双特异性抗体简史

第一个双特异性抗体是由科勒（Koehler）和米尔斯坦（Milstein）借助单克隆抗体（monoclonal antibody，mAb，简称单抗）技术，通过融合两个杂交瘤细胞克隆形成所谓的杂交杂交瘤（hybrid hybridomas）而获得的[7]。融合的细胞克隆并匹配它们两条不同的轻链和重链，进而产生多达10种不同的抗体，其中只有一种抗体具有双特异性，可以识别两种不同的靶抗原。然而，过低的产量和具有挑战性的纯化方法严重阻碍了双特异性抗体的早期研究。随后，林德霍夫（Lindhofer）研究团队发现，小鼠IgG2a/大鼠IgG2b杂交瘤细胞可优先形成所需的双特异性抗体，并基于此原理开发了有史以来第一个获批的双特异性抗体卡妥索单抗（Removab®）[5]。由于EpCAM/CD3-双特异性卡妥索单抗可以增加EpCAM阳性癌症患者的无腹水时间间隔，于2009年获得欧盟批准。但是，卡妥索单抗的商业成功和广泛应用受到许多因素的限制和阻碍。基本上，每位患者都对小鼠/大鼠杂交抗体产生了中和抗体反应（neutralizing antibody response），并且该疗法对总生存率的影响并不明显，因此卡妥索单抗只是一种通过穿刺术治疗恶性腹水的昂贵替代药物。

值得注意的是，当人IgG1抗体发挥抗体依赖性细胞毒性（antibody-dependent cellular cytotoxicity，ADCC）作用时，也会表现出双重功能。抗体Fc-γ1尾部的两条臂在与表面抗原结合时，也会与自然杀伤（natural killer，NK）细胞或巨噬细胞等细胞毒性免疫细胞上的Fc-γ受体结合，从而引发重新导向的靶细胞裂解。研究发现，临床应用的单克隆IgG1抗体，如利妥昔单抗或阿仑单抗（alemtuzumab，译者注：又可译为阿来组单抗），可以同时消除癌症和免疫细胞[8]（图4.1，左图）。

目前，大量旨在将两种不同抗原结合特异性融合到同一分子中的双特异性抗体正处于临床开发阶段[9]。双特异性抗体的优点是将两种协同或加和的生物活性融合到一个分子中，不仅可以发挥更好的治疗效果，还可节省研发两种抗体混合物所需的生产和开发成本。目前，已开发出了几种可结合两种不同炎症细胞因子的双特异性抗体，主要用于治疗自身免疫性疾病。在肿瘤学领域，双特异性抗体通常靶向两种与肿瘤生长因子相关的受体激酶。双特异性抗体还可通过与血清白蛋白或新生儿Fc受体（neonatal Fc receptor，FcRn）结合来提高抗体的血脑屏障渗透性或延长半衰期。临床前研究表明，双特异性抗体在某些情况下优于两种不同抗体的混合物。

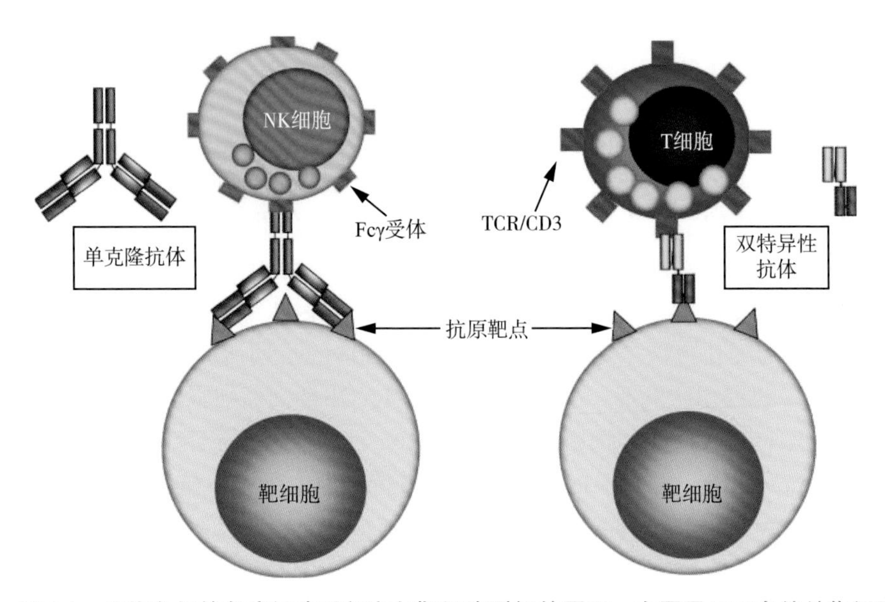

图4.1 抗体参与的免疫细胞重新定向靶细胞裂解的原理。左图显示了自然杀伤细胞与常规人IgG1单抗的结合。该抗体通过同时与Fcγ受体和抗原靶点的双特异性结合来连接靶细胞和NK细胞。这将触发NK细胞将其储存在细胞内的细胞毒性有效载荷释放到靶细胞上，此过程称为抗体依赖性细胞毒性（ADCC）作用。右图显示了双特异性抗体与细胞毒性T细胞的结合。常规T细胞并不能实现ADCC，因为它们缺乏用于抗体结合的Fcγ受体。双特异性T细胞结合抗体通常与T细胞受体（TCR）复合物的CD3ε亚基结合，进而高效地激活T细胞并释放细胞毒性成分。值得注意的是，双特异性抗体（如博纳吐单抗）可使用与单抗相同的抗原靶点。T细胞比NK细胞具有更强的细胞毒性潜力，因此治疗所需的抗体剂量要低得多

4.1.2 T细胞结合抗体的研发历史

施塔兹（Staerz）等于1985年首次报道了T细胞结合的双特异性抗体的作用机制[10]（图4.1，右图）。杂交杂交瘤抗体的一臂与CD3（TCR复合物的组成部分）结合，另一臂与靶细胞（Thy-1.1）的表面抗原结合，进而激活并重新定向所有静息的T细胞，以不再受HLA/TCR识别限制的方式裂解靶细胞。在这一发现之后，TCR复合物的CD3ε亚基就成为开发T细胞结合抗体的有效T细胞靶点，主要原因是人TCR/CD3亚基缺乏单抗特异性。在接下来的几年间，陆续开发了多种双特异性抗体，成功解决了抗体产量、纯度和稳定性问题[11]。

数十年来，寻找适合的双特异性抗体形式的努力仍在继续，也催生了新的双特异性形式[12]。早期研究发现，结合T细胞的双特异性抗体具有很强的细胞毒性，其在共培养杀灭试验（coculture killing assay）中表现出强效的活性。串联单链可变片段（tandem single-chain variable fragment，scFv）是在20世纪80～90年

代出现的众多双特异性抗体形式之一，是由彼得·库弗（Peter Kufer）及其同事开发的新型双特异性抗体构建模式[13]（图4.2）。与大多数构建模式不同，这种由一条多肽链组成的双特异性抗体的结构非常小（分子量约50 kDa），可容易地由真核细胞产生，而较少地来源于原核生物（如大肠杆菌）。该类别的第一个抗体分子，后来被称为“双特异性T细胞衔接子”（bispecific T-cell engager，BiTE），可靶向EpCAM和CD3，并表现出非常理想的体外性质。EpCAMxCD3-双特异性结构为博纳吐单抗（最初被称为bscCD19xCD3[14]）的研发描绘了蓝图。

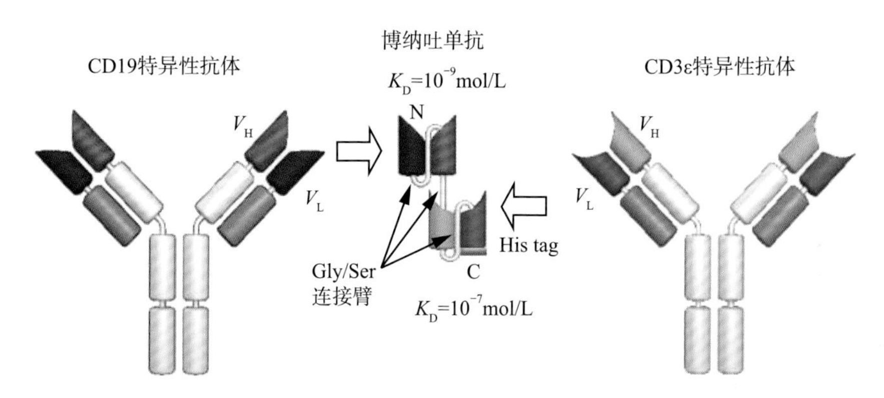

图4.2　博纳吐单抗的构建和结构。博纳吐单抗衍生自两种单抗的可变抗原结合域（V_H/V_L），一种对B细胞CD19具有特异性（左，红色），另一种对T细胞CD3ε具有特异性（右，绿色）。四个V_H和V_L免疫球蛋白结构域通过三个甘氨酸-丝氨酸连接臂序列（箭头）进行重组连接。如图中间所示，该序列在约50 kDa的一条多肽链上排列了4个结构域。值得注意的是，博纳吐单抗的大小仅为常规单抗的1/3。其缺少Fcγ域，具有更好的组织渗透性，但血清半衰期却大大缩短。图中显示了在C端（C）的六元组氨酸序列（His-tag）的位置，其主要用于博纳吐单抗的亲和纯化及检测。同时分别给出了CD19（N端）和CD3 结合域（C端）的平衡解离常数（K_D）

截至20世纪末，制药行业对双特异性T细胞结合抗体还知之甚少，也缺少足够的研发兴趣。一个重要的原因是T细胞结合抗体的临床试验在20世纪90年代接连遭遇了失败，包括CD19/CD3-和MOv18/CD3-双特异性抗体[15, 16]。尽管此类抗体在细胞水平测试中显示出很强的活性，但可明显地引起患者T细胞介导的细胞因子释放，并且未观察到持续的临床药效。此外，双特异性抗体的生产和稳定性问题也进一步阻碍了其发展。

4.1.3　博纳吐单抗的设计

CD19是一种B细胞特异性膜蛋白，主要参与激活PI3/AKT通路[17]。作为PI3激酶的直接衔接子，其在B细胞增殖和潜在的恶性转化中发挥了关键作用。CD19

在B细胞分化早期就已被表达，这也解释了CD19在B前体ALL细胞上表达的原因，而CD20则在B细胞分化后期出现。CD19在浆细胞上的表达水平非常低，但在B细胞发育过程中持续表达。因此，可以通过靶向CD19的抗体治疗大多数B细胞恶性肿瘤（除多发性骨髓瘤之外）。

1998年，德国Micromet GmbH公司从德国学术机构获得了CD19/CD3-双特异性抗体的授权许可，先后将其命名为MT103和AMG103，也就是本章所介绍的博纳吐单抗，商品名为Blincyto®。Micromet成立于20世纪90年代中期，是一家位于德国慕尼黑的生物技术初创公司。2006年，Micromet在纳斯达克上市（先前的股票代号：MITI），总部位于马里兰州罗克维尔，并在慕尼黑设有研发中心。

博纳吐单抗是一种非糖基化的鼠源抗体，分子量约为55 kDa，由两个串联排列的scFv组成。scFv抗体结合域通过连接臂将小鼠抗人CD19单抗HD37和小鼠抗人CD3单抗OKT3的序列变异体结合起来。图4.2显示了由两种单抗构建的博纳吐单抗的构成及其vis-à-vis特定结构域排列。其中一个scFv以大约1 nmol/L的平衡解离常数（K_D）与B细胞抗原CD19结合，而另一个scFv以大约100 nmol/L的K_D与TCR复合体的CD3ε亚基结合。抗CD19和抗CD3的scFv分别通过（Gly_4Ser）$_3$连接臂连接其可变区域，而Gly_4Ser连接臂则用于串联两个scFv。单个BiTE链上的可变重链（variable heavy chain，V_H）和可变轻链（variable light chain，V_L）的特定顺序对博纳吐单抗的生物学活性至关重要。在8种可能的V_H/V_L方案中，仅有少数是合适的，博纳吐单抗正是其中之一。结合于CD3的scFv的C端延伸处的一个六元氨酸序列（也称为His-tag）可用于亲和纯化及基于抗polyHis抗体的蛋白检测。

4.1.4 博纳吐单抗的作用模式

常规单抗无法直接结合T细胞并使其参与癌细胞的裂解。这是因为T细胞不表达结合抗体Fc-γ结构域所需的Fc-γ受体，如CD16、CD32或CD64。只有对T细胞表面抗原具有特异性结合的单抗才有可能与T细胞结合并将其激活，如针对抗CD3单抗OKT-3、抗CD28单抗TGN1412或抗CD137抗体。这些单抗可能持续性地激活T细胞，因为Fc-γ受体阳性免疫细胞是以多价方式向T细胞提呈此类抗体。在不存在Fc-γ域的情况下，只有当博纳吐单抗的一个结合臂与T细胞的CD3结合，同时第二个结合臂与靶细胞CD19结合时，才会激活T细胞。这将引发靶细胞依赖性的T细胞活化，其强度将取决于可结合的靶细胞数量[18]。这也解释了为什么博纳吐单抗在具有微小残留病变（minimal residual disease，MRD）的ALL患者中的细胞因子释放量最低，而在R/R ALL患者中的细胞因子释放量最高。在对MRD患者开展第二个周期的治疗时，几乎无法检测到细胞因子的释放[19]，这主要是因为第一个治疗周期已经耗尽了绝大多数的靶细胞。

研究显示，BiTE™抗体可形成规则的溶细胞突触（cytolytic synapse），以将颗粒酶（granzyme）和穿孔素（perforin）从T细胞靶向递送至附着的靶细胞[20]。有关细胞黏附、分泌和信号转导的微区形成等方面，BiTE诱导的突触与TCR/肽/MHC相互作用形成的突触似乎并没有区别。其实不然，一个基本的区别是，BiTE诱导的突触比常规T细胞突触具有更多的接触点。正常的T细胞本身即可形成突触，并在识别TCR/肽/MHC复合物（少于10种）后杀死靶细胞。而T细胞结合抗体可以在靶细胞的任何位置潜在地通过10^3～10^6个结合位点形成突触，具体取决于靶细胞的表面密度。这可能会产生多个非常大的突触并具有较好的优势，特别是在将穿孔素和颗粒酶传递至癌细胞中并激活共刺激受体方面。但是，异常大的突触也可能诱导癌细胞产生免疫逃逸并产生耐药性，不过对BiTE重定向的T细胞裂解作用仅具有很小的影响[21]。

4.1.5　博纳吐单抗的生产

通常，原核细胞培养体系中可产生小抗体片段。研究人员多次尝试后均未能在细菌中产生博纳吐单抗，因此选择了单克隆抗体的标准生产系统，即通过中国仓鼠卵巢（CHO）细胞克隆获得。在真核细胞中，重组分泌蛋白在内质网中被折叠成合适的结构，否则无法从细胞内进入细胞培养基。CHO细胞可分泌博纳吐单抗的功能性单体形式和二聚体形式，但仅纯化其单体并用于治疗。博纳吐单抗的单体比二聚体更为可取，因为在不存在靶细胞的情况下，难以下调TCR的表面表达，所以不利于T细胞的激活[18]。此外，由于博纳吐单抗二聚体的细胞毒活性比单体高出几倍，需要在最终药物产品中将二聚体浓度严格控制在一定阈值以下，这也突显了可靠检测二聚体浓度方法的重要性。研究人员最终将商业规模的博纳吐单抗的生产委托给制造商龙沙（Lonza）公司，实现了2000 L规模的生产。虽然龙沙公司通过CHO细胞克隆获得博纳吐单抗的生产率比如今单抗的生产率低98%以上，但是BiTE抗体的强效活性使其一个治疗周期的消耗量仅为数毫克，因此很好地弥补了其产率低的弊端。

4.1.6　博纳吐单抗的临床开发

在启动临床试验前，研究人员开展了非常全面的临床前测试，获得了大量的研究数据。临床前研究表明，博纳吐单抗可参与系列T细胞的结合裂解反应[22]，并在异种移植模型和非人类灵长类动物（nonhuman primate，NHP）中表现出显著的活性[23，24]。博纳吐单抗可形成溶细胞性T细胞突触[20]，介导靶细胞依赖的T细胞活化和细胞因子释放[18]，干扰糖皮质激素[25]，或与利妥昔单抗联合使用[26]，2000年，借助于淋巴结病变大小的超声检查，部分NHL患者的同情用药（compassionate use）显示了博纳吐单抗的临床活性。随后进行了三个针对NHL和慢性淋巴细胞白血病的正式Ⅰ期临床试验。博纳吐单抗多次短期静脉注射（IV）给药后，产生了强烈的免疫反应，如炎症性细胞因子的释放，证明其成功激活了T细胞。而外周血B细胞的瞬时减少表明靶细胞已被有效清除，但具体临床活性仍然难以捉摸。直到开展了基于NHL和ALL患者的连续静脉注射（continuous intravenous injection，cIV）临床研究，才观察到博纳吐单抗的强效临床活性。事实上，接受cIV给药60 μg/（m^2·d）的最初7例NHL患者全部显示出部分缓解（partial remission，PR）或完全缓解（complete remission，CR）（根据Cheson标准[27]）。最近完成的一项针对76名NHL患者的Ⅰ期临床剂量递增研究（cIV）显示，在60 μg/（m^2·d）剂量下，患者临床应答率达到69%（$n=28$）[28]。

为了高效地满足医疗需求，B细胞前体R/R ALL成为进一步开发博纳吐单抗的研究重点。ALL的第一项研究是在MRD患者中进行的，MRD具有很高的复发风险[29，30]。相关研究希望将MRD患者中的靶细胞水平降低，将T细胞活化引起的副作用保持在最低水平，同时探索对ALL适应证的疗效，然后再将研究转移至肿瘤负荷更高的完全复发患者中。一项针对28名MRD患者的研究表现出令人欣喜的80%的完全应答率，这一结果在一项名为BLAST的较大的Ⅱ期临床研究（120名患者）中得到证实[31]。值得注意的是，ALL治疗仅需要15 μg/（m^2·d）剂量的博纳吐单抗（是NHL试验中最大活性所需剂量水平的1/4）。一项针对36名R/R ALL患者的研究显示，与MRD研究结果相比，博纳吐单抗的免疫反应更强，这可能是由血液和骨髓中的肿瘤负荷更高所致[17]。缓解此类副作用的有效措施是在应用15 μg/（m^2·d）目标剂量（治疗三周）的一周前，先进行5 μg/（m^2·d）的初始剂量治疗。在这项研究中，完全缓解率达到69%。

2008年，具有里程碑意义的博纳吐单抗单药治疗NHL的Ⅰ期临床数据在《科学》（*Science*）期刊发表后[27]，重新唤起人们对T细胞结合抗体疗法的信心和兴趣。从那时起，越来越多的制药公司和中型生物技术公司开始研发各自的双特异性抗体。如今，有多达十几种不同的T细胞结合抗体正处于不同阶段的临床试验[12]。在过去的5年间，T细胞结合抗体领域的研究也日益增多，相关的公司合并、收购和合作开发活动更是屡见不鲜。

2012年，Micromet公司被总部位于加利福尼亚的安进（Amgen）公司收购，这有力地促进了博纳吐单抗的注册、发布，以及临床开发的扩大化。在Micromet被安进公司收购时，博纳吐单抗正处于Ⅱ期临床试验的关键时期。安进公司进一步将其临床试验扩展至全球多个中心，为博纳吐单抗的批准奠定了基础[32]。基于R/R ALL的大型双臂Ⅲ期临床试验结果证实了博纳吐单抗的临床活性，并显示出相较于当时最佳标准疗法的十足优越性。

博纳吐单抗于2014年12月3日获得FDA的有条件批准，用于治疗费城染色体阴性（Philadelphia chromosome-negative）的R/R ALL成人患者。随后于2015年

11月24日获得欧盟的有条件批准。这一批准是基于一项单臂Ⅱ期临床试验的结果，该试验在185例R/R ALL患者中表现出41.6%的完全缓解率[32]。

随后在R/R ALL成年患者中进行了Ⅲ期临床试验（TOWER），以将博纳吐单抗与最佳疗法进行比较。安进公司在2016年2月5日的新闻稿中公布了Ⅲ期研究的首批结果。对开放标签研究的中期分析显示，博纳吐单抗对R/R ALL患者的总体生存率具有积极影响，但出于伦理原因而较早地终止了临床试验。针对小儿R/R ALL患者、费城染色体阳性R/R ALL小儿患者，以及弥散性大B细胞淋巴瘤（diffuse large B-cell lymphoma，DLBCL，最常见的NHL形式）小儿患者的单药治疗临床试验正在进行之中。迄今为止，博纳吐单抗在所有B细胞恶性肿瘤中均表现出不同程度的临床疗效。

4.1.7 博纳吐单抗的给药方式

单抗在血清中的半衰期通常在1周至数周范围内。这主要是由其Fc-γ结构域决定的，该结构域在被摄取到内皮细胞后可以在低pH下与FcRns结合，从而实现有效的再循环而不是抗体的降解[33]。而对于博纳吐单抗，由于缺乏Fc结构域且肾脏清除率较高，其半衰期仅为1～2 h。重复的短期IV（已在Ⅰ期临床研究中进行了测试）并未引起持续的T细胞活化，但每次输注后炎症细胞因子的释放达到峰值。此外，未观察到外周$CD19^+$ B细胞的持续消耗，反而引发了由细胞因子释放引起的反复不良反应事件。据推测，在博纳吐单抗开发中最为关键的决定是研究其在持续静脉注射（cIV）给药下的安全性和有效性。对于基于抗体的疗法，这种非常不寻常的给药方式最初在业界并未引起共鸣。反对使用cIV给药的理由是，患者的便利性很低，且输液袋的反复更换和长期输注可能会增加感染的风险。

基于接受4～8周cIV给药的NHL患者所进行的剂量递增研究显示，cIV与短期间歇输注的差异非常明显[6, 27]。不良事件主要限于输注开始后的第一天，通常在持续输注后消失。在5 μg/（m^2·d）及更高剂量下，所有cIV给药患者的外周血$CD19^+$细胞均被快速、完全和持续地清除。$CD19^+$细胞的耗竭持续时间超过了治疗期限，患者正常B细胞的恢复期也有所不同。剂量增加至15 μg/（m^2·d）后，根据Cheson 标准可以观察到部分和完全治疗响应。患者的最大耐受剂量（maximum tolerated dose，MTD）可达60 μg/（m^2·d）。在90 μg/（m^2·d）下的剂量限制性毒性主要是神经系统不良反应和细胞因子释放综合征（cytokine release syndrome，CRS）。而在60 μg/（m^2·d）剂量水平下，最初接受治疗的7名患者均得到部分或完全缓解。在完成对28位患者的研究后，69%的患者显示部分或完全缓解。

药代动力学和药效学研究表明，在整个输注期间，cIV给药可良好地控制和维持博纳吐单抗的血清水平，且能在随后的治疗周期中保持血清水平的稳定[19]。

此外，暴露量与剂量呈线性关系，表明博纳吐单抗不会被T细胞或靶细胞隔离。从输注开始，细胞因子释放量达到最高，而在1～2天后降至基线水平。cIV给药可使博纳吐单抗达到稳定的暴露水平，并根据需要持续激活T细胞，进而裂解靶细胞。临床上主要通过中心输液管线将输液袋和固定在腰带上的微型泵相连，以实现cIV给药，并由医护人员每隔一天更换一次输液袋。未来也可能使用具有更好储存能力且不需要频繁更换的静脉输液袋。如在cIV给药过程中出现不良反应，则可暂时中断输注，从而使药物在数小时内被迅速清除。

4.1.8 博纳吐单抗的副作用

单抗疗法经常会出现所谓的初次给药反应，如抗CD20单抗利妥昔单抗。这也是治疗性单抗的输注时间需要数小时，且通常在输注开始后就会联用类固醇激素以抑制免疫反应的原因。在应用博纳吐单抗的过程中也观察到了初次给药反应[19]。与Fc-γ受体阳性免疫细胞（主要是NK细胞）参与的IgG1单抗治疗不同，博纳吐单抗是通过T细胞参与的独特机制。尽管两种免疫细胞被激活后都会释放促炎症细胞因子，但是应答的程度和细胞因子的组成可能会有所不同。由于TCR复合物所介导的强烈信号放大作用，同样是引起强烈的细胞因子释放，但T细胞所需的抗体要比Fc-γ受体阳性的免疫细胞少得多。对于激活T细胞的小鼠抗人CD3单抗OKT-3，仅静脉内注射微克级别就会引起严重的CRS[34]。输注开始后，低微克剂量的博纳吐单抗也导致了强烈的细胞因子释放，引起诸多不良反应，包括畏寒、发热、恶心、低血压或头痛。严重的细胞因子释放可能会导致“细胞因子风暴”（cytokine storm），需要对患者进行重症监护。细胞培养实验表明，博纳吐单抗促发的T细胞细胞因子释放取决于是否存在$CD19^+$靶细胞，并且细胞因子的释放量与可及的靶细胞数量密切相关[18]。因此，博纳吐单抗给药患者体内的细胞因子释放表明T细胞已经遇到了靶细胞，并且细胞因子释放强度与可及靶细胞的数量有关，即可及肿瘤细胞和正常靶细胞的负荷。

虽然与博纳吐单抗促发的细胞因子相关的不良反应事件在意料之中，甚至可能有益于抗肿瘤活性的发挥，但也出现了预料之外的神经系统不良反应。在接受博纳吐单抗治疗的患者中，出现了一定比例的神经系统副作用，包括震颤、失语、共济失调、脑病，以及癫痫等[28]。大多数神经系统不良反应发生在治疗早期，并在停止cIV给药后消失。在大多数患者中，重新开始输注后神经系统不良反应未再发生，且4级神经系统不良反应较为少见。但是，目前对此类不良反应的根本原因还知之甚少，也尚未在其他BiTE抗体的临床开发中报道过。CD19并不在神经系统细胞上表达，可能仅在渗透到中枢神经系统的正常和恶性B细胞中才含有CD19。值得注意的是，在抗CD3单抗OKT-3[34]和针对CD19的CAR-T细胞疗法中[35]，也观察到了类似性质的神经系统不良反应。

4.2 讨论

对于嵌合抗CD20 IgG1抗体利妥昔单抗，患者每周剂量为375 mg/m^2。在整个治疗周期内，单抗的总用量达到克级。单抗癌症治疗的有效血清水平通常在每升数十摩尔范围内。而博纳吐单抗则完全不同，在ALL和NHL患者中，血清中ng/mL的浓度就足以达到很高的应答率。因此，基于血清浓度，患者的T细胞参与方式比免疫细胞通过ADCC或CDC而产生的活性至少高出3个对数级别。

在博纳吐单抗和其他BiTE抗体的细胞共培养实验中，进一步证实了其在皮摩尔浓度下的强效活性。值得注意的是，在细胞培养中确定的靶细胞裂解的EC_{90}值与患者最佳临床反应下的抗体血清浓度非常吻合。对于通常体外活性高于体内活性的大多数单抗而言，这种一致性极为少见。因为博纳吐单抗的生物活性比CD3结合的最大浓度低了4个对数数量级，所以抗体在与靶细胞和T细胞同时结合并在二者间形成突触时，必须对两种细胞具有高强度的亲和力。博纳吐单抗裂解靶细胞的方式如图4.3所示。

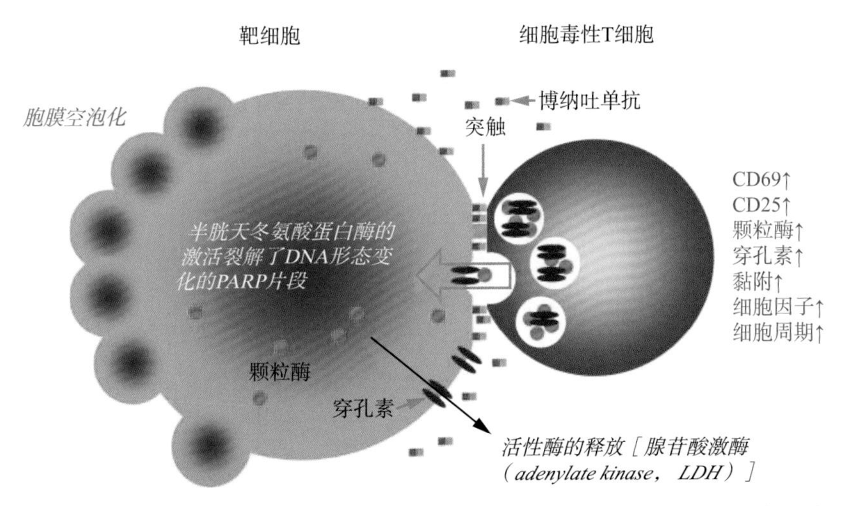

图4.3 博纳吐单抗与靶细胞和T细胞的作用方式。通过与CD19和CD3的双特异性结合，博纳吐单抗可将靶细胞（左）与细胞毒性T细胞（右）瞬时连接。这将导致T细胞与靶细胞之间形成所谓的免疫溶细胞突触。突触向T细胞发送强烈的激活信号，触发细胞毒性颗粒与T细胞膜的融合，并将颗粒酶和穿孔素释放到突触间隙（大箭头所示）。穿孔素将插入靶细胞膜中，使得颗粒酶被递送到靶细胞的细胞质中。最终，靶细胞被激活的半胱天冬氨酸蛋白酶（caspase）和穿孔素形成的细胞膜空洞杀死。斜体显示的部分是已在博纳吐单抗裂解靶细胞过程中观察到的反应。PARP（poly-ADP-ribose polymerase）是一种多聚ADP-核糖聚合酶，可被活化的半胱天冬氨酸蛋白酶裂解。当靶细胞死亡时，T细胞会被强烈活化（左侧的红色），并开始增殖，产生新的毒素，最终形成连续杀灭靶细胞的作用模式

博纳吐单抗是第一种已经实现临床研究和商业化的CD19特异性抗体。靶向CD19的研究由来已久，但经过很长时间的努力才得以将CD19作为抗体疗法的靶点。CD19在结合抗体时被内化，因此在细胞内递送抗体-药物或抗体-毒素偶联物时，被认为优于CD20。虽进行了多次基于CD19的尝试，但仍没有获得可行的候选药物。CD19/CD3-双特异性IgG样抗体的首次临床试验可以追溯到1990年[15]，但试验中未观察到其对患者的临床疗效，只是显示出对T细胞活化的迹象。CD19还可作为CAR改造的自体T细胞疗法的靶点[4]。与博纳吐单抗一样，这些T细胞疗法在R/R ALL和NHL患者中显示出很高的应答率。如今，针对CD19的人IgG1单抗和改良的抗体-药物偶联物都已处于临床试验阶段，并且其显示出了一定的活性[36]。据报道，CD19的可变剪接消除了CAR-T细胞和博纳吐单抗结合所需的表位，这为白血病细胞的CD19特异性抗体疗法提供了潜在的逃逸机制。

从理论上讲，在对正常或恶性B细胞耗竭可发挥疗效的所有适应证中，博纳吐单抗都具有治疗潜力。具体应用范围包括所有B细胞源性恶性肿瘤（除了那些不表达CD19或CD19表达水平很低的多发性骨髓瘤），以及炎症性疾病（如类风湿关节炎），在上述疾病中B细胞的耗竭是有益的[37]。更安全、更方便给药的博纳吐单抗新剂型（如使用皮下途径或无须经常更换IV袋）可能会进一步促进BiTE抗体的广泛应用。

纵观整个研发流程，两个决定对于博纳吐单抗的成功研发至关重要：一个决定是通过CHO细胞而不是在原核系统中生产抗体，这也是产生单抗的黄金标准。另一个决定是采用cIV的给药方式，这也是首次用于商业规模抗体的给药途径。Micromet率先应用多种技术来研发博纳吐单抗和其他相关的BiTE抗体候选药物。抗体的高效能也对动物和临床研究的药物检测提出了更高的要求，相关测试必须具有超高的灵敏度。由于博纳吐单抗缺少具有蛋白A结合位点的Fc-γ结构域，需要使用六元氨酸序列进行亲和纯化和检测。博纳吐单抗与NHP的交叉反应性非常有限，仅提供了来自黑猩猩研究的有限安全性数据，需要研究人员开发可以在小鼠模型中测试的替代药物分子。Tegenero事件[38]在一定程度上影响了博纳吐单抗的开发，最低预期生物效应水平（minimum anticipated biological effect level，MABEL）决定了其临床试验的起始剂量。博纳吐单抗的起始剂量必须非常低［0.5 μg/(m^2·d)］，这导致患者的剂量递增期较长。因此，必须开发新型动物模型，以评估使用人和小鼠T细胞的体内功效。Micromet在CHO细胞中建立了双特异性抗体的GMP生产工艺，这为博纳吐单抗的后续商业生产奠定了基础。博纳吐单抗超强生物学活性的测试研究一直都紧密围绕着抗体研究的架构进行，无论是细胞因子释放、T细胞活化、增殖还是重新定向靶细胞的裂解。此外，也开发了新的试验来研究药物的免疫原性、组织交叉反应性和单体稳定性。

研发博纳吐单抗之类的鼠源抗体在业界已不再是最先进的技术，因为其免疫原性可能导致患者体内产生ADA或引入预先存在的抗鼠源抗体，进而导致抗体的中和、聚集和清除。特别是对于T细胞参与的双特异性抗体，抗体-药物聚集体的形成可能会带来相应的问题，因为聚集结合的多价CD3可能导致靶点依赖性的T细胞活化、细胞因子释放，以及T细胞TCR复合物的下调。然而，很少在患者中观察到博纳吐单抗诱导的ADA反应。实际上，其2%的发生率甚至低于完全人源的抗体，这是由于博纳吐单抗非常有效地清除了正常的B细胞，而B细胞正是ADA的来源。

4.2.1 其他BiTE的研发

目前，安进公司正在对六种BiTE抗体进行临床测试。除博纳吐单抗之外，基于EpCAM、CEA、PSMA、CD33和BCMA的BiTE抗体正处于早期临床试验阶段，以研究有效的剂量水平和最佳的给药方式。目前所有药物均通过cIV给药，其设计与博纳吐单抗相似。其中三种BiTE抗体属于抗CD3和抗scFv（与NHP的交叉反应更为广泛）抗体，并通过食蟹猴模型开展了早期毒理学评估。它们在序列上已被部分人源化或完全人源化，并且与博纳吐单抗相比具有更高的CD3亲和力。如果有效，可用于治疗多种上皮癌、急性髓系白血病和多发性骨髓瘤。

4.2.2 博纳吐单抗与CD19 CAR-T细胞疗法

包括诺华、朱诺（Juno）公司和风筝制药（Kite）在内的多家生物技术公司都在临床开发中采用了CD19特异性的CAR-T细胞疗法。博纳吐单抗和CAR-T细胞的共同点是，它们可以在识别表面抗原（如CD19）的基础上，以HLA（人类白细胞抗原）独立的方式与任何类型的T细胞结合，以重新定向靶细胞的裂解作用。与T细胞结合的抗体是一种基于药理原理的药物分子，而自体CAR-T细胞治疗则是一种基于活细胞且自我延续存在的细胞疗法，涉及通过病毒或电穿孔技术及患者特异性的流程，以实现CAR基因的导入。CAR基因导入后，CAR-T细胞疗法的疗效可在患者体内保留数月至数年。虽然这可能会引入免疫监视，但也会导致B细胞的持续性耗竭，患者最终可能需要终生接受免疫球蛋白输血。与CD19特异性CAR-T细胞疗法不同，博纳吐单抗在治疗终止后，B细胞数量将逐渐恢复。此外，博纳吐单抗疗法并不需要对淋巴衰竭化疗的患者进行调节治疗，但对于植入CD19 CAR-T细胞的患者则是必需的。

CAR-T细胞“装备”了膜结合CD19特异性受体，该受体可以使T细胞与表达表面抗原的靶细胞相互作用。根据这一原理，T细胞将永久性地与另一种受体“武装”在一起，并借助这一受体实现细胞溶解突触的形成和信号转导。相对地，博纳吐单抗可瞬时结合内源性TCR的CD3ε亚基，这可能导致T细胞更自然地活化，以及天然信号转导的细胞溶解突触的形成。另一不同之处在于，具有牢固附着受体的CAR-T细胞需要大量进入靶组织才能够激发活性。相比之下，博纳吐单抗和其他BiTE抗体比CAR-T细胞更容易进入靶组织。基于以上分析，在实体瘤活性、长期应用后遗症，以及天然T细胞活化和信号转导方面，T细胞结合抗体都优于CAR-T细胞。

到目前为止，还很难直接比较博纳吐单抗和CD19 CAR-T细胞的临床疗效。博纳吐单抗已获批用于治疗成人R/R ALL，但CD19 CAR-T疗法主要用于治疗小儿R/R ALL。这是因为大多数老年患者并不耐受CAR-T治疗。此外，博纳吐单抗还可用于治疗病情过于严重而必须即刻接受治疗的成年和小儿ALL患者，但自体CAR-T细胞疗法需要等待数周的准备时间。而且，BiTE抗体易于进行输液给药。如果可行的话，两种方法可依次用于治疗R/R ALL和R/R NHL。博纳吐单抗对靶细胞的初期杀灭作用可能会改善后续CAR-T治疗的安全性，并为准备自体CAR-T细胞（或寻找干细胞供体）省出足够的时间。

4.3 总结

基于博纳吐单抗表现出的较好临床活性，可以说其在靶标选择、CD3和CD19的最佳结合能力、T细胞的有条件结合、分子设计和分子大小，以及给药方式等诸多方面都达到了最佳的效果。安进公司目前正在开发的其他BiTE抗体仍然严格恪守博纳吐单抗的研发标准。而其他机构和公司目前正在开发的大多数T细胞结合抗体重新采用了引入Fc-γ结构域的IgG样设计，旨在延长半衰期以实现两周输注1次的目标。尽管这些新型抗体在NHP中的药效学和药代动力学研究前景广阔，但目前尚无具体临床数据。

任何免疫肿瘤疗法的最终目标都是引发或促进T细胞介导的肿瘤细胞杀伤。博纳吐单抗之类的T细胞结合抗体与这种药学原理最为吻合，且不需要抗原提呈或特定的新一代T细胞克隆。

任何邻近的具有细胞毒性潜能的T细胞（$CD8^+$或$CD4^+$，α/β，γ/δ或NKT表型），即表达颗粒酶和穿孔素的细胞，都可能参与裂解反应，并最终引发连续裂解和增殖的模式。随后的靶细胞溶解可能会释放肿瘤新生抗原，而局部T细胞活化也会形成促炎症的微环境，通过诱导特定的T细胞免疫和记忆，关闭“免疫-肿瘤周期”。此外，在临床前模型中确实观察到了带有WT-1特异性BiTE抗体疫苗的接种效果[39]，但尚未对博纳吐单抗或其他BiTE抗体开展过相应研究。

更好地理解肿瘤细胞的免疫逃逸机制对于T细胞疗法的进一步发展至关重要。无论是基于特异性T细胞还是频繁表达的表面抗原，这种借助于不同类型T细胞参与的疗法（如双特异性T细胞接合抗体和CAR-T细胞）都优于借助于肿瘤特异性T细胞克隆的疗法。在治疗过程中，如能同时进行特定的T细胞反应，可有效防止疾病的复发，而各种不同T细胞疗法的组合可以实现这一目标。

（白仁仁）

原作者简介

帕特里克·A.博伊尔勒（Patrick A.Baeuerle），拥有慕尼黑大学生物学博士学位，并于诺贝尔奖获得者戴维·巴尔的摩（David Baltimore）课题组进行了博士后研究工作。1993～1996年，他担任德国弗莱堡大学（Freiburg University）医学院生物化学系教授兼主任，并担任德国马丁斯里德基因中心（Gene Center in Martinsried）的研究团队负责人，对转录因子NF-κB进行了开创性研究。1998～2012年，他担任Micromet公司的首席科学官。他于2015年加入风险投资公司MPM Capital并担任总经理。在加入MPM之前，他还曾担任安进（Amgen）公司研究副总裁，并担任安进研究股份有限公司（慕尼黑）总经理。他被评为德国高被引生物医学科学家（1990～1999年），并位列全球前50名（1990～1997年）高被引生物医学科学家。他目前的总被引次数超过65 000次，h指数达123。

参考文献

1. Rosenberg，S.A.，Yang，J.C.，Sherry，R.M.，Kammula，U.S.，Hughes，M.S.，Phan，G.Q. et al.（2011）Durable complete responses in heavily pretreated patients with metastatic melanoma using T-cell transfer immunotherapy. Clin. Cancer Res.，17，4550-4557.
2. Lipson，E.J.，Forde，P.M.，Hammers，H.J.，Emens，L.A.，Taube，J.M.，and Topalian，S.L.（2015）Antagonists of PD-1 and PD-L1 in cancer treatment. Semin. Oncol.，42，587-600.
3. Hodi，F.S.，Butler，M.，Oble，D.A.，Seiden，M.V.，Haluska，F.G.，Kruse，A. et al.（2008）Immunologic and clinical effects of antibody blockade of cytotoxic T lymphocyte-associated antigen 4 in previously vaccinated cancer patients. Proc. Natl. Acad. Sci. U.S.A.，105，3005-3010.
4. Davila，M.L. and Brentjens，R.J.（2016）CD19-Targeted CAR T cells as novel cancer immunotherapy for relapsed or refractory B-cell acute lymphoblastic leukemia. Clin. Adv. Hematol. Oncol.，14，802-808.
5. Frampton，J.E.（2012）Catumaxomab：in malignant ascites. Drugs，72，1399-1410.
6. Nagorsen，D.，Kufer，P.，Baeuerle，P.A.，and Bargou，R.（2012）Blinatumomab：a historical perspective. Pharmacol. Ther.，136，334-342.
7. Staerz，U.D. and Bevan，M.J.（1986）Hybrid hybridoma producing a bispecific monoclonal

antibody that can focus effector T-cell activity. Proc. Natl. Acad. Sci. U.S.A., 83, 1453-1457.

8. Wang W., Erbe A.K., Hank J.A., Morris Z.S., Sondel P.M. (2015) NK cell-mediated antibody-dependent cellular cytotoxicity in cancer immunotherapy. Front. Immunol., 27, 368 DOI: 10. 3389/fimmu. 2015. 00368
9. Kontermann, R.E. (2012) Dual targeting strategies with bispecific antibodies. MAbs, 4, 182-197.
10. Staerz, U.D., Kanagawa, O., and Bevan, M.J. (1985) Hybrid antibodies can target sites for attack by T cells. Nature, 314, 628-631.
11. Renner, C. and Pfreundschuh, M. (1995) Tumour therapy by immune recruitment with bispecific antibodies. Immunol. Rev., 145, 179-209.
12. Spiess, C., Zhai, Q., and Carter, P.J. (2015) Alternative molecular formats and therapeutic applications for bispecific antibodies. Mol. Immunol., 67, 95-106.
13. Mack, M., Riethmüller, G., and Kufer, P. (1995) A small bispecific antibody construct expressed as a functional single-chain molecule with high tumour cell cytotoxicity. Proc. Natl. Acad. Sci. U.S.A., 92, 7021-7025.
14. Kufer, P., Lutterbüse, R., Zettl, F., Daniel, P.T., Schwenkenbecher, J.M. et al. (2000) A recombinant bispecific single-chain antibody, CD19 ×CD3, induces rapid and high lymphoma-directed cytotoxicity by unstimulated T lymphocytes. Blood, 95, 2098-2103.
15. De Gast, G.C., Van Houten, A.A., Haagen, I.A., Klein, S., De Weger, R.A., Van Dijk, A. et al. (1995) Clinical experience with CD3 ×CD19 bispecific antibodies in patients with B cell malignancies. J. Hematother., 4, 433-437.
16. Tibben, J.G., Boerman, O.C., Massuger, L.F., Schijf, C.P., Claessens, R.A., and Corstens, F.H. (1996) Pharmacokinetics, biodistribution and biological effects of intravenously administered bispecific monoclonal antibody OC/TR F (ab') 2 in ovarian carcinoma patients. Int. J. Cancer, 66, 477-483.
17. Katz, B.Z. and Herishanu, Y. (2014) Therapeutic targeting of CD19 in hematological malignancies: past, present, future and beyond. Leuk. Lymphoma, 55, 999-1006.
18. Brischwein, K., Parr, L., Pflanz, S., Volkland, J., Lumsden, J., Klinger, M. et al. (2007) Strictly target cell-dependent activation of T cells by bispecific single-chain antibody constructs of the BiTE class. J. Immunother., 30, 798-807.
19. Klinger, M., Brandl, C., Zugmaier, G., Hijazi, Y., Bargou, R.C., Topp, M.S. et al. (2012) Immunopharmacologic response of patients with B-lineage acute lymphoblastic leukemia to continuous infusion of T cell-engaging CD19/CD3-bispecific BiTE antibody blinatumomab. Blood, 119, 6226-6233.
20. Offner, S., Hofmeister, R., Romaniuk, A., Kufer, P., and Baeuerle, P.A. (2006) Induction of regular cytolytic T cell synapses by bispecific single-chain antibody constructs. Mol. Immunol., 43, 763-771.
21. Deisting, W., Raum, T., Kufer, P., Baeuerle, P.A., and Münz, M. (2015) Impact of diverse immune evasion mechanisms of cancer cells on T cells engaged by EpCAM/CD3-bispecific antibody construct AMG 110. PLoS One, 10 (10), e0141669.
22. Hoffmann, P., Hofmeister, R., Brischwein, K., Brandl, C., Crommer, S., Bargou, R.

et al. (2005) Serial killing of tumour cells by cytotoxic T cells redirected with a CD19-/CD3-bispecific single-chain antibody construct. Int. J. Cancer, 115, 98-110.

23. Dreier, T., Baeuerle, P.A., Fichtner, I., Grün, M., Schlereth, B., Lorenczewski, G. et al. (2003) T cell costimulus-independent and very efficacious inhibition of tumour growth in mice bearing subcutaneous or leukemic human B cell lymphoma xenografts by a CD19-/CD3-bispecific single-chain antibody construct. J. Immunol., 170, 4397-4402.
24. Schlereth, B., Quadt, C., Dreier, T., Kufer, P., Lorenczewski, G., Prang, N. et al. (2006) T cell activation and B cell depletion in chimpanzees by an anti-CD19/anti-CD3 single-chain bispecific antibody construct. Cancer Immunol. Immunother., 55, 503-514.
25. Brandl, C., Haas, C., d'Argouges, S., Fisch, T., Kufer, P., Brischwein, K. et al. (2007) Dexamethasone does not affect the cytotoxic potential of T cells redirected for tumour cell lysis by a CD19-/CD3-bispecific single-chain antibody construct. Cancer Immunol. Immunother., 56, 1551-1563.
26. d'Argouges, S., Wissing, S., Brandl, C., Prang, N., Lutterbuese, R., Kozhich, A. et al. (2009) Combination of rituximab with blinatumomab (MT103/MEDI-538), a T cell-engaging CD19-/CD3-bispecific antibody, for highly efficient lysis of human B lymphoma cells. Leuk. Res., 33, 465-473.
27. Bargou, R., Leo, E., Zugmaier, G., Klinger, M., Goebeler, M., Knop, S. et al. (2008) Tumour regression in cancer patients by very low doses of a T cell-engaging antibody. Science, 321, 974-977.
28. Goebeler, M.E., Knop, S., Viardot, A., Kufer, P., Topp, M.S., Einsele, H. et al. (2016) Bispecific T-cell engager (BiTE) antibody construct blinatumomab for the treatment of patients with relapsed/refractory non-Hodgkin lymphoma: final results from a phase I study. J. Clin. Oncol., 34, 1104-1111.
29. Topp, M.S., Kufer, P., Gokbuget, N., Goebeler, M., Klinger, M., Neumann, S. et al. (2011) Targeted therapy with the T-cell-engaging antibody blinatumomab of chemotherapy-refractory minimal residual disease in B-lineage acute lymphoblastic leukemia patients results in high response rate and prolonged leukemia-free survival. J. Clin. Oncol., 29, 2493-2498.
30. Topp, M.S., Gökbuget, N., Zugmaier, G., Degenhard, E., Goebeler, M.E., Klinger, M. et al. (2012) Long-term follow-up of hematologic relapse-free survival in a phase 2 study of blinatumomab in patients with MRD in B-lineage ALL.Blood, 120, 5185-5187.
31. Goekbuget, N., Dombret, H., Bonifacio, M., Reichle, A., Graux, C., Havelange, V. et al. (2014) BLAST: a confirmatory, single-arm, phase 2 study of blinatumomab, a bispecific T-cell engager (BiTE®) antibody construct, in patients with minimal residual disease B-precursor acute lymphoblastic leukemia (ALL). Blood, 124 (21), (abstract 379).
32. Topp, M.S., Gokbuget, N., Stein, A.S., Zugmaier, G., O'Brien, S., Bargou, R.C. et al. (2015) Safety and activity of blinatumomab for adult patients with relapsed or refractory B-precursor acute lymphoblastic leukaemia: a multicentre, single-arm, phase 2 study. Lancet Oncol., 16, 57-66.
33. Pyzik, M., Rath, T., Lencer, W.I., Baker, K., and Blumberg, R.S. (2015) FcRn: the architect behind the immune and nonimmune functions of IgG and albumin. J. Immunol.,

194, 4595-4603.

34. Jeffrey, R.F., Johnson, M.H., Bamford, J.M., Giles, G.R., Brownjohn, A.M., and Will, E.J.（1993）Prolonged neurological disability following OKT3 therapy for acute renal transplant rejection. Transplantation, 55, 677-679.
35. Brudno, J.N. and Kochenderfer, J.N.（2016）Toxicities of chimeric antigen receptor T cells: recognition and management. Blood, 127, 3321-3330.
36. Naddafi, F. and Davami, F.（2015）Anti-CD19 monoclonal antibodies: a new approach to lymphoma therapy. Int. J. Mol. Cell. Med., 4, 143-151.
37. Looney, R.J., Anolik, J., and Sanz, I.（2004）B cells as therapeutic targets for rheumatic diseases. Curr. Opin. Rheumatol., 16, 180-185.
38. Attarwala, H.（2010）TGN1412. From discovery to disaster. J. Young Pharm., 2, 332-336.
39. Dao, T., Pankov, D., Scott, A., Korontsvit, T., Zakhaleva, V., Xu, Y. et al.（2015）Therapeutic bispecific T-cell engager antibody targeting the intracellular oncoprotein WT1. Nat. Biotechnol., 33, 1079-1086.

第5章

奥滨尤妥珠单抗——一种治疗非霍奇金淋巴瘤和慢性淋巴细胞白血病的Ⅱ型抗CD20抗体的研发

5.1 引言

Ⅰ型CD20抗体利妥昔单抗（rituximab）是第一个被批准用于癌症治疗的抗体，从此建立了一个抗癌药物的新类别。利妥昔单抗分别于1997年和1998年获得美国FDA和欧洲EMA的批准，用于治疗复发性/难治性滤泡性淋巴瘤（follicular lymphoma，FL）。在接下来的20年中，利妥昔单抗彻底改变了B细胞恶性肿瘤的治疗模式，成为FL[1, 2]、弥漫性大B细胞淋巴瘤（diffuse large B-cell lymphoma，DLBCL）[2, 3]、慢性淋巴细胞白血病（chronic lymphocyticleukemia，CLL）[4, 5]标准免疫化疗治疗方案的组成部分。目前，利妥昔单抗已被列入世界卫生组织基本药物标准清单（World Health Organization Model List of Essential Medicines）[6]，它的治疗范围也拓展到了非肿瘤适应证，已获批用于治疗类风湿关节炎（rheumatoid arthritis，RA）和其他B细胞介导的自身免疫性疾病[7, 8]。

奥滨尤妥珠单抗（obinutuzumab）是一种糖基化改造的Ⅱ型抗CD20单抗药物，其开发目的是获得比利妥昔单抗更好的治疗效果，并解决利妥昔单抗治疗过程中大量患者出现的耐药性问题。该药物于2013年11月在美国首次获批（商品名GAZYVA®），与苯丁酸氮芥（chlorambucil，Clb）联合用药已作为CLL的一线治疗方案。

奥滨尤妥珠单抗是第一个获得FDA批准的具有“突破性疗法”称号的药物，其获批是一个重要的里程碑。2014年7月，欧洲也随之批准了奥滨尤妥珠单抗（商品名GAZYVARO®）与Clb联合用药，用作CLL患者的一线治疗药物。2016年，该药物在美国和欧洲的治疗范围扩大至复发性FL和利妥昔单抗耐药性FL，治疗方案为先与苯达莫司汀（bendamustine）联合诱导治疗，随后采用奥滨尤妥珠单抗维持治疗[9, 10]。2017年，一项代号为GALLIUM的Ⅲ期临床试验的积极结果使该药物的治疗范围进一步扩展至晚期FL初治患者，治疗方案为先与化疗药物联用，然后在获得治疗响应的患者中进一步采用奥滨尤妥珠单抗单药治疗或维持治疗[9, 10]。

本章将详细介绍奥滨尤妥珠单抗在临床前研究中的发现和优化过程，以及其

Ⅰ～Ⅲ期临床研究进展。

5.2 奥滨尤妥珠单抗的临床前研究

5.2.1 Ⅰ型和Ⅱ型CD20抗体的特点和作用机制

CD20是一种跨膜蛋白，作为B细胞表面抗原，它表达于恶性或非恶性前B细胞和成熟B细胞，但不表达于造血干细胞、祖B细胞、浆细胞或其他正常组织[11，12]。虽然CD20的生物学功能尚未完全阐明，但通常认为其与B细胞受体激活后的钙信号转导有关[11，12]。近年来，特异性靶向CD20的单克隆抗体已经改变了B细胞淋巴增生性恶性肿瘤的治疗前景。尽管CD20抗体的确切作用机制尚未阐明，但是目前认为这些生物制剂能够引起不同的细胞和免疫过程，包括：①诱导细胞死亡；②抗体依赖性细胞介导的细胞毒性作用（antibody-dependent cellular toxicity，ADCC）和抗体依赖性细胞介导的吞噬作用（antibody-dependent cellular phagocytosis，ADCP）；③补体依赖的细胞毒性作用（complement-dependent cytotoxicity，CDC）[13，14]。

CD20抗体可分为Ⅰ型和Ⅱ型（表5.1）[16，17]。Ⅰ型CD20抗体［如利妥昔单抗、奥法木单抗（ofatumumab）、维妥珠单抗（veltuzumab）］主要通过ADCC、ADCP和CDC发挥作用，而Ⅱ型抗体［如奥滨尤妥珠单抗和托西莫单抗（tositumomab）］则通过引发细胞直接死亡、ADCC和ADCP发挥作用，无显著的CDC效应[18，19]。结合CD20之后，Ⅰ型CD20抗体会诱导CD20转位至脂筏，从而引发

表5.1 Ⅰ型和Ⅱ型CD20抗体的特征[15]

Ⅰ型	Ⅱ型
将CD20聚集至脂筏	不将CD20聚集至脂筏
强CDC效应	弱CDC效应
ADCC活性	ADCC活性
完全结合能力	一半的结合能力
弱同型聚集	强同型聚集
弱细胞死亡诱导活性	增强的细胞死亡诱导活性
下调CD20表达（FcγRIIb介导）	不下调CD20表达
例如，利妥昔单抗、奥瑞珠单抗（ocrelizumab）、奥法木单抗	例如，奥滨尤妥珠单抗、托西莫单抗

注：ADCC，antibody-dependent cellular cytotoxicity，抗体依赖性细胞介导的细胞毒性作用；CDC，complement-dependent cytotoxicity，补体依赖的细胞毒性作用。CD20抗体的Ⅰ型/Ⅱ型分类取决于与CD20的结合方式及杀伤表达CD20的B细胞的主要作用机制。

补体的有效激活。与之相反，Ⅱ型CD20抗体并不会诱导CD20在脂筏中聚集，因此只会引发较低程度的CDC作用[18, 20]。抗体与CD20结合能够产生诱导细胞死亡的直接效应，这是独立于抗体可结晶片段（fragment crystallizable，Fc）而发挥的作用。除此之外，CD20抗体的生物活性取决于抗体Fc段与细胞膜上Fcγ受体的相互作用，这种作用会诱发ADCC效应，从而导致细胞因子、趋化因子和能够杀灭靶细胞的细胞毒颗粒/介质［如穿孔素（perforin）和颗粒酶（granzyme）］的释放；还可以激活ADCP效应——介导对靶细胞的吞噬作用[21]。

5.2.2 奥滨尤妥珠单抗的开发、表征及生产

奥滨尤妥珠单抗是一种经人源化和糖基化改造的免疫球蛋白G1（immunoglobulin G1，IgG1），属于Ⅱ型CD20单克隆抗体（图5.1）。

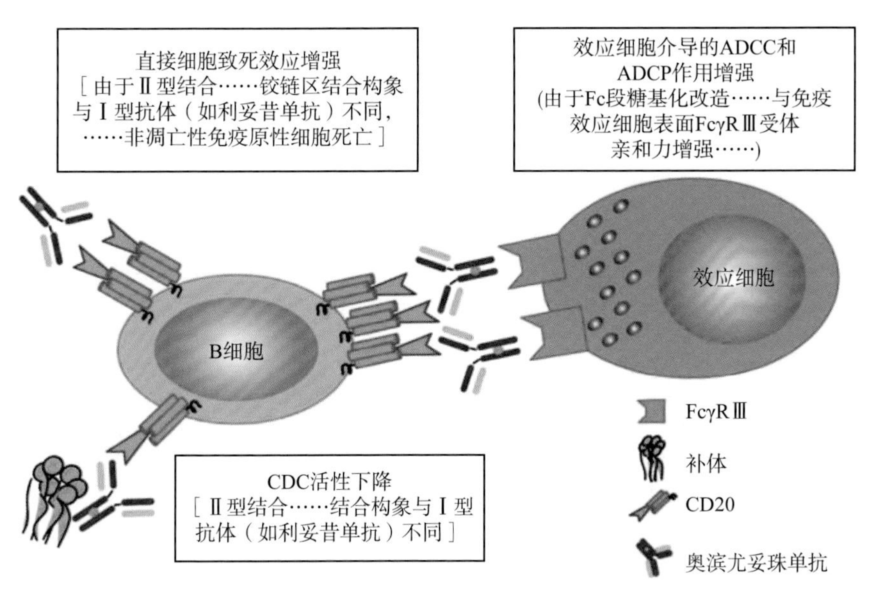

图5.1 奥滨尤妥珠单抗的可能作用机制。ADCC，antibody-dependent cell-mediated cytotoxicity，抗体依赖性细胞介导的细胞毒性作用；ADCP，antibody-dependent cellular phagocytosis，抗体依赖性细胞介导的吞噬作用；CDC，complement-dependent cytotoxicity，补体依赖的细胞毒性作用。经Tobinai K，Klein C，Oya N，Fingerle-Rowson G. A Review of Obinutuzumab(GA101)，a Novel Type Ⅱ Anti-CD20 Monoclonal Antibody，for the Treatment of Patients with B-Cell Malignancies. Advances in Therapy 2017，34：324-356许可转载，版权归Springer所有

“糖基化改造（glycoengineering）”的概念是由乌玛尼亚（Umaña）及其同事[22]率先提出的，其目的是增强抗体的ADCC效应。基于他们的开创性工作，瑞士苏黎世联邦理工学院（Swiss Federal Institute of Technology，EIT）的

衍生公司吉卡特生物技术有限公司（Glycart Biotechnology AG）开发出一种名为“GlycoMAb”的技术，该公司于2005年被罗氏（Roche）收购。GlycoMAb技术通过基因工程向表达抗体的细胞系内转入两种基因，这两种基因分别编码寡糖修饰酶β-1,4-*N*-乙酰葡萄糖胺转移酶Ⅲ（β1,4-*N*-acetylglucosaminyltransferase Ⅲ，GnT Ⅲ）和高尔基体*α*-甘露糖苷酶Ⅱ（α-mannosidase Ⅱ，Man Ⅱ）[23]。经过基因改造的细胞系能够产生去岩藻糖糖基化的抗体。糖基化改造后的抗体会高亲和力地结合免疫效应细胞表面的FcγR Ⅲ a受体，从而产生更强的ADCC效应[18, 23-25]。奥滨尤妥珠单抗由共表达GnT Ⅲ和Man Ⅱ的中国仓鼠卵巢细胞产生。

在当时，仅有少数治疗性抗体被批准用于癌症的治疗，其中最突出的是利妥昔单抗，主要用于非霍奇金淋巴瘤（non-Hodgkin lymphoma，NHL）的治疗。尽管将糖基化改造技术应用于利妥昔单抗也是不错的方向，但研究人员还是认为将其应用于不同的CD20抗体是一个更好的选择，这样可以通过显著的ADCC和细胞死亡诱导效应同时发挥作用。当时已经明确存在多种所谓的Ⅱ型CD20抗体，如小鼠CD20抗体托西莫单抗（tositumomab，B1）——放射免疫疗法Bexxar的基础组成部分[16, 26]，与利妥昔单抗相比，它们具有多种不同的特征。

奥滨尤妥珠单抗来源于小鼠IgG1的抗体B-Ly1，是一种亲本（parental）CD20抗体，与Ⅰ型抗体相比具有更有利的生物学特性（如同型聚集和不诱导CD20聚集至脂筏[27]）。通过对B-Ly1进行人源化和糖基化改造，研究人员获得了多个与亲本抗体相比具有更强生物活性的抗体变体[18]，并选择奥滨尤妥珠作为候选抗体进行进一步研究。

在人源化过程中，研究人员对获得的多种抗体进行了CD20结合与生物活性测试。由于测试的最终目的是获得功能性的CD20抗体，采用膜联蛋白V/PI法（annexin V/PI assay）对产生的抗体变体进行筛选，以检验其在体外诱导人B细胞淋巴瘤细胞直接死亡的能力。在筛选过程中确实发现了一些高效的抗体，其中一些在细胞死亡诱导方面甚至比亲本抗体B-Ly1表现得更为出色。高活性和低活性抗体间最显著的结构差异在于铰链区的序列变化，该区域位于Fab片段的可变区和第一个恒定区之间，可以影响Fab’和F（ab）$_2$的灵活性[28]。决定抗体活性强弱的因素最终指向框架1区，其中Kabat 11位的缬氨酸（而非鼠抗体上的亮氨酸）是Ⅱ型抗体活性的关键性因素[18]（见下文）。因此，奥滨尤妥珠单抗的发现过程也被称为“铰链工程（elbow-hinge engineering）”。奥滨尤妥珠单抗采用与利妥昔单抗不同的构象与B细胞结合，这种差别有助于减少CDC效应并增加直接诱导细胞死亡的效应，这也正是该药物的作用特点[18, 29]（详见以下章节）。

5.2.3 奥滨尤妥珠单抗与CD20的结合

根据斯卡查德分析（Scatchard analysis），奥滨尤妥珠单抗与人CD20结合的平衡解离常数（K_D）约为4.0 nmol/L[18]，说明它对CD20具有很高的结合亲和力。利用奥滨尤妥珠单抗及其片段进行的实验结果表明，它通过双臂以二价方式与细胞表面的CD20结合。此外，结合实验表明，奥滨尤妥珠单抗、利妥昔单抗和奥法木单抗竞争性地与CD20结合，且识别唯一但有部分重叠的抗原表位[19]。

5.2.4 补体依赖的细胞毒性作用

与Ⅰ型单克隆抗体相比，奥滨尤妥珠单抗介导的CDC效应较弱，即CDC效应并未在其发挥的疗效中起重要作用。在CD20表达水平不同的几种NHL细胞系中，奥滨尤妥珠单抗的CDC活性明显低于利妥昔单抗[18, 19]。采用眼镜蛇毒素作为补体抑制剂，在人FL-RL细胞异种移植模型中的研究结果同样表明CDC效应对奥滨尤妥珠单抗的抗肿瘤活性没有显著影响[30]。抗体介导的CDC作用高度依赖C1q（经典补体途径的起始成分）在靶抗体Fc段的固定[31]。在分离C1q的生化实验中，与利妥昔单抗和奥法木单抗相比，奥滨尤妥珠单抗对C1q的结合能力有所降低[19, 32]。

5.2.5 诱导细胞直接死亡

与利妥昔单抗和奥法木单抗相比，奥滨尤妥珠单抗具有诱导细胞直接死亡的独特能力。研究人员采用磷脂酰丝氨酸暴露和碘化丙啶染色的方法，在一组表达CD20的肿瘤细胞系中证实了这一结果[18, 19]。目前，Ⅱ型CD20抗体直接导致细胞死亡的具体分子机制尚不明确。然而，有研究表明Ⅱ型抗体可诱导溶酶体细胞以非凋亡形式死亡，这种死亡依赖于肌动蛋白并涉及活性氧产生，但并未表现出典型的凋亡迹象[33-35]。其他研究结果表明，奥滨尤妥珠单抗诱导的细胞死亡具有免疫原性细胞死亡诱导的特征，如热休克蛋白90、高迁移率族蛋白B1和三磷酸腺苷等损伤相关模式分子（damage-associated molecular pattern，DAMP）的释放。因此，奥滨尤妥珠单抗诱导细胞死亡可能会触发宿主免疫反应，从而导致更持久的抗肿瘤免疫应答[36]。有趣的是，刺激CD40可使CLL细胞对奥滨尤妥珠单抗诱导的细胞死亡更加敏感[37]。此外，在套细胞淋巴瘤（mantle cell lymphoma，MCL）细胞的原代共培养物中添加奥滨尤妥珠单抗可以克服微环境依赖性CD40配体驱动的增殖和线粒体激发减少[38]。

5.2.6 与Fcγ受体的结合

糖基化改造使奥滨尤妥珠单抗与人FcγRⅢa和FcγRⅢb受体的亲和力增加，而与FcγRⅡa、FcγRⅡb等其他激活和抑制性受体的亲和力基本保持不变[24, 39-41]。实际上，奥滨尤妥珠单抗与低亲和性FcγRⅢa的结合亲和力甚至超过了利妥昔单抗与高亲和性FcγRⅢa的亲和力（与低/高亲和性FcγRⅢa结合的K_D值：奥滨尤妥珠单抗55 nmol/L/270 nmol/L；利妥昔单抗660 nmol/L/2 μmol/L）[24, 25]。

5.2.7 抗体依赖性细胞介导的细胞毒性作用与吞噬作用

与利妥昔单抗相比，奥滨尤妥珠单抗与低/高亲和性FcγRⅢa受体更高的结合亲和力使其ADCC效应明显增强且不依赖于FcγRⅢa的基因型。相比之下，奥滨尤妥珠单抗的ADCC效应是利妥昔单抗[18]和奥法木单抗[19]的35～100倍。

血清中的补体能够干扰利妥昔单抗诱导的NK细胞激活，但不会干扰奥滨尤妥珠单抗诱导的这一效应。这说明奥滨尤妥珠单抗与利妥昔单抗相比，有着相对弱的补体固定能力（见5.2.4），能够提高其招募和激活NK细胞并诱导ADCC[32]的活性。其他研究表明，这种加强的ADCC效应可增强细胞因子诱导的杀伤细胞[42]和淋巴因子激活的杀伤细胞[43]的天然细胞毒性。

FcγRⅡb介导的抗原调变增强（CD20内化）限制了Ⅰ型CD20抗体对ADCC效应的诱导，但相对来说，Ⅱ型抗体却未受影响，这可能是奥滨尤妥珠单抗ADCC效应增强的另一个重要因素[44-48]。

奥滨尤妥珠单抗具有与利妥昔单抗和奥法木单抗相似的细胞吞噬活性，这在人单核细胞来源的巨噬细胞产生的M1和M2c巨噬细胞试验[19]及CLL全血试验[49]中得到了证明。当暴露于接近生理水平的非特异性IgG（模拟体内环境）时，糖基化改造的抗体与单核细胞和巨噬细胞发生强烈的相互作用，导致表达CD20的肿瘤细胞能够更好地被奥滨尤妥珠单抗清除。因此，除改善FcγRⅢa依赖的NK细胞的ADCC外，糖基化改造过程还提高了单核细胞和巨噬细胞的细胞吞噬活性[50]。最近在小鼠活体成像模型中的研究表明，库普弗细胞（Kupffer cell）引起的B细胞吞噬作用增强是糖基化改造的CD20抗体活性增强的重要机制之一[51]。

5.2.8 全血B细胞清除

在非人类灵长动物模型中，奥滨尤妥珠单抗表现出强效的外周血B细胞清除作用，对脾脏和淋巴组织的B细胞清除作用也比利妥昔单抗更加有效[18]。此外，一组健康捐赠者的全血样本试验结果表明，奥滨尤妥珠单抗的B细胞清除作用明显优于利妥昔单抗[52]。这种优势随后在一系列CLL患者的全血检测研究中得到了进一步证实[18, 52-54]。伊瑟伯特（Ysebaert）等最近报道，在不同预后因素的CLL患者中（$n=96$），奥滨尤妥珠单抗表现出比利妥昔单抗更强的B细胞清除功能。全血测定数据显示，利妥昔单抗的B细胞清除中位百分比为22%，奥滨尤妥珠单抗则为63%（$P<0.001$）[55]。这种强效的B细胞清除作用为研究奥滨尤妥珠单抗治疗B细胞介导的自身免疫性疾病，如系统性红斑狼疮（systemic lupus erythematosus，SLE）和B细胞恶性肿瘤提供了理论依据[56, 57]。

5.2.9　奥滨尤妥珠单抗单药在人B细胞淋巴瘤异种移植模型中的活性

奥滨尤妥珠单抗的剂量依赖性疗效（dose-dependent efficacy）及相对于利妥昔单抗的优势已在人淋巴瘤体内移植瘤模型中得到证实。在SU-DHL-4 DLBCL皮下（subcutaneous，SC）瘤模型中，在1～30 mg/kg剂量范围内每周给药之后，奥滨尤妥珠单抗的抗肿瘤疗效呈剂量依赖性增强，所有30 mg/kg剂量组的动物肿瘤完全缓解，90%的动物生存期超过90天[18]。相比之下，利妥昔单抗和奥法木单抗的最大剂量组（30 mg/kg）未能使肿瘤缓解[18, 19]。在该模型中，采用利妥昔单抗作为一线治疗后，再以奥滨尤妥珠单抗作为二线治疗同样有效，抑瘤率（tumor growth inhibition，TGI）为64%（第64天），其中一只动物在第63天获得完全缓解，而利妥昔单抗对照组的TGI仅为20%，奥法木单抗对照组仅为26%[18, 19]。同样地，在SU-DHL-4异种移植模型中，奥滨尤妥珠单抗（30 mg/kg）作为二线疗法可有效控制采用利妥昔单抗（每周给药30 mg/kg）一线治疗后疾病仍然恶化的B细胞淋巴瘤，而这种情况下采用利妥昔单抗（每周给药30 mg/kg）继续治疗难以取得显著的效果[18]。此外，在侵袭性和播散性MCL-Z138细胞模型[18]及快速生长的人转化滤泡性RL细胞异种移植模型[30]中，奥滨尤妥珠单抗也表现出明显优于利妥昔单抗的抗肿瘤作用。

5.2.10　奥滨尤妥珠单抗与化疗及新药联用在人B细胞淋巴瘤异种移植模型中的疗效

在MCL-Z138细胞和DLBCL-WSU-DLCL2细胞的小鼠皮下瘤模型中，研究人员分别评价了利妥昔单抗和奥滨尤妥珠单抗的单药治疗、与化疗药物［如苯达莫司汀、氟达拉滨（fludarabine）或Clb等］联合用药，以及它们与环磷酰胺（cyclophosphamide）和长春新碱组成（vincristine）三联疗法的治疗效果[58]。鉴于利妥昔单抗和奥滨尤妥珠单抗的单药活性已在Z138模型中得到很好的证明，因此两个药物均采用次优剂量（1 mg/kg）[58]。在联合苯达莫司汀的治疗组中，奥滨尤妥珠单抗的TGI优于利妥昔单抗（72% vs 42%），同时与奥滨尤妥珠单药治疗的TGI（0～47%）形成明显对比。类似地，奥滨尤妥珠单抗与氟达拉滨或Clb联用或与环磷酰胺-长春新碱组合的三联疗法效果均优于相应的利妥昔单抗治疗方案。值得注意的是，这些体内研究表明，奥滨尤妥珠单抗联合化疗比相应的单药治疗更加有效，且奥滨尤妥珠单抗单药治疗至少可以达到与利妥昔单抗联合化疗相同的效果[58]。

研究人员也对奥滨尤妥珠单抗与新药的联用进行了研究。凋亡调节蛋白BCL-2在B细胞恶性肿瘤的发生发展中发挥重要作用，其高表达与化疗耐药密切相关[59]。在一项最近的临床前研究中，奥滨尤妥珠单抗联合BCL-2选择性抑制剂维奈托克（venetoclax，GDC-199）的治疗方案在SU-DHL4和Z138细胞异种移植模型中表现出很好的治疗效果，与单药治疗相比，其产生的抗肿瘤作用大于二者的叠加效应，可有效促使肿瘤消退或延迟肿瘤的再生长[60]。

癌蛋白鼠双微体-2（mouse double minute 2，MDM2）在B细胞恶性肿瘤中过表达，它能抑制肿瘤抑制蛋白p53的转录活性并诱导其降解[61, 62]。小分子蛋白-蛋白相互作用抑制剂Nutlins能够阻断MDM2与p53的相互作用，从而稳定p53蛋白[63, 64]。依达奴林（idasanutlin，RG7388）是一种强效的选择性MDM2抑制剂[65]，与奥滨尤妥珠单抗联用可在MCL-Z138细胞皮下瘤模型中展示出显著的抗癌活性，肿瘤细胞接种后32天的TGI达到86%，对生存曲线（time-to-event）的分析表明，联合治疗与奥滨尤妥珠单抗或依达奴林单药治疗相比大大延长了生存期[66]。此外，在DLBCL-DoHH-2细胞异种移植模型中，奥滨尤妥珠单抗与依达奴林联用可使肿瘤缩小，而利妥昔单抗与依达奴林联用仅能使肿瘤生长停滞[66]。

鉴于奥滨尤妥珠单抗与BCL-2或MDM2抑制剂联用的良好临床前抗肿瘤活性，研究人员分别在DoHH-2和Z138细胞异种移植模型中探索了奥滨尤妥珠单抗、维奈托克和依达奴林组成的三联疗法的疗效[67]。在这两种模型中，三联疗法的疗效均优于单独给药。其中，DoHH-2模型中90%的动物可观察到肿瘤的消退，肿瘤缓解率为30%；Z138模型中可观察到100%的动物肿瘤消退[67]。此外，在Z138模型中三联疗法的疗效也优于奥滨尤妥珠单抗与维奈托克或依达奴林的双联疗法[67]。最近有研究表明，奥滨尤妥珠单抗与TLR7激动剂R848联用可以显著增强其在具有完全免疫功能的小鼠模型中的活性[68]。

5.2.11 临床前研究的结论

体外实验表明，与Ⅰ型CD20抗体相比，优化后的糖基化改造Ⅱ型CD20抗体奥滨尤妥珠单抗能够更好地诱导NHL细胞系和全血细胞的直接死亡及效应细胞介导的ADCC和ADCP效应，而其介导CDC的能力则明显下降。采用健康志愿者和CLL患者提供的血液，研究人员进行了自体全血B细胞清除间接体内（*ex vivo*）研究，并且发现奥滨尤妥珠单抗表现出显著的B细胞清除作用。总之，这些结果充分说明了奥滨尤妥珠单抗对各种侵袭性和弥散性NHL的异种移植模型的良好疗效。目前，奥滨尤妥珠单抗单药治疗及其联合常规化疗药物和新型靶向疗法的临床前抗肿瘤疗效已得到充分证实，为其临床评价奠定了良好的基础。

5.3 奥滨尤妥珠单抗的临床研究

Ⅰ型CD20单克隆抗体利妥昔单抗是首个获批（联合化疗）用于治疗NHL的CD20抗体，其治疗范围包括惰性非霍奇金淋巴瘤（indolent NHL，iNHL）、DLBCL和CLL[7, 8]。鉴于奥滨尤妥珠单抗与利妥昔单抗的作用机制明显不同，研究人员启动了一项广泛的临床开发计划，用于考察奥滨尤妥珠单抗在NHL和CLL患者中的耐受性，并观察此前奥滨尤妥珠单抗相对于利妥昔单抗在体外研究中表现的优势能否转化为对临床患者的有利结果。图5.2阐述了奥滨尤妥珠单抗的整个临床开发计划。

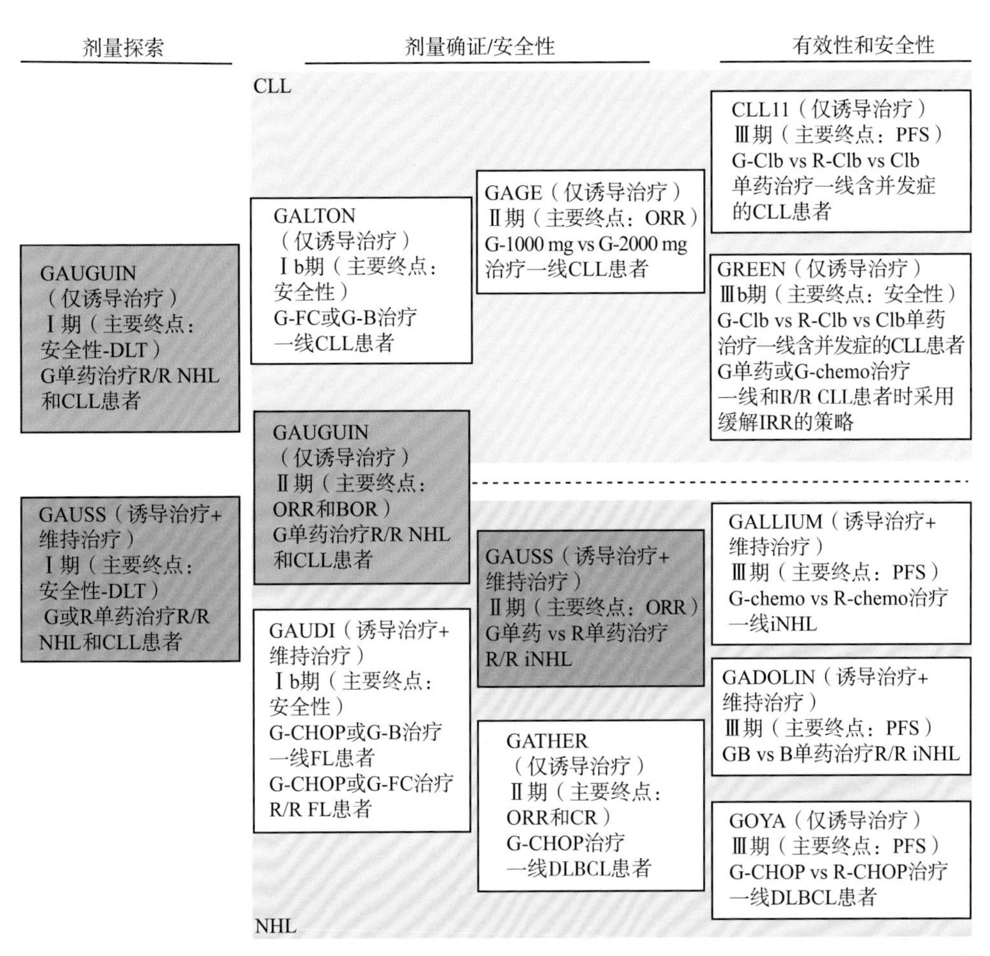

图5.2 奥滨尤妥珠单抗治疗B细胞淋巴瘤的关键临床试验。B，bendamustine，苯达莫司汀；BOR，best overall response，最佳疗效；chemo，chemotherapy，化疗；CHOP，cyclophosphamide，doxorubicin，vincristine，and prednisone，环磷酰胺、多柔比星、长春新碱和泼尼松；Clb，chlorambucil，苯丁酸氮芥；CLL，chronic lymphocytic leukemia，慢性淋巴细胞白血病；CR，complete response，完全缓解；DLBCL，diffuse large B-cell lymphoma，弥漫性大B细胞淋巴瘤；DLT，dose-limiting toxicity，剂量限制性毒性；FC，fludarabine and cyclophosphamide，氟达拉滨和环磷酰胺；FL，follicular lymphoma，滤泡性淋巴瘤；G，obinutuzumab，奥滨尤妥珠单抗；iNHL，indolent non-Hodgkin lymphoma，惰性非霍奇金淋巴瘤；IRR，infusion-related reaction，输注相关反应；mono，monotherapy，单药治疗；NHL，non-Hodgkin lymphoma，非霍奇金淋巴瘤；ORR，overall response rate，总缓解率；PFS，progression-free survival，无进展生存期；Ph，phase，期；R，rituximab，利妥昔单抗；R/R，relapsed/refractory，复发性/难治性

5.3.1 非霍奇金淋巴瘤

5.3.1.1 早期临床试验（Ⅰ/Ⅱ期）

为了确定奥滨尤妥珠单抗用于治疗NHL的Ⅲ期临床试验的用药剂量和疗程，研究人员开展了一项全面的Ⅰ/Ⅱ期临床试验来进行剂量研究。这一剂量研究计划评估了奥滨尤妥珠单抗的单药治疗和奥滨尤妥珠单抗联合化疗两种方案（表5.2）。

表5.2 奥滨尤妥珠单抗的关键Ⅰ期和Ⅱ期临床试验

临床试验	临床分期、试验方案、疾病	患者数量	给药方案	疗效	不良反应事件
Salles等[69]	Ⅰ期临床：mc，ol；R/R aNHL，iNHL	21	剂量爬坡：G 50/100 ～ 1200/2000 mg D1，D8 C1，然后D1 C2 ～ 8	ORR＝33%（4 CR/CRu，3 PR） BORR＝43%（5 CR/CRu，4 PR） FL患者的缓解率（BORR 69%，9/13）。2/9的R/R患者有缓解	未见DLT IRR＝86%（98% Gr 1/2） 治疗相关的3/4级AE：3例（2例IRR，1例贫血、中性粒细胞减少症、血小板减少症、肿瘤溶解综合征）
Cartron等[70]	Ⅰ期临床：mc，ol；R/R CHL	13	剂量爬坡：G（400/800 ～ 1200/2000mg）D1，D8 C1，然后D1 C2 ～ 8（采用1000/1000 mg）	ORR＝62%（8 PR） BORR＝62% DOR＝10.5 mo	IRR＝100%（2例Gr≥3）； 中性粒细胞减少症＝54%（7例Gr≥3）； 血小板减少症＝31%（2例Gr≥3）； SAE＝31%（含1例发热性中性粒细胞减少症，1例中性粒细胞减少症，1例血小板减少症，1例IRR）
Salles等[71]	Ⅱ期临床：mc，ol，r；R/R iNHL	40	G 400 mg D1，D8 C1，然后D1 C2 ～ 8；或1600 mg D1，D8 C1，然后800 mg D1 C2 ～ 8	ORR＝55%（1600/800mg），17%（400/400 mg） BORR＝64%（1600/800 mg），33%400/400 mg） PFS＝11.9mo（1600/800 mg），6.0 mo 400/400 mg）	IRR＝72% ～ 73%（2例为3/4级，1600/800 mg组） SAE＝23%（4例SAE被认为与治疗相关：带状疱疹感染、发热性中性粒细胞减少症、中性粒细胞减少症、胰腺炎）

续表

临床试验	临床分期、试验方案、疾病	患者数量	给药方案	疗效	不良反应事件
Morschhauser 等[73]	Ⅱ期临床：mc，ol，r；R/R aNHL	40	G 400 mg D1，D8 C1，然后D1 C2～8；或1600 mg D1，D8 C1，然后800 mg D1 C2～8	ORR＝32%（1600/800mg），24%（400/400 mg） BORR＝37%（1600/800 mg），24%（400/400 mg）	IRRs＝68%（1600/800 mg组）和81%（400/400 mg组）；大多数为1/2级；3例3/4级的IRR（2例为400/400 mg组）SAE＝35%（7例被认为与治疗相关：3例IRR，2例TLS，1例心动过缓，1例发热）
Cartron 等[70]	Ⅱ期临床：mc，ol；R/R CLL	20	G 1000 mg D1，D8，D15 C1，然后D1 C2～8	ORR＝15%（3 PR） BORR＝30%（1 CR，5PR） PFS＝10.7 mo	IRR＝95%（5例Gr≥3）；中性粒细胞减少症＝20%（均为Gr≥3）； 血小板减少症＝15%（均为Gr≥4） SAE＝45%（含1例发热性中性粒细胞减少症）
GAUSS（NCT00576758）					
Sehn 等[74]	Ⅰ期临床：mc，ol；R/R NHL或CLL	22	剂量爬坡：G（200～2000 mg）D1，D8，D15，D22（D1剂量减少50%～60%）然后q3mo×2 yr或直到疾病进展	诱导治疗（n＝22） ORR＝23%（5 PR） 维持治疗（n＝8） ORR＝32%（1 CR，6 PR） BORR＝32%（FL：1 CR，3 PR；DLBCL：1 PR；SLL：1 PR；TL：1 PR）	剂量爬坡试验中未见DLT；未达MTD 诱导治疗（n＝22）IRR＝73%（4例Gr≥3）；感染＝32%； 发热＝23%；中性粒细胞减少症＝23%（5例Gr≥3） 维持治疗（n＝8）IRR＝25%； 感染＝62%（1例Gr≥3）；咳嗽＝25%
Sehn 等[75]	Ⅱ期临床：mc，ol，r；R/R NHL	175	G 1000 mg vs R 375 mg/m^2 D1，D8，D15，D22然后G或R q2mo×2 yr或直到疾病进展	FL患者（n＝149） ORR（INV）＝G 45% vs R 33%，（P＝0.08）（CR/CRu＝12% vs 5%，P＝0.07） BORR（INV）＝66% vs 64%	G（安全人数n＝87） IRR＝74%（大多数为1/2级） SAE＝15% R（安全人数n＝86） IRR＝51%（大多数为1/2级） SAE＝15%

续表

临床试验	临床分期、试验方案、疾病	患者数量	给药方案	疗效	不良反应事件
				（CR/CRu 42% vs 23%，P＝0.006） 2年PFS＝46% vs 50%	大多数3/4级的不良反应为IRR（G 11%，R 5%），并与首次输注有关
Byrd等[76]	Ⅱ期临床：mc，ol，r；1L CLL	80	G 1000 mg或2000 mg D1～2，D8，D15 C1，然后D1 C2～8	2000 mg vs 1000 mg ORR＝67% vs 49%（P＝0.08）	IRR＝70%（1 Gr≥3）；中性粒细胞减少症＝38%（30% Gr≥3）；血小板减少症＝25%（15% Gr≥3）
联合治疗					
GAUDI（NCT00825149）					
Radford等[77]	Ⅰb期临床：mc，ol；R/R FL	14	CHOP q3w×6～8个周期＋G 400 mg D1，D8 C1，400 mg D1（后续周期）	ORR＝93%（2CR，11PR）	与治疗相关的：IRR＝64%（CHOP），79%（FC）；中性粒细胞减少症＝43%（CHOP），50%（FC）；感染＝43%（CHOP），32%（FC）
		14	＋G 1600 mg D1，D8 C1，800 mg D1（后续周期）	ORR＝100%（9CR，5PR）	3/4级（治疗相关/无关）：IRR＝7%（CHOP和FC，仅限于首次输注）；中性粒细胞减少症＝39%（CHOP），50%（FC）
		14	FC q4w ×C4～6＋G 400 mg D1，D8 C1，400 mg D1（后续周期）	ORR＝100%（11CR，3PR）	
		14	＋G 1600 mg D1，D8 C1，800 mg D1（后续周期）	ORR＝86%（3CR，9PR）	
Grigg等[78]	Ⅰb期临床：mc，ol；1L FL	81	CHOP q3w×6～8个周期或Benda q4w×4～6个周期＋G 1000 mg D1，D8 C1，随后D1 C2～8，然后q3mo×2 yr或直到疾病进展	ORR＝95% PFS为36个月的患者占比＝84% ORR＝93% PFS的患者占比＝90%	IRR＝58% 中性粒细胞减少症（Gr 3/4）＝36%（诱导治疗），7%（维持治疗）
GATHER（NCT01414855）					

续表

临床试验	临床分期、试验方案、疾病	患者数量	给药方案	疗效	不良反应事件
Zelenetz等[79]	Ⅱ期临床：mc，ol；一线DL-BCL	100	CHOP q3w×6个周期＋G 1000 mg D1，D8，D15 C1，然后D1 C2～8	ORR（INV）＝83%（44CR，22PR）	IRR＝64%（2 Gr≥3） 44%为3级：中性粒细胞减少症＝7.5%，发热性中性粒细胞减少症＝6% 35%为4级：中性粒细胞减少症＝21%，发热性中性粒细胞减少症＝7.5% 32.5%为SAE：发热性中性粒细胞减少症＝12.5%，肺炎＝4%，败血症＝2.5%
GALEN（NCT01582776）					
Morschhauser等[80]	Ⅰb期临床：mc，ol；R/R FL	19	LEN（10～25 mg）D1～21C1，然后D2～22 C2～6＋G 1000 mg D8，D15，D22 C1，然后D1 C2～6	ORR＝68%（7CR，3CRu，3PR）	2例DLT：1例意外死亡（LEN 10 mg）；1例与研究治疗无关的3级肺部感染/低钾血症（LEN 20 mg）。未达到MTD IRR＝16%（全为2级及以下）；中性粒细胞减少症＝53%（8例3/4级），便秘＝53%，乏力＝37%，URTI＝37%，皮疹＝26%，咳嗽＝26%，腹泻＝26%，发热＝21%
Morschhauser等[81]	Ⅱ期临床：mc，ol；R/R DLBCL或MCL	91	LEN 20 mg D1～21 C1，然后D2～22 C2～6，随后选取治疗应答者继续给药1年（10 mg D2～22）或直到疾病进展 ＋G 1000 mg D8，D15，D22 C1，然后D1 C2～6，随后选取治疗应答者继续给药2年（q2mo）或直到疾病进展	ORR（INV）＝37%（17%CR） BORR＝44% OS＝13.0mo	3/4级：中性粒细胞减少症＝32%； 感染＝13%；血小板减少症＝10%

续表

临床试验	临床分期、试验方案、疾病	患者数量	给药方案	疗效	不良反应事件
GALTON（NCT01300247）					
Brown等[82]	Ⅰb期：mc，ol；一线CLL	21	FC（F 25 mg/m^2＋C 250 mg/m^2 D2～4 C1然后D1～3 C2～6）＋G 1000 mg D1～2，D8，D15 C1，然后D1 C2～6	ORR＝62%（5 CR，8 PR） 中位随访20.7个月后无复发或死亡	**IRR＝91%（86% Gr≥3）；3级及以上的血液学AE＝43%（8例中性粒细胞减少症，其中4例为发热性中性粒细胞减少症）** **SAE＝29%：3例发热性中性粒细胞减少症，1例中性粒细胞减少症，3例感染**
		20	Benda 90 mg/m^2 D2～3 C1，D1～2 C2～6＋G 1000 mg D1～2，D8，D15 C1，然后D1 C2～6	ORR＝90%（9 CR，9 PR） 中位随访23.5个月后无复发或死亡	**IRR＝90%（85% Gr≥3）；3级及以上的血液学AE＝60%（11例中性粒细胞减少症，其中2例为发热性中性粒细胞减少症）** **SAE＝45%：4例IRR，2例发热性中性粒细胞减少症和1例感染**

注：主要临床终点已加粗表示。

AE，adverse event，不良事件；aNHL，aggressive non-Hodgkin lymphoma，侵袭性非霍奇金淋巴瘤；Benda，bendamustine，苯达莫司汀；BORR，best overall response rate，最佳疗效率；C，cycle，周期；CR，complete response，完全缓解；CRu，unconfirmed complete response，未确证的完全缓解；D，day，天；DOR，duration of response，持续缓解时间；F-U，follow-up，随访；G，奥滨尤妥珠单抗；Gr，grade，级；INV，investigator-assessed，调查者评估；IRC，independent review committee，独立评审委员会；IRR，infusion-related reaction，输液相关反应；LEN，lenalidomide，来那度胺；mc，multicenter，多中心；MCL，mantle cell lymphoma，套细胞淋巴瘤；mo，month，月；MTD，maximum tolerated dose，最大耐受剂量；ol，open-label，非盲；OS，overall survival，总生存期；PD，progressive disease，疾病进展；PR，partial response，部分缓解；q，every，每；r，randomized，随机的；R，利妥昔单抗；SAE，serious adverse event，严重不良事件；SLL，Small lymphotic lymphoma，小淋巴细胞淋巴瘤；TL，transformed lymphoma，转化型淋巴瘤；TLS，tumor lysis syndrome，肿瘤溶解综合征；URTI，upper respiratory tract infection，上呼吸道感染；w，week，周；yr，year，年。其他缩略语请参照图5.2。

奥滨尤妥珠单抗单药治疗的临床试验。GAUGUIN研究是一项非盲的Ⅰ/Ⅱ期临床试验，在Ⅱ期进行了随机分组，用于研究奥滨尤妥珠单抗在复发性/难治性CD20阳性的iNHL或侵袭性非霍奇金淋巴瘤（aggressive non-Hodgkin lymphoma， aNHL）患者中的安全性和有效性[69, 71, 73-75]。GAUGUIN研究Ⅰ期临床剂量爬坡试验的数据表明，在高达2000 mg的剂量下，奥滨尤妥珠单抗在复发性/难治性iNHL患者中表现出良好的耐受性和令人鼓舞的活性[69]。在所有剂量水平上均观察到病情的缓解，甚至是完全缓解（complete response，CR），最佳总缓解率（best overall response rate，BORR）为43%，但没有观察到剂量-反应关系。大多数不良事件（adverse event，AE）为1级或2级，最常见的是输注相关反应（infusion-related reaction，IRR），发生率为86%。其他常见的AE包括感染、乏力和腹泻。这些发现支持在Ⅱ期临床试验继续评估奥滨尤妥珠单抗在400/400 mg（所有剂量均为400 mg，包括负荷剂量）和1600/800 mg（在第1周期的第1天和第8天采用1600 mg的负荷剂量，在后续所有周期的第1天给药800 mg）剂量下的安全性和有效性。

在GAUGUIN研究的Ⅱ期临床剂量确认试验中，患者被随机分组，分别接受400/400 mg或1600/800 mg的药物剂量。其中，高剂量组的缓解率特别有前景——治疗结束时的总缓解率（overall response rate，ORR）分别为32%（aNHL）和55%（iNHL）。对于该剂量组，aNHL和iNHL患者的中位无进展生存期（median progression-free survival，MPFS）分别为2.7个月和11.9个月，并且安全性也是可以接受的（IRR发生率为68%～73%，大部分为1/2级）[73, 83]。在1600/800 mg治疗组中，奥滨尤妥珠单抗的血药浓度直到第3个给药周期才达到稳态。然而在400/400 mg治疗组，患者的血药浓度较低，尽管在第2个和第8个给药周期之间血药浓度仍在持续增加，但并没有达到稳态[73, 83]。

GAUSS研究是一项多中心、非盲的Ⅰ/Ⅱ期临床试验，每周给药奥滨尤妥珠单抗作为诱导剂，然后进行2年维持治疗。Ⅰ期临床为剂量探索试验，入组患者为复发性/难治性CD20阳性的NHL或CLL（CLL的数据汇总在5.3.2.1中）。而Ⅱ期临床为剂量确证试验，仅入组iNHL患者，并与利妥昔单抗进行随机比较[74, 75]。在Ⅰ期临床的剂量爬坡试验中，高达2000 mg剂量的奥滨尤妥珠单抗在复发性/难治性iNHL患者中表现出可控的安全性和良好的活性，诱导结束（end of induction，EOI）时的总缓解率为23%。IRR主要限于治疗的第1周期，未见剂量限制性毒性，试验过程中没有达到最大耐受剂量。根据这些Ⅰ期临床的数据，采用1000 mg的固定剂量（第1周期的第1、8、15天，以及后续周期的第1天给药）进行GAUSS研究的Ⅱ期临床剂量确证试验，并与利妥昔单抗进行随机比较。在Ⅱ期研究中，研究人员在主要终点（诱导结束）评估了滤泡性淋巴瘤（follicular lymphoma，FL）患者的总缓解率。结果表明，奥滨尤妥珠单抗组（1000 mg）取得了比利妥昔单抗标准剂量组（375 mg/m^2）更高的总缓解率（45%vs 33%，P＝0.08，而P＜0.2在该研究中被认为具有统计学意义）[75]。但是，较高的缓解率并未转化为更长的无进展生存期（progression-free survival，PFS）。虽然奥滨尤妥珠单抗在所选剂量下耐受性良好，但是与利妥昔单抗治疗组相比，奥滨尤妥珠单抗治疗组患者的IRR和咳嗽更为常见，但大多数不良反应事件的严重程度为1/2级，并且在治疗中止过程中未发现显著差异。

此外，研究人员还开展了Ⅰb期临床试验，以评估奥滨尤妥珠单抗单药治疗在中国（GERSHWIN研究，NCT01680991）[84]和日本[85]对主要复发性/难治性NHL患者的安全性和有效性。奥滨尤妥珠单抗在日本NHL患者中表现出可接受的安全性和令人鼓舞的活性（ORR＝58%），未见剂量限制性毒性的报道。GERSHWIN研究的疗效数据尚未发布。此外，这些研究还证实奥滨尤妥珠单抗在中国和日本患者中的药代动力学特征与先前结果基本一致。

奥滨尤妥珠单抗联合治疗的临床试验。鉴于奥滨尤妥珠单抗单药治疗对B细胞淋巴瘤的良好活性，研究人员又开展了一项Ⅰ/Ⅱ期临床试验，以评估奥滨尤妥珠单抗与标准化疗联用时的安全性和有效性。

GAUDI研究是一项分为两部分的Ⅰb期临床试验，其主要目的是确定奥滨尤妥珠单抗联合化疗方案在FL患者中的安全性和有效性[77，78]。GAUDI研究的第1部分是在复发性/难治性FL患者中进行的，将奥滨尤妥珠单抗（400/400 mg或1600/800 mg）分别与环磷酰胺、多柔比星、长春新碱和泼尼松（obinutuzumab＋cyclophosphamide，doxorubicin，vincristine，and prednisone，G-CHOP）或氟达拉滨和环磷酰胺（obinutuzumab＋fludarabine and cyclophosphamide，G-FC）联合用药，然后对响应的患者进行奥滨尤妥珠单抗维持治疗，并对这些联合用药方案的结果进行了比较[77]。其主要终点是对安全性的考察，结果表明：与单药治疗相似，奥滨尤妥珠单抗联合疗法相关的不良事件基本是可控的。其中IRR（64%～79%）和中性粒细胞减少症（43%～50%）是最常见的1/2级不良事件。四个治疗组的ORR为86%～100%，其中所有利妥昔单抗难治性患者的ORR为100%。

GAUDI研究的第2部分是在FL初治患者中进行的。在此实验中，先以G-CHOP或奥滨尤妥珠单抗＋苯达莫司汀（obinutuzumab＋bendamustine，G-Benda）两种组合进行诱导治疗，再采用奥滨尤妥珠单抗维持治疗2年或直至疾病进展，并比较了这两种方案的安全性和有效性[78]。当诱导治疗结束时，两种方案的疗效相似。G-Benda组的ORR为93%，G-CHOP组的ORR为95%。此外，36个月时两组的PFS也较为相似。所有患者在诱导期至少经历一种不良事件，最常见的为IRR（58%），其中大多数为1/2级。据报道，在诱导治疗期最常见的血液学不良事件是3/4级的中性粒细胞减少症，发生率为36%。在两个治疗组的诱导和维持治疗期间，奥滨尤妥珠单抗的平均血药浓度达到了相似的水平。因此，GAUDI研究第1部分和第2部分的试验结果都说明，当与三种标准化疗方案中的任何一种联合用药时，奥滨尤妥珠单抗都具有可控的安全性，并且对复发性/难治性和初治FL患者都具有较高的缓解率。这为在复发性/难治性iNHL患者中启动GADOLIN Ⅲ期临床试验和在初治iNHL患者中开展GALLIUM研究提供了充分依据（参阅5.3.1.2）。

单臂Ⅱ期GATHER临床试验研究了G-CHOP对晚期DLBCL初治患者的疗效。并将奥滨尤妥珠单抗的固定剂量设置为1000 mg（在第1周期的第1天、第8天、第15天和第2～8周期的第1天给药）。治疗结束时，研究人员评估的ORR为83%（CR 55%）[79]。在该试验中，奥滨尤妥珠单抗的安全性与之前在GAUGUIN研究中单药治疗时相似[73]。值得注意的是，64%的患者出现IRR不良反应，通常发生在第1周期的第1天，主要为1/2级[79]。未发现奥滨尤妥珠单抗和CHOP组分之间的药物-药物相互作用。GATHER研究还证明了患者能够耐受较短的输注持续时间（从第2个周期的第1天起为90 min）。这项研究的结果为启动后续的GOYA Ⅲ期临床试验提供了合理依据，并比较了G-CHOP和R-CHOP在DLBCL初治患者中的安全性和有效性（参阅5.3.1.2）。

奥滨尤妥珠单抗治疗非霍奇金淋巴瘤的Ⅰ/Ⅱ期临床研究的结论。GAUGUIN和GAUSS研究表明，奥滨尤妥珠单抗的剂量可以逐步安全地增加至2000 mg，并且没有观察到剂量限制性毒性，且在评估的所有剂量水平下均观察到了临床活性。基于Ⅰ/Ⅱ期临床的研究数据，奥滨尤妥珠单抗的剂量确定为1000 mg（在每个周期的第1天给药），并在第1周期进行两次额外的输注（分别在第8天和第15天给药）。这一方案被确定为NHL患者的最佳给药方案[69，74，86]。此外，基于奥滨尤妥珠单抗在联合化疗Ⅰ/Ⅱ期研究中表现出的可控安全性和良好的疗效，研究人员将进一步在随机大规模的Ⅲ期临床研究中评估奥滨尤妥珠单抗联合标准化疗的治疗方案。

5.3.1.2　Ⅲ期临床试验

迄今为止，研究人员已经在三项关键的、非盲、随机的Ⅲ期临床试验中评估了奥滨尤妥珠单抗联合标准化疗用于治疗B细胞淋巴瘤的治疗方案，包括针对利妥昔单抗难治的iNHL患者的GADOLIN研究、针对一线晚期iNHL患者的GALLIUM研究，以及针对一线DLBCL患者的GOYA研究（表5.3）。

表5.3 奥滨尤妥珠单抗的Ⅲ期临床试验

临床试验	临床分期、试验方案、疾病	患者数量	给药方案	疗效	不良反应事件
NHL					
GADOLIN（NCT01059630）Sehn等[83]	mc，ol，r；R/R iNHL	194	Benda 90 mg/m^2 D1，D2 C1 ～ 6＋G 1000 mg D1，D8，D15 C1，随后D1 C2～6，然后G 1000 mg q2mo×2 yr或直到疾病进展	G-Benda＋G维持治疗 vs Benda PFS（IRC）[a]＝NR vs 14.9 mo；HR＝0.55；P＝0.000 1 CR（EOI）＝11% vs 12% ORR（IRC）＝69% vs 63%	Gr≥3＝68%：中性粒细胞减少症＝20%；IRR＝11%；血小板减少症＝11%； 贫血＝8%
		202（含198例经治患者）	Benda 120 mg/m^2 D1，D2 C1～6		Gr≥3＝62%：中性粒细胞减少症＝26%； IRR＝6%； 血小板减少症＝16%； 贫血＝10%
Cheson等[87] a	mc，ol，r；R/R iNHL	204（均为经治患者，164例患有FL）	Benda 90 mg/m^2 D1，D2 C1 ～ 6＋G 1000 mg D1，D8，D15 C1，随后D1 C2～6，然后G 1000 mg q2mo×2 yr或直到PD	G-Benda＋G维持治疗 vs Benda iNHL pts PFS（INV）＝25.8 vs 14.1 mo；HR＝0.57；P＜0.000 1	Gr≥3＝73% AESI（Gr≥3）：中性粒细胞减少症＝35%，血小板减少症＝11%，感染＝23%，IRR＝9%
		209（205例经治患者，171例患有FL）	Benda 120 mg/m^2 D1，D2 C1～6	OS＝NR vs NR；HR＝0.67；P＝0.026 9 FL pts PFS（INV）＝25.3 vs 14.0 mo；HR＝0.52；P＜0.000 1 OS＝NR vs 53.9；HR＝0.58；P＝0.006 1	Gr≥3＝66% AESI（Gr≥3）：中性粒细胞减少症＝27%， 血小板减少症＝16%，感染＝19%，IRR＝4%

续表

临床试验	临床分期、试验方案、疾病	患者数量	给药方案	疗效	不良反应事件
GALLIUM（NCT01332968）Marcus等[88]	mc，ol，r 1LiNHL	601（FL）	CHOP q3w×6个周期或CVP q3w×8个周期或Benda 90 mg/m² q4w D1，D2×6个周期＋G 1000 mg D1，8，15 C1，随后D1 C2～6/8[b]，然后q2mo×2 yr或直到疾病进展	G-chemo vs R-chemo PFS事件（INV）[a]＝101（17%）vs 144（24%）；HR＝0.66；P＝0.001 PFS事件（IRC）＝93（16%）vs 125（21%）；P＝0.014 ORR（EOI）＝89% vs 87%	Gr≥3＝75%，Gr 5＝4% AESI（Gr≥3）：感染＝20%，中性粒细胞减少症＝46%，IRR＝12%
		601（FL）	CHOP/CVP/Benda（如上）＋R 375 mg/m² D1 C1～6/8[b]，然后q2mo×2 yr或直到疾病进展		Gr≥3＝68%，Gr 5＝3% AESI（Gr≥3）：感染＝16%，中性粒细胞减少症＝40%，IRR＝7%
GOYA（NCT01287741）Vitolo等[89]	mc，ol，r 1L DLBCL	706	CHOP q3w×C6～8＋G 1000 mg D1，D8，D15 C1，然后D1 C2～8	G-CHOP vs R-CHOP PFS事件（INV）[a]＝201（29%）vs 215（30%）；HR＝0.92；P＝0.386 8 PFS事件（IRC）＝171（24%）vs 186（26%） 3-yr PFS（INV）＝69% vs 66% ORR（基于PET）＝77% vs 78%	Gr≥3＝74% AESI（Gr≥3）：中性粒细胞减少症＝55%；IRR＝10%；感染＝19%；血小板减少症＝4%
		712	CHOP q3w×C6～8＋R 375 mg/m² D1 C1～8		Gr≥3＝65% AESI（Gr≥3）：中性粒细胞减少症＝46%；IRR＝3%；感染＝16%；血小板减少症＝1%

续表

临床试验	临床分期、试验方案、疾病	患者数量	给药方案	疗效	不良反应事件
CLL					
CLL11（NCT01010061）Goede等[90] Goede等[91] Goede等[92]	mc，r，ol 含并发症的1L CLL	781	G 1000 mg D1～2，D8，D15 C1，然后D1 C2～6 R 375 mg/m^2 D1 C1，然后500 mg/m^2 D1 C2～6 Clb 0.5 mg/kg D1，D15 C1～6	G-Clb vs R-Clb PFS（INV）=26.7 vs 15.2 mo；HR=0.39；P<0.001（28.7 vs 15.7 mo；HR=0.46；P<0.0001）[a] OS：HR=0.66；P=0.08（HR=0.77；P=0.0932）[a] ORR=78% vs 65%；P<0.001 G-Clb vs Clb PFS（INV）=26.7 vs 11.1 mo；HR=0.18；P<0.001（31.1 vs 11.1 mo；HR=0.20；P<0.0001）[a] OS：HR=0.41；P=0.002（HR=0.62；P=0.0167）[a] R-Clb vs Clb PFS（INV）=16.3 vs 11.1 mo；HR=0.44；P<0.001 OS：HR=0.66；P=0.11	G-Clb vs R-Clb Gr≥3=70% vs 55%：IRR=20% vs 4% 中性粒细胞减少症=33% vs 28%；贫血=4% vs 4%；血小板减少症=10% vs 3%；白细胞减少症=4% vs 1%；感染=12% vs 14% G-Clb vs Clb Gr≥3=73% vs 50%：IRR=21% vs 0 中性粒细胞减少症=35% vs 16%；贫血=5% vs 4%；血小板减少症=11% vs 4%；白细胞减少症=5% vs 0；感染=11% vs 14% R-Clb vs Clb Gr≥3=56% vs 50%：IRR=4% vs 0；中性粒细胞减少症=27% vs 16%；贫血=4% vs 4%；血小板减少症=4% vs 4%；白细胞减少症=1% vs 0；感染=13% vs 14%

续表

临床试验	临床分期、试验方案、疾病	患者数量	给药方案	疗效	不良反应事件
GREEN（NCT01905943）Stilgenbauer等[93]	mc，ol 一线或R/R CLL	972	Benda 90 mg/m²（一线）或70 mg/m²（R/R）q4w D1～2×6个周期（匹配或不匹配）或FC（匹配）D1～3×6个周期或Clb（不匹配）D1，D15×6个周期或无化疗＋G 1000 mg D1～2，D8，D15 C1，然后D1 C2～6		IRR Gr≥3：GB，19.1%；G-FC，18.1% G-Clb，21.1%；G-mono，24.6% Gr≥3（所有患者）：IRR＝19.9%；TLS＝6.4%
Stilgenbauer等[94]	mc，ol 一线或R/R CLL	158（受试组1：157 1L CLL，1 1L SLL）	Benda 90 mg/m²（匹配）或70 mg/m²（不匹配）q4w D1，D2×6个周期＋G 1000 mg D1～2，D8，D15 C1，然后D1 C2～6	ORR＝79% CR/CRi＝32%（不匹配/匹配＝35%/30%） PR＝46%（不匹配/匹配＝42%/51%） MRD阴性＝59%（血液），28%（BM）	Gr≥3：中性粒细胞减少症＝50% 感染＝12.7%；血小板减少症＝12.7%；TLS＝10.1% SAE：中性粒细胞减少症＝10.8%；发热＝7.6%；发热性中性粒细胞减少症＝7.0% TLS＝5.1% IRR＝55.7%

a更新分析。

b患者接受6个周期G-/R-Benda的治疗或接受8个周期G-/R-CVP的治疗；或接受6个周期CHOP治疗的患者再接受2个周期的抗体治疗，G/R的治疗时间一共为8个周期。

注：主要临床终点加粗表示。

AESI，adverse events of special interest，特别关注的不良事件；Cri，complete remission with incomplete blood count recovery，形态学完全缓解而血细胞计数不完全恢复；CVP，cyclophosphamide，vincristine and prednisone，环磷酰胺、长春新碱和泼尼松；D，day，天；EOI，end of induction，诱导结束；HR，hazard ratio，风险比；INV，investigator，研究者；IRR，infusion-related reaction，输注相关反应；mc，multicenter，多中心；MRD，minimal residual disease，微小残留病变；NR，not reached，未达到；PET，positron emission tomography，正电子发射断层扫描；pts，patients，患者；TLS，tumor lysis syndrome，肿瘤溶解综合征。其他缩略语请参照图5.2、表5.2。

GADOLIN：利妥昔单抗对难治性惰性非霍奇金淋巴瘤的治疗。GADOLIN是第一个评估奥滨尤妥珠单抗专门针对不再受益于利妥昔单抗的iNHL患者的研究[83]。本研究比较了“G-Benda诱导后进行奥滨尤妥珠单抗维持治疗”和“Benda单独诱导”两种方案的安全性和有效性。

患者首先随机接受6个周期（每个周期28天）的“奥滨尤妥珠单抗（1000 mg）＋ Benda（90 mg/m^2）”或“Benda（120 mg/m^2）”的诱导治疗。然后对G-Benda组未发生疾病进展的患者进行长达2年的奥滨尤妥珠单抗维持治疗（每2个月1000 mg）。在预先计划的中期疗效分析（n＝396）中，达到了独立评审委员会（independent review committee，IRC）评估的PFS的主要终点[83]。中位随访21个月后结果表明：与Benda组相比，G-Benda组经IRC评估的PFS明显更长（未达到MPFS vs 14.9个月），其疾病进展或死亡的风险比（hazard ratio，HR）为0.55（95% CI，0.40 ～ 0.74，P＝0.0001）。在次要终点，研究人员评估的PFS、总生存期（overall survival，OS）和IRC评估的无事件生存期（event-free survival，EFS）同样是G-Benda组更长。有趣的是，尽管在G-Benda组观察到了明显的PFS益处，但根据修订后的Cheson疗效评判标准[95]，在诱导结束时通过计算机断层扫描（computed tomography，CT）对缓解情况进行评估，结果显示两组的CR率相近。针对一线iNHL患者的Ⅲ期GALLIUM临床试验也观察到了这一现象（后文将会提到）[88]。CR率缺乏差异的现象可能与先前报道的“基于CT的病情缓解情况评估结果与FL患者生存结果[97]之间缺乏关联”有关，也可能是由于对照组使用的苯达莫司汀剂量较高。此外，奥滨尤妥珠单抗也可能会激活某些尚不明确的免疫机制。

在预先计划的一项独立分析中，GADOLIN的研究人员在93例可评估生物标志物的FL患者中评估了诱导治疗对MRD的效果，以及MRD阴性与临床治疗结果（clinical outcome）之间的关系[96]。通过G-Benda诱导后，获得MRD缓解（如MRD阴性）的患者比例明显高于Benda组（“82%，42/51” vs “43%，18/42”，P＜0.0001）。此外，与基于CT的缓解率不同，MRD缓解与临床CR率和PFS均相关。诱导结束后24个月，G-Benda组MRD阴性患者的PFS为74%，而Benda组仅为21%。

31.8个月的长期随访的更新分析证实了G-Benda改善PFS的稳定性（研究者评估的PFS的HR为0.57；95% CI为0.44 ～ 0.73；P＜0.000 1）。此外，与Benda组相比，G-Benda组的OS显著延长（HR，0.67；95%CI，0.47 ～ 0.96；P＝0.026 9）[87]。

在整个GADOLIN研究中，G-Benda组和Benda组不良反应事件的发生率和分布基本相似，联合治疗组中三级及以上的不良反应更为常见（68% vs 62%）[83]。中性粒细胞减少症、血小板减少症、IRR和贫血是最常见的3级及以上不良反应。G-Benda组和Benda组的严重不良反应事件（serious AE，SAE）的发生率分别为

38%和33%，每组中约6%的患者因不良反应而死亡。值得高兴的是，GADOLIN研究的初步数据显示：在整个研究过程中，G-Benda治疗在延长PFS的同时也伴随着对患者生活质量的明显改善[98]，这表明任何与治疗相关的毒性对患者的影响都很有限。

根据Ⅲ期GADOLIN临床研究的结果，奥滨尤妥珠单抗被批准与苯达莫司汀联用，用于诱导治疗（随后以奥滨尤妥珠单抗维持治疗）已使用利妥昔单抗或含利妥昔单抗的方案，治疗6个月内未应答或发生疾病进展的FL患者[9, 10]。此外，还确立G-Benda方案作为复发性/难治性FL患者的新标准疗法[87]。

GALLIUM：对惰性非霍奇金淋巴瘤初治患者的疗效。在GALLIUM研究中，研究人员分别采用奥滨尤妥珠单抗联合标准化疗（G-chemo）或利妥昔单抗联合标准化疗（R-chemo）作为晚期iNHL患者（主要为FL患者，$n=1202$）的一线诱导治疗方案，并且比较了治疗6个周期（每个周期21天或28天）或8个周期之后的安全性和有效性[88]。两组中的治疗响应患者分别接受奥滨尤妥珠单抗或利妥昔单抗的维持治疗，周期为2年或直至疾病进展。在预先设定的中期疗效分析试验中（一旦发生了研究人员预期的评估PFS事件的67%），独立数据监测委员会建议对试验进行全面分析，因为所有FL患者的研究者评估PFS的主要终点已经满足。在中位随访34.5个月之后，有16.8% 的G-chemo组FL患者和24.0%的R-chemo组FL患者经历了PFS事件，这与G-chemo组的疾病进展或34%的死亡风险下降相对应（HR，0.66；95% CI，0.51 ～ 0.85；$P=0.001$）。由于PRIMA研究中有59.2%的患者（接受利妥昔单抗维持治疗）在6年内无疾病进展[72]，因此估计与R-chemo相比，尽管需要更长的随访时间来确认，但G-chemo可以将患者的MPFS再延长3年。IRC评估的PFS的结果也与主要终点一致（HR，0.71；95% CI，0.54 ～ 0.93；$P=0.014$），所有其他生存曲线的终点也包括在内，包括下一次抗淋巴瘤治疗的时间（HR，0.68；95% CI，0.51 ～ 0.91；$P=0.009$）。正如GADOLIN研究[83]一样，根据修订后的Cheson疗效评判标准[95]，两个研究组在诱导结束时基于计算机CT评估的ORR和CR率相似。然而，与R-chemo组相比，G-chemo组在诱导治疗期间的MRD阴性率有所增加（诱导结束时血液和骨髓中MRD的缓解情况为92% vs 85%；$P=0.004\,1$）。此外，在G-chemo组（血液）的诱导中期也观察到较高的MRD阴性率，这些结果表明基于奥滨尤妥珠单抗的诱导治疗比利妥昔单抗的诱导治疗能更快、更有效地清除肿瘤细胞[99]。如果在诱导结束时能够实现血液或骨髓中的MRD缓解，那么也就预示着能够观察到常规的基于CT的PFS改善（HR，0.35；95% CI，0.22 ～ 0.56；$P<0.000\,1$）。

正如在FL患者中所预期的那样，一个惰性淋巴瘤患者的存活时间可能达到12年以上[100]。中期疗效分析的OS数据尚不成熟，但仍与主要终点一致且支持主要终点的结论[88]。G-chemo组和R-chemo组的死亡人数分别为35（5.8%）和46

（7.7%），因此OS的HR为0.75（95% CI，0.49～1.17；P＝0.21）。

在FL患者中，G-chemo组的3级及以上不良反应和严重不良反应事件的发生率（在整个研究期间）高于R-chemo组（Gr ≥3：74.6% vs 67.8%；SAE：46.1% vs 39.9%），而两个治疗方案的致命性（G-chemo，4.0%；R-chemo，3.4%）和导致治疗中断的不良反应（G-chemo，16.3%；R-chemo，14.2%）发生率相似。最常见的3级及以上的特别关注的不良反应事件（AE of special interest，AESI）是中性粒细胞减少症、感染和IRR。G-chemo组与R-chemo组相比，3级及以上特别关注的不良事件的发生率更高，包括感染（20.0% vs 15.6%）、第二肿瘤（4.7% vs 2.7%）和IRR（12.4% vs 6.7%）。

迄今为止，Gallium研究是奥滨尤妥珠单抗的首个Ⅲ期临床试验。结果表明，在FL初治患者中，基于奥滨尤妥珠单抗的治疗组表现出比利妥昔单抗治疗组（当前的标准治疗）更优的PFS。鉴于FL是NHL最常见的缓慢生长形式且无法治愈，因此这些发现特别鼓舞人心，应将奥滨尤妥珠单抗联合化疗作为该患者人群的一线疗法。

GOYA是对弥漫性大B细胞淋巴瘤初治患者的治疗研究。GOYA研究比较了G-CHOP和R-CHOP在1418例DLBCL初治患者中的安全性和有效性[89]。患者被随机分组，分别接受8个周期（每个周期21天）的奥滨尤妥珠单抗（1000 mg）或利妥昔单抗（375 mg/m^2）联合6个周期或8个周期的CHOP给药方案。研究人员预先为每组患者计划了CHOP的给药周期数，并允许针对大块或结外病灶进行预先计划的放疗。

2016年7月进行的最终分析显示，G-CHOP组与R-CHOP组相比，研究人员在主要终点评估的PFS未见改善（分层的HR，0.92；95% CI，0.76～1.12；P＝0.386 8），并且两组的3年PFS率相似（69.6% vs 66.9%）。同样地，IRC在次要终点评估的PFS、OS、CR或ORR也未观察到显著差异。细胞亚型起源的探索性分析显示，生发中心（germinal center）B细胞（GCB）起源的DLBCL患者采用G-CHOP治疗有PFS获益的趋势，而激活B细胞（activated B-cell，ABC）亚型患者则没有。GCB亚组的3年PFS发生率在G-CHOP和R-CHOP组中分别为79%和71%（分层的HR，0.72；95% CI，0.50～1.01）。进一步分析正在进行之中并将相继公布结果。

根据先前公布的临床数据，GOYA研究中G-CHOP方案的不良反应发生率和分布情况与预期一样。G-CHOP组与R-CHOP组相比，3级及以上的不良反应（74%vs 65%）和严重不良反应（43%vs 38%）的发生率更高。并且G-CHOP组导致退出治疗［12%（84/704）vs 9%（60/703）］和致命结果［6%（41/704）vs 4%（30/703）］的AE的发生率也略高于R-CHOP组。3级及以上特别关注的不良反应在G-CHOP组也更为常见（差异≥3%），包括中性粒细胞减少症（55%vs 46%）、

IRR（10%vs 3%）、感染（19% vs 16%）和血小板减少症（4% vs 1%）。

正如GOYA研究人员强调的那样，在aNHL患者群体中的这些发现与先前奥滨尤妥珠单抗在其他患者群体中的Ⅲ期临床研究的结果形成了鲜明的对比，包括一线FL（GALLIUM）、利妥昔单抗难治性iNHL（GADOLIN）、一线CLL（CLL11；参阅5.3.2.2）。此外，GOYA的研究人员还强调了不同B细胞淋巴瘤的生物学和临床特征差异。为了更好地了解DLBCL和奥滨尤妥珠单抗在这种情况下的疗效，研究人员正在对GOYA研究的大型数据库进行进一步的分析。

5.3.1.3 正在进行的新联合用药，包括无化疗方案的临床研究

对NHL分子发病机制的深入了解促进了靶向治疗药物的开发。靶向药物可破坏异常的信号转导途径，通常没有与化疗相关的副作用，并且提供了重要的替代治疗选择，特别是对于罹患不能耐受化疗的并发症的患者，以及具有化疗抵抗的复发性/难治性疾病的患者。靶向药物的作用机制和靶点包括抗凋亡的B细胞淋巴瘤（B-cell lymphoma，BCL）-2蛋白；B细胞抗原受体和细胞因子受体通路的重要信号分子——布鲁顿酪氨酸激酶（Bruton's tyrosine kinase，BTK）；程序性死亡配体-1（programmed death ligand-1，PD-L1）——在肿瘤细胞和肿瘤浸润免疫细胞中表达，是PD-1/PD-L1通路的组成部分，参与抑制细胞毒性T细胞的活性[101，102]；磷酸肌醇3-激酶（phosphoinositide 3-kinase，PI3K）——一种在正常和恶性B细胞中表达的酶，参与调节生长、增殖、分化、运动、存活和细胞内运输；MDM2——p53肿瘤抑制蛋白的主要负调控因子。

对于B细胞淋巴瘤患者，研究人员正在开展大量的临床研究，以评估奥滨尤妥珠单抗联合靶向这些通路的联合用药方案。针对NHL，与奥滨尤妥珠单抗联合使用的新型药物包括以下几种：口服给药的来那度胺——沙利度胺的类似物，具有免疫调节、抗血管生成和抗肿瘤活性，并且在多发性骨髓瘤和MCL中具有临床活性[103]；靶向B细胞的抗CD79b抗体-药物偶联物，泊洛妥珠单抗-维多汀（polatuzumab vedotin）；PD-L1抗体（阿特珠单抗）；以及BTK（依鲁替尼，ibrutinib）、Bcl-2（维奈托克）、PIK3（duvelisib）和MDM2（依达奴林，idasanutlin）的口服抑制剂。奥滨尤妥珠单抗与这些互补的、作用机制不重叠的新药联合使用，可以提供无化疗的治疗机会，如以下两个例子所示。

GALEN是一项Ⅰb/Ⅱ期临床试验（NCT01582776），用于评估奥滨尤妥珠单抗联合来那度胺的新型用药方案对复发性/难治性FL或aNHL（DLBCL或MCL）患者的安全性和有效性。在Ⅰb期的剂量探索阶段，对于FL患者，采用奥滨尤妥珠单抗（1000 mg的固定剂量方案）与剂量爬坡的来那度胺（10～25 mg，3周服药/1周停药；G-LEN）联用[80]，其主要目的是建立这种新型联合用药方案的安全剂量。初始数据显示，在两例患者中观察到剂量限制性毒性，但未达到最大

耐受剂量。在后续治疗周期中，当来那度胺的剂量为25 mg时，3/4级的中性粒细胞减少症的发病率增加，据此选择20 mg的给药剂量。91例aNHL患者（DLBCL或MCL）的Ⅱ期临床试验初步数据显示，采用G-LEN诱导治疗后，ORR为37%，CR为17%[81]。随后，治疗响应者接受了剂量减小的来那度胺（10 mg）维持治疗与奥滨尤妥珠单抗维持治疗的组合方案。中位随访14.5个月后，中位OS为13.0个月，没有观察到非预期的毒性。FL患者的Ⅱ期临床数据尚未报道。

另一项非盲的Ⅰb期临床试验（NCT02220842）正在进行之中，以评估阿特珠单抗和奥滨尤妥珠单抗的联合用药方案在复发性/难治性DLBCL和FL患者中的安全性和耐受性。早期迹象表明这种组合耐受性良好。6名患者中，在118天（范围为64～212天）的中位治疗持续时间内，未观察到3级及以上的IRR、4/5级的不良反应、死亡，以及治疗中断的案例[104]，但报道了一种剂量限制毒性（3级血小板减少症）。在4个治疗周期后通过CT扫描对5例患者的疗效进行了初步评估，结果显示2例局部缓解、2例病情稳定、1例病情进展，从而为这一组合方案在该患者群体中的抗肿瘤活性提供了早期证据[104]。

5.3.2 慢性淋巴细胞白血病

5.3.2.1 早期临床试验（Ⅰ/Ⅱ期）

在几项Ⅰ/Ⅱ期临床研究中初步证实了奥滨尤妥珠单抗在CLL患者中的疗效（表5.2）。

奥滨尤妥珠单抗单药治疗的临床试验。在GAUSS研究的Ⅰ期阶段（参阅5.3.1.1），奥滨尤妥珠单抗诱导治疗4周之后，复发性/难治性CD20阳性的B细胞恶性肿瘤（包括CLL）患者的部分缓解率为23%（$n=5/22$）[74]。选取诱导治疗后未发生疾病进展的患者进行奥滨尤妥珠单抗维持治疗，获得32%的BORR，但在CLL患者中未见任何应答。

除了在iNHL或aNHL患者中评价奥滨尤妥珠单抗之外（参阅5.3.1.1），Ⅰ/Ⅱ期GAUGUIN研究还评估了奥滨尤妥珠单抗单药在复发性/难治性CLL患者中的安全性和有效性[70]。GAUGUIN研究的Ⅰ期阶段评估了在（400/800）～（1200/2000）mg范围内奥滨尤妥珠单抗的剂量，随后研究并确定了奥滨尤妥珠单抗的固定剂量（1000 mg），并作为Ⅱ期临床试验的推荐剂量。总体而言，该研究表明奥滨尤妥珠单抗可以安全地用于治疗复发性/难治性CLL患者。最常见的不良反应是IRR，发生率为95%～100%，主要为1/2级。中性粒细胞减少症的发生率为54%，且均为3/4级。在治疗结束时，Ⅰ期临床的ORR为62%，Ⅱ期临床的ORR为15%（均为部分缓解），BORR分别为62%和30%。研究人员认为，Ⅱ期临床观察到的较低缓解率可能是由较高的基线肿瘤负荷引起的。

Ⅱ期GAGE临床研究旨在探究奥滨尤妥珠单抗是否存在如先前利妥昔单抗所表现出的剂量-反应关系[76]。CLL初治患者被随机分配，分别接受8个周期的奥滨尤妥珠单抗单药治疗，剂量为1000 mg或2000 mg。在治疗结束时对主要终点的分析显示，2000 mg组与1000 mg组相比，表现出更优的ORR的趋势（67% vs 49%；$P = 0.08$），表明可能存在剂量-反应关系。但是，仍需要更长的随访时间来确认这些初步数据，并且鉴于两个剂量组的MPFS相似，目前尚不清楚与改善PFS的任何可能相关性。

奥滨尤妥珠单抗联合治疗的临床试验。鉴于在CLL11研究中奥滨尤妥珠单抗联合Clb（G-Clb）组的疗效明显优于利妥昔单抗联合Clb（R-Clb）组（参阅5.3.2.2），因此研究强化化疗方案联合奥滨尤妥珠单抗的疗效引起了研究人员相当大的兴趣。据此，研究人员开启了Ⅰb期GALTON临床研究，以评估G-Benda或G-FC的安全性和有效性[82]。两种方案均显示出良好的活性，其中G-Benda组的缓解率更高（ORR，90% vs 62%），并且两种治疗方法的安全性均在可控范围内。与已知的奥滨尤妥珠单抗安全性一致，IRR是最常见的不良反应，发生率为90%～91%，主要发生在第一次输注期间。

奥滨尤妥珠单抗治疗慢性淋巴细胞白血病的Ⅰ/Ⅱ期临床研究结论。重要的是，GAUSS和GAUGUIN研究确定可以使用相同剂量的奥滨尤妥珠单抗来治疗NHL和CLL[74, 86]。根据奥滨尤妥珠单抗在Ⅰ/Ⅱ期临床研究中表现的良好疗效，研究人员进一步将奥滨尤妥珠单抗联合标准化疗的方案扩展到随机大规模的Ⅲ期CLL11研究。值得注意的是，研究人员还开展了广泛的安全性研究（GREEN），以解决与首次输注奥比妥珠单抗相关的IRR高发问题。

5.3.2.2　Ⅲ期临床试验

CLL11：慢性淋巴细胞白血病初治患者。781名含并发症的慢性淋巴细胞白血病初治患者被纳入关键性Ⅲ期CLL11研究[90-92]，他们被随机分组（2∶2∶1），并分别接受6个周期（每个周期28天）的G-Clb、R-Clb或Clb单药治疗（表5.3）。根据截至2013年5月的数据，G-Clb组的PFS（主要终点）相比于R-Clb组（中位，26.7个月 vs 15.2个月；$P < 0.001$）和Clb单药组（中位，26.7个月 vs 11.1个月；$P < 0.001$）有显著改善。与Clb单药组相比，R-Clb组也有显著的PFS获益（中位，16.3个月 vs 11.1个月；$P < 0.001$）。除了PFS获益之外，G-Clb组表现出更高的ORR和MRD阴性率（骨髓和血液），也明显优于R-Clb组。但是，研究人员仅观察到G-Clb组相比于Clb单药组具有统计学意义的OS获益效果（$P = 0.002$）。G-Clb组相比于R-Clb组，其3级及以上的IRR（20% vs 4%）、中性粒细胞减少症（33% vs 28%）和血小板减少症（10%vs 3%）的发生率更高，但是G-Clb组的感

染风险（≥3级）并未增加（12% vs 14%）[90]。值得注意的是，G-Clb组3级及以上的IRR发生在第一次输注奥滨尤妥珠单抗的过程中，后续的输注过程中则不会发生IRR。

根据CLL11研究的结果，奥滨尤妥珠单抗与Clb的联合用药方案于2013年被批准用于治疗CLL初治患者[9, 10]。获批之后，研究人员报道了CLL11研究的PFS和OS更新数据[81, 104]。截至2015年5月，最新数据显示，G-Clb组与R-Clb组相比，其中位PFS几乎提高了一倍（28.7个月 vs 15.7个月；P＜0.000 1），并且与下一次抗淋巴瘤治疗的间隔时间也明显更长（51.1个月 vs 38.2个月；P＜0.000 1）[92]。然而，就最初分析而言，尽管先前证实了G-Clb组优于Clb组的OS获益（P＝0.016 7），但G-Clb组并未显示出比R-Clb具有统计学显著性的生存获益（P＝0.093 2）。更新分析没有出现新的安全信号[91]。

GREEN：初治或复发性/难治性慢性淋巴细胞白血病。在奥滨尤妥珠单抗治疗第一周期中观察到IRR发生率的增加，因此研究人员拟在正在进行的第二项Ⅲb期临床试验（GREEN）中进一步评估奥滨尤妥珠单抗单药治疗或三种联合疗法（G-Benda、G-FC或G-Clb）之一的安全性和耐受性，受试对象为初治或复发性/难治性CLL患者[93, 94]。具体而言，这项研究通过招募三个受试组来评估降低奥滨尤妥珠单抗输注期间或输注24 h内IRR发生率的几种策略的价值：①较低的奥滨尤妥珠单抗初始剂量（将1000 mg的剂量一分为二：第1天25 mg，第2天975 mg）并且降低第1天的输注速率（12.5 mg/h）（第1组）；②糖皮质激素强化用药（第2组）；③前两种策略的结合（第3组）。正如该研究的最新报道，无论采用何种策略，IRR的发生率都是相似的[93]。在第3组中，3级及以上的IRR、严重IRR、导致奥滨尤妥珠单抗治疗中断的IRR及TLS更为常见。但是在这些患者中，连续的招募可能导致TLS的过度报告，因为在第3组的招募初期，已向研究人员传达了“存在TLS风险的患者”的最新定义及一些其他TLS风险缓解举措（G-Benda治疗组）[93]。这项研究的第二份报告聚焦于早期的安全性和有效性数据，特别是针对接受G-Benda治疗且使用相同的奥滨尤妥珠单抗改良治疗方案的初治患者[94]。常见的3级及以上的不良反应包括中性粒细胞减少症（50%）、IRR（15.2%）、血小板减少症（12.7%）、感染（12.7%）和TLS（10.1%）。在接受G-Benda治疗的患者中，TLS的发生率高于预期，这导致了更加严格的风险分类，并在首次输注期间加强了预防TLS的措施。

5.3.2.3 正在进行的新型联合用药，包括无化疗方案的临床试验

与NHL患者中正在进行和计划进行的临床试验一样，研究人员已经朝着评估CLL患者的全口服靶向治疗方案的方向行动。除了许多正在进行的Ⅰ/Ⅱ期临床试验之外，正在进行的Ⅲ期临床试验正在评估奥滨尤妥珠单抗与靶向药物的联

合用药方案，包括BTK抑制剂依鲁替尼和阿卡替尼（acalabrutinib），以及BCL-2抑制剂维奈托克。基于来自GALTON研究Ⅰb期的数据，一些试验正在评估G-Benda或G-FC联合或不联合其他靶向治疗的方案。

5.3.3 奥滨尤妥珠单抗在非肿瘤适应证中的应用

除了在NHL和CLL中的疗效之外，奥滨尤妥珠单抗还可能在非肿瘤适应证中发挥作用。例如，B细胞在SLE和RA的发病机制中均起着关键作用[105, 106]。因此，B细胞清除代表了治疗这些疾病的有效方法。然而，尽管可以将利妥昔单抗视为SLE和RA患者的治疗选择，但较弱的临床应答与利妥昔单抗治疗后B细胞清除不完全有关[107, 108]。因此，研究人员提议采用其他的CD20抗体（如奥滨尤妥珠单抗），以实现更完整、更持久的B细胞清除，从而改善疗效。

在一项体外研究中，研究人员采用来自RA和SLE患者的全血检测评估了奥滨尤妥珠单抗和利妥昔单抗引起的B细胞清除。与利妥昔单抗相比，奥滨尤妥珠单抗对RA和SLE患者B细胞的细胞毒性作用要高两倍。此外，奥滨尤妥珠单抗的给药与NK细胞活化的增加（两倍）和CD20内化的减少有关，而利妥昔单抗在引起补体介导的细胞毒性方面更为有效[56, 57]。研究人员已经启动了一项Ⅱ期临床试验（NOBILITY，NCT02550652），以评估奥滨尤妥珠单抗联合吗替酚酯对活动性增殖性狼疮性肾炎（active proliferative lupus nephritis，一种SLE的常见临床表现）患者的安全性和有效性[109]。病变肾脏的B细胞浸润会增加肾衰竭的发生风险，而奥滨尤妥珠单抗在狼疮性肾炎患者中可能有益于减少病变肾脏的B细胞浸润。

此外，一项进行中的Ⅰ期临床试验（NCT02586051）正在评估奥滨尤妥珠单抗在终末期肾病（end-stage renal disease）和超敏化等待移植（hypersensitization awaiting transplantation）患者中的安全性、药代动力学特征和有效性。针对这些患者，研究人员正在研究奥滨尤妥珠单抗清除B细胞和控制HLA特异性同种抗体生成的潜力，这可能使大量高敏患者得以进行器官移植。

5.4 结论

自2013年首次获得批准以来，糖基化改造的Ⅱ型CD20单克隆抗体奥滨尤妥珠单抗已成为生长缓慢的B细胞恶性肿瘤的重要治疗药物。其与化学疗法联用时，主要用于治疗标准化疗不匹配的一线CLL患者（与Clb联用）、利妥昔单抗难治性iNHL患者（与苯达莫司汀联用，然后进行维持治疗）和一线FL患者（与标准一线化疗联用，然后进行维持治疗），并可显著提高疗效。

从临床和科学角度来看，Ⅲ期GALLIUM研究的结果是最为重要的。因为这些结果显示，在与化疗联用时，对于一线FL初治患者，奥滨尤妥珠单抗相对于Ⅰ型CD20抗体利妥昔单抗可显著增强临床疗效。采用基于奥滨尤妥珠单抗的免疫化学疗法治疗后，以IRR为主的不良反应发生率有所增加，但并没有使毒性相关的停药发生率增加，也没有对患者的生活质量产生不利影响。在整个临床开发计划中，对于大多数患者而言，基于奥滨尤妥珠单抗治疗方案的安全性是可接受和可控的。令人失望的是，在Ⅲ期GOYA研究中，对于一线DLBCL患者，奥滨尤妥珠联合化疗（CHOP）的治疗方案与标准利妥昔单抗相比并未有明显改善，这一发现可能反映了侵袭性和惰性非霍奇金淋巴瘤的显著生物学差异。目前，在计划开展和正在开展的新临床试验中（针对iNHL和CLL患者），研究人员正在考虑将奥滨尤妥珠单抗与其他新型靶向药物联用，如免疫调节药物，以及BTK、Bcl-2、MDM2和PI3K抑制剂。如果这一方案能发挥预期疗效，那么将使B细胞NHL和CLL的治疗迈入无化疗治疗的新时代。

（侯　卫　苏　琳）

原作者简介

克里斯汀·克莱因（Christian Klein），苏黎世罗氏创新中心罗氏制药研究与早期开发部的杰出科学家，肿瘤项目和癌症免疫治疗研发部负责人。他于2002年在慕尼黑工业大学（Technical University of Munich）和马克斯-普朗克研究所（Max Planck Institute，MPI）获得生物化学博士学位。同年加入慕尼黑罗氏创新中心（Roche Innovation Center）。他专注于双特异性抗体工程，以及基于抗体的癌症免疫疗法的发现、验证和临床前开发。他在罗氏有着超过15年的工作经验，并作为团队负责人领导了多个研究项目，包括奥滨尤妥珠单抗的开发和批准、8种处于临床阶段双特异性抗体/免疫细胞因子的临床前开发，同时也为MDM2抑制剂的研究做出了贡献，并领导了基于抗体的癌症免疫疗法和联合疗法的临床前研究。

埃克哈德·莫斯纳（Ekkehard Mössner），毕业于德国卡尔斯鲁厄大学（University of Karlsruhe）化学专业。随后在鲁迪·格洛克舒伯（Rudi Glockshuber）教授的指导下获得了瑞士联邦理工学院（Swiss Federal Institute of Technology，ETH）分子生物学与生物物理研究所博士学位，并在苏黎世大学（University of Zurich）安德烈亚斯·普吕克顿（Andreas Plückthun）教授的实验室进行博士后研究工作。

2003年，他加入吉卡特生物技术有限公司（Glycart BiotechnologyAG），并与巴勃罗·乌玛尼亚（Pablo Umaña）共同发现了奥滨尤妥珠单抗。目前，他在苏黎世罗氏创新中心的大分子研究部负责新型工程抗体的发现和设计工作。

玛丽娜·巴卡克（Marina Bacac），苏黎世罗氏创新中心的癌症免疫治疗部门负责人。她于2003年获得意大利里雅斯特大学（University of Trieste）的肿瘤学博士学位，期间从事含钌抗癌药物的研究。在荷兰莱顿大学（University of Leiden）学习期间，她荣获了玛丽·居里奖学金（Marie Curie Fellowship）。获得博士学位后，她移居瑞士洛桑，并在洛桑大学附属医院（University Hospital Lausanne, CHUV）进行博士后研究工作，研究肿瘤与宿主间的相互作用。玛丽娜于2010年加入罗氏，她的团队致力于研究各种抗癌药物的活性表征，包括奥滨尤妥珠单抗、T细胞双特异性抗体、免疫细胞因子和免疫检查点调节剂。她还负责处于临床前和临床开发阶段的TCB项目（目前处于Ⅰ期临床试验的CEA TCB和CD20 TCB）研发团队的协调工作。除此之外，她也参与了罗氏基于抗体的癌症免疫治疗药物管线的构建和监理工作。

昆特·芬格勒-罗森（Günter Fingerle-Rowson），医学和哲学博士，是转化医学科学家和血液学家。他于1993～1997年在慕尼黑大学（University of Munich）学习医学。在接受内科医学专业培训期间，他于1997～2002年学习了美国纽约皮考尔分子研究所（Picower Institute for Molecular Research）的研究生课程，并阐明了趋化因子巨噬细胞迁移抑制因子在血液学癌症和肿瘤中的致瘤作用。2002年返回德国后，他致力于改善B细胞恶性肿瘤患者的预后研究。在成为董事会认证的血液学家的同时，他为利妥昔单抗作为CLL的一线治疗药物的获批做出了贡献，并促进了CLL中微小残留病变评估的进展。他于2008年加入制药行业，目前在瑞士巴塞尔霍夫曼罗氏公司（F.Hoffmann-La Roche）的血液学专科任集团医学副总监。自2013年起一直是奥滨尤妥珠单抗临床开发工作的主要负责人。他的主要成就是促进了奥滨尤妥珠单抗的全球获批。

巴勃罗·乌玛尼亚（Pablo Umaña），苏黎世罗氏创新中心癌症免疫疗法的研发主管。他于1998年获得了加州理工学院（California Institute of Technology）的化学工程和生物学博士学位，并在苏黎世联邦理工学院开展实验工作。2001年，他在瑞士苏黎世参与创立了吉卡特生物技术有限公司，并一直担任研究工作的负责人。2005年吉卡特公司被罗氏收购，他继续在苏黎世罗氏创新中心领导研究工作。他领导的团队完成了奥滨尤妥珠单抗的发现和早期开发工作。奥滨尤妥珠单抗于2013年11月1日获得FDA的批准，也是首个获得FDA突破性疗法认定的获批药物。除此之外，他领导的团队还构建了罗氏pRED的肿瘤靶向的T细胞双特异性免疫细胞因子和免疫调节剂平台，并进行了一些早期开发工作。他于2013年当选为欧洲肿瘤免疫学会会员。

致谢

在作者的指导和F·霍夫曼-罗氏有限公司（F. Hoffmann-La Roche Ltd.）的资助下，由第三方嘉丁纳-考德威尔通信公司（Gardiner-Caldwell Communications）的朱莉·阿德金斯（Julie Adkins），马克·理查森（Mark Richardson）和露西·卡里尔（Lucy Carrier）完成了本章的写作。

参考文献

1. Dreyling, M., Ghielmini, M., Rule, S., Salles, G., Vitolo, U., Ladetto, M., and ESMO guidelines committee（2016）Newly diagnosed and relapsed follicular lymphoma: ESMO clinical practice guidelines for diagnosis, treatment and follow-up. *Ann. Oncol.*, 27（Suppl. 5）, v83-v90.
2. NCCN Clinical Practice Guidelines in Oncology（NCCN Guidelines®）（2017a）Non-Hodgkin Lymphoma, Version 4, http://www.nccn.org/professionals/physician_gls/f_guidelines.asp#site（accessed 23 October 2017）.
3. Tilly, H., Gomes da Silva, M., Vitolo, U., Jack, A., Meignan, M., Lopez-Guillermo, A., Walewski, J., André, M., Johnson, P.W., Pfreundschuh, M., Ladetto, M., and ESMO Guidelines Committee（2015）Diffuse large B-cell lymphoma（DLBCL）: ESMO clinical practice guidelines for diagnosis, treatment and follow-up. *Ann. Oncol.*, 26（Suppl. 5）, v116-v125.
4. Eichhorst, B., Robak, T., Montserrat, E., Ghia, P., Hillmen, P., Hallek, M., Buske, C., and ESMO Guidelines Committee（2015）Chronic lymphocytic leukaemia: ESMO clinical practice guidelines for diagnosis, treatment andfollow-up. *Ann. Oncol.*, 26（Suppl. 5）, v78-v84.
5. NCCN Clinical Practice Guidelines in Oncology（NCCN Guidelines®）（2017b）Chronic Lymphocytic Leukemia/Small Lymphocytic Lymphoma, Version 1, http://www.nccn.org/

professionals/physician_gls/f_guidelines.asp#site（accessed 23 October 2017）.

6. WHO Model List of Essential Medicines（2015），Adults-19th edition，http://www.who.int/medicines/publications/essentialmedicines/EML_2015_FINAL_amended_NOV2015.pdf?ua＝1（accessed 25 October 2017）.
7. MabThera Summary of Product Characteristics，http://www.ema.europa.eu/docs/en_GB/document_library/EPAR_-_Product_Information/human/000165/WC500025821.pdf（accessed 25 October 2017）.
8. Rituxan Prescribing Information，http://www.accessdata.fda.gov/drugsatfda_docs/label/2014/103705s5432lbl.pdf（accessed 25 October 2017）.
9. GAZYVARO Summary of Product Characteristics，http://www.ema.europa.eu/docs/en_GB/document_library/EPAR_-_Product_Information/human/002799/WC500171594.pdf（accessed 25 October 2017）.
10. 10 GAZYVA Prescribing Information，http://www.accessdata.fda.gov/drugsatfda_docs/label/2015/125486s010lbledt.pdf（accessed 25 October2017）
11. Li，H.，Ayer，L.M.，Polyak，M.J.，Mutch，C.M.，Petrie，R.J.，Gauthier，L.，Shariat，N.，Hendzel，M.J.，Shaw，A.R.，Patel，K.D.，and Jeans，D.P.（2004）The CD20 calcium channel is localized to microvilli and constitutively associatedwith membrane rafts：antibody binding increases the affinity of the association through an epitope-dependent cross-linking-independent mechanism. *J. Biol. Chem.*，279，19893-19901.
12. Cartron，G.，Watier，H.，Golay，J.，and Solal-Celigny，P.（2004）From the bench to the bedside：ways to improve rituximab efficacy. *Blood*，104，2635-2642.
13. Boross，P. and Leusen，J.H.（2012）Mechanisms of action of CD20 antibodies. *Am. J. Cancer Res.*，2，676-690.
14. Okroj，M.，Österborg，A.，and Blom，A.M.（2013）Effector mechanisms of anti-CD20 monoclonal antibodies in B-cell malignancies. *Cancer Treat. Rev.*，39，632-639.
15. Klein，C.，Lammens，A.，Schäfer，W. *et al.*（2013）Epitope interactions of monoclonal antibodies targeting CD20 and their relationship to functionalproperties. *MAbs*，5（1），22-33.
16. Chan，H.T.，Hughes，D.，French，R.R.，Tutt，A.L.，Walshe，C.A.，Teeling，J.L.，Glennie，M.J.，and Cragg，M.S.（2003）CD20-induced lymphoma cell death is independent of both caspases and its redistribution into triton X-100 insoluble membrane rafts. *Cancer Res.*，63，5480-5489.
17. Cragg，M.S. and Glennie，M.J.（2004）Antibody specificity controls in vivo effector mechanisms of anti-CD20 reagents. *Blood*，103，2738-2743.
18. 18 Mössner，E.，Brunker，P.，Moser，S.，Puntener，U.，Schmidt，C.，Herter，S.，Grau，R.，Gerdes，C.，Nopora，A.，van Puijenbroek，E.，Ferrara，C.，Sondermann，P.，Jäger，C.，Strein，P.，Fertig，G.，Friess，T.，Schüll，C.，Bauer，S.，Dal Porto，J.，Del Nagro，C.，Dabbagh，K.，Dyer，M.J.，Poppema，S.，Klein，C.，and Umaña，P.（2010）Increasing the efficacy of CD20 antibody therapy through the engineering of a new type II anti-CD20 antibody with enhanced direct and immune effector cell-mediated B-cell cytotoxicity. *Blood*，115，4393-4402.
19. Herter，S.，Herting，F.，Mundigl，O.，Waldhauer，I.，Weinzierl，T.，Fauti，T.，Muth，

G., Ziegler-Landesberger, D., Van Puijenbroek, E., Lang, S., Duong, M.N., Reslan, L., Gerdes, C.A., Friess, T., Baer, U., Burtscher, H., Weidner, M., Dumontet, C., Umana, P., Niederfellner, G., Bacac, M., and Klein, C. (2013) Pre-clinical activity of the type II CD20 antibody GA101 (obinutuzumab) compared with rituximab and ofatumumab in vitro and in xenograft models. *Mol. Cancer Ther.*, 12, 2031-2042.

20. Cragg, M.S., Morgan, S.M., Chan, H.T., Morgan, B.P., Filatov, A.V., Johnson, P.W., French, R.R., and Glennie, M.J. (2003) Complement-mediated lysis by anti-CD20 mAb correlates with segregation into lipid rafts. *Blood*, 101, 1045-1052.
21. Hogarth, P.M. and Pietersz, G.A. (2012) Fc receptor-targeted therapies for the treatment of inflammation, cancer and beyond. *Nat. Rev. Drug Discovery*, 11, 311-331.
22. Umaña, P., Jean-Mairet, J., Moudry, R., Amstutz, H., and Bailey, J.E. (1999) Engineered glycoforms of an antineuroblastoma IgG1 with optimized antibody-dependent cellular cytotoxic activity. *Nat. Biotechnol.*, 17, 176-180.
23. Ferrara, C., Stuart, F., Sondermann, P., Brünker, P., and Umaña, P. (2006a) The carbohydrate at FcγRⅢa Asn-162. An element required for high affinity binding to non-fucosylated IgG glycoforms. *J. Biol. Chem.*, 281, 5032-5036.
24. 24 Ferrara, C., Grau, S., Jäger, C., Sondermann, P., Brünker, P., Waldhauer, I., Hennig, M., Ruf, A., Rufer, A.C., Stihle, M., Umaña, P., and Benz, J. (2011) Unique carbohydrate-carbohydrate interactions are required for high affinity binding between FcγRⅢ and antibodies lacking core fucose. *Proc. Natl. Acad. Sci. U.S.A.*, 108, 12669-12674.
25. Ferrara, C., Brünker, P., Suter, T., Moser, S., Püntener, U., and Umaña, P. (2006b) Modulation of therapeutic antibody effector functions by glycosylation engineering: influence of Golgi enzyme localization domain and co-expression of heterologous β1, 4-*N*-acetylglucosamin yltransferase Ⅲ and Golgi α-mannosidase II.*Biotechnol. Bioeng.*, 93, 851-861.
26. Cardarelli, P.M., Quinn, M., Buckman, D., Fang, Y., Colcher, D., King, D.J., Bebbington, C., and Yarranton, G. (2002) Binding to CD20 by anti-B1 antibody or F (ab') (2) is sufficient for induction of apoptosis in B-cell lines. *Cancer Immunol. Immunother.*, 51, 15-24.
27. Poppema, S. and Visser, L.(1987)Preparation and application of monoclonal antibodies: B-cell panel and paraffin tissue reactive panel. *Biotest Bull.*, 3, 131-139.
28. Stanfield, R.L., Zemla, A., Wilson, I.A., and Rupp, B. (2006) Antibody elbow angles are influenced by their light chain class. *J. Mol. Biol.*, 357, 1566-1574.
29. Niederfellner, G., Lammens, A., Mundigl, O., Georges, G.J., Schaefer, W., Schwaiger, M., Franke, A., Wiechmann, K., Jenewein, S., Slootstra, J.W., Timmerman, P., Brännström, A., Lindstrom, F., Mössner, E., Umana, P., Hopfner, K.P., and Klein, C. (2011) Epitope characterization and crystal structure of GA101 provide insights into the molecular basis for type I/IIdistinction of CD20 antibodies. *Blood*, 118, 358-367.
30. Dalle, S., Reslan, L., Besseyre de Horts, T., Herveau, S., Herting, F., Plesa, A., Friess, T., Umana, P., Klein, C., and Dumontet, C. (2011) Preclinical studies on the mechanism of action and the anti-lymphoma activity of the novel anti-CD20 antibody GA101. *Mol. Cancer Ther.*, 10, 178-185.

31. Wang, S.Y. and Weiner, G.(2008)Complement and cellular cytotoxicity in antibody therapy of cancer. *Expert Opin. Biol. Ther.*, 8, 759-768.
32. 32 Kern, D.J., James, B.R., Blackwell, S., Gassner, C., Klein, C., and Weiner, G.J.(2013)GA101 induces NK-cell activation and antibody-dependent cellular cytotoxicity more effectively than rituximab when complement is present. *Leuk. Lymphoma*, 54, 2500-2505.
33. Alduaij, W., Ivanov, A., Honeychurch, J., Cheadle, E.J., Potluri, S., Lim, S.H., Shimada, K., Chan, C.H., Tutt, A., Beers, S.A., Glennie, M.J., Cragg, M.S., and Illidge, T.M.(2011)Novel type II anti-CD20 monoclonal antibody(GA101)evokes homotypic adhesion and actin-dependent, lysosome-mediated cell death in B-cell malignancies. *Blood*, 117, 4519-4529.
34. Honeychurch, J., Alduaij, W., Azizyan, M., Cheadle, E.J., Pelicano, H., Ivanov, A., Huang, P., Cragg, M.S., and Illidge, T.M.(2012)Antibody-induced nonapoptotic cell death in human lymphoma and leukemia cells is mediated through a novel reactive oxygen species-dependent pathway. *Blood*, 119, 3523-3533.
35. Chien, W.W., Niogret, C., Jugé, R., Lionnard, L., Cornut-Thibaut, A., Kucharczak, J., Savina, A., Salles, G., and Aouacheria, A.(2017)Unexpectedcross-reactivity of anti-cathepsin B antibodies leads to uncertainties regarding the mechanism of action of anti-CD20 monoclonal antibody GA101. *Leuk. Res.*, 55, 41-48.
36. Cheadle, E.J., Sidon, L., Dovedi, S.J., Melis, M.H., Alduaij, W., Illidge, T.M., and Honeychurch, J.(2013)The induction of immunogenic cell death by type II anti-CD20 monoclonal antibodies has mechanistic differences compared with type I rituximab. *Br. J. Haematol.*, 162, 842-845.
37. Jak, M., van Bochove, G.G., Reits, E.A., Kallemeijn, W.W., Tromp, J.M., Umana, P., Klein, C., van Lier, R.A., van Oers, M.H., and Eldering, E.(2011)CD40 stimulation sensitizes CLL cells to lysosomal cell death induction by type II anti-CD20 mAb GA101. *Blood*, 118, 5178-5188.
38. Chiron, D., Bellanger, C., Papin, A., Tessoulin, B., Dousset, C., Maiga, S., Moreau, A., Esbelin, J., Trichet, V., Chen-Kiang, S., Moreau, P., Touzeau, C., Le Gouill, S., Amiot, M., and Pellat-Deceunynck, C.(2016)Rational targeted therapies to overcome microenvironment-dependent expansion of mantle cell lymphoma. *Blood*, 128, 2808-2818.
39. Shields, R.L., Lai, J., Keck, R., O'Connell, L.Y., Hong, K., Meng, Y.G., Weikert, S.H., and Presta, L.G.(2002)Lack of fucose on human IgG1N-linked oligosaccharide improves binding to human FcγRⅢ and antibody-dependent cellular toxicity. *J. Biol. Chem.*, 277, 26733-26740.
40. Shinkawa, T., Nakamura, K., Yamane, N., Shoji-Hosaka, E., Kanda, Y., Sakurada, M., Uchida, K., Anazawa, H., Satoh, M., Yamasaki, M., Hanai, N., and Shitara, K.(2003)The absence of fucose but not the presence of galactose or bisecting *N*-acetylglucosamine of human IgG1 complex-typeoligosaccharides shows the critical role of enhancing antibody-dependent cellular cytotoxicity. *J. Biol. Chem.*, 278, 3466-3473. new 23.
41. Nimmerjahn, F. and Ravetch, J.V.(2005)Divergent immunoglobulin G subclass activity through selective Fc receptor binding. *Science*, 310, 1510-1512.
42. 42Pievani, A., Belussi, C., Klein, C., Rambaldi, A., Golay, J., and Introna, M.(2011)

Enhanced killing of human B-cell lymphoma targets by combined use of cytokine-induced killer cell（CIK）cultures and anti-CD20 antibodies. *Blood*, 117, 510-518.

43. García-Muñoz, R., López-Díaz-de-Cerio, A., Feliu, J., Panizo, A., Giraldo, P., Rodríguez-Calvillo, M., Grande, C., Pena, E., Olave, M., Panizo, C., and Inogés, S.（2016）Follicular lymphoma: in vitro effects of combining lymphokine-activated killer（LAK）cell-induced cytotoxicity and rituximaband obinutuzumab-dependent cellular cytotoxicity（ADCC）activity. *Immunol. Res.*, 64, 548-557.
44. Beers, S.A., French, R.R., Chan, H.T., Lim, S.H., Jarrett, T.C., Vidal, R.M., Wijayaweera, S.S., Dixon, S.V., Kim, H., Cox, K.L., Kerr, J.P., Johnston, D.A., Johnson, P.W., Verbeek, J.S., Glennie, M.J., and Cragg, M.S.（2010）Antigenic modulation limits the efficacy of anti-CD20 antibodies: implications forantibody selection. *Blood*, 115, 5191-5201.
45. Lim, S.H., Vaughan, A.T., Ashton-Key, M., Williams, E.L., Dixon, S.V., Chan, H.T., Beers, S.A., French, R.R., Cox, K.L., Davies, A.J., Potter, K.N., Mockridge, C.I., Oscier, D.G., Johnson, P.W., Cragg, M.S., and Glennie, M.J.（2011）Fc γ receptor IIb on target B-cells promotes rituximab internalization and reduces clinical efficacy. *Blood*, 118, 2530-2540.
46. Tipton, T.R., Roghanian, A., Oldham, R.J., Carter, M.J., Cox, K.L., Mockridge, C.I., French, R.R., Dahal, L.N., Duriez, P.J., Hargreaves, P.G., Cragg, M.S., and Beers, S.A.（2015）Antigenic modulation limits the effector cell mechanisms employed by type I anti-CD20 monoclonal antibodies. *Blood*, 125, 1901-1909.
47. Stopforth, R.J., Cleary, K.L., and Cragg, M.S.（2016）Regulation of monoclonal antibody immunotherapy by FcγRIIB. *J. Clin. Immunol.*, 36（Suppl.1）, 88-94.
48. Vaughan, A.T., Chan, C.H., Klein, C., Glennie, M.J., Beers, S.A., and Cragg, M.S.（2015）Activatory and inhibitory Fcγ receptors augment rituximab-mediated internalization of CD20 independent of signaling via the cytoplasmic domain. *J. Biol. Chem.*, 290, 5424-5437.
49. Bologna, L., Gotti, E., Manganini, M., Rambaldi, A., Intermesoli, T., Introna, M., and Golay, J.（2011）Mechanism of action of type II, glycoengineered, anti-CD20 monoclonal antibody GA101 in B-chronic lymphocytic leukemia whole blood assays in comparison with rituximab and alemtuzumab. *J. Immunol.*, 186, 3762-3769.
50. Herter, S., Birk, M.C., Klein, C., Gerdes, C., Umana, P., and Bacac, M.（2014）Glycoengineering of therapeutic antibodies enhancesmonocyte/macrophage-mediated phagocytosis and cytotoxicity. *J. Immunol.*, 192, 2252-2260.
51. Grandjean, C.L., Montalvao, F., Celli, S., Michonneau, D., Breart, B., Garcia, Z., Perro, M., Freytag, O., Gerdes, C.A., and Bousso, P.（2016）Intravital imaging reveals improved Kupffer cell-mediated phagocytosis as a mode of action of glycoengineered anti-CD20 antibodies. *Sci. Rep.*, 6, 34382.
52. Herter, S., Del Giudice, I., Schmidt, C., Fauti, T., Klein, C., Umana, P., Dyer, M.J.S., Foa, R., and Grau, R.（2009）The novel type II CD20 antibody GA101 mediates superior B-cell depletion in whole blood from healthy volunteers and B-CLL patients. *Haematologica*, 94（Suppl. 2）, 20.
53. Patz, M., Isaeva, P., Forcob, N., Müller, B., Frenzel, L.P., Wendtner, C.M., Klein, C.,

Umana, P., Hallek, M., and Krause, G. (2011) Comparison of the invitro effects of the anti-CD20 antibodies rituximab and GA101 on chronic lymphocytic leukaemia cells. *Br. J. Haematol.*, 152, 295-306.

54. Laprevotte, E., Ysebaert, L., Klein, C., Valleron, W., Blanc, A., Gross, E., Laurent, G., Fournié, J.J., and Quillet-Mary, A. (2013) Endogenous IL-8acts as a CD16 co-activator for natural killer-mediated anti-CD20 B-celldepletion in chronic lymphocytic leukemia. *Leuk. Res.*, 37, 440-446.
55. Ysebaert, L., Laprévotte, E., Klein, C., and Quillet-Mary, A. (2015) Obinutuzumab (GA101) is highly effective against chronic lymphocytic leukemia cells in *ex vivo* B-cell depletion irrespective of high-risk prognostic markers. *Blood Cancer J.*, 5, 367.
56. Reddy, V., Klein, C., Isenberg, D., Cambridge, G., Cragg, M., and Leandro, M.J. (2016) Improving B-cell depletion in rheumatoid arthritis and systemic lupus erythematosus: resistance to rituximab and the potential of obinutuzumab. *Ann. Rheum. Dis.*, 75, 116 [OP0159].
57. Reddy, V., Klein, C., Isenberg, D., Glennie, M., Cambridge, G., Cragg, M., and Leandro, M. (2017) Obinutuzumab induces superior B-cell cytotoxicity to rituximab in rheumatoid arthritis and systemic lupus erythematosus patient samples. *Rheumatology*, 56, 1227-1237.
58. Herting, F., Friess, T., Bader, S., Muth, G., Hölzlwimmer, G., Rieder, N., Umana, P., and Klein, C. (2014) Enhanced anti-tumor activity of the glycoengineered type II CD20 antibody obinutuzumab (GA101) in combination with chemotherapy in xenograft models of human lymphoma. *Leuk. Lymphoma*, 55, 2151-2160.
59. Chanan-Khan, A. (2005) Bcl-2 antisense therapy in B-cell malignancies. *Blood Rev.*, 19, 213-221.
60. Sampath, D., Herter, S., Herting, F., Ingalla, E., Nannini, M., Bacac, M., Fairbrother, W.J., and Klein, C. (2013) Combination of the glycoengineered Type II CD20 antibody obinutuzumab (GA101) and the novel Bcl-2 selective Inhibitor GDC-0199 results in superior *in vitro* and *in vivo* anti-tumor activity in models of B-cell malignancies. *Blood*, 122, 4412.
61. Momand, J., Zambetti, G.P., Olson, D.C., George, D., and Levine, A.J. (1992) The MDM-2 oncogene product forms a complex with the p53 protein and inhibits p53-mediated transactivation. *Cell*, 69, 1237-1245.
62. Kussie, P.H., Gorina, S., Marechal, V., Elenbaas, B., Moreau, J., Levine, A.J., and Pavletich, N.P. (1996) Structure of the MDM2 oncoprotein bound to the p53 tumor suppressor transactivation domain. *Science*, 274, 948-953.
63. Vassilev, L.T., Vu, B.T., Graves, B., Carvajal, D., Podlaski, F., Filipovic, Z., Kong, N., Kammlott, U., Lukacs, C., Klein, C., Fotouhi, N., and Liu, E.A. (2004) In vivo activation of the p53 pathway by small-molecule antagonists of MDM2. *Science*, 303, 844-848.
64. Klein, C. and Vassilev, L.T. (2004) Targeting the p53-MDM2 interaction to treat cancer. *Br. J. Cancer*, 91, 1415-1419.
65. Ding, Q., Zhang, Z., Liu, J.J., Jiang, N., Zhang, J., Ross, T.M., Chu, X.J., Bartkovitz, D., Podlaski, F., Janson, C., Tovar, C., Filipovic, Z.M., Higgins, B.,

Glenn, K., Packman, K., Vassilev, L.T., and Graves, B. (2013) Discovery of RG7388, a potent and selective p53-MDM2 inhibitor in clinical development. *J. Med. Chem.*, 56, 5979-5983.

66. Herting, F., Herter, S., Friess, T., Muth, G., Bacac, M., Sulcova, J., Umana, P., Dangl, M., and Klein, C. (2016) Antitumour activity of the glycoengineeredtype II anti-CD20 antibody obinutuzumab (GA101) in combination with the MDM2-selective antagonist idasanutlin (RG7388). *Eur. J. Haematol.*, 97, 461-470.
67. Herting, F., Friess, T., Umaña, P., Middleton, S., and Klein, C. (2017) Chemotherapy-free, triple combination of obinutuzumab, venetoclax and idasanutlin: antitumor activity in xenograft models of non-Hodgkin lymphoma. *Leuk. Lymphoma.*, Sep 15, 1-4.
68. Cheadle, E.J., Lipowska-Bhalla, G., Dovedi, S.J., Fagnano, E., Klein, C., Honeychurch, J., and Illidge, T.M. (2017) A TLR7 agonist enhances the anti-tumor efficacy of obinutuzumab in murine lymphoma models via NK cells and CD4 T cells. *Leukemia*, 31, 2278.
69. Salles, G., Morschhauser, F., Lamy, T., Milpied, N., Thieblemont, C., Tilly, H., Bieska, G., Asikanius, E., Carlile, D., Birkett, J., Pisa, P., and Cartron, G. (2012) Phase 1 study results of the type II glycoengineered humanized anti-CD20 monoclonal anti-body obinutuzumab (GA101) in B-cell lymphoma patients. *Blood*, 119, 5126-5132.
70. Cartron, G., de Guibert, S., Dilhuydy, M.S., Morschhauser, F., Leblond, V., Dupuis, J., Mahe, B., Bouabdallah, R., Lei, G., Wenger, M., Wassner-Fritsch, E., and Hallek, M. (2014) Obinutuzumab (GA101) in relapsed/refractory chronic lymphocytic leukemia: final data from the phase 1/2 GAUGUIN study. *Blood*, 124, 2196-2202.
71. Salles, G.A., Morschhauser, F., Solal-Céligny, P., Thieblemont, C., Lamy, T., Tilly, H., Gyan, E., Lei, G., Wenger, M., Wassner-Fritsch, E., and Cartron, G. (2013a) Obinutuzumab (GA101) in patients with relapsed/refractory indolent non-Hodgkin lymphoma: results from the phase II GAUGUIN study. *J. Clin. Oncol.*, 31, 2920-2926.
72. Salles, G.A., Seymour, J.F., Feugier, P., Offner, F., Lopez-Guillermo, A., Belada, D., Xerri, L., Bouabdallah, R., Catalano, J., Pauline, B., Caballero, D., Haioun, C., Pedersen, L.M., Delmer, A., Simpson, D., Leppa, S., Soubeyran, P., Hagenbeek, A., Casasnovas, O., Intragumtornchai, T., Ferme, C., Gomes da Silva, M., Sebban, C., Lister, A., Estell, J.A., Milone, G., Sonet, A., Coiffier, B., and Tilly, H. (2013b) Updated 6 year follow-up of the PRIMA study confirms the benefit of 2-year rituximab maintenance in follicular lymphoma patients responding to frontline immunochemotherapy. *Blood*, 122, 509.
73. Morschhauser, F.A., Cartron, G., Thieblemont, C., Solal-Céligny, P., Haioun, C., Bouabdallah, R., Feugier, P., Bouabdallah, K., Asikanius, E., Lei, G., Wenger, M., Wassner-Fritsch, E., and Salles, G.A. (2013) Obinutuzumab (GA101) monotherapy in relapsed/refractory diffuse large B-cell lymphoma or mantle-cell lymphoma: results from the phase II GAUGUIN study. *J. Clin. Oncol.*, 31, 2912-2919.
74. Sehn, L.H., Assouline, S.E., Stewart, D.A., Mangel, J., Gascoyne, R.D., Fine, G., Frances-Lasserre, S., Carlile, D.J., and Crump, M. (2012) A phase 1 study of obinutuzumab induction followed by 2 years of maintenance in patientswith relapsed CD20-

positive B-cell malignancies. *Blood*, 119, 5118-5125.

75. Sehn, L.H., Goy, A., Offner, F.C., Martinelli, G., Caballero, M.D., Gadeberg, O., Baetz, T., Zelenetz, A.D., Gaidano, G., Fayad, L.E., Buckstein, R., Friedberg, J.W., Crump, M., Jaksic, B., Zinzani, P.L., Padmanabhan Iyer, S., Sahin, D., Chai, A., Fingerle-Rowson, G., and Press, O.W. (2015) Randomized Phase II trial comparing obinutuzumab (GA101) with rituximab inpatients with relapsed CD20+ indolent B-cell non-Hodgkin lymphoma: final analysis of the GAUSS study. *J. Clin. Oncol.*, 33, 3467-3474.
76. Byrd, J.C., Flynn, J.M., Kipps, T.J., Boxer, M., Kolibaba, K.S., Carlile, D.J., Fingerle-Rowson, G., Tyson, N., Hirata, J., and Sharman, J.P. (2016) Randomized phase 2 study of obinutuzumab monotherapy in symptomatic, previously untreated chronic lymphocytic leukemia. *Blood*, 127, 79-86.
77. Radford, J., Davies, A., Cartron, G., Morschhauser, F., Salles, G., Marcus, R., Wenger, M., Lei, G., Wassner-Fritsch, E., and Vitolo, U. (2013) Obinutuzumab (GA101) plus CHOP or FC in relapsed/refractory follicular lymphoma: results of the GAUDI study (BO21000). *Blood*, 122, 1137-1143.
78. Grigg, A., Dyer, M.J.S., González Díaz, M., Dreyling, M., Rule, S., Guiyuan, L., Knapp, A., Wassner-Fritsch, E., and Marlton, P. (2017) Safety and efficacy of obinutuzumab with CHOP or bendamustine in previously untreated follicular lymphoma. *Haematologica*, 102, 765-772.
79. Zelenetz, A.D., Mobasher, M., Costa, L.J., Flinn, I., Flowers, C.R., Kaminski, M.S., Sandmann, T., Trunzer, K., Vignal, C., and Forero-Torres, A. (2013) Safety and efficacy of obinutuzumab (GA101) plus CHOP chemotherapy in first-line advanced diffuse large B-cell lymphoma: results from the phase 2 GATHER study (GAO4915g). *Blood*, 122, 1820.
80. Morschhauser, F., Salles, G., Le Gouill, S., Tilly, H., Thieblemont, C., Bouabdallah, K., Cartron, G., and Houot, R. (2014) A Phase Ib study of obinutuzumab combined with lenalidomide for relapsed/refractory follicular B-cell lymphoma. *Blood*, 124, 4458.
81. Morschhauser, F., Cartron, G., Salles, G.A., Bijou, F., Fruchart, C., Bouabdallah, K., Feugier, P., Le Gouill, S., Tilly, H., Moluçon-Chabrot, C., Maerevoet, M., Casasnovas, R.O., Van Den Neste, E.W., Zachee, P., Van Eygen, K., Van Hoof, A., Bonnet, C., Haioun, C., Andre, M., Xerri, L., and Houot, R. (2016) A Phase II LYSA study of obinutuzumab combined with lenalidomide for relapsed or refractory aggressive B-cell lymphoma. *Blood*, 128, 4202.
82. Brown, J.R., O'Brien, S., Kingsley, C.D., Eradat, H., Pagel, J.M., Lymp, J., Hirata, J., and Kipps, T.J. (2015) Obinutuzumab plus fludarabine/cyclophosphamide or bendamustine in the initial therapy of CLL patients: the phase 1b GALTON trial. *Blood*, 125, 2779-2785.
83. Sehn, L.H., Chua, N., Mayer, J., Dueck, G., Trněný, M., Bouabdallah, K., Fowler, N., Delwail, V., Press, O., Salles, G., Gribben, J., Lennard, A., Lugtenburg, P.J., Dimier, N., Wassner-Fritsch, E., Fingerle-Rowson, G., and Cheson, B.D. (2016) Obinutuzumab plus bendamustine versus bendamustine monotherapy in patients with rituximab-refractory indolent non-Hodgkin lymphoma (GADOLIN): a randomised, controlled, open-label, multicentre, phase 3 trial. *Lancet Oncol.*, 17, 1081-1093.

84. Zhai, J., Qin, Y., Zhu, J., Song, Y., Shen, Z., Du, X., Jamois, C., Brewster, M., Shi, Y., and Shi, J. (2017) Pharmacokinetics of obinutuzumab in Chinese patients with B-cell lymphomas. *Br. J. Clin. Pharmacol.* doi: 10. 1111/bcp. 13232
85. Ogura, M., Tobinai, K., Hatake, K., Uchida, T., Suzuki, T., Kobayashi, Y., Mori, M., Terui, Y., Yokoyama, M., and Hotta, T. (2012) Phase I study of obinutuzumab (GA101) in Japanese patients with relapsed or refractory B-cell non-Hodgkin lymphoma. *Cancer Sci.*, 104, 105-110.
86. Cartron, G., Hourcade-Potelleret, F., Morschhauser, F., Salles, G., Wenger, M., Truppel-Hartmann, A., and Carlile, D.J. (2016) Rationale for optimal obinutuzumab/GA101 dosing regimen in B-cell non-Hodgkin lymphoma. *Haematologica*, 101, 226-234.
87. Cheson, B.D., Trněný, M., Bouabdallah, K., Dueck, G., Gribben, J., Lugtenburg, P.J., Press, O., Salles, G.A., Fingerle-Rowson, G., Mattiello, F., Wassner-Fritsch, E., and Sehn, L.H. (2016) Obinutuzumab plus bendamustine followed by obinutuzumab maintenance prolongs overall survival compared with bendamustine alone in patients with rituximab-refractory indolent non-Hodgkin lymphoma: updated results of the GADOLIN study. *Blood*, 128, 615.
88. Marcus, R., Davies, A., Ando, K., Klapper, W., Opat, S., Owen, C., Phillips, E., Sangha, R., Schlag, R., Seymour, J.F., Townsend, W., Trněný, M., Wenger, M., Fingerle-Rowson, G., Rufibach, K., Moore, T., Herold, M., and Hiddemann, W. (2017) Obinutuzumab for the first-line treatment of follicular lymphoma. *N.Engl. J. Med.*, 377, 1331-1344.
89. Vitolo, U., Trněný, M., Belada, D., Burke, J.M., Carella, A.M., Chua, N., Abrisqueta, P., Demeter, J., Flinn, I, Hong, X., Kim, W.S., Pinto, A., Shi, Y.K., Tatsumi, Y., Oestergaard, M.Z., Wenger, M., Fingerle-Rowson, G., Catalani, O., Nielsen, T., Martelli, M., and Sehn, L.H. (2017) Obinutuzumab or rituximab plus cyclophosphamide, doxorubicin, vincristine, and prednisone in previously untreated diffuse large B-cell lymphoma. *J. Clin. Oncol.*, 35, 3529-3537.
90. Goede, V., Fischer, K., Busch, R., Engelke, A., Eichhorst, B., Wendtner, C.M., Chagorova, T., de la Serna, J., Dilhuydy, M.S., Illmer, T., Opat, S., Owen, C.J., Samoylova, O., Kreuzer, K.A., Stilgenbauer, S., Döhner, H., Langerak, A.W., Ritgen, M., Kneba, M., Asikanius, E., Humphrey, K., Wenger, M., and Hallek, M. (2014) Obinutuzumab plus chlorambucil in patients with CLL and coexisting conditions. *N.Engl. J. Med.*, 370, 1101-1110.
91. Goede, V., Fischer, K., Engelke, A., Schlag, R., Lepretre, S., Montero, L.F., Montillo, M., Fegan, C., Asikanius, E., Humphrey, K., Fingerle-Rowson, G., and Hallek, M. (2015a) Obinutuzumab as frontline treatment of chronic lymphocytic leukemia: updated results of the CLL11 study. *Leukemia*, 29, 1602-1604.
92. Goede, V., Fischer, K., Bosch, F., Follows, G., Frederiksen, H., Cuneo, A., Ludwig, H., Crompton, N., Maurer, J., Uguen, M., Fingerle-Rowson, G., andHallek, M. (2015b) Updated survival analysis from the CLL11 study: obinutuzumab versus rituximab in chemoimmunotherapy-treated patients with chronic lymphocytic leukemia. *Blood*, 126, 1733.

93. Stilgenbauer, S., Aktan, M., Ferra Coll, C.M., Dartigeas, C., Kisro, J., Montillo, M., Raposo, J., Merot, J.-L., Robson, S., Gresko, E., Bosch, F., Foà, R., and Leblond, V.（2017）Safey of obinutuzumab alone or combined with chemotherpay in previously untreated（fit or unfit）or relapsed/refractory chronic lymphocytic leukemia（CLL）patients：results from the primary analysis of the phase 3b GREEN study. *Blood*, 130, 4309.

94. Stilgenbauer, S., Ilhan, O., Woszczyk, D., Renner, C., Mikuskova, E., Böttcher, S., Tausch, E., Moore, T., Tyson, N., Adamis, H., Leblond, V., Bosch, F., and Foà, R.（2015）Safety and efficacy of obinutuzumab plus bendamustine in previously untreated patients with chronic lymphocytic leukemia：subgroup analysis of the GREEN study. *Blood*, 126, 493.

95. Cheson, B.D., Pfistner, B., Juweid, M.E., Gascoyne, R.D., Specht, L., Horning, S.J., Coiffier, B., Fisher, R.I., Hagenbeek, A., Zucca, E., Rosen, S.T., Stroobants, S., Lister, T.A., Hoppe, R.T., Dreyling, M., Tobinai, K., Vose, J.M., Connors, J.M., Federico, M., Diehl, V., and International Harmonization Project on Lymphoma（2007）Revised response criteria for malignant lymphoma. *J. Clin. Oncol.*, 25, 579-586.

96. Pott, C., Belada, D., Danesi, N., Fingerle-Rowson, G., Gribben, J., Harbron, C., Hoster, E., Kahl, B.S., Mundt, K., Sebban, C., Sehn, L.H., and Cheson, B.D.（2015）Analysis of minimal residual disease in follicular lymphoma patients in GADOLIN, a phase Ⅲ study of obinutuzumab plus bendamustine versus bendamustine in relapsed/refractory indolent non-Hodgkin lymphoma. *Blood*, 126, 3978.

97. Lee, L., Wang, L., and Crump, M.（2011）Identification of potential surrogate endpoints in randomized clinical trials of aggressive and indolentnon-Hodgkin's lymphoma：correlation of complete response, time-to-eventand overall survival end points. *Ann. Oncol.*, 22, 1392-1403.

98. Cheson, B.D., Trask, P.C., Gribben, J., Dimier, N., Kimby, E., Lugtenburg, P.J., Thieblemont, C., Wassner-Fritsch, E., and Sehn, L.H.（2015）Primary results of the health-related quality of life assessment from the phase Ⅲ GADOLIN study of obinutuzumab plus bendamustine compared with bendamustine alone in patients with rituximab-refractory, indolent non-Hodgkin lymphoma. *Blood*, 126, 1532.

99. Pott, C., Hoster, E., Kehden, B., Unterhalt, M., Herold, M., van der Jagt, R.H., Janssens, A., Kneba, M., Mayer, J., Pocock, C., Danesi, N., Fingerle-Rowson, G., Harbron, C., Mundt, K., Marcus, R.E., and Hiddemann, W.（2016）Minimal residual disease in patients with follicular lymphoma treated with obinutuzumab or rituximab as first-line induction immunochemotherapy and maintenance in the phase 3 GALLIUM study. *Blood*, 128, 613.

100. Kahl, B.S. and Yang, D.T.（2016）Follicular lymphoma：evolving therapeutic strategies. *Blood*, 127, 2055-2063.

101. TECENTRIQ Prescribing Information, https://www.gene.com/download/pdf/tecentriq_prescribing.pdf（accessed 23 October 2017）.

102. Cha, E., Wallin, J., and Kowanetz, M.（2015）PD-L1 inhibition with MPDL3280A for solid tumors. *Semin. Oncol.*, 42, 484-487.

103. REVLIMID Prescribing Information, http://www.celgene.com/content/uploads/revlimid-pi.pdf（accessed 23 October 2017）.

104. Till, B.G., Park, S.I., Popplewell, L.L., Goy, A., Penuel, E., Venstrom, J.M., Liu, B., Fingerle-Rowson, G., Byon, J., Woodard, P., and Palomba, M.L. (2015) Safety and clinical activity of atezolizumab (anti-PDL1) in combination with obinutuzumab in patients with relapsed or refractory non-Hodgkin lymphoma. *Blood*, 126, 5104.

105. Oon, S., Wilson, N.J., and Wicks, I. (2016) Targeted therapeutics in SLE: emerging strategies to modulate the interfer on pathway. *Clin. Transl. Immunol.*, 5, e79.

106. Bugatti, S., Vitolo, B., Caporali, R., Montecucco, C., and Manzo, A. (2014) B-cells in rheumatoid arthritis: from pathogenic players to disease biomarkers. *Biomed. Res. Int.*, 2014, 681678.

107. Vital, E.M., Rawstron, A.C., Dass, S., Henshaw, K., Madden, J., Emery, P., and McGonagle, D. (2011a) Reduced-dose rituximab in rheumatoid arthritis: efficacy depends on degree of B-cell depletion. *Arthritis Rheum.*, 63, 603-608.

108. Vital, E.M., Dass, S., Buch, M.H., Henshaw, K., Pease, C.T., Martin, M.F., Ponchel, F., Rawstron, A.C., and Emery, P. (2011b) B-cell biomarkers of rituximab responses in systemic lupus erythematosus. *Arthritis Rheum.*, 63, 3038-3047.

109. Schindler, T., Rovin, B., Furie, R., Leandro, M., Clark, M., Brunetta, P., andGarg, J. (2016) Nobility, a Phase 2 trial to assess the safety and efficacyof obinutuzumab, a novel type 2 anti-CD20 monoclonal antibody (MAB), in patients (PTS) with ISN/RPS class Ⅲ or IV lupus nephritis (LN). *Ann. Rheum. Dis.*, 75, 1051.

第6章

奥匹卡朋——一种新型抗帕金森病的儿茶酚-*O*-甲基转移酶抑制剂的研发

6.1 引言

帕金森病（Parkinson’s disease，PD）是老年人最常见的神经退行性疾病之一，全球患者数量已达500万人，仅在欧洲就约有120万患者[1]。帕金森病的发病概率随着年龄的增长而不断增加，在50岁之前被确诊的患者数量大概占4%[2]。自发性帕金森病的具体病因尚不明确，但基因和环境因素与其有至关重要的联系[3]。帕金森病的临床症状主要包括静息性震颤、运动迟缓、肌肉僵硬，以及姿势步态障碍。以上运动相关症状的出现主要是由于黑质纹状体神经元功能的逐渐丧失，进而引起背侧纹状体中多巴胺水平的降低，最终导致运动神经控制失调[4]。尽管最近几年该疾病的分子发病机制研究已取得了重大进展，但迄今为止，尚无能治愈帕金森病的有效疗法。目前治疗的目标仅限于控制症状和改善患者的生活质量。

早期帕金森病的治疗药物主要包括具有中枢活性的单胺氧化酶B（monoamine oxidase-B，MAO-B）抑制剂[5]，以及多巴胺（dopamine）激动剂[6]。缓解晚期症状最有效的方法是口服多巴胺的前体——左旋多巴（levodopa，L-dopa）。与多巴胺不一样，L-dopa可以通过主动转运系统进入大脑，并在大脑中通过消除其羧基而转化为多巴胺。因此，摄入L-dopa可以有效提高大脑中的多巴胺水平。该疗法自20世纪60年代末开始应用于临床，而且直到今天，L-dopa仍然是不可或缺的帕金森病治疗的首选药物[7]。尽管就临床应用而言L-dopa的成功是毋庸置疑的，但长期摄入该药也并非毫无问题。在最初几年使用该药获得稳定的疗效之后，其有效性会逐渐降低。绝大多数患者在一段时间的治疗后会出现运动障碍及无意识运动等现象，这已成为L-dopa疗法不可避免的问题[8]。此外，L-dopa的药物代谢过程十分复杂，其大部分也会在外周组织中经酶催化作用脱羧而生成多巴胺。因此，只有很少量原药能够顺利进入大脑并生成真正所需的多巴胺。所以，为了使足量的L-dopa能进入大脑并代谢，必须大剂量口服L-dopa。而为了减少L-dopa在外周组织中的不必要代谢，外周氨基酸脱羧酶（amino acid decarboxylase，AADC）抑制剂，如卡比多巴（carbidopa）[9]和苄丝肼（benserazide）[10]，常常与L-dopa联用，用于有效减少L-dopa在外周组织中的代谢。

然而，随后的研究发现，抑制脱羧途径导致了另一种生物利用度限制代谢途径的激活，在二相代谢酶儿茶酚-*O*-甲基转移酶（catechol-*O*-methyltransferase，COMT）的催化下，该途径可将L-dopa甲基化为3-*O*-甲基-L-多巴胺（3-*O*-methyl-L-dopa，3-OMD）。通过抑制COMT的活性，可以相应地抑制L-dopa向多巴胺的外周转化，从而增加L-dopa在脑中的水平。临床研究也清楚地证明，COMT抑制剂与L-dopa及AADC抑制剂联合使用可有效降低L-dopa的每日剂量，并能减轻晚期帕金森病患者的症状波动[11]。

6.2 COMT抑制剂在左旋多巴疗法中的应用

COMT是制药行业中存在已久的靶点，文献中也报道了一些COMT的强效抑制剂[12, 13]。COMT是一种镁依赖性酶，能够催化儿茶酚底物（内源性儿茶酚神经递质）[14]和含儿茶酚药效团的外源性物质[15]的甲基化，进而生成单-*O*-甲基化衍生物。COMT主要存在于哺乳动物中，分为膜结合型COMT（membrane-bound COMT，MB-COMT）和水溶型COMT（soluble COMT，S-COMT）两种亚型。这两种亚型的COMT在所有组织中广泛存在，但相应的表达水平有所不同[16]。

第一代COMT抑制剂以多酚类物质为代表，此类化合物一般含有1,2-二羟基基团，如邻苯三酚（pyrogallol）、环庚三烯酚酮（tropolone，托酚酮）和没食子酸（gallic acid）等。该类抑制剂一般是低活性的竞争性COMT抑制剂，且体内药效较差。此外，此类抑制剂的靶点选择性差，并具有很强的毒性。

第二代COMT抑制剂[17, 18]在邻苯二酚药效基团的邻位引入一个硝基取代基，临床应用的相关抑制剂主要包括托卡朋（tolcapone，1）[19]、恩他卡朋（entacapone，2）[20]，以及近来研发的奈比卡朋（nebicapone，BIA 3-202，3）[21]等（图6.1）。总体而言，第二代COMT抑制剂的优化方法是将相对于硝基邻苯二酚母核中硝基间位上的酮羰基或不饱和脂肪族取代基进一步官能化。托卡朋、恩他卡朋和奈比卡朋都具有很强的亲和力，能够与COMT紧密结合，其解离常数低至皮摩尔范围内[22, 23]，且抑制剂与酶的相互作用为完全可逆的。虽然以上三个COMT抑制剂具有相同的硝基邻苯二酚药效团，但其理化特性完全不同，该差异也反映在其临床安全性和疗效上。尽管恩他卡朋在外周COMT抑制方面表现出很高的选择性，但却是该类抑制剂中活性最弱的。同时，由于其半衰期和作用持续时间较短[24]，导致给药剂量很高，每天给药次数多达8次。因此，其在帕金森病治疗中的临床有效性备受质疑[25]。

相反地，托卡朋在人体中更为长效，并且在外周组织和大脑中均能有效抑制COMT。而最近研发的奈比卡朋在外周具有比恩他卡朋更长的作用时间。与托卡朋

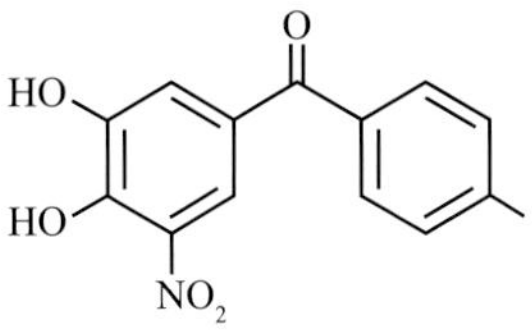

1　托卡朋 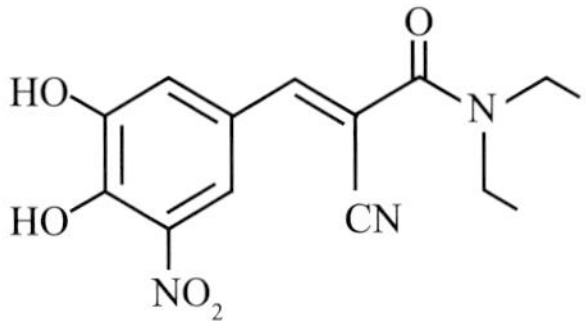　　2　恩他卡朋 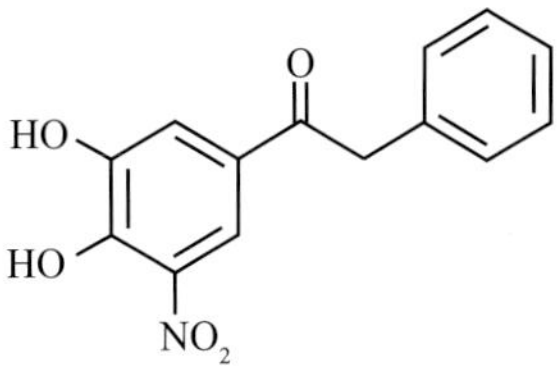　　3　奈比卡朋

图6.1　**托卡朋、恩他卡朋和奈比卡朋的化学结构**

相比，恩他卡朋在大脑中的水平更低。此外，中枢COMT的抑制可能对中枢神经系统（central nervous system，CNS）造成潜在的毒副作用。托卡朋和恩他卡朋均在20世纪90年代作为L-dopa疗法的辅助药物上市销售，用于晚期帕金森病患者的治疗。然而，在上市后不久，部分服用托卡朋的患者出现了致命的暴发性肝炎（fulminant hepatitis）[26]，这提示托卡朋可能会导致严重的肝脏副作用，因此限制了其临床应用[27]。而恩他卡朋则表现出较好的安全性，且耐受性良好，因此托卡朋的毒性不能被视为所有含有硝基邻苯二酚结构的COMT抑制剂的通性。但如前所述，恩他卡朋在药代动力学方面具有严重的缺陷，所以临床上对新型COMT抑制剂的迫切需求是毫无疑问的，帕金森病患者需要更有效的药物来缓解病情。

综上，COMT抑制剂研发的目标是设计和合成结构新颖、选择性高的外周组织COMT抑制剂，并且其药效长，能够实现每天1次的理想给药方案。

6.3　奥匹卡朋的发现

6.3.1　早期吡唑类似物

基于COMT靶点的苗头化合物的发现策略主要是对儿茶酚类化合物进行系统的活性筛选，这些化合物的来源主要是通过商业购买，或者从研发团队专有的儿茶酚化合物库中精心挑选而得。通过系统的筛选，研发团队最终确定了吡唑类化合物4a（BIA 9-693，图6.2）具有中等的体外活性，在30 μmol/L浓度下，对大鼠肝脏匀浆中COMT的抑制率为85%。

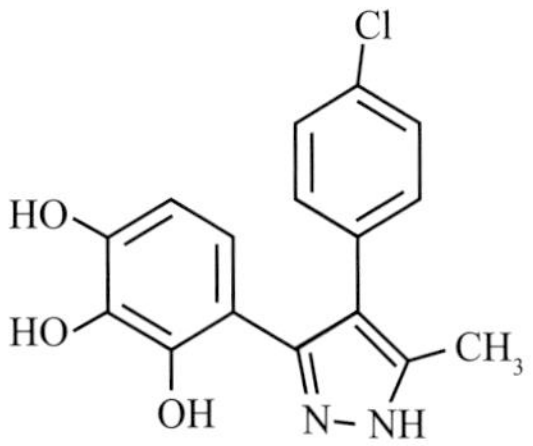

显然，虽同为COMT抑制剂，但化合物4a与“第二代”COMT抑制剂1～3相比，结构截然不同。从药物化学的角度而言，化合物4a为从苗头化合物到先导化合物的结构优化提供了全新的思路，而且

BIA 9-693（4a）

图6.2　**苗头化合物BIA 9-693的化学结构**

化合物4a分子中的几个片段都很容易进行结构改造与修饰。例如，重排酚羟基的位置；在儿茶酚环上引入吸电子基团（electron-withdrawing group，EWG）；变换中心吡唑环第4、5位的取代基；以及变化中心杂环大小、饱和度及杂原子方面的性质（N、O、S），并重新布局排列杂环内的杂原子位置。随后，药物化学研究团队按照以上策略对化合物4a进行了一系列结构改造和修饰：从邻苯三酚环开始，再修饰中心杂环，最后优化杂环上的取代基。

早期吡唑类似物对COMT的体外抑制活性是根据相关竞争性或非竞争性检测条件在大鼠肝脏匀浆中测试的，具体取决于儿茶酚药效团的性质[28]。已知不带有强吸电子基硝基的邻苯二酚衍生物是经典的竞争性抑制剂，因此在底物浓度低于K_M（267.5 μmol/L肾上腺素）的情况下，对未硝化的邻苯二酚衍生物（浓度为30 μmol/L）进行了筛选。而对于硝基邻苯二酚衍生物而言，则是在小于3 μmol/L的浓度，以及底物浓度饱和（1 mmol/L肾上腺素）的条件下进行筛选。具体化合物（4b～p）对COMT的抑制活性如表6.1所示。

表6.1 吡唑类化合物4a～p对大鼠肝脏匀浆中COMT的抑制活性

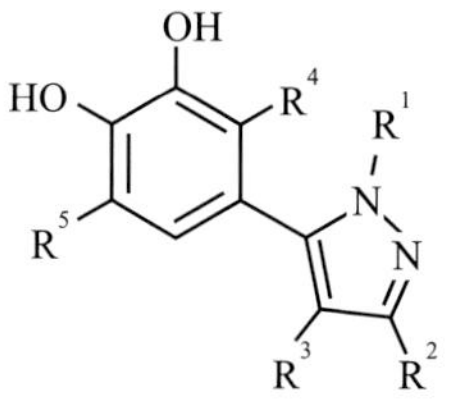

No.	R^1	R^2	R^3	R^4	R^5	3-甲氧基肾上腺素含量百分比（%）[a]
4a						15.6±0.2[b]
4b	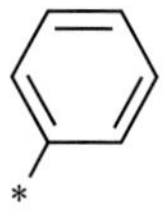	H	H	H	OH	0.8±0.2[b]
4c	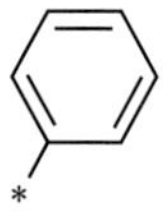	H	H	OH	H	26.8±0.6[b]
4d	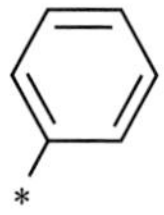	H	H	H	H	41.9±1.2[b]

续表

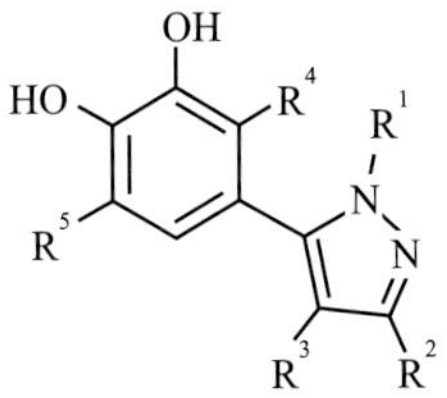

OH HO R^4 R^1 N N R^5 R^3 R^2

No.	R^1	R^2	R^3	R^4	R^5	3-甲氧基肾上腺素含量百分比（%）[a]
4e	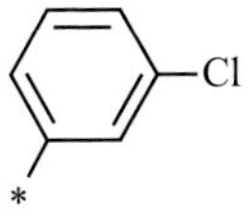 Cl *	H	H	H	Br	32.9±1.0[b]
4f	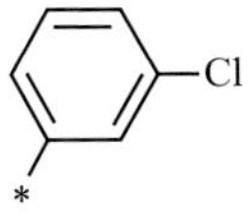 Cl *	H	H	F	H	37.9±1.9[b]
4g	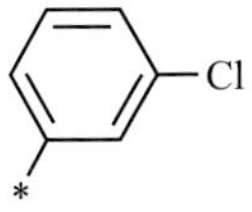 Cl *	H	H	H	COOH	24.1±0.3[b]
4h	H	H	H	H	NO_2	0±0[c]
4i	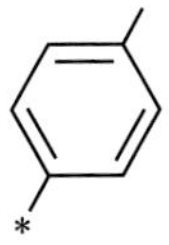 *	H	H	H	NO_2	0±0[c]
4j	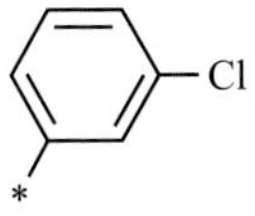 Cl *	H	H	H	NO_2	0±0[c]
4k	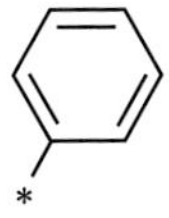 *	H	H	H	NO_2	0±0[c]
4l	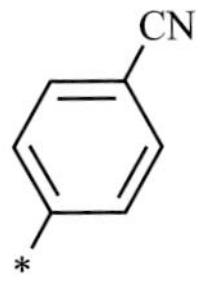 CN *	H	H	H	NO_2	0.3±0.1[c]

续表

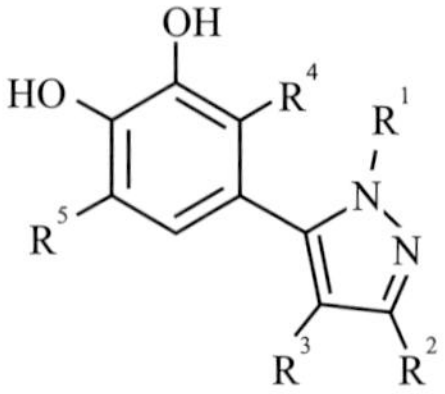

No.	R^1	R^2	R^3	R^4	R^5	3-甲氧基肾上腺素含量百分比（%）[a]
4m	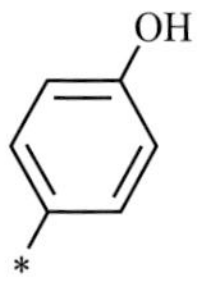 4-羟基苯基（*连接）	H	H	H	NO_2	0.1±0.1[c]
4n	 CH_3	H	H	H	NO_2	1.1±0.1[c]
4o	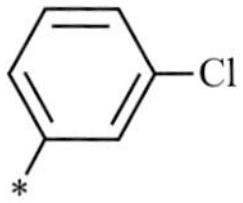 3-氯苯基（*连接）	H	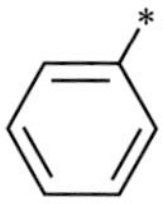 苯基（*连接）	H	NO_2	68.6±2.3[c]
4p	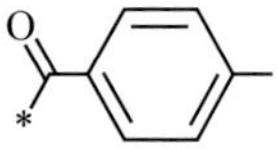 4-甲基苯甲酰基（*连接）	H	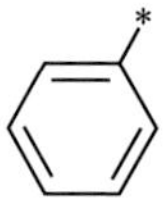 苯基（*连接）	H	NO_2	2.8±0.4[c]

*连接位点。

a结果为相对于未使用抑制剂时COMT催化生成的3-甲氧基肾上腺素水平的百分比（百分比越低，抑制活性越好）。结果为四次平行实验的平均值（Mean±SEM）。

b竞争性条件，抑制剂浓度为30 μmol/L。

c靶点结合条件，抑制剂浓度为3 μmol/L。

从邻苯三酚类衍生物来看，3,4,5-三羟基取代骨架（如化合物4b）比其位置异构的2,3,4-三羟基骨架（如化合物4a、4c）表现出更强的活性。但奇怪的是，这些化合物都在邻苯二酚药效基团的邻位上引入了供电子的羟基，而不是更常规的吸电子取代基，特别是化合物4b的活性明显高于未取代的邻苯二酚化合物4d和含有相对较弱吸电子取代基的化合物（如化合物4e，溴取代；化合物4f，氟取代；化合物4g，羧基取代）。正如预期的是，硝基取代的邻苯二酚吡唑衍生物4h表现出了极强的抑制活性。因为硝基的强吸电子特性显著降低了邻羟基的亲核性，从而降低了抑制剂对酶促*O*-甲基化反应的敏感性。实验结果证实，硝基显然是获得高体外COMT抑制作用的必需药效团，当硝基被其他基团取代后，活性显著下降。

因此，在确定了儿茶酚药效团最合适的取代位置和吸电子取代基种类之后，研发团队将研究重点转移到了中心吡唑环的修饰上。在R^2取代基固定为H的条件下，首先针对吡唑环氮原子上取代基对活性的影响进行了研究。含有苯基取代的化合物（4i ～ m）与未取代的母体化合物4h一样，都表现出强效COMT抑制活性。当苯基被较小的烷基取代时（如甲基取代的化合物4n），仍可以保持较好的酶抑制活性。而在R^3位置引入第二个芳基会导致COMT抑制作用大幅降低（如化合物4o），但可通过在吡唑的氮原子与芳基环之间插入一个羰基而将其抑制作用恢复到很高的水平（4p）。

6.3.2　核心杂环的修饰

随后的研究重点聚焦于对核心杂环的优化。先后设计了多种五元和六元杂环类似物，以评估杂原子大小、性质、数目，以及杂环中杂原子排列方式对化合物活性的影响。在30 mg/kg剂量下，以口服给药方式测试了大多数该系列化合物，以及在最初体外筛选中最具活性的吡唑衍生物（化合物4k、4l和4p）在小鼠模型中的活性。在给药6h后，将动物处死，取出肝脏，并测定肝脏匀浆中COMT的活性。阳性对照药托卡朋、恩他卡朋、奈比卡朋及相关化合物的测试结果如表6.2所示。

表6.2　口服给药后杂环类似物对小鼠肝脏匀浆中COMT的抑制作用

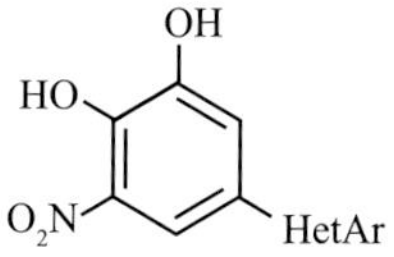

No.	HetAr	3-甲氧基肾上腺素含量百分比（%）[a,b]
托卡朋		6.8±3.0
恩他卡朋		93.6±29.1
奈比卡朋		85.7±10.2
4k		68.8±22.2
4l		61.1±20.9
4p		89.3±6.6
5	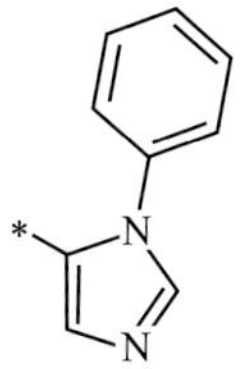	109.0±16.8

续表

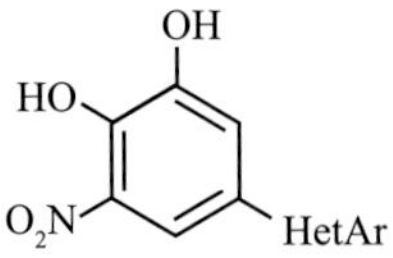

No.	HetAr	3-甲氧基肾上腺素含量百分比（%）[a,b]
6	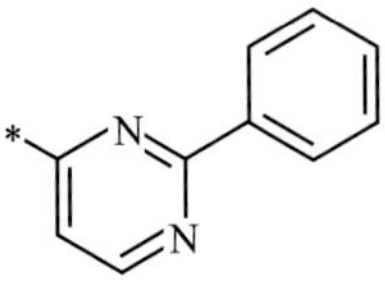	44.8±9.6
7	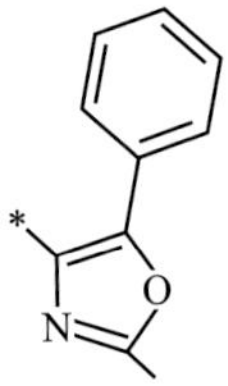	84.1±30.3
8	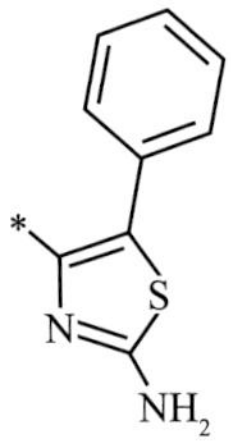	77.4±14.3
9	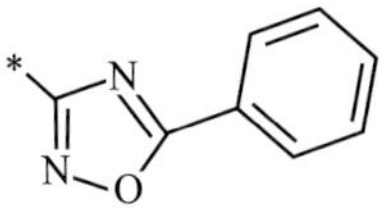	24.4±17.5
10	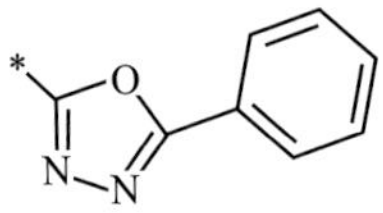	47.3±11.2
11a	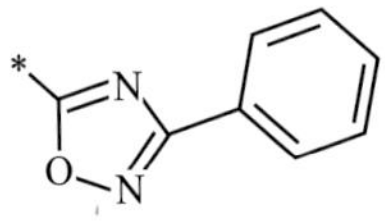	7.0±2.6

*取代位点。

a所有测试条件：给药剂量30 mg/kg，小鼠口服给药6 h后测定COMT抑制活性。

b结果为相对于未给药抑制剂时COMT催化生成3-甲氧基肾上腺素水平的百分比（百分比越低，抑制活性越好）。结果为四次平行实验的平均值（Mean±SEM）。

N-苯基取代的吡唑化合物（4k，4l）的体内抑制作用比恩他卡朋和奈比卡朋

略有改善，但它们的活性明显低于作用时间更长的托卡朋。此外，在体外筛选中表现良好的化合物4p却无法在体内长效地抑制COMT。令人惊讶的是，只是单纯地将杂原子的排列方式从吡唑环（4k）改变为咪唑环（5），就会导致化合物对COMT抑制能力的完全丧失。如果修饰过程中在杂环中保留两个氮原子，而把杂环由五元环扩大至六元环（嘧啶化合物6），所得化合物对COMT的抑制能力明显优于吡唑环化合物5，以及阳性对照药恩他卡朋和奈比卡朋。

另外，如果以氧（噁唑化合物7）或硫（噻唑化合物8）取代吡唑环中的一个氮原子，所得化合物未能在6 h的时间点上产生令人满意的体内活性。此时，研究人员考虑在核心杂环中多增加一个杂原子的可能性，而噁二唑环似乎是一个非常可行的选择。因此，研发人员合成了两个互补的1,2,4-噁二唑异构体，其中硝基邻苯二酚药效团可以与噁二唑环的3位或5位，以及1,3,4-噁二唑异构体连接。研究表明，以1,2,4-噁二唑环或1,3,4-噁二唑环取代核心的吡唑环可显著改善化合物对COMT的抑制作用，所合成的三种噁二唑异构体衍生物9、10和11a的抑制作用均强于吡唑衍生物4k和4l。此外，研究人员发现COMT的抑制强度和噁二唑环杂原子的空间排列之间有着某种出乎意料却又有趣的联系。例如，1,3,4-异构体10的活性显然是三个化合物中最低的，其在给药6h后测定的活性与嘧啶衍生物6相当。另一方面，如果在1,2,4-噁二唑异构体的3位连有硝基邻苯二酚药效团，那么COMT抑制活性将降低至化合物10的一半。受此启发，研究人员合成了“反向”的1,2,4-噁二唑环，并将硝基邻苯二酚基团移至杂环的5位。令人欣慰的是，所得化合物11a对COMT的抑制活性反而大幅增强，与阳性对照药托卡朋基本等效。而从活性上看，5-（3-硝基邻苯二酚-5-基）-1,2,4-噁二唑＞3-（3-硝基邻苯二酚-5-基）-1,2,4-噁二唑＞2-（3-硝基邻苯二酚-5-基）-1,3,4-噁二唑，该情形在三种区域异构噁二唑的亚家族中均能观察到，且其活性与杂环上第二个非硝基邻苯二酚取代基的种类关系不大。

随后开展的体内实验进一步确定了化合物9、10和11a在给药3 h后的体内COMT抑制活性和选择性。与之前测试不同的是，本次实验对小鼠的给药剂量较低，仅为3 mg/kg。结果表明，化合物9在肝脏和大脑中表现出了基本相同的抑制能力，使得COMT的活性降低了约50%（表6.3）。和预期一致，1,3,4-噁二唑衍生物10的活性要差得多，并且没有表现出很好的选择性。但是，化合物11a再次表现出优异的抑制活性，且其对外周COMT的选择性比中枢COMT高至少3倍。因此，研究团队顺理成章地选择了化合物11a作为进一步结构优化的先导化合物。

表6.3 噁二唑类化合物9、10和11a对小鼠肝脏和脑匀浆中COMT的体内抑制作用

No.	大脑[a, b]（%）	肝脏[a, b]（%）
9	55.6±2.4	51.9±4.8
10	87.9±21.2	67.8±10.2
11a	71.7±11.6	20.6±4.4

a结果为相对于未给药抑制剂时COMT催化生成3-甲氧基肾上腺素水平的百分比，数据为四次平行实验的平均值（Mean±SEM）。

b口服给药3 h后测定的COMT活性，给药量为3 mg/kg。

6.3.3 噁二唑硝基邻苯二酚片段的优化

将5-（3-硝基邻苯二酚-5-基）-1,2,4-噁二唑结构片段锁定，下一轮构效关系（structure-function relationship，SAR）研究主要集中在筛选杂环3位的取代基。表6.4详细列举了代表性化合物对COMT的抑制结果，并与阳性药托卡朋和恩他卡朋进行了比较（小鼠给药3 h后测定，给药量为3 mg/kg）。首先，苯环上的亲脂性取代基，特别是卤素原子，对活性的提高是有益的（11b ～ d），而极性更大的哌嗪或酰胺残基会引起相反的效果（11e ～ f）。研究人员逐渐发现了非常一致的潜在趋势，即化合物亲脂性越强，体内COMT抑制活性越高。计算所得的log*P*值也很好地佐证了这一点。活性最高的噁二唑化合物（11a ～ d）的亲脂性（log *P*＝4.0 ～ 5.1）远高于托卡朋（log *P*＝3.3），而托卡朋的亲脂性也强于恩他卡朋（log *P*＝2.0）。值得注意的是，尽管化合物11a ～ d具有令人鼓舞的活性，但其可能会表现出与托卡朋相似的不可接受的毒性。因此，研究人员在小鼠神经母细胞瘤细胞系（Neuro-2A cells，CCL-131）中测试了化合物11a ～ f在30 μmol/L浓度下的体外细胞毒性，主要通过钙黄绿素-AM（calcein-AM）来测试化合物对细胞生存能力的影响[29]。实验证实，该方法结合计算所得的log *P*值是一种非常实用的预测手段，可以快速确定哪些化合物的潜在毒性风险更低。实际上，研究人员发现超过80%的细胞在暴露于恩他卡朋后仍能够存活，而托卡朋会使细胞存活数显著降低至30%以下，这也证实了该实验的有效性。正如所担心的，虽然极性更强、亲脂性更低的化合物11e ～ f未对细胞活力产生不利影响，但这些化合物对COMT的抑制活性却非常差。考虑到亲脂性的高低可以作为后续设计化合物的评价标准，研究人员合成了一系列在噁二唑环3位为饱和杂环而不是芳香基团的亲水性化合物。吗啡啉衍生物11g和哌嗪衍生物11h ～ i的log *P*值均低于2，与恩他卡朋及化合物11e ～ f相比，抑制率有所增加，并且在细胞实验中表现出临界毒性值（11g）或没有显著毒性（11h ～ i）。亲脂性更强的2-吡啶基取代哌嗪衍生物11j表现出了更好的抑制活性（与对照相比，达到32%），但不幸的是，其毒性与托卡朋相近。随后，研究人员在苯环上引入了

一系列芳杂环基团，使得目标化合物的log *P*值涵盖更大的范围。对化合物11a中的苯环进行生物电子等排取代，所得噻吩衍生物11k和异噁唑衍生物11l具有相似的活性和毒性。实验证实，对于含有弱碱性氮原子的噻唑衍生物11m和嘧啶衍生物11n，二者虽然也表现出一定的COMT抑制活性，但都具有临界毒性风险。后续的取代基筛选主要集中在其他的六元杂环。母体未取代的位置异构体11o ～ q在抑制能力方面与修饰前基本相似（与对照相比，达到约30%），但是只有2-吡啶取代类似物11q相对没有毒性风险。后续进一步研究了其他取代基对吡啶环的影响，合成了化合物11r ～ u。所有化合物均表现出与化合物11a非常相近的抑制活性，虽然log *P*值较低，但显示出较高的毒性风险。

表6.4　噁二唑类化合物在口服给药条件下对小鼠肝脏匀浆中COMT的抑制活性及其对细胞活力的影响

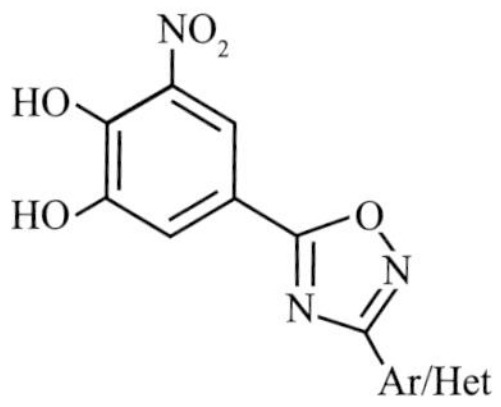

NO_2
HO
HO
O
N
N
Ar/Het

No.	Ar/Het	3-甲氧基肾上腺素含量百分比（%）[a]	log*P*	细胞活力百分比[b, c]
托卡朋		15.1±4.1	3.3	27.2±5.6
恩他卡朋		79.8±17.1	2.0	81.4±2.0
11a	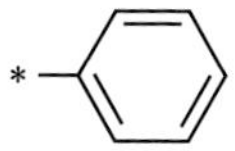 *	20.6±4.4	4.1	43.1±3.5
11b	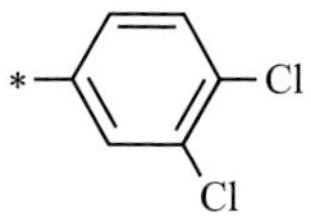 * Cl Cl	8.8±2.3	5.1	37.7±1.8
11c	 * F	12.7±3.8	4.0	29.5±1.8
11d	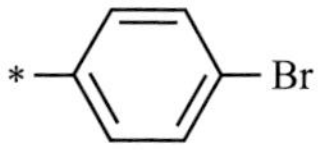 * Br	12.7±5.8	5.0	12.2±0.8
11e	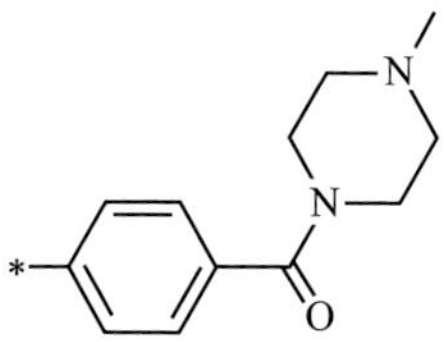 N N * O	74.0±27.6	2.7	90.7±2.2

续表

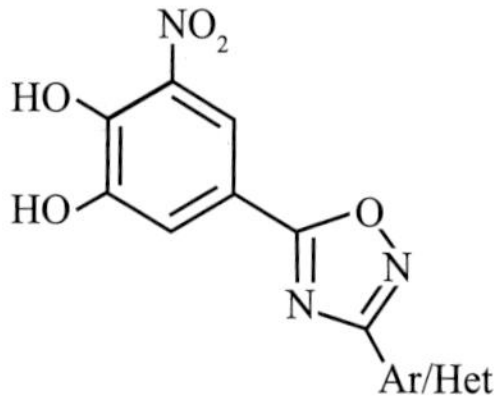

No.	Ar/Het	3-甲氧基肾上腺素含量百分比（%）[a]	log$P$	细胞活力百分比[b, c]
11f	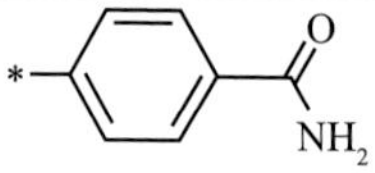	79.2±21.2	3.0	91.2±2.4
11g	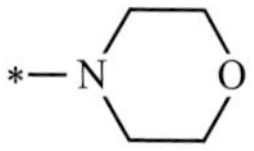	45.8±13.8	1.5	67.5±4.3
11h		56.8±9.8	1.9	90.2±2.9
11i	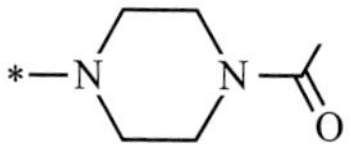	68.2±11.3	1.8	103.7±3.9
11j	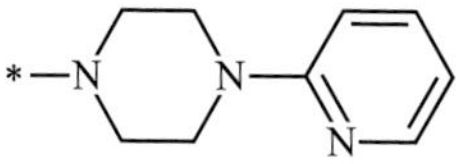	32.2±8.2	2.6	24.6±1.5
11k	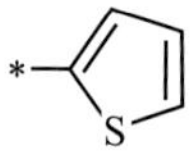	29.6±15.3	3.9	19.3±0.9
11l	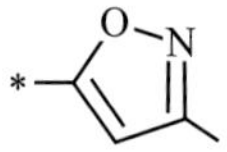	32.4±2.9	3.0	27.6±1.7
11m	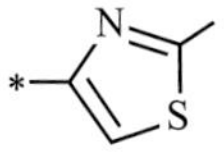	22.9±6.8	3.0	58.7±2.1
11n	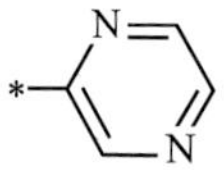	44.7±5.3	1.9	60.5±1.8
11o	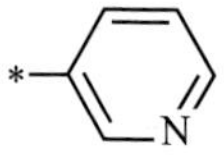	33.6±8.0	2.8	26.7±0.4
11p	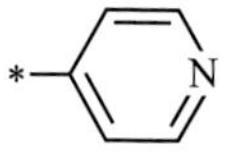	32.1±5.3	2.7	27.3±1.3
11q	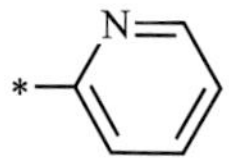	27.5±13.6	2.7	70.5±2.3

续表

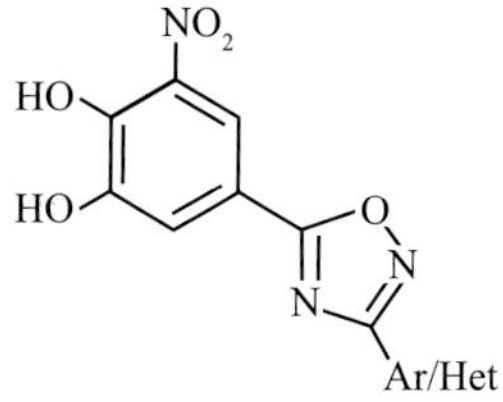

No.	Ar/Het	3-甲氧基肾上腺素含量百分比（%）[a]	log*P*	细胞活力百分比[b, c]
11r	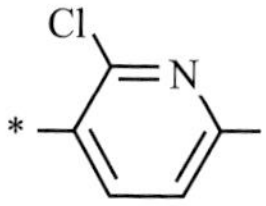	21.6±5.2	3.8	53.1±4.5
11s	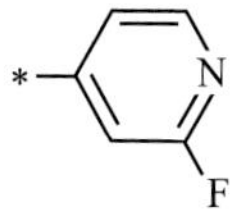	18.7±14.3	2.8	25.0±1.1
11t	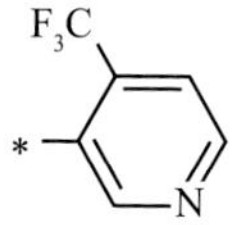	19.3±6.1	3.8	14.7±0.6
11u	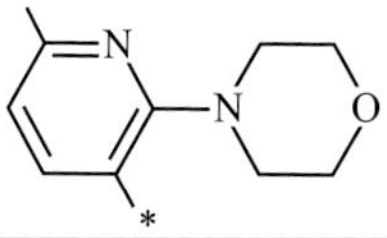	23.5±5.8	3.0	43.8±2.1

*取代位点。

a给药量均为3 mg/kg，口服，在给药3 h后测定COMT的抑制活性。结果为相对于未给药抑制剂时COMT催化生成3-甲氧基肾上腺素水平的百分比。

b数据为四次平行实验的平均值（Mean±SEM）。

c剩余存活细胞的细胞活力百分比。

6.3.4 奥匹卡朋的发现

尽管吡啶取代衍生物有相对不利的毒性风险，但可以通过氮原子的氧化将杂环进一步官能团化，所以吡啶类化合物仍然被选作进一步优化的先导。随后优化所得的吡啶*N*-氧化物具有明显较低的亲脂性。吡啶母环的氧化产物，即未取代的烟酸*N*-氧化物衍生物12a（表6.5），在大鼠实验中（3 mg/kg，口服，给药3 h后测定）显示出比恩他卡朋略低的活性。最令人鼓舞的是，因为该化合物的亲脂性极低（log $P=1.05$），所以完全没有毒性。研究人员认为化合物12a活性较低的原因可能是*N*-氧化物基团的极性非常强，导致口服吸收较差。而通过在吡啶*N*-氧化物上引入取代基可以有效提高口服生物利用度。

表6.5 噁二唑-吡啶-*N*-氧化物在口服给药条件下对小鼠肝脏匀浆中COMT的抑制活性及其对细胞活力的影响

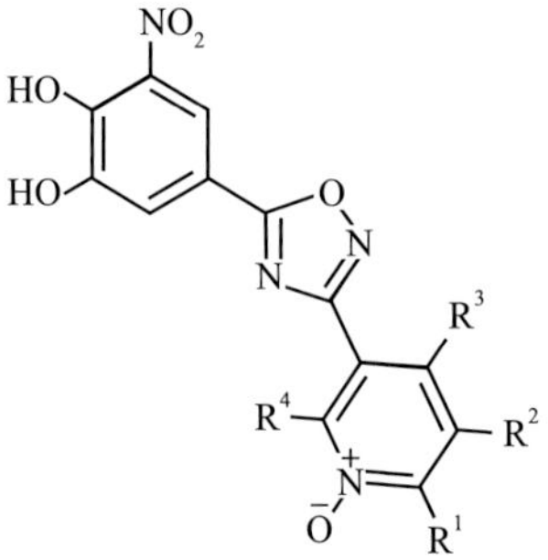

No.	R^1	R^2	R^3	R^4	3-甲氧基肾上腺素含量百分比（%）[a]	log*P*	细胞活力百分比[b, c]
托卡朋					23.8±14.2	3.3	27.2±5.6
恩他卡朋					66.6±25.6	2.0	81.4±2.0
12a	H	H	H	H	77.0±5.7	1.0	938±2.7
12b	H	H	CF_3	H	23.6±13.3	2.0	93.4±3.0
12c	CF_3	H	H	H	34.4±13.2	2.0	87.0±3.1
12d	H	H	H	CF_3	5.5±1.8	2.0	96.4±3.5
12e	CF_3	H	H	Me	13.9±7.2	2.5	62.2±3.9
12f	Me	H	CF_3	Me	1.3±0.3	3.0	37.2±4.0
12g	Ph	H	CF_3	Me	24.3±30.9	4.5	26.6±2.8
12h	H	H	H	Cl	71.6±8.2	1.5	93.7±2.0
12i	Me	H	H	Cl	31.6±10.9	2.0	100.2±3.2
12j	Me	H	Me	Cl	13.9±10.9	2.4	92.3±2.8
12k	Me	Me	Me	Cl	7.9±3.8	2.9	95.1±6.2
12l	Me	H	H	Br	33.7±7.7	2.1	76.3±3.1
12m	Me	Cl	Me	Cl	0.7±1.1	3.0	86.6±2.3

a给药量均为3 mg/kg，口服，在给药3 h后测定对其COMT的活性。结果为相对于未给药抑制剂时COMT催化生成3-甲氧基肾上腺素水平的百分比。

b数据为四次平行实验的平均值（Mean±SEM）。

c剩余存活细胞的细胞活力百分比。

根据这一假设，研究人员进一步调整了化合物的亲脂性水平，以解决口服给药后的活性与细胞活力之间的矛盾。当在吡啶环*N*-氧化物基团的4位和6位引入亲脂性的三氟甲基时（化合物12b和12c），化合物的COMT抑制能力恢复至等于或接近托卡朋的水平，同时消除了毒性风险。而当三氟甲基移至2位时，所得位置异构体12d的活性十分理想，且同样没有毒性风险。进一步研究不同取代基（化合物12e，甲基；化合物12f，二甲基；化合物12g，甲基，苯基）对亲脂性和COMT抑制活性的影响发现，虽然化合物12f甚至比12d更具潜力，但可观察到一种趋势，即通过不同的取代提高化合物的亲脂性时，细胞活力会显著降低。随后，以卤素取代三氟甲基，一氯取代衍生物12h的抑制效果接近母体化合物12a。但是，如果将1～3个甲基分别引入到12h中后（化合物12i，甲基；化合物12j，二甲基；化合物12k，三甲基），化合物对COMT的抑制作用逐渐增强，且细胞活力没有明显的差异。当以溴原子（化合物12l）取代氯原子（化合物12i）时，抑制能力也未受到影响。对于活性最强的卤代化合物12k，如果将其三个甲基中的第二个甲基以氯原子取代，所得类似物化合物12m的COMT抑制活性进一步提高，且毒性风险小于恩他卡朋。由于化合物12m（奥匹卡朋，BIA 9-1067）具有极高的潜力和更好的安全性，研究团队最终选择其作为候选药物，进行进一步的药理学研究。

6.4　奥匹卡朋的临床前研究

对大鼠口服给药奥匹卡朋（单次剂量3 mg/kg）后，在给药后的1～8 h内，会对肝和肾外周COMT产生强烈的抑制（＞80%抑制）。此后，酶抑制作用逐渐减弱，并且在给药48 h后恢复至基线水平。奥匹卡朋对红细胞COMT的抑制特点与对肝和肾的抑制相似。但是，在给药8 h后，药物对红细胞中COMT的抑制作用小幅下降（≥53%抑制），酶活性在给药24 h后恢复。显而易见的是，奥匹卡朋不仅对外周COMT具有极好的选择性，而且在任何时间点都未监测到其对CNS中COMT的影响。尽管对外周COMT的抑制作用时间很长，但奥匹卡朋在血浆中的半衰期非常短，给药后4 h达到最大血药浓度（maximum observed plasma concentration，C_{max}）（661.5±239.8）ng/mL，给药8 h后，血浆中已监测不到奥匹卡朋。

在奥匹卡朋的浓度依赖性抑制实验中，大鼠的给药剂量从0.03 mg/kg逐渐增加到3 mg/kg，并在给药2 h和6 h后测定其对COMT的抑制活性。奥匹卡朋具有抑制肝、肾和红细胞中COMT的作用，给药2 h后的ED_{50}值为0.4～0.9 mg/kg，给药6 h后则为0.5～1.4 mg/kg[30]。通过对连续三天口服给药L-dopa 12 mg/kg、苄丝肼3 mg/kg的大鼠进行外周微透析，评估了奥匹卡朋对血浆中L-dopa的药代动力学影响。在服用L-dopa/苄丝肼之前的2 h或24 h给药奥匹卡朋，分别使L-dopa暴露量增加了1.9倍和1.3倍，并使3-OMD暴露量减少了83.3%和37.5%倍[30]。随后，测试了口服3 mg/kg奥匹卡朋后1 h、2 h、7 h、12 h和24 h（在处死大鼠前1 h口服L-dopa 12 mg/kg，苄丝肼3 mg/kg）大鼠脑内的儿茶酚胺含量。在给药后2～24 h内，奥匹卡朋可将脑中的L-dopa和二羟基苯乙酸（dihydroxyphenylacetic acid,

DOPAC）水平分别提高至对照值的227%和179%以上，同时将大脑中3-OMD的水平降低至对照值的50%。多巴胺的水平仅在给药12 h后中等程度升高至对照值的167%，而高香草酸（homovanillic acid，HVA）的水平在给药后7～12 h升高至对照值的164%～170%。这些物质水平的升高和奥匹卡朋的外周作用一致。

在对食蟹猴的一项研究中[31]，首先在食蟹猴脑内植入内置引导插管，以将微渗析探针插入黑质、背侧纹状体和前额叶皮质，并口服给药奥匹卡朋（100 mg/kg）治疗14天。在最后一次给药23 h后，对受试动物口服给药L-dopa和苄丝肼（剂量分别为12 mg/kg和3 mg/kg），并在给药6 h后采集细胞外透析液和血样。实验发现，奥匹卡朋使动物全身性L-dopa水平增加了两倍，且没有明显改变3-OMD的C_{max}值，但显著降低了其血浆水平。

在给药L-dopa/苄丝肼6 h后，血浆3-OMD水平仍为对照值的25%。对6 h采集的血样分析发现，红细胞中COMT的活性降低了75%。在大脑中，奥匹卡朋增加了所有监测区域的L-dopa水平，与阴性对照相比，其在背侧纹状体、黑质和前额叶皮质中分别增加了1.7倍、1.4倍和2.3倍。而受试动物大脑上述区域内的3-OMD水平分别降低了80%、86%和58%。对于其他儿茶酚胺类物质，奥匹卡朋使黑质中的DOPAC水平增加了4.2倍，而不会影响其在背侧纹状体中的暴露量；在背侧纹状体和前额叶皮质中，HVA的水平没有变化，但在黑质中则略有增加，其血浆浓度-时间曲线下的面积（area under the plasma concentration time curve，AUC）大约是阴性对照组的1.4倍。

随后以托卡朋和恩他卡朋为阳性对照药，测定了奥匹卡朋对人肝细胞线粒体膜电位和细胞活力的影响，评估了奥匹卡朋的潜在肝毒性风险。经过24 h的细胞培养，发现奥匹卡朋对人原代肝细胞中线粒体膜电位和腺苷三磷酸（adenosine triphosphate，ATP）含量的影响均低于托卡朋和恩他卡朋。此外，使ATP含量和线粒体膜电位降低50%的奥匹卡朋浓度分别为98 μmol/L（40.5 μg/mL）和181 μmol/L（74.8 μg/mL）。而在50 mg的最高治疗剂量下，奥匹卡朋的C_{max}为522 ng/mL，因此以上两个浓度下的C_{max}分别是50 mg剂量下奥匹卡朋C_{max}的78倍和143倍[32]。

6.5 奥匹卡朋的临床研究

6.5.1 I期和II期临床研究

2007年，奥匹卡朋进入帕金森病辅助治疗的I期临床试验。I期临床试验的目标旨在评估奥匹卡朋的耐受性、药效学和药代动力学性质，受试者均为年轻健康的志愿者。试验时，志愿者服用单剂量（10～1200 mg）和多次爬坡剂量

（5～75 mg）的奥匹卡朋。结果表明，奥匹卡朋具有良好的耐受性，并对红细胞可溶型COMT（S-COMT）表现出显著和持久的抑制作用，其C_{max}和AUC均呈剂量依赖性增加。

在10～1200 mg的剂量范围内，奥匹卡朋的半衰期为0.8～3.2 h[32]。硫酸化可能是其主要的代谢途径，但其他代谢途径还包括还原、甲基化和葡萄糖醛酸化。奥匹卡朋的还原代谢产物是一种活性代谢物，但这一代谢只占其全身暴露量的15%以下，其对整体临床药效的贡献是次要的。胆汁排泄可能是奥匹卡朋的主要代谢途径，因为尿液中的奥匹卡朋及其代谢产物的含量均低于可检测水平[32]。此外，尚未发现年龄、性别、人种（高加索人与日本人）和COMT多态性会对奥匹卡朋的药代动力学和药效学（主要针对S-COMT抑制）造成影响。在中度肝功能不全（Child-Pugh 肝功能分级为B级）的受试者中，奥匹卡朋的暴露会有所增加。但是，由于奥匹卡朋半衰期短，在后续给药之前已从全身循环中被完全清除。另外，食物会降低奥匹卡朋的吸收率[32]，但一般不会影响奥匹卡朋的药效。

奥匹卡朋对S-COMT具有剂量依赖性和持久的抑制作用[32]，这说明与COMT紧密结合的奥匹卡朋复合物会缓慢解离释放奥匹卡朋，实验也证明，这一解离的时间明显长于恩他卡朋[32，33]。此外，每日1次口服奥匹卡朋可以剂量依赖性方式增加L-dopa全身暴露量的最低值（谷水平，C_{min}）和AUC[33]。

与安慰剂相比，在分别服用25 mg和75 mg奥匹卡朋后，L-dopa谷水平分别提高了2.5～3.2倍，暴露量提高141%和179%[33]。同时，在接受L-dopa/AADC抑制剂治疗且表现出剂量终止性运动波动的成年帕金森病患者中，50 mg剂量下的奥匹卡朋显著减少了患者每天的关闭期（OFF-time，表示药物效果不明显的时间），并且增加了开启期（ON-time，表示药物的起效时间），也没有表现出令人苦恼的运动障碍，且在减少关闭期方面毫不逊色于恩他卡朋[34，35]。

6.5.2　Ⅲ期临床研究

Ⅲ期临床试验基于两个多中心和双盲的大规模临床试验，每项试验均包含一年的开放（非盲）试验。BIPARK Ⅰ研究是一项随机、双盲的试验，包含安慰剂对照组、阳性药对照组（恩他卡朋，200 mg）和三个不同剂量的奥匹卡朋实验组（5 mg、25 mg和50 mg），给药次数均为每天1次。试验主要终点是考察绝对关闭期相对于基线的变化情况。试验发现，在减少关闭期方面，50 mg剂量的奥匹卡朋优于安慰剂组，且不劣于恩他卡朋对照组[36]。与安慰剂相比，观察到的关闭期平均减少了61 min（$P=0.0015$），具有显著的临床治疗意义[37，38]。关闭期的缩短伴随着开启期的相应增加（62.6 min，$P=0.002$），并且没有运动障碍并发症[36]。在响应率方面，50 mg剂量的奥匹卡朋显著高于安慰剂组（关闭期，$P=$

0.003；开启期，$P=0.0001$），而恩他卡朋则没有奥匹卡朋理想[36]。根据临床医生的整体印象变化量表（Clinician's Global Impression of Change，CGI-C）和患者的整体印象变化量表（Patient's Global Impression of Change，PGI-C）对患者健康状况的评估，50 mg剂量的奥匹卡朋显著优于安慰剂（CGI-C，$P=0.0005$；PGI-C，$P=0.0070$）及恩他卡朋（CGI-C，$P=0.0008$；PGI-C，$P=0.0091$）[36]。

BIPARK Ⅱ研究采用的是多中心、随机和双盲安慰剂的对照试验，奥匹卡朋的给药剂量为口服25 mg和50 mg，每日1次。与BIPARK Ⅰ研究一致，与安慰剂相比，50 mg剂量的奥匹卡朋显著减少了关闭期时间。相较于安慰剂，关闭期平均减少了54 min（$P=0.0084$），同时开启期相应增加。接受50 mg剂量奥匹卡朋治疗的患者，达到关闭期治疗终点的比率明显增加（62.4%，$P=0.0405$）[39]。显然，两项开放试验的结果都成功验证了奥匹卡朋的疗效[40]。相对于开放试验，在BIPARK Ⅰ和BIPARK Ⅱ两项试验中，关闭期相对双盲试验基线的减少都是持续且稳定的。并正如预期的那样，关闭期的减少都伴随着开启期的增加[40]。在接受L-dopa/AADC抑制剂治疗的帕金森病患者中，服用奥匹卡朋出现停药症状波动和紧急治疗不良事件（treatment emergent adverse event，TEAE）的发生率要高于安慰剂组[41]。但是，在两项研究中，因TEAE而停药的患者比例很低[41]。与安慰剂相比，在奥匹卡朋治疗组中观察到的最常见TEAE包括多巴胺能运动障碍、便秘、失眠、口干和头晕，以及血液肌酸磷酸激酶（creatine phosphokinase，CPK）水平的升高。运动障碍是该药物报告最多的不良事件，其在奥匹卡朋治疗组中的发生率（17.7%）高于安慰剂（6.2%）和恩他卡朋（7.4%）对照组。与恩他卡朋相比，奥匹卡朋的运动障碍程度更为严重，可以解释为奥匹卡朋对COMT的抑制作用更强，导致L-dopa的生物利用度更高[33]。然而，根据对开启期的疗效评估发现，大多数患者认为这一运动障碍副作用并不严重。在两项关键性研究中，奥匹卡朋并不会明显增加肝脏不良反应。实际上，与安慰剂相比，奥匹卡朋治疗组的肝脏不良反应发生率甚至更低（1.2% vs 3.1%）。在有关肝脏的试验中，各项参数的平均变化在各组之间没有显著差异，在试验中，也没有发现有关奥匹卡朋引起严重肝脏副作用的报告[42]。此外，奥匹卡朋不会引起尿液变色[36]，也不会使牙齿、头发和指甲变为橙色，而恩他卡朋则会引起以上不良反应[11]。在BIPARK Ⅰ研究中，导致停药的最常见副作用是腹泻，但只发生于恩他卡朋（$n=2$）和安慰剂（$n=1$）组中的患者，奥匹卡朋治疗组中没有患者因腹泻而停药[36]。

6.6 结论

从最初体外筛选获得的苗头化合物4a开始，研发团队设计了全新的基于杂环的硝基邻苯二酚COMT抑制剂，其结构与经典的第二代COMT抑制剂完全不同。随后以1,2,4-噁二唑环取代核心的吡唑环，并筛选得到了优选的3,5-取代模式，发现了一系列在体COMT抑制活性更强且作用时间更持久的先导化合物。后续研究发现，吡啶*N*-氧化物取代的1,2,4-噁二唑硝基邻苯二酚衍生物12a～m的毒性逐渐降低，且表现出比阳性药托卡朋和恩他卡朋更强的COMT抑制作用。相较于第二代COMT抑制剂托卡朋、恩他卡朋和奈比卡朋，奥匹卡朋具有更好的生物学特性和疗效，因此被认为是结构上全新的第三代COMT抑制剂。

目前获得的临床试验数据表明，奥匹卡朋比其前代药物具有更优越的疗效和耐受性。奥匹卡朋的研发提供了一种更安全、简化的帕金森病治疗方案，使医生可以基于现有的L-dopa疗法制订个性化的治疗方案，同时有效减少了L-dopa的给药剂量，并最大限度地提高其治疗效果。可以预见，对于晚期帕金森病患者的辅助治疗，奥匹卡朋将成为托卡朋和恩他卡朋的替代治疗药物。

（白仁仁　董　菁　钟智超）

原作者简介

拉斯洛·E.基斯（László E.Kiss），1994年获得硕士学位，随后获得罗兰大学（Eötvös Loránd University）有机化学博士学位。1998～2002年，他在位于匈牙利布达佩斯的ComGenex Inc.公司担任组合化学家和项目负责人。2002年，他加入BIAL-Portela & Ca（S.Mamede do Coronado，葡萄牙）公司，担任药物化学家，并于2011年成为BIAL药物化学团队的负责人。他致力于多个先导化合物的发现和优化研究，研究兴趣主要集中在心血管疾病和中枢神经系统疾病治疗药物的研究。

玛丽亚·若昂·博尼法西奥（Maria João Bonifácio），分别于1986年和1996年获得波尔图大学（University of Porto）生物化学学士学位和生物医学科学博士学位。1996年，她加入BIAL-Portela & Ca公司，成为药理研究实验室的成员。2015年开始负责靶点的发现识别及早期的药理研究工作。她参与了多个药物开发项目，负责新化学实体的筛选和早期药理学表征。她的主要研究兴趣是新药分子的生化药理学及其与靶标的相互作用。

何塞·弗朗西斯科·罗查（José-Francisco Rocha），2002年获得阿尔加维大学（University of Algarve）理学学士学位，2004年获得阿尔加维大学生物化学博士学位。2004年加入了葡萄牙BIAL-Portela & Ca公司，在临床研究部门从事研究工作，并于2013年成为临床研究部门的负责人。他的研究兴趣集中在心血管和中枢神经系统疾病领域。

帕特里西奥·苏亚雷斯·达席尔瓦（Patrício Soares-da-Silva），分别于1981年和1988年获得波尔图大学医学学士学位及生理学和药理学博士学位。自1996年开始担任波尔图大学医学院临床药理学和治疗学教授，并领导BIAL-Portela & Ca的研发部门。他的主要研究兴趣涉及新化学实体的药理学、毒理学和临床药理学研究。

参考文献

1. de Lau, L.M. and Breteler, M.M. (2006) Epidemiology of Parkinson's disease. *Lancet Neurol.*, 5 (6), 525-535.
2. Pringsheim, T., Jette, N., Frolkis, A., and Steeves, T.D. (2014) The prevalence of Parkinson's disease: a systematic review and meta-analysis. *Mov. Disord.*, 29 (13), 1583-1590.
3. Orth, M. and Schapira, A.H. (2002) Mitochondrial involvement in Parkinson's disease. *Neurochem. Int.*, 40 (6), 533-541.
4. Ehringer, H. and Hornykiewicz, O. (1960) Distribution of noradrenaline and dopamine (3-hydroxytyramine) in the human brain and their behavior in diseases of the extrapyramidal system. *Klin. Wochenschr.*, 38, 1236-1239.
5. Kopin, I.J. (1994) Monoamine oxidase and catecholamine metabolism. *J. Neural Transm. Suppl.*, 41, 57-67.
6. Foley, P., Gerlach, M., Double, K.L., and Riederer, P. (2004) Dopamine receptor agonists in the therapy of Parkinson's disease. *J. Neural Transm.* (*Vienna*), 111 (10-11), 1375-1446.
7. Birkmayer, W. and Hornykiewicz, O. (1961) The L-3, 4-dioxyphenylalanine (DOPA) -effect in Parkinson-akinesia. *Wien. Klin. Wochenschr.*, 73, 787-788.
8. Barbeau, A. (1974) The clinical physiology of side effects in long-term L-DOPA therapy. *Adv. Neurol.*, 5, 347-365.
9. Messiha, F.S., Hsu, T.H., and Bianchine, J.R. (1972) Peripheral aromatic L-amino acids decarboxylase inhibitor in Parkinsonism. I. Effect on *O*-methylated metabolites of L-dopa-2-^{14}C. *J. Clin. Invest.*, 51 (2), 452-455.
10. Pletscher, A. and Bartholini, G. (1971) Selective rise in brain dopamine by inhibition of

extracerebral levodopa decarboxylation. *Clin. Pharmacol. Ther.*, 12（2）, 344-352.

11. Tuite, P., Thomas, C., Fernandez, H., and Ruekert, L.（2009）*Parkinson's Disease: a Guide to Patient Care*, Springer Publishing Company LLC.
12. Barrow, J.C.（2012）Inhibitors of catechol-*O*-methyltransferase. *CNS & Neurol. Disord. Drug Targets*, 11（3）, 324-332.
13. Kiss, L.E. and Soares-da-Silva, P.（2014）Medicinal chemistry of catechol *O*-methyltransferase（COMT）inhibitors and their therapeutic utility. *J. Med. Chem.*, 57（21）, 8692-8717.
14. Guldberg, H.C. and Marsden, C.A.（1975）Catechol-*O*-methyl transferase: pharmacological aspects and physiological role. *Pharmacol. Rev.*, 27（2）, 135-206.
15. Zhu, B.T., Ezell, E.L., and Liehr, J.G.（1994）Catechol-*O*-methyltransferase-catalyzed rapid *O*-methylation of mutagenic flavonoids. Metabolic inactivation as a possible reason for their lack of carcinogenicity *in vivo*. *J. Biol. Chem.*, 269（1）, 292-299.
16. Myöhänen, T.T. and Männistö, P.T.（2010）Distribution and functions of catechol-*O*-methyltransferase proteins: do recent findings change the picture?*Int. Rev. Neurobiol.*, 95, 29-47.
17. Bäckström, R., Honkanen, E., Pippuri, A., Kairisalo, P., Pystynen, J., Heinola, K., Nissinen, E., Linden, I.B., Mannistö, P.T., Kaakkola, S., and Pohto, P.（1989）Synthesis of some novel potent and selective catechol *O*-methyltransferase inhibitors. *J. Med. Chem.*, 32（4）, 841-846.
18. Borgulya, J., Bruderer, H., Bernauer, K., Zurcher, G., and Da Prada, M.（1989）Catechol-*O*-methyltransferase-inhibiting pyrocatechol derivatives: synthesis and structure-activity studies. *Helv. Chim. Acta*, 72（5）, 952-968.
19. Borgulya, J., Da Prada, M., Dingemanse, J., Scherschlicht, R., Schlappi, B., and Zurcher, G.（1991）Ro 40-7592. Catechol-*O*-methyltransferase（COMT）inhibitor. *Drugs Future*, 16, 719-721.
20. Nissinen, E., Linden, I.B., Schultz, E., and Pohto, P.（1992）Biochemical and pharmacological properties of a peripherally acting catechol-*O*-methyltransferase inhibitor entacapone. *Naunyn-Schmiedeberg's Arch. Pharmacol.*, 346（3）, 262-266.
21. Learmonth, D.A., Vieira-Coelho, M.A., Benes, J., Alves, P.C., Borges, N., Freitas, A.P., and Soares-da-Silva, P.（2002）Synthesis of 1-（3,4-dihydroxy-5-nitrophenyl）-2-phenyl-ethanone and derivatives as potent and long-acting peripheral inhibitors of catechol-*O*-methyltransferase. *J. Med. Chem.*, 45（3）, 685-695.
22. Nissinen, E. and Männistö, P.T.（2010）Biochemistry and pharmacology of catechol-*O*-methyltransferase inhibitors. *Int. Rev. Neurobiol.*, 95, 73-118.
23. Palma, P.N., Bonifacio, M.J., Loureiro, A.I., and Soares-da-Silva, P.（2012）Computation of the binding affinities of catechol-*O*-methyltransferase inhibitors: multisubstate relative free energy calculations. *J. Comput. Chem.*, 33（9）, 970-986.
24. Keranen, T., Gordin, A., Karlsson, M., Korpela, K., Pentikainen, P.J., Rita, H., Schultz, E., Seppala, L., and Wikberg, T.（1994）Inhibition of soluble catechol-*O*-methyltransferase and single-dose pharmacokinetics after oral and intravenous administration of entacapone. *Eur. J. Clin. Pharmacol.*, 46（2）, 151-157.
25. Parashos, S.A., Wielinski, C.L., and Kern, J.A.（2004）Frequency, reasons, and

risk factors of entacapone discontinuation in Parkinson disease. *Clin. Neuropharmacol.*, 27（3）, 119-123.

26. Assal, F., Spahr, L., Hadengue, A., Rubbia-Brandt, L., and Burkhard, P.R.（1998）Tolcapone and fulminant hepatitis. *Lancet*, 352（9132）, 958.
27. Olanow, C.W.（2000）Tolcapone and hepatotoxic effects. Tasmar advisory panel. *Arch. Neurol.*, 57（2）, 263-267.
28. Bonifácio, M.J., Vieira-Coelho, M.A., and Soares-da-Silva, P.（2003）Kinetic inhibitory profile of BIA 3-202, a novel fast tight-binding, reversible and competitive catechol-*O*-methyltransferase inhibitor. *Eur. J. Pharmacol.*, 460（2-3）, 163-170.
29. Pedrosa, R. and Soares-da-Silva, P.（2002）Oxidative and non-oxidative mechanisms of neuronal cell death and apoptosis by L-3,4-dihydroxyphenylalanine（L-DOPA）and dopamine. *Br. J. Pharmacol.*, 137（8）, 1305-1313.
30. Bonifácio, M.J., Torrão, L., Loureiro, A.I., Palma, P.N., Wright, L.C., and Soares-da-Silva, P.（2015）Pharmacological profile of opicapone, a third-generation nitrocatechol catechol-*O*-methyl transferase inhibitor, in the rat. *Br. J. Pharmacol.*, 172（7）, 1739-1752.
31. Bonifácio, M.J., Sutcliffe, J.S., Torrão, L., Wright, L.C., and Soares-da-Silva, P.（2014）Brain and peripheral pharmacokinetics of levodopa in the cynomolgus monkey following administration of opicapone, a third generation nitrocatechol COMT inhibitor. *Neuropharmacology*, 77, 334-341.
32. Almeida, L., Rocha, J.F., Falcão, A., Palma, P.N., Loureiro, A.I., Pinto, R., Bonifácio, M.J., Wright, L.C., Nunes, T., and Soares-da-Silva, P.（2013）Pharmacokinetics, pharmacodynamics and tolerability of opicapone, a novel catechol-*O*-methyltransferase inhibitor, in healthy subjects: prediction of slow enzyme-inhibitor complex dissociation of a short-living and very long-acting inhibitor. *Clin. Pharmacokinet.*, 52（2）, 139-151.
33. Rocha, J.F., Falcão, A., Santos, A., Pinto, R., Lopes, N., Nunes, T., Wright, L.C., Vaz-da-Silva, M., and Soares-da-Silva, P.（2014）Effect of opicapone and entacapone upon levodopa pharmacokinetics during three daily levodopa administrations. *Eur. J. Clin. Pharmacol.*, 70（9）, 1059-1071.
34. Ferreira, J.J., Rocha, J.F., Falcão, A., Santos, A., Pinto, R., Nunes, T., and Soares-da-Silva, P.（2015）Effect of opicapone on levodopa pharmacokinetics, catechol-*O*-methyltransferase activity and motor fluctuations in patients with Parkinson's disease. *Eur. J. Neurol.*, 22（5）, 815-825, e56.
35. Rocha, J.F., Ferreira, J.J., Falcão, A., Santos, A., Pinto, R., Nunes, T., Almeida, L., and Soares-da-Silva, P.（2016）Effect of 3 single-dose regimens of opicapone on levodopa pharmacokinetics, catechol-*O*-methyltransferase activity and motor response in patients with parkinson disease. *Clin. Pharmacol. Drug Dev.*, 5（3）, 232-240.
36. Ferreira, J.J., Lees, A., Rocha, J.F., Poewe, W., Rascol, O., and Soares-da-Silva, P.（2016）Opicapone as an adjunct to levodopa in patients with Parkinson's disease and end-of-dose motor fluctuations: a randomised, double-blind, controlled trial. *Lancet Neurol.*, 15（2）, 154-165.

37. Hauser, R.A., Auinger, P., and Parkinson Study, G. (2011) Determination of minimal clinically important change in early and advanced Parkinson's disease. *Mov. Disord.*, 26 (5), 813-818.
38. Hauser, R.A., Gordon, M.F., Mizuno, Y., Poewe, W., Barone, P., Schapira, A.H., Rascol, O., Debieuvre, C., and Frassdorf, M. (2014) Minimal clinically important difference in Parkinson's disease as assessed in pivotal trials of pramipexole extended release. *Parkinsons Dis.*, 2014, 467131.
39. Ferreira, J., Lees, A., Santos, A., Lopes, N., Costa, R., and Oliveira, C. (2015) Efficacy of opicapone as adjunctive therapy to levodopa in patients with Parkinson's disease and motor fluctuations: analysis of pooled phase III studies. *Mov. Disord.*, 30 (Suppl.1), 221.
40. Ferreira, J., Lees, A., Santos, A., Lopes, N., Rocha, J.F., and Soares-da-Silva, P. (2016) One-year follow-up of opicapone's efficacy and safety in patients with Parkinson's disease and motor fluctuations (BIPARK I). *Parkinsonism Relat. Disord.*, 22 (2), e100.
41. Gama, H., Ferreira, J., Lees, A., Lopes, N., Santos, A., Costa, R., Oliveira, C., Pinto, R., Nunes, T., Rocha, J.F., and Soares-da-Silva, P. (2015) Evaluation of the safety and tolerability of opicapone in the treatment of Parkinson's disease and motor fluctuations: analysis of pooled phase III studies. *Eur. J. Neurol.*, 22 (Suppl. 1), 611.
42. Lopes, N., Ferreira, J., Lees, A., Gama, H., Santos, A., Oliveira, C., Costa, R., Nunes, T., Rocha, J.F., and Soares-da-Silva, P. (2015) Hepatic safety of opicapone in Parkinson's disease patients. *Mov. Disord.*, 30 (Suppl.1), 263.

第7章

沙芬酰胺——一种抗帕金森病新药的研发

7.1 引言

7.1.1 帕金森病

1817年，詹姆斯·帕金森（James Parkinson）在其伦敦出版的专著《一篇关于震颤麻痹的论文》（*An Essay on the Shaking Palsy*）中，详细介绍了6名患者的病情——“这些患者出现了无意识的震颤和肌无力，部分患者即使受到外力支撑也无法正常活动，且患者伴有躯干前倾，走路时步态会逐渐变成小跑”。结合这些症状，他提出了一种前所未知的疾病，最初被称为颤抖性麻痹和震颤性麻痹，如今以其名字命名为帕金森病（Parkinson's disease，PD）[1]。帕金森病影响全球约630万人的健康，是第二常见的慢性神经退行性疾病，通常通过临床诊断和尸检来确证。但目前尚未有经确证的可用于帕金森病诊断的生物标志物。帕金森病是影响运动和其他非运动性临床特征的神经系统退行性疾病，其主要病征包括手、臂、腿、下腭和脸部震颤，运动迟缓，四肢和躯干僵硬，姿势不稳及平衡与协调能力受损。随着这些症状的加重，患者可能出现难以行走、交谈或完成其他简单任务的症状。其他症状可能包括抑郁和情绪变化，吞咽、咀嚼和说话日益困难，泌尿障碍，便秘，皮肤问题和睡眠障碍等[2, 3]。

帕金森病已知的主要危险因素是年龄，60岁及以上人群的患病率为1%～2%。对全球数据的Meta分析显示，其患病率随年龄增加而增加：对于40～49岁、50～59岁、55～64岁、60～69岁和65～74岁的人群，各年龄段每10万人中的患病人数分别为41人、107人、173人、428人和425人；70～79岁每10万人的患病人数进一步攀升到1087人；而在80岁及以上的人群中，每10万人的患病人数高达1903人[4]。由于人口的老龄化，可以预期未来帕金森病的发病率将进一步增加。帕金森病的运动症状主要是由黑质（substantia nigra，SN）内多巴胺能神经元（dopaminergic neurons）的缺失导致的，但这种神经元缺失的原因仍然未知[5]。对非人类灵长类动物的研究表明，多巴胺能神经元的衰老和退化可能是由相同的细胞机制引起的。在帕金森病患者中，正常的衰老受到多种因素的综合影响而显著加速，并且相关细胞的变化在不同的患者之间是不同的[6]，退化的过程以非线性方式发生。总体而言，帕金森病的发病机制尚不明确，可能是由多种因素引起的[7]。

帕金森病的发病可能与一些因素有关，如氧化应激[8]及线粒体功能障碍所致的能量代谢和Ca^{2+}稳态失常[9]、神经炎症[10]和铁代谢紊乱[11]。临床上，大多数帕金森病的发病是随机的，但是在过去的二十年中，由帕金森病相关基因突变导致的常染色体显性和隐性遗传的相关表现形式已经得到了确证。目前已知有几个染色体区域与帕金森病相关，并且部分区域已经被确定是导致常见单基因形式的帕金森病的潜在基因。例如，诱导突触核蛋白α（synuclein alpha，SNCA）和富亮氨酸的重复激酶2（leucine-rich repeat kinase 2，LRRK2）的基因是导致帕金森病通过常染色体显性遗传的潜在基因；而PTEN诱导激酶1（PTEN induced putative kinase 1，PINK1）、帕金森病相关脱糖酶7（Parkinsonism associated deglycase，PARK7）、13A2型ATP酶（ATPase type 13A2，ATP13A2）和帕金RBR E3泛素蛋白连接酶（parkin RBR E3 ubiquitin protein ligase，PARK2）的相关诱导基因则是帕金森病通过常染色体隐性遗传的潜在基因。在大多数病例中，多巴胺功能的神经元在死亡或垂死状态下会生成蛋白质沉积物，这种沉积物被称为路易小体（Lewy bodies）。目前尚不清楚路易小体是在杀死神经细胞的过程中起作用，还是它们只是细胞对疾病反应的一部分。帕金森病基因的突变与SN神经元丢失和神经胶质增生有关，但与路易小体无关[12]。SNCA的突变是完全外显性的，通常会导致早发性帕金森病加速演变成迟发性帕金森病，并伴有广泛和大量的路易小体形成[13]。与此相反，LRRK2突变显示出不同的外显率，在80岁时有30%～70%的发病率，通常会导致迟发性帕金森病，大多数情况下不会引起痴呆，并且通常的病理特征是形成典型的路易小体。最后，ATP13A2突变会导致一种非典型形式的帕金森病，并伴有痴呆症，被称为Kufor-Rakeb综合征[14]。

据研究，在合成哌替啶结构类似物*N*-甲基-4-苯基-4-丙酰氧基哌啶（*N*-methyl-4-phenyl-4-propionyloxypiperidine，一种麻醉药物）的过程中，会产生一种名为1-甲基-4-苯基-1,2,3,6-四氢吡啶（1-methyl-4-phenyl-1,2,3,6-tetrahydropyridine，MPTP）的副产物。MPTP能够引起帕金森病的所有临床症状，因此该现象被认为是环境毒素可以引起帕金森病的证据[15]。体内的MPTP可被单胺氧化酶B（MAO-B）氧化为MPP^+（*N*-甲基-4-苯基吡啶鎓离子，*N*-methyl-4-phenylpyridinium ion），它是线粒体电子传递链复合物I的抑制剂，这一发现也证实了线粒体在帕金森病发病机制中的关键作用[16]。金属、杀虫剂［如百草枯（paraquat）和鱼藤酮（rotenone）］、溶剂（如三氯乙烯和氯乙烯），以及农药都与帕金森病的发展有关[17]。而环境因素在帕金森病发病机制中的确切作用尚不清楚。但是，环境因素和遗传因素均与疾病的细胞表型相关，因此这一细胞表型被认为是帕金森病的细胞标志，而大多数帕金森病很可能是遗传和环境因素综合作用的结果。

7.1.2 从詹姆斯·帕金森到左旋多巴

在1817年詹姆斯·帕金森发表论文之后，瑞典神经学家、诺贝尔奖得主阿尔维德·卡尔森（Arvid Carlsson）于1957年发现左旋多巴［levodopa，L-dopa，（2*S*）-2-氨基-3-（3,4-二羟基苯基）丙酸］能减轻由利血平（reserpine）所致的动物呆滞，这也为帕金森病的治疗打下了基础。1967年，乔治·科齐亚斯（George Cotzias）进一步研究了卡尔森的这个发现，并证明高剂量的L-dopa能够显著逆转帕金森病的大部分运动障碍。与此同时，人们尝试了许多不同的，甚至是奇特的治疗方法，试图减轻帕金森病相关的症状或治愈帕金森病[18]。帕金森本人建议可以考虑汞治疗，同时其他治疗方法也被相继报道，如以铁的碱式碳酸盐、黑麦麦角、颠茄、氯仿和马钱子碱（strychnine，STRY）等进行治疗。除此之外，还尝试了各种生物碱［莨菪碱（hyoscyamine）、东莨菪碱（scopolamine）］、阿托品（atropine）及其类似物、合成抗毒蕈碱药和抗组胺药的治疗，以及采用电流刺激脊髓和相关肌肉，或是震动椅治疗的方法。但正是围绕利血平药理学的研究才真正为抗帕金森病药物L-dopa的发现奠定了基础。利血平是1952年在巴塞尔汽巴（Ciba）实验室发现的，是从植物萝芙木（*Rauwolfia serpentina*）根中提取的一种用于降压的生物碱，但在治疗高血压的过程中，有很大比例的患者出现了帕金森病。1955年，美国马里兰州贝塞斯达国家卫生研究所主任伯纳德·布罗迪（Bernard Brodie）研究发现，利血平会引起大脑5-羟色胺的耗竭。年轻的瑞典药理学家阿尔维德·卡尔森加入了布罗迪的实验室并接受生化药理学培训，参与了利血平对血小板影响的研究，同时他也观察到了5-羟色胺的减少。回到瑞典后，卡尔森决定从事一项伯纳德·布罗迪不感兴趣的项目：研究利血平对大脑中儿茶酚胺类神经递质的影响。这项研究得出了以下基本结果：①利血平和L-dopa可使多巴胺（dopamine，DA）水平降低，而*L*-5-羟色氨酸（5-羟色胺的前体）水平没有下降；②多巴胺可逆转利血平对家兔的催眠作用；③多巴胺存在于大脑，尤其集中于纹状体中[19-21]。其他科学家进一步在人脑中扩展了以上观察结果[22, 23]。1958年，奥雷·豪尼凯兹（Oleh Hornykiewicz）在牛津大学赫尔曼·布拉什科（Hermann Blaschko）实验室完成了博士后的研究，回到维也纳开始了一项关于帕金森病和亨廷顿病（Huntington’s disease，HD）患者大脑中多巴胺的研究。1960年，他提出帕金森病患者的纹状体中的多巴胺水平降低了90%，而HD患者则没有[24]。豪尼凯兹（Hornykiewicz）和他的临床同事比克迈耶（Birkmayer）很快进行了L-dopa的人体实验[25]。1961年7月，他们先后给20例患脑炎后的帕金森病患者注射了剂量递增（50 mg，100 mg，150 mg）的D, L-dopa，并在50 mg剂量组中观察到了更为显著的效果，疗效持续了3 h。当同时使用MAO抑制剂时，疗效得到了增强。1964年，比克迈耶和豪尼凯兹治疗了200例帕金森病患者，结果各异，但总体而言未达到最初的预期。20世纪60年代中期，从卡尔森的开创性工作开始到多巴胺疗法，再到后续其他帕金森病的新潜在疗法，帕金森病和多巴胺的生化和药理研究一直被怀疑且不被看好。这种态度一直持续到1967年，乔治·科兹亚斯（George Cotzias）及其同事在《新英格兰医学杂志》（*New EnglandJournal of Medicine*）上发表了他们的论文，提出了一种可长时间保持体内高水平D，L-dopa的新技术，该技术包括通过非常缓慢增加D，L-dopa的剂量避免厌食、恶心和呕吐等胃肠道副作用[26]。两年后，科兹亚斯和他的同事以类似的方案将L-dopa与外周多巴脱羧酶抑制剂（peripheral dopa decarboxylase inhibitor）卡比多巴联合使用，从而使L-dopa的有效剂量更小且副作用更少[27]。

自雅尔（Yahr）等在一项双盲试验中证实了科兹亚斯的结论后，L-dopa被普遍认为是帕金森病对症治疗的黄金标准，并于1970年获得了美国FDA的批准[28]。

7.1.3 帕金森病的药物治疗

即使在今天，L-dopa仍然是治疗帕金森病最有效的疗法。该药物通常与外周脱羧酶抑制剂[苄丝肼（benserazide）或卡比多巴（carbidopa）]联合使用，该抑制剂可阻止L-dopa在外周向多巴胺的转化，从而减少L-dopa的使用剂量并最大限度地降低其外周不良反应。L-dopa疗法的主要不良反应有恶心、运动并发症[包括“剂末效应”（wearing-off）]、运动障碍、“开-关（on-off）”效应、精神错乱、幻觉、直立性低血压和睡眠障碍等。恢复多巴胺能活性的另一种替代或补充疗法是使用多巴胺受体激动剂，如普拉克索（pramipexole）、罗匹尼罗（ropinirole）、罗替戈汀（rotigotine）和吡贝地尔（piribedil）。这些药物的优点是不需要酶将其转化为活性物质，作用时间更长，副作用较少，且与L-dopa不同，它们具有较好的受体选择性。因为能长时间满足患者对L-dopa治疗量的需求，并且该类药物引起的运动波动和运动障碍的发生率较低，所以被视为多巴胺能疗法的首选。对于出现运动并发症并允许减少L-dopa剂量的患者，多巴胺受体激动剂也可以作为L-dopa之外的补充治疗。多巴胺受体激动剂也会引起早期胃肠道和精神病学方面的副作用。因此，在55岁以下的患者中，多巴胺受体激动剂是一线治疗药物，但是，L-dopa通常仍是患者在确诊帕金森病的几年内必不可少的药品。

MAO-B是一种以黄素腺嘌呤二核苷酸（flavin adenine dinucleotide，FAD）作为辅酶的线粒体酶，可催化包括多巴胺在内的多种结构胺类化合物的氧化脱氨反应。选择性MAO-B抑制剂，如司来吉兰和雷沙吉兰，可抑制纹状体中多巴胺的分解，以维持多巴胺的浓度。MAO-B抑制剂对帕金森病的运动功能障碍具有一定疗效。它们通常在疾病早期作为单一疗法或作为其他药物的辅助疗法使用，以减少关闭期（off-time）并延长开启期（on-time）。另一种阻断L-dopa外周降解，从而延长其半衰期和增强中枢生物利用度的方法是使用儿茶酚-*O*-甲基转移酶（catechol-*O*-methyltransferase，COMT）抑制剂，如托卡朋（tolcapone）和恩他卡朋（entacapone）。如对L-dopa/卡比多巴治疗产生反应波动的患者，COMT抑制剂则是L-dopa的另一辅助治疗方法。

此外，还可以通过使用抗胆碱能药物来恢复基底神经节的胆碱能与多巴胺能输入之间的平衡。历史上，在引入L-dopa之前，抗胆碱能药物，如苯海索（trihexyphenidyl）和苯托品（benztropine），已被用于帕金森病的治疗。这些药物主要对震颤具有治疗作用，仅在帕金森病的早期治疗或多巴胺替代疗法中作为辅助药物使用。金刚烷胺是一种偶然发现的可用于帕金森病治疗的抗流感药物，它可以改善早期帕金森病轻症患者的症状，并减少了晚期疾病患者的运动波动。早期动物研究表明，盐酸金刚烷胺可能对多巴胺神经元有直接或间接的影响，从而调节纹状体中多巴胺的释放。最近的研究表明，金刚烷胺是一种弱的、非竞争性的谷氨酸NMDA受体拮抗剂[2, 29]。

尽管帕金森病的病理特征包括SN致密区多巴胺能神经元的进行性丧失和纹状体中多巴胺水平的显著降低（这是帕金森运动综合征的病因），但不能将帕金森病简单地视为运动性疾病，相反，它应该被视为一种涉及中枢、自主神经和周围神经系统的系统性疾病。精神病、冲动控制、强迫性疾病、抑郁、焦虑、冷漠、低血压、勃起功能障碍、泌尿并发症和睡眠障碍等认知功能障碍和神经精神病学表现，现都已被纳为这种多系统障碍的组成部分[30]。目前，还有其他几种公认的因素也可导致帕金森病的进展，如谷氨酸介导的兴奋性毒性。

L-dopa是迄今为止开发出的最经济有效的药物之一，能够逆转静息性震颤、运动迟缓、动作笨拙、肌强直、姿势步态障碍及其他运动障碍。但是，它绝非完美的药物，最常见的不良反应包括不自主运动，如舞蹈症、肌张力障碍和运动障碍。运动功能的波动频繁发生，并且随着治疗时间的延长而增多。L-dopa治疗引起的另一些不良反应包括精神错乱、幻觉、妄想、情绪波动、心理变化、嗜睡、昏厥和头晕。当前用于帕金森病的疗法主要针对逆转运动症状，而诸如神经保护等其他方面的问题仍未得到解决。因此，同时具有多巴胺能和非多巴胺能作用的新药可以带来显著的治疗优势。

7.2 沙芬酰胺的发现

沙芬酰胺（safinamide），（*S*）-2-（（4-（（3-氟苄基）氧基）苄基）氨基）丙酰胺：甲磺酸盐（1∶1，图7.1），其是一种涉及多巴胺能和非多巴胺能，具有多模式作用机制的α-氨基酰胺衍生物[31]。沙芬酰胺通过抑制多巴胺再摄取及抑制

MAO-B增加可利用的多巴胺水平。它是一种强效且可逆的MAO-B抑制剂，与MAO-A相比，其对MAO-B的选择性明显高于司来吉兰和雷沙吉兰。此外，它还具有重要的新型作用方式，即通过对Na^+通道的阻滞和Ca^{2+}通道的调节作用，抑制谷氨酸释放，因此可以产生一定程度的认知改善和神经保护作用。多巴胺和谷氨酸之间的动态平衡对于基底神经节的正常生理作用至关重要。在帕金森病中，这种关系被改变，导致患者皮质-纹状体谷氨酸能功能上调[32]。任何可以抵消这种谷氨酸功能不平衡的药物都可能在控制运动障碍方面具有潜在的作用。

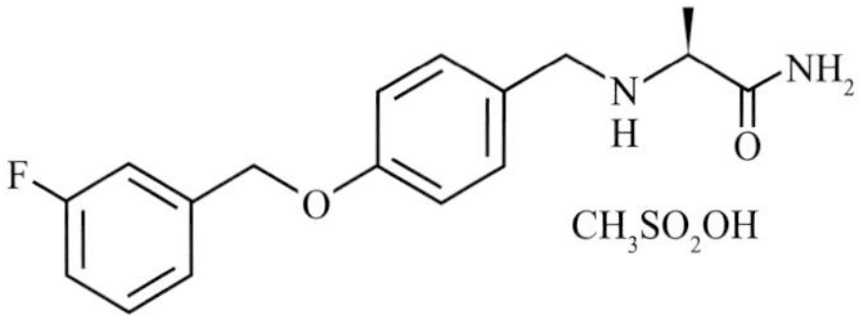

图7.1　沙芬酰胺的结构

沙芬酰胺是由埃尔巴公司（Farmitalia Carlo Erba）发现的，该公司后来被法玛西亚（Pharmacia）公司收购。纽伦制药（Newron Pharmaceuticals）成立于1999年，是从法玛西亚公司分离出来的制药公司，并从法玛西亚公司获得了沙芬酰胺的专利和知识产权。纽伦公司最初于2006年授予雪兰诺（Serono）在世界范围内独家开发、制造和销售沙芬酰胺的权利。但是，在2011年10月，默克雪兰诺（Merck Serono）公司同意将沙芬酰胺的全球销售权归还给纽伦公司。随后，纽伦公司与赞邦（Zambon）公司达成了一项战略合作和许可协议，以进行沙芬酰胺的全球开发和商业化。

7.2.1　从米拉醋胺到沙芬酰胺

沙芬酰胺漫长而富挑战性的研发历程源于一项围绕米拉醋胺（milacemide）的研究项目（图7.2）。据报道，米拉醋胺可阻断静脉注射荷包牡丹碱（iv-bicuculline，iv-BIC）诱导的癫痫发作。但是，在其他化学或物理诱发的癫痫动物模型中，如戊四唑（pentylenetetrazole，PTZ）、印防己毒素（picrotoxin，PIC）、STRY、4-氨基丁酸（4-amino-butanoic acid，GABA）抑制剂［GABA合成抑制剂包括3-巯基丙酸（3-mercaptopropionic acid，3-MPA）、烯丙基甘氨酸（allylglycine）、异烟肼（isoniazid）和硫代氨基脲（thiosemicarbazide）］，以及电击诱发的癫痫发作，其抑制效果较差或无效[33]。这表明米拉醋胺的抗惊厥活性可能与一种新的作用机制有关。米拉醋胺是大脑MAO-B的底物，因此它可以转化为甘氨酰胺，并进一步转化为抑制性神经递质甘氨酸[34]（图7.3）。

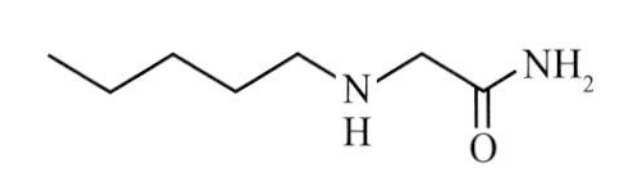

图7.2　米拉醋胺的结构

米拉醋胺可剂量依赖性地增加脑脊液（cerebrospinal fluid，CSF）中甘氨酸及甘氨酰胺的浓度，表明它是中枢神经系统（central nervous system，CNS）中甘氨酸的前药。在司来吉兰2 mg/kg（MAO-B特异性抑制剂）进行预处理时，可以发

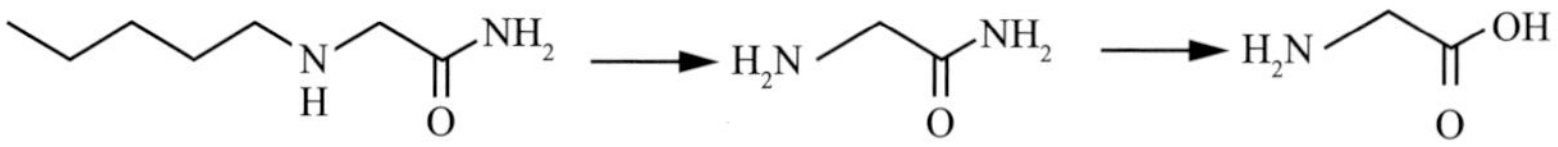

图7.3 米拉醋胺转变为甘氨酸的代谢途径

现司来吉兰几乎完全抑制了脑脊液中甘氨酰胺的形成，并增加了米拉醋胺在脑脊液中的积累。但是，以氯霉素（MAO-A特异性抑制剂）给药后未观察到任何效果[35]。因为早期的临床试验未显示出积极的结果，并且米拉醋胺在各种形式癫痫患者中的有效性尚未确定，所以停止了对该化合物的进一步开发[36, 37]。

研究人员猜测米拉醋胺产生抗惊厥活性的原因可能与MAO-B介导的降解作用有关，于是制备了一组保留米拉醋胺结构中乙酰氨基部分的分子，但以MAO的底物和抑制剂结构中的基团取代其戊氨基部分（图7.4）。

除化合物4和8以外，所有化合物均显示出时间依赖性且部分不可逆的MAO-B抑制作用。MAO-A与这些分子在37 ℃下预孵育60 min后的酶抑制实验显示，这些化合物对MAO-A没有明显抑制作用。其中，化合物8是最有效的MAO-A、MAO-B可逆抑制剂（表7.1）[38]。

化合物编号	R	化合物编号	R
1		5	
2		6	
3		7	
4		8	

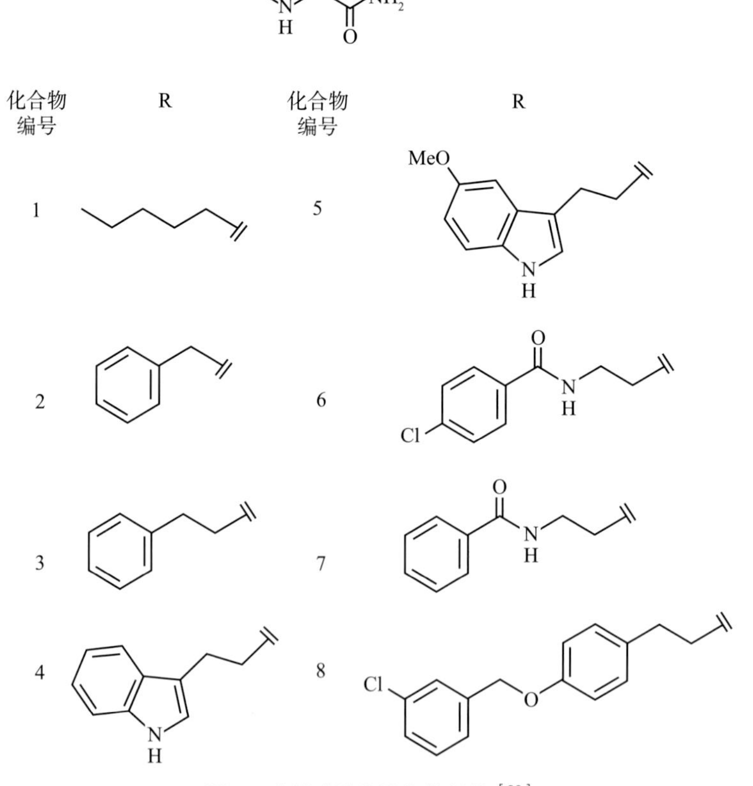

图7.4 米拉醋胺类似物的结构[38]

表7.1　米拉醋胺（1）及其类似物抑制牛肝线粒体中的MAO-B和大鼠肝线粒体中的MAO-A的IC_{50}值

化合物	酶	IC_{50}（μmol/L），预孵育时间	
		0 min	60 min
1	MAO-B	985±15	283±26
	MAO-A	163±67	152±56
2	MAO-B	2150±50	880±100
	MAO-A	42.6±11	47.9±6.3
3	MAO-B	613±63	190±20
	MAO-A	205±75	237±64
4	MAO-B	447±67	441±61
	MAO-A	13.9±2.3	13.6±0.9
5	MAO-B	2600±10	1410±20
	MAO-A	144±24	112±35
6	MAO-B	1200±100	249±20
	MAO-A	64.3±22	56.6±22
7	MAO-B	3900±100	373±97
	MAO-A	94.6±3.4	86.5±4.6
8	MAO-B	4.1±0.8	3.5±0.4
	MAO-A	2.8±0.1	2.9±0.3

来源：参考文献［38］。

通过比较化合物1～8对MAO-B的抑制活性及其在小鼠中预防荷包牡丹碱诱导惊厥的能力，发现酶抑制与其抗惊厥活性之间没有相关性（表7.2）。

表7.2　氨基乙酰胺衍生物的抗惊厥活性

化合物	ED_{50}（mg/kg），口服预处理时间		
	1 h	3 h	6 h
1	301（238～381）	391（314～489）	343（276～426）
2	＞400	＞400	＞400
3	281（202～530）	＞400	＞400
4	＞400	＞400	＞400
5	＞400	＞400	＞400
6	＞400	＞400	＞400
7	＞400	＞400	＞400
8	205（162～262）	252（196～360）	234（107～305）

来源：参考文献［38］。

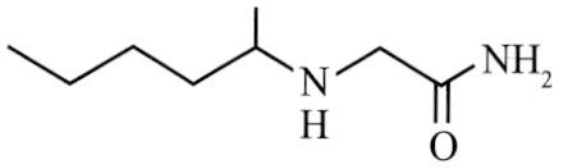

然而，既不能被MAO-A氧化也不能被MAO-B氧化的α-甲基取代的米拉醋胺衍生物（图7.5）却在iv-BIC实验中展现了与米拉醋胺相同的效力[39]。

图7.5 α-甲基米拉醋胺的化学结构

这些实验结果表明，米拉醋胺及其衍生物所产生的抗惊厥作用既不是由于抑制MAO产生的，也不是由被酶氧化裂解产生了甘氨酰胺，并进一步转化为甘氨酸所引起的。N-（苯乙基）甘氨酰胺（3）（图7.4和表7.2）在iv-BIC实验中表现出了更好的活性。当引入4-（3-氯苯甲氧基）基团时获得了该系列中最有效的化合物8（表7.2）。

7.2.2 基于2-氨基酰胺衍生物的构效关系研究发现先导化合物

第一系列的米拉醋胺衍生物的抗惊厥活性有所提高，促进了对2-取代氨基酰胺类衍生物的进一步研究，并且合成了一系列新的更具潜力的抗惊厥化合物[40]。该系列衍生物（图7.6和表7.3）可以通过使用改良的还原胺化方法将相应的α-氨基酰胺衍生物与相应的醛反应获得[41]。

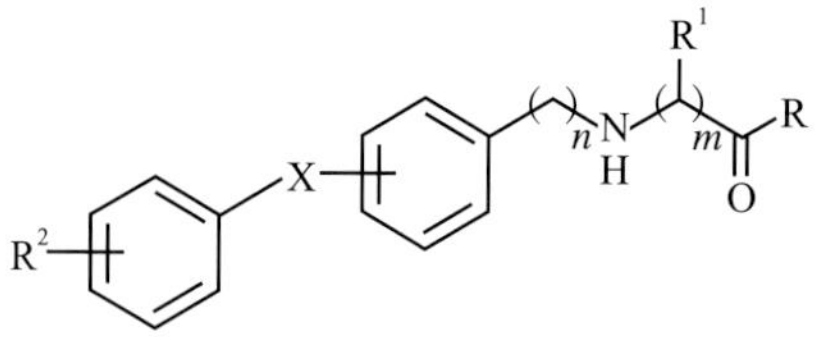

图7.6 米拉醋胺新系列衍生物的结构通式

表7.3 α-氨基酰胺衍生物抗癫痫活性的构效关系

化合物	结构	ED_{50}，mg/kg iv-BIC（口服）	ED_{50}，mg/kg MES（口服）
9	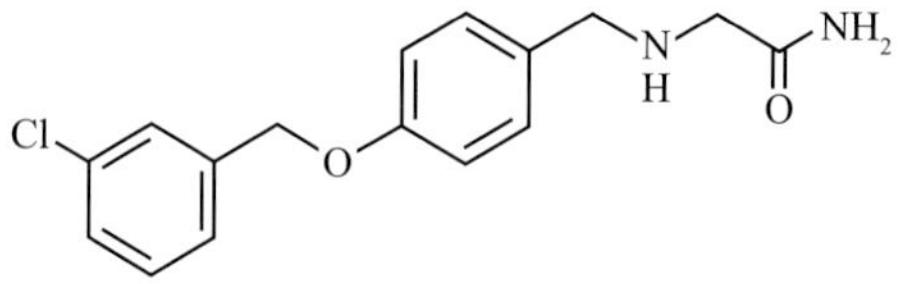	54.2	11.5
10	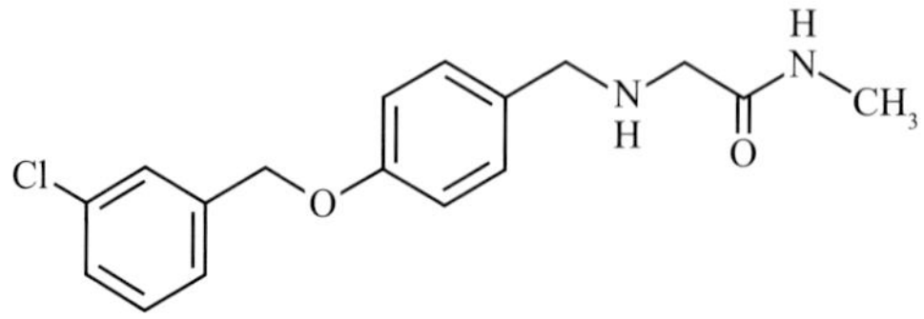	30.5	48.6

续表

化合物	结构	ED_{50}，mg/kg iv-BIC（口服）	ED_{50}，mg/kg MES（口服）
11	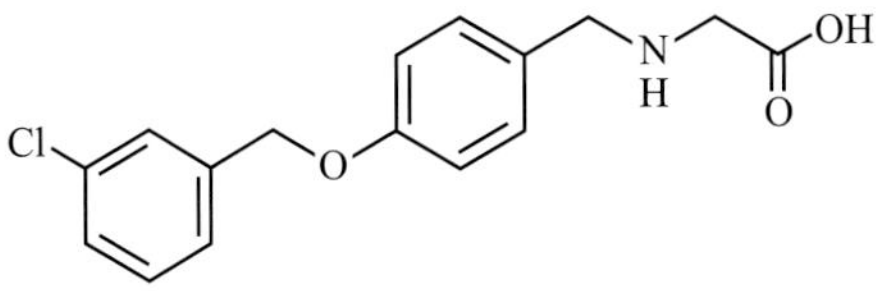	4/20@400 mg/kg	ND
12	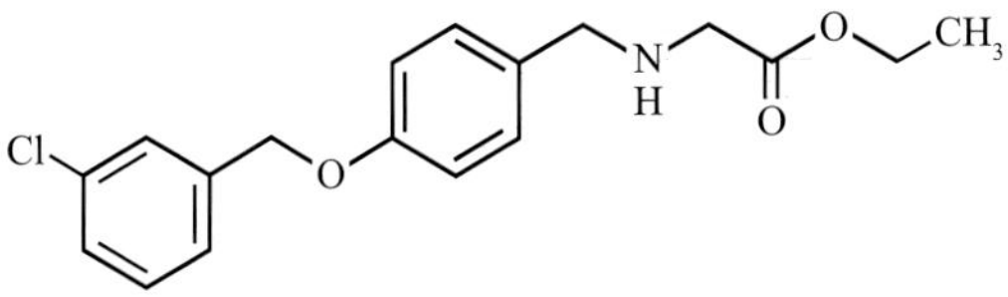	3/20@400 mg/kg	ND
13	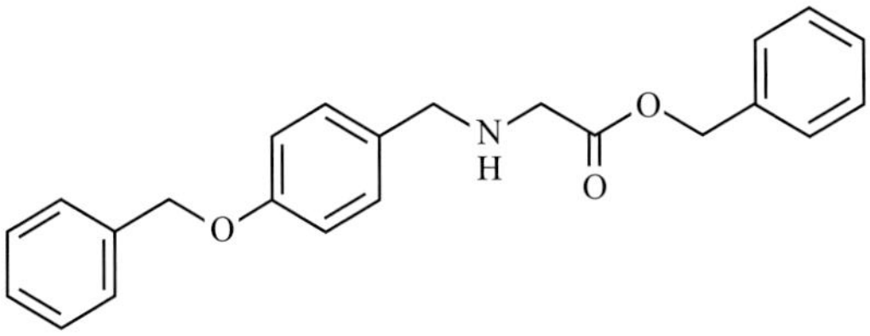	6/20@400 mg/kg	ND
14	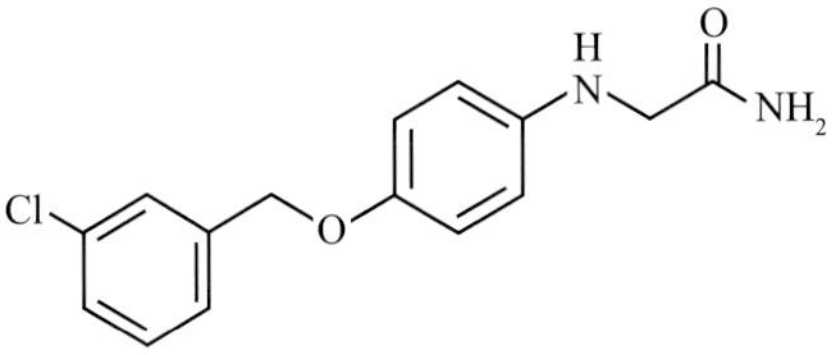	5/20@400 mg/kg	ND
15	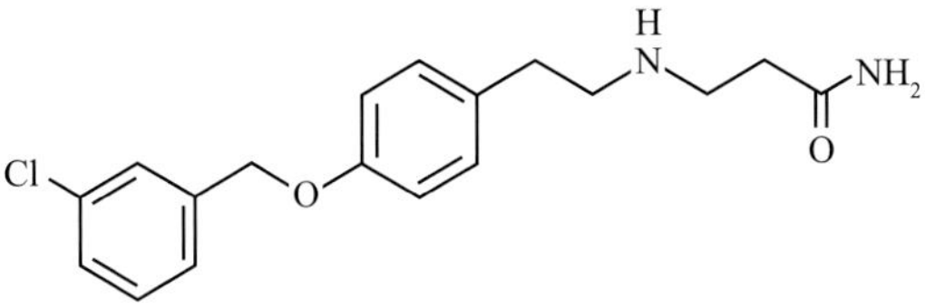	8/20@400 mg/kg	ND
16	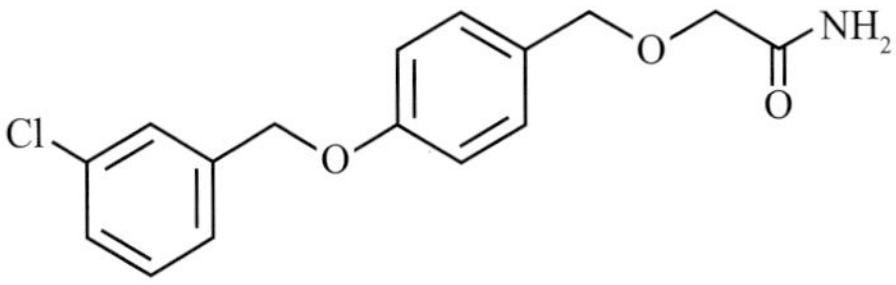	7/20@400 mg/kg	ND
17	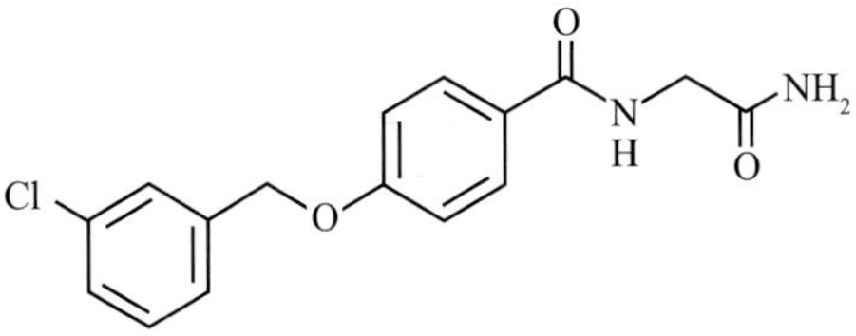	5/20@400 mg/kg	ND

续表

化合物	结构	ED_{50}，mg/kg iv-BIC（口服）	ED_{50}，mg/kg MES（口服）
18	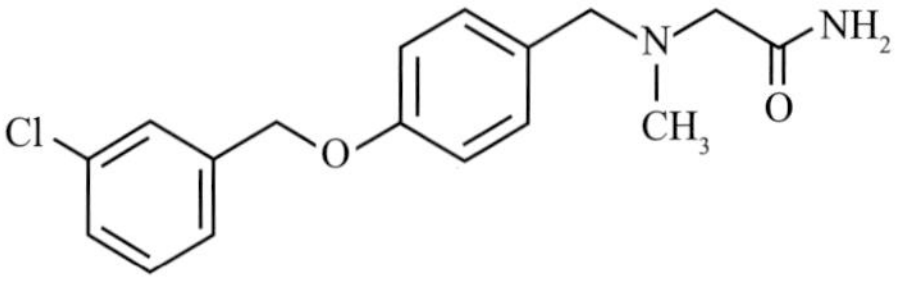	114.0	70.0
19	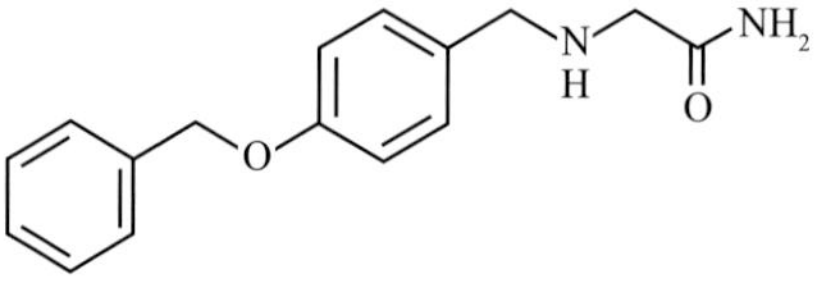	68.6	ND
20	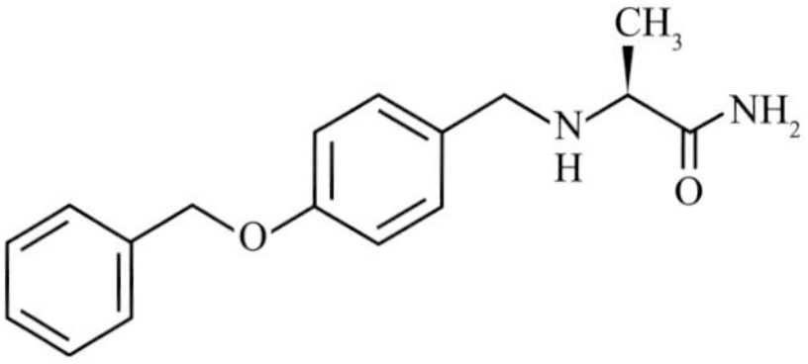	23.8	17.1
21	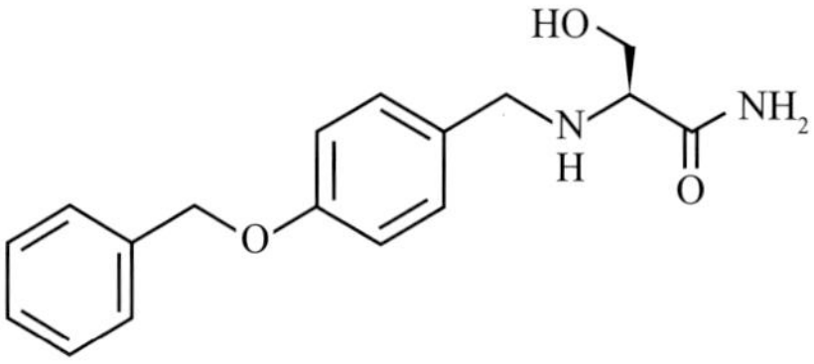	133	ND
22	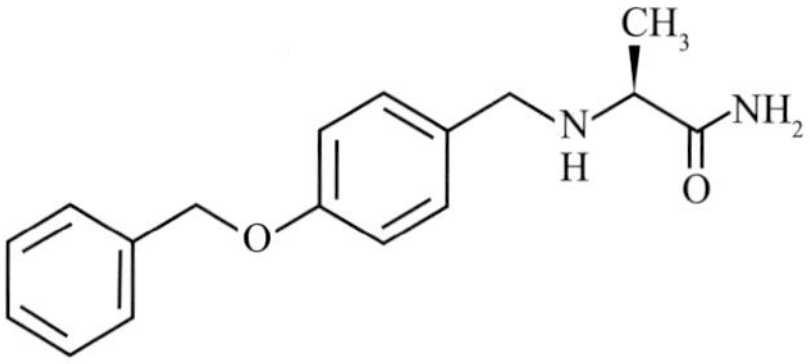	16.9	ND
23	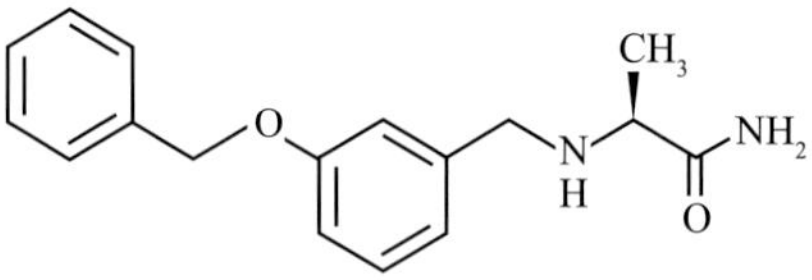	79.7	ND
24	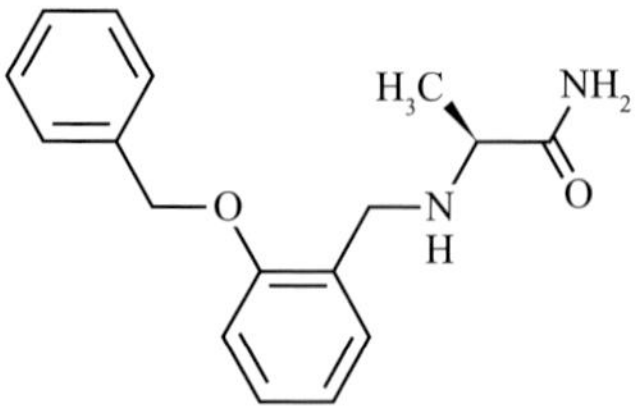	210	ND

续表

化合物	结构	ED_{50}，mg/kg iv-BIC（口服）	ED_{50}，mg/kg MES（口服）
25	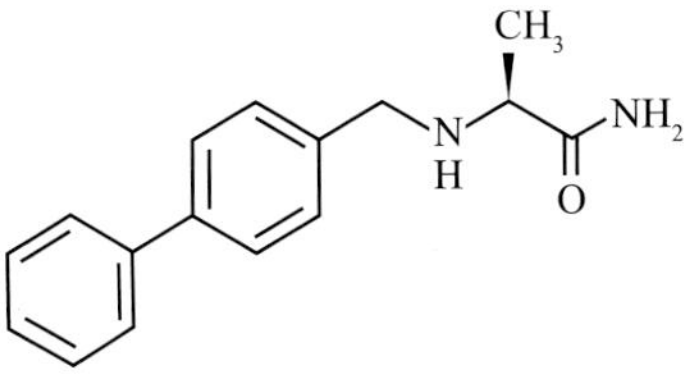	231	ND
26	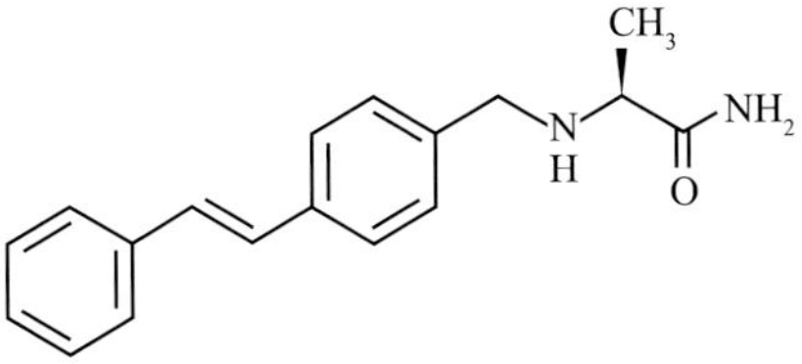	5/20@400 mg/kg	ND
27	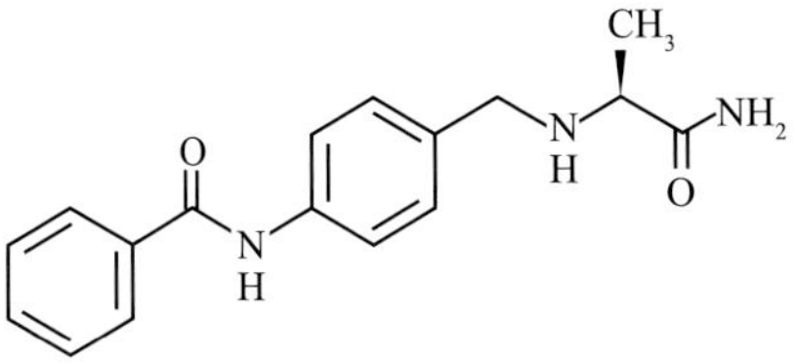	1/10@400 mg/kg	ND
28	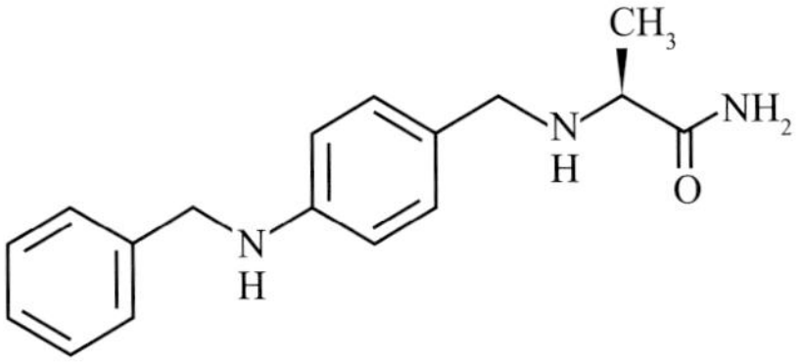	9.3	11.5
29	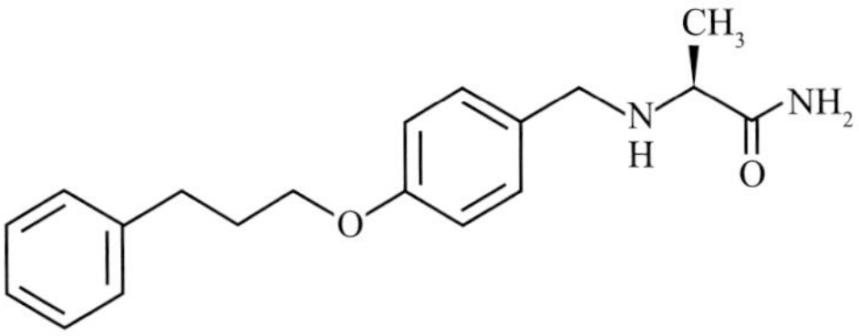	19.0	6.7
30	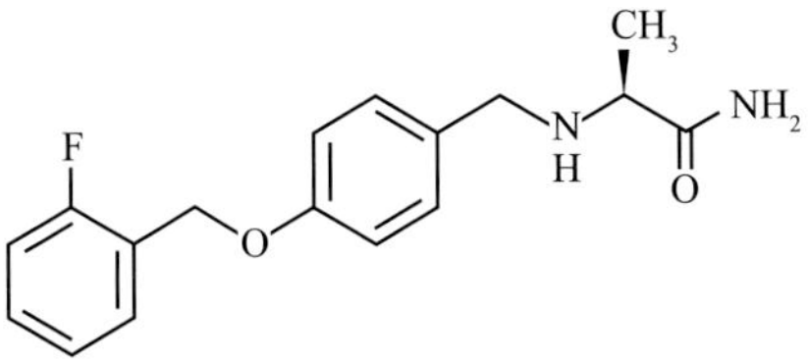	25.8	7.0

续表

化合物	结构	ED_{50}，mg/kg iv-BIC（口服）	ED_{50}，mg/kg MES（口服）
31	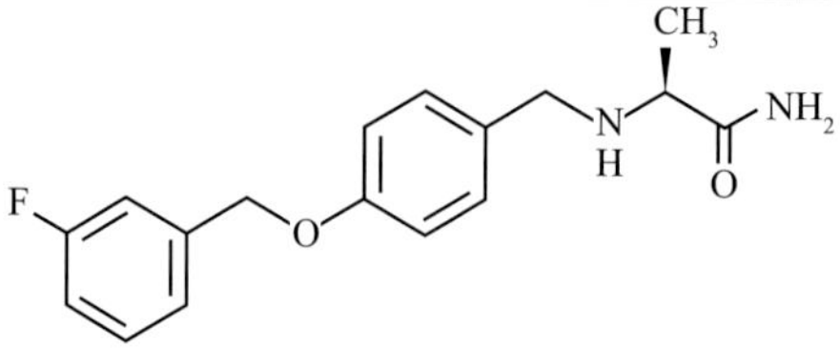 F, O, N H, CH$_3$, NH$_2$, O	26.9	8.0
32	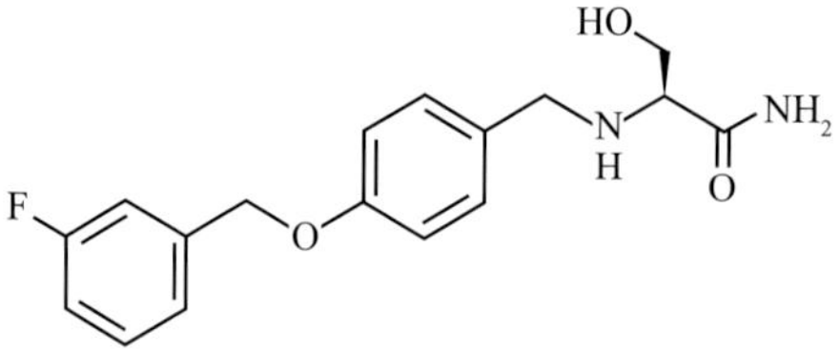 F, O, N H, HO, NH$_2$, O	25.1	13.0

来源：参考文献［41］。
注：ND数据暂缺。

以小鼠的iv-BIC实验进行初步体内筛选，对优选的化合物再通过最大电击试验（maximal electroshock，MES）进一步开展抗惊厥研究，并使用旋转法（rotarod test）测试小鼠运动障碍来定量评估化合物的毒性。另外，评估了部分化合物在化学诱导的癫痫模型中的疗效。这些实验可以预测新化合物对癫痫患者的临床疗效[42]。

为了确定影响2-取代氨基酰胺衍生物活性的关键性因素，研究人员进行了广泛的体内构效关系研究（图7.6和表7.3）。

实验数据发现，酰胺类化合物（化合物9或10）具有抗惊厥活性，而氨基酸衍生物（R＝OH，11），以及相应的乙酯（12）和苄酯（13）衍生物仅表现出非常弱的活性。实验中还探究了氨基和酰胺基相对于中心芳环相对位置的重要性，以及连接基团的空间类型对活性的影响，实验结果中没有发现m或$n>1$或$n=0$（14和15）的活性化合物。保留苄基仲氨基的结构对于较好的活性是必不可少的，因为其被氧取代（16）、转化为酰胺氮（17）或进一步引入甲基获得的叔胺（18），均导致产生活性减弱或无活性的化合物。在该系列化合物中，苄氨基对位的苄氧基远端芳环上存在的3-氯取代基对活性没有太大影响（R^2，9 vs 19）。以不同的R^1-氨基酰胺衍生物替代甘氨酰胺部分得到了几个非常有效的抗惊厥候选化合物，其中丙氨酸（20）和丝氨酸（21）衍生物表现出最高的活性。值得注意的是，通过测试几对（R）和（S）-氨基酰胺残基衍生物（22 vs 20），发现它们的活性大致相当，所以此类化合物的立体选择性在抗惊厥作用中没有影响。然而，一般而言，（R）-对映体在比（S）-对映体更低的剂量下便会出现行为毒性的症状。随后以丝氨酸和丙氨酸衍生物评估苄氧基苄基部分变化对活性的影响。为了确定苄氧基苄基和氨基酰胺的相对位置，以及芳环之间不同距离的链接臂（X，图7.6）对活性的影响，对化合物结构开展了进一步的优化。通过将苄氧基从对位移动到间位或邻位（20 vs 23 vs 24），发现抗惊厥活性明显降低。通过调整碳桥的长度及在连接臂中插入杂原子以考察芳环之间引入不同连接臂（X；图7.5）对活性的影响。实验结果发现，联苯类衍生物（X＝直接相连，25）的活性非常弱。值得注意的是，苯乙烯衍生物（X＝—CH＝CH—，26）与苯甲酰胺衍生物（X＝CONH—，27）同样无效。但是芳族链上的其他几种变化可以获得具有活性的化合物，除苄氧基衍生物外，活性最高的化合物是苄氨基（X＝—CH_2—NH—，28）和3-苯丙氧基衍生物（X＝—CH_2—CH_2—CH_2—O—，29）。通过在远端芳环的不同位置引入不同取代基，可以发现2-卤代和3-卤代的化合物（如30、31和32）是活性最强的化合物。

以芳杂环或环烷基取代远端的芳环并没有使活性提高[43]。一些具有活性的化合物表现出了可逆的MAO-B抑制作用，但是与抗惊厥活性依然没有相关性。研究人员试图鉴定潜在的抗癫痫活性与σ-结合之间相关性的尝试也失败了[44]。

7.2.3　具有体内抗癫痫活性的化合物沙芬酰胺

为了最终确定此类化合物的构效关系，选择了四个化合物（28、29、31、32；图7.7和表7.4）进行一系列抗惊厥实验并开展评估，通过与已有的抗惊厥药物及新一代抗惊厥药进行比较，结果证明受试化合物表现出了非常显著的抗惊厥活性及出色的治疗指数（therapeutic index，TI）。经过吸收-分布-代谢-排泄（absorption-distribution-metabolism-excretion，ADME）研究和毒理学的初步研究

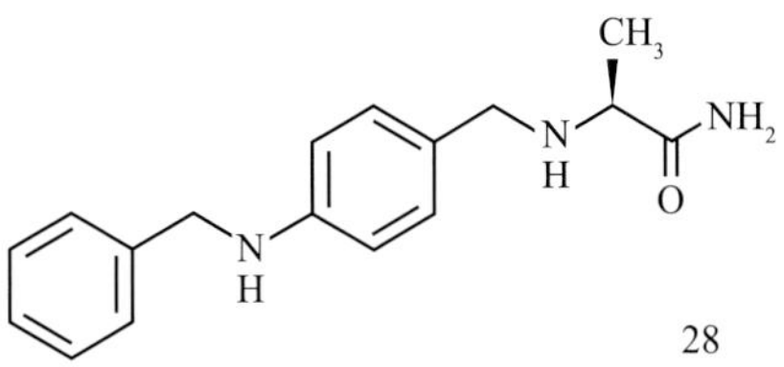

CH3 NH2 N H O N H
28 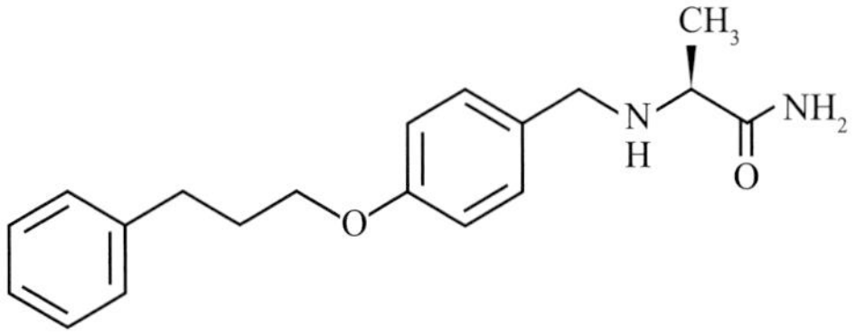
CH3 NH2 N H O O
29 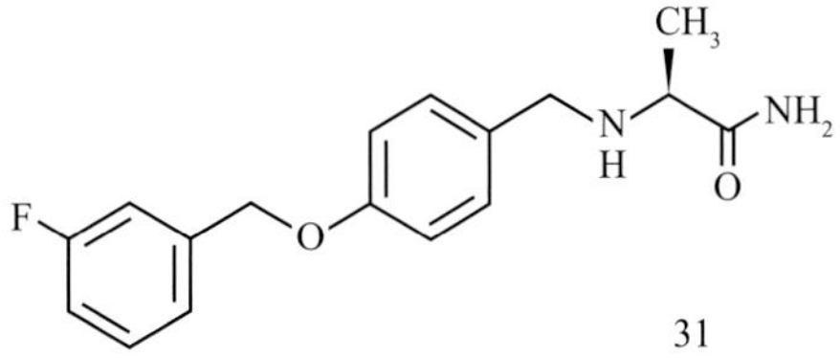
CH3 NH2 N H O F O
31 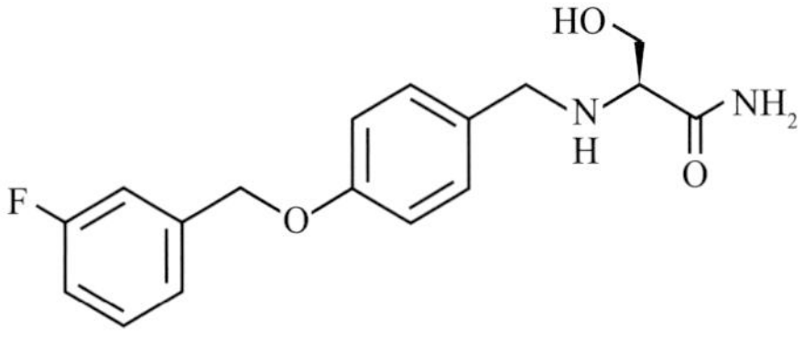
HO NH2 N H O F O
32

图7.7　开展体内测试的化合物结构

之后，化合物31（沙芬酰胺）最终被认为是最有希望的候选化合物，随即对其开展了进一步的临床前研究。

表7.4 所选化合物与阳性药的药理活性对比（小鼠，mg/kg，p.o.）[a]

化合物	MES	BIC	PTX	3-MPA	STRY	旋转法
28	11.5（9.0～14.7）[18.9]	9.3（7.3～12.0）[23.3]	37.5（28.8～48.8）[5.8]	16.3（10.8～24.4）[13.3]	50.3（30.1～66.0）[4.3]	217（195～238）
29	6.7（5.2～8.8）[87.1]	19.0（11.6～31.0）[30.7]	35.4（24.9～50.1）[16.5]	16.2（6.2～42.0）[36.0]	75.4（55.2～103）[7.7]	584（410～831）
31	8.0（7.0～9.1）[78.2]	26.9（22.3～32.5）[23.3]	60.6（39.6～92.6）[10.3]	21.5（16.8～27.5）[29.1]	104.1（67.5～160.7）[6.0]	626（557～703）
32	13.0（8.8～18.8）[70.4]	25.1（6.0～39.5）[36.4]	120（78～204）[7.6]	35.6（27.8～45.5）[25.7]	>250 [<3.6]	915（725～1378）
苯妥英（phenytoin）	3.8（2.3～6.1）[17.0]	42.1（29.0～61.1）[5.8]	>100 [<2.4]	11.3（4.6～27.9）[21.5]	>200 [<1.2]	243（142～415）
卡马西平（carbamazepine）	9.8（8.2～11.7）[10.8]	6.7（5.5～8.0）[15.8]	40.6（32.6～50.6）[2.6]	20.1（15.5～25.7）[5.3]	43.8（24.1～79.3）[2.4]	106（93～121）
丙戊酸钠（valproate）	189（169～212）[6.2]	414（360～478）[2.8]	350（276～443）[3.4]	167（126～222）[7.0]	538（478～607）[2.2]	1178（1020～1360）
拉莫三嗪（lamotrigine）	2.2（1.3～3.8）[38.2]	10.2（6.4～16.0）[8.2]	>40 [<2.1]	>40 [<2.1]	>40 [<2.1]	84（75～95）
地西泮（diazepam）	1.2（0.57～2.5）[5.7]	0.29（0.21～0.42）[23.4]	0.52（0.41～0.66）[13.1]	0.62（0.42～0.92）[11.0]	0.58（0.45～0.74）[11.7]	6.8（5.0～9.3）

a 以 ED_{50}（测试）/TD_{50}（旋转法）计算治疗指数，括号内为计算结果。

注：MES，maximal electroshock test，最大电击测试；BIC，bicuculline test，荷包牡丹碱测试；PTX，picrotoxin test，苦味毒测试；3-MPA，3-mercaptopropionic acid test，3-巯基丙酸测试；STRY，strychnine test，马钱子碱测试。

来源：参考文献[42]。

7.3 沙芬酰胺的作用机制

沙芬酰胺在体内可能通过不同的作用机制发挥作用。其对超过80种不同类型的受体，如多巴胺、谷氨酸、腺苷、5-羟色胺、毒蕈碱、烟碱和GABA等受体均没有活性。相反的是，已经证实了沙芬酰胺对多巴胺代谢的调节、Na^{+}/Ca^{2+}通道的阻滞，以及谷氨酸释放的抑制均具有活性。实验证明，在有效的抗惊厥浓度下，沙芬酰胺具有明显的电生理和神经化学效应。例如，药代动力学数据显示，在大鼠口服10 mg/kg沙芬酰胺后的30 min和60 min，脑中的沙芬酰胺浓度达到约40 μmol/L。这些时间点正好与MES癫痫模型中观察到的抗惊厥作用峰值相对应。该微摩尔浓度近似于能够有效抑制兴奋性氨基酸释放并减少持续重复刺激（sustained repetitive firing，SRF）所需的沙芬酰胺的浓度。重要的是，沙芬酰胺可以很好地进入大脑，脑内药物浓度比血药浓度高出约10倍。

7.3.1　沙芬酰胺对MAO-B的抑制

沙芬酰胺对大鼠脑内线粒体中的MAO-B具有抑制活性，IC_{50}为98 nmol/L，其对MAO-B的抑制能力是MAO-A的5000倍（图7.8a）[45]。其对人脑中MAO-B的抑制活性（IC_{50}：79 nmol/L）与大鼠大致相同，对人血小板中MAO-B的抑制活性甚至更强（IC_{50}：9.3 nmol/L，图7.8b）。沙芬酰胺对MAO-B的抑制不依赖于酶的预孵育（预孵育时IC_{50}值为9.3 nmol/L，无预孵育时IC_{50}值为7.5 nmol/L），这表示其对MAO-B的抑制为可逆的（图7.8c）。在离体实验中，以MAO-B不可逆抑制剂雷沙吉兰为对照，沙芬酰胺口服治疗可剂量依赖性抑制小鼠大脑中的MAO-B（选择性优于MAO-A），其IC_{50}为0.6 mg/kg（图7.8d）。猕猴长期给药沙芬酰胺后（13周，口服10～20 mg/kg），药物在显著抑制MAO-B的同时，可明显提高其脑内多巴胺水平，并减少脑硬膜内代谢物二羟基苯乙酸的含量。经单系列剂量递增口服给药后，在健康志愿者的富血小板血浆中也发现了沙芬酰胺

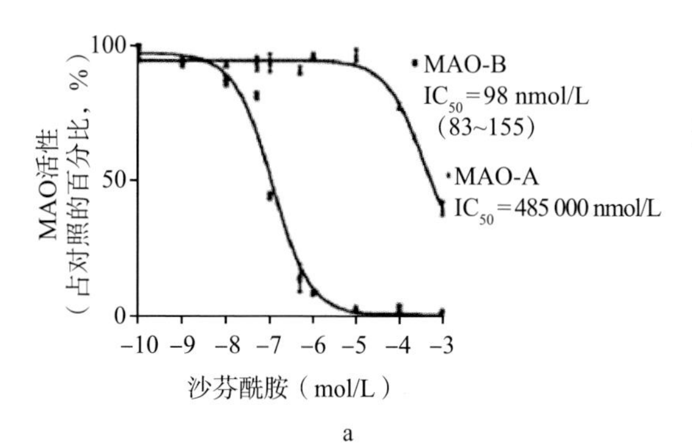

a

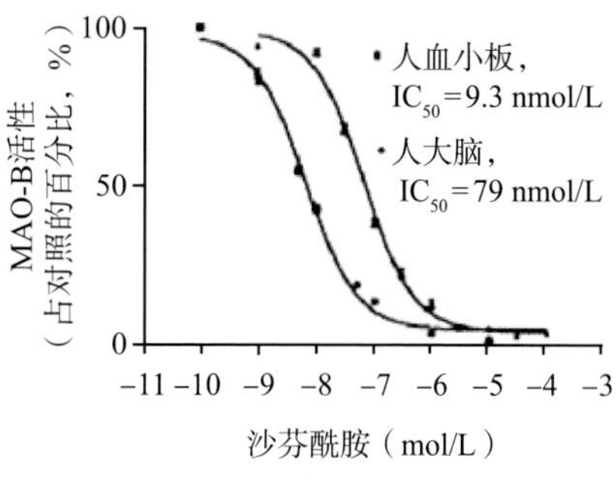

b

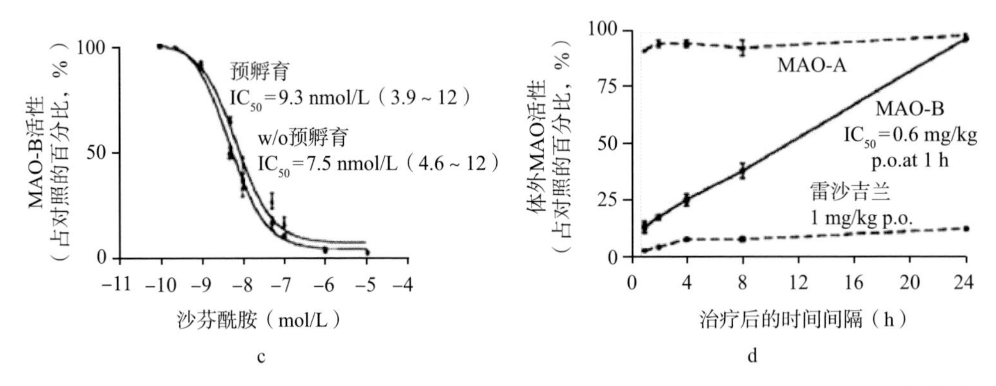

图7.8　沙芬酰胺对MAO酶的体外、体内抑制作用。a.在体外对大鼠大脑线粒体中MAO-A和MAO-B的抑制作用。b.在体外对人血小板和大脑中MAO-B的影响。c.对人血小板MAO-B的时间依赖性作用。d.与雷沙吉兰相比，口服沙芬酰胺对MAO-A和MAO-B的体内作用(经美国神经病学学会©2006许可转载)

对MAO-B的抑制作用，剂量为600 μg/kg时的抑制率达到90%，ED_{50}为87 μg/kg。因此，体外、离体和在体的实验均表明沙芬酰胺是一种有效的、高选择性的、完全可逆的MAO-B抑制剂，在不同物种和人体中均有明显作用[45]。

7.3.2　沙芬酰胺对电压依赖性钠通道的阻断作用

选择性配体实验［^{3}H-巴曲毒素（^{3}H-batrachotoxin），IC_{50}＝8.2 μmol/L vs ^{3}H-石房蛤毒素（^{3}H-saxitoxin），IC_{50}＝300 μmol/L］结果证明，沙芬酰胺对电压依赖性Na^+通道（voltage-dependent sodium channel）受体的结合位点2显示出显著的亲和力，而对结合位点1则没有影响。与其他抗惊厥药物如利鲁唑（riluzole）、苯妥英（phenytoin，PHE）、卡马西平（carbamazepine，CBZ）和拉莫三嗪（lamotrigine，LTG）相比，沙芬酰胺的亲和力更高[46]。在大鼠的皮质神经元内，通过膜片钳电生理学（patch-clamp electrophysiology）方法进一步检测沙芬酰胺与Na^+通道的结合，发现在膜电位去极化（IC_{50}＝33 μmol/L）时沙芬酰胺的效力是静息电位（IC_{50}＝96 μmol/L）时的3倍，这表明沙芬酰胺优先与处于失活状态的Na^+通道相互作用。此外，沙芬酰胺对Na^+通道的阻断取决于通道的占用情况（高频刺激时阻断增强），导致神经元活动在高频放电时相对于正常放电频率的抑制作用更强[45，46]。

7.3.3　沙芬酰胺对电压依赖性钙通道的调节

采用电压钳（voltage-clamp）实验进一步研究了沙芬酰胺对高压敏感性Ca^{2+}通道（high-voltage-sensitive Ca^{2+} channel）的影响。沙芬酰胺可强力阻断高压激活的Ca^{2+}电流，表明其对L型和N型Ca^{2+}通道中的一个或两个都具有抑制活性。在大鼠大脑皮质神经元内对N型钙离子电流的阻断（IC_{50} = 23 μmol/L）表明沙芬酰胺可能抑制兴奋性氨基酸等神经递质的突触前释放。相反，在体内实验中，L型Ca^{2+}通道不受沙芬酰胺的影响[46]。

7.3.4　沙芬酰胺对谷氨酸释放的抑制作用

Na^+和高阈值Ca^{2+}通道的电生理结果与神经化学结果相关，研究发现沙芬酰胺可抑制藜芦碱（veratridine）和KCl诱导的大鼠脑海马旁回薄片突触前神经递质释放[44]。藜芦碱通过打开Na^+通道使神经元细胞膜去极化。具有Na^+通道阻断特性的抗惊厥药物（如LTG、PHE和CBZ）可减少藜芦碱诱导的谷氨酸释放。沙芬酰胺也具有类似的效果。KCl诱导的去极化可刺激谷氨酸的释放，不依赖于Na^+而是依赖于高阈值Ca^{2+}通道的Ca^{2+}内流。实验发现，沙芬酰胺对KCl诱导的释放发挥抑制作用，而LTG对其无抑制作用。小鼠小脑内培养神经元Ca^{2+}成像研究也证实：沙芬酰胺可显著减弱藜芦碱和KCl诱发的Ca^{2+}瞬变。沙芬酰胺还可以更强效地抑制藜芦碱诱导的谷氨酸释放，IC_{50}为56 μmol/L；同时也可以在较高浓度下抑制KCl诱导的谷氨酸释放，IC_{50}为185 μmol/L[46]。值得注意的是，沙芬酰胺在抗惊厥药物浓度下至少对一部分电生理和神经化学效应是明显的。

7.4　沙芬酰胺的体内临床前药理研究

由于沙芬酰胺的多重作用机制，沙芬酰胺的临床前和早期临床开发并行进行，用于治疗多种疾病，包括癫痫、帕金森病和不安腿综合征（restless legs syndrome，RLS，也称睡眠脚动征），最终选择帕金森病作为首次批准的适应证。因此，在几种癫痫和帕金森病动物模型上对沙芬酰胺进行了临床前药效学评价。

7.4.1　临床前癫痫模型

沙芬酰胺最初被作为一种抗惊厥药，相关的表征研究一直持续到癫痫适应证开放标签临床试验的开始。为了支持这一临床适应证，开展了几项癫痫动物临床前研究[47]。首先，在啮齿动物体内抗惊厥活性模型（表7.4）中对其进行了活性评价。

在小鼠和大鼠的抗MES活性实验中，沙芬酰胺腹腔注射（intraperitoneal，i.p.）给药后的ED_{50}值分别为4.1 mg/kg和6.9 mg/kg，而口服（oral，p.o.）给药后的ED_{50}值为8.0 mg/kg和11.8 mg/kg。药物在大鼠体内保持活性的时间与大鼠脑内未被代谢的药物的总水平相关，药物可在1 h内达到最高浓度37 μmol/L。在许多化学诱发癫痫的小鼠模型中，如iv-BIC（ED_{50} = 26.9 mg/kg），PIC（ED_{50} = 60.6 mg/kg），3-MPA（ED_{50} = 21.5 mg/kg），STRY（ED_{50} = 104.1 mg/kg）和PTZ（ED_{50}

＝26.8 mg/kg）诱导的癫痫模型，沙芬酰胺表现出与抗MES活性相类似或较低的活性。其药效与现有的抗惊厥药物（如CBZ、VPA、LTG和PHE）相当或更好。重复给药后未观察到抗MES活性的耐受性。考虑到沙芬酰胺在口服ED_{50}为700 mg/kg时（旋转法）才会破坏大鼠的自发性活动，并且当其剂量为口服MES时ED_{50}值的40倍时也不影响大鼠的被动回避反应，因此沙芬酰胺的治疗窗是合理的，同时其产生耐受性或认知副作用的可能性也比较低。

随后，进一步在复杂的部分性发作癫痫（complex partial seizures）的大鼠杏仁核点燃模型（amygdala fully kindled rat model）中测定了沙芬酰胺的活性，并与阳性药CBZ、PHT、LTG和GBP等进行比较。沙芬酰胺（1 mg/kg，10 mg/kg，30 mg/kg，i.p.）从1 mg/kg开始可剂量依赖性地显著减少癫痫发作的持续时间。高剂量可显著降低癫痫的严重程度，并减少后续放电（after discharge, AD）时间。相比之下，服用PHT后未发现与剂量相关的影响；而服用CBZ后，从中剂量到高剂量观察到活性的变化趋于平稳。沙芬酰胺的疗效与LTG和GBP相当，说明其在治疗复杂的部分性癫痫方面也具有潜在的疗效[48]。

在大鼠中，红藻氨酸（kainic acid）引起的多灶性癫痫持续状态是一种医学上难以处理且复杂的部分性癫痫和神经毒性的模型，其中谷氨酸的释放增多似乎是一个重要的因素。因此，研究人员测试观察了沙芬酰胺预处理对全身性注射红藻酸诱导的癫痫发作和海马神经元损伤的影响。试验中以LTG和地西泮（diazepam）作为阳性对照。沙芬酰胺、LTG（10 mg/kg，30 mg/kg，i.p.）和地西泮（20 mg/kg，i.p.）都在注射红藻氨酸（10 mg/kg，i.p.）前15 min给药。地西泮对癫痫发作和神经毒性均有抑制作用；LTG在两种剂量下都能减少海马神经元细胞的损失，虽然显示出保护神经细胞的趋势，但它不能防止癫痫的发作；而沙芬酰胺可抑制海马神经变性和癫痫的持续状态[49]。

最后，在不引起行为和脑电图异常的情况下，研究了沙芬酰胺在灵长类动物中的抗惊厥作用。以4只雄性猕猴为实验对象，观察了沙芬酰胺对边缘电诱发AD的影响，并与单剂量PHT比较以评估其活性。实验中通过电刺激法在边缘区诱发AD，并经大脑皮质和边缘结构的脑电图记录。随机测定25 ～ 75 mg/kg剂量的沙芬酰胺对AD持续时间和行为组成的影响，并与PHT（50 mg/kg）进行比较。与PHT相似的是，50 mg/kg的沙芬酰胺可显著缩短AD诱发的相关脑电波，且几乎消除了AD诱发的惊厥。在给药仅25 mg/kg（p.o.）后，AD的行为效应即开始下降。沙芬酰胺在最高剂量75 mg/kg（p.o.）时不会引起脑电图或间期行为的改变。因此，这些数据证实了沙芬酰胺具有广谱抗惊厥活性和良好的安全性，即使在复杂的部分性癫痫的灵长类动物模型中也同样有效[50]。

7.4.2　临床前帕金森病模型

除具有抗惊厥作用外，研究人员还在帕金森病的临床前模型中对沙芬酰胺进行了评价，如对多巴胺缺失的动物补充L-dopa的模型、去神经支配L-dopa的大鼠的“剂末效应”模型和MPTP诱发的帕金森综合征小鼠模型。在后一种模型中，当加入阈下剂量的L-dopa（5 mg/kg）时，再经皮下注射（subcutaneous，s.c.）1 mg/kg、3 mg/kg和10 mg/kg的沙芬酰胺可以显著改善小鼠运动能力[51]。

在多巴胺缺失的C57BL小鼠中（MPTP处理后15天），沙芬酰胺（20 mg/kg，i.p.）和L-dopa［100 mg/kg，i.p.，联合苄丝肼（benzaseride）12.5 mg/kg，i.p.］共同给药可显著提高多巴胺的水平（60%）。生理上，啮齿动物脑内多巴胺主要通过MAO-A代谢降解。沙芬酰胺口服给药剂量达到80 mg/kg时对大鼠纹状体中多巴胺代谢仍无影响。这些结果支持了这样的假设，即当多巴胺能神经末梢的MAO-A分解代谢受到影响时（如MPTP模型），胶质细胞MAO-B对多巴胺的脱氨作用变得更加突出，这有力地支持了沙芬酰胺可作为辅助治疗手段与L-dopa联合用于帕金森病的治疗[45]。

在6-羟基多巴胺（6-hydroxydopamine，6-OHDA）损伤大鼠模型中，注射一定剂量的L-dopa（25 mg/kg，i.p.，28天）引起的旋转行为在慢性治疗后减少。特别是在L-dopa治疗期间，旋转行为的持续时间明显缩短，这与在帕金森病患者中观察到的“剂末效应”相似。在实验的第29天，沙芬酰胺（20 mg/kg，i.p.）与L-dopa联合使用可改善L-dopa的“剂末效应”，这种作用比用谷氨酸拮抗剂MK-801更加明显（图7.9）。

在另一组实验中，通过下颌震颤运动模型评估了沙芬酰胺减弱帕金森运动障碍的能力[52]。沙芬酰胺可在5～10 mg/kg（p.o.）剂量范围内显著减少不同药物刺激［加兰他敏（galantamine）、毛果芸香碱（pilocarpine）、匹莫齐特（pimozide）］引起的下颌震颤次数，表明沙芬酰胺有可能用于帕金森震颤的治疗。

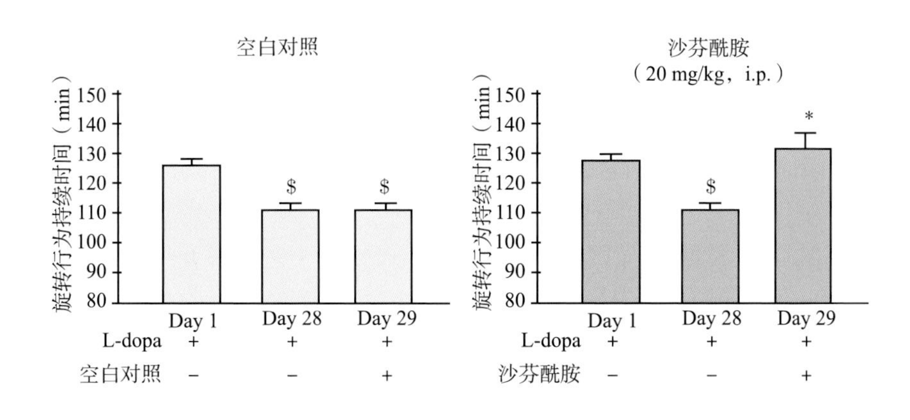

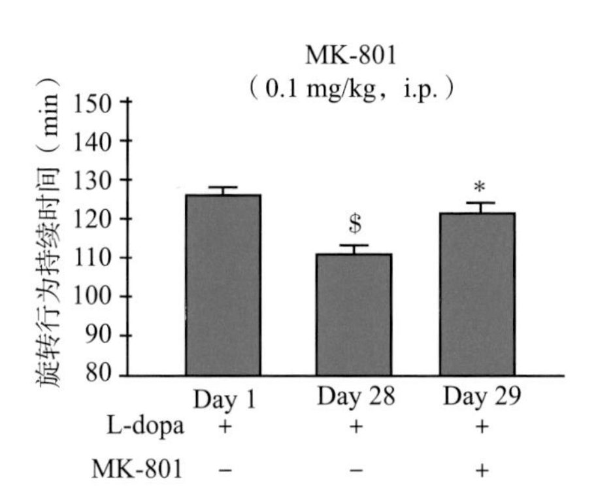

图7.9　相对于空白对照，沙芬酰胺和MK-801对6-羟基多巴胺损伤大鼠慢性L-dopa旋转反应的影响。第1天与L-dopa相比 $\$P < 0.05$；第28天和L-dopa相比 $*P < 0.05$。（经美国神经病学学会 ©2006 许可转载）

7.5 药代动力学和代谢研究

7.5.1 临床前药代动力学和代谢研究

在单次静脉注射或口服，或每日多次口服给药后，对沙芬酰胺在小鼠、大鼠和猴中的临床前药代动力学和代谢情况进行了研究。沙芬酰胺在所有物种中均显示出较高的口服生物利用度（80%～92%），其可被快速吸收，T_{max} 为0.5～2 h。在小鼠、大鼠和猴模型中测得的终末半衰期（terminal half-life，$t_{1/2}$）分别为3 h、7 h和13 h。在三种动物模型中，脑内的沙芬酰胺水平始终高于相应的血药浓度，脑/血浆比（brain-to-plasma ratio，B/P）的比值分别为16、16和9[47]。

目前，尚未完全了解沙芬酰胺的代谢机制，其关键步骤主要是由未确定的酰胺酶（amidase）催化产生沙芬酰胺酸（NW-1153，图7.10）。其他的相关代谢产物包括*O*-去苄基沙芬酰胺（NW-1199），*N*-去烷基胺（随后被氧化成羧酸形式，NW-1689），以及NW-1689的葡萄糖醛酸苷形式。在肝微粒体中，脱烷基作用主要由CYP3A4介导，其他CYP酶也有参与。尽管沙芬酰胺酸可与有机阴离子转运蛋白3（organic anion transporter 3，OAT3）结合，但这与临床药效无关。沙芬酰胺本身可瞬时与ABCG2结合，但在初步研究中没有发现其对其他转运蛋白具有亲和力[53]。

沙芬酰胺主要通过肾脏以代谢物的形式排出（＞90%），消除半衰期为20～30 h。在粪便中仅可发现1.5%[53]。

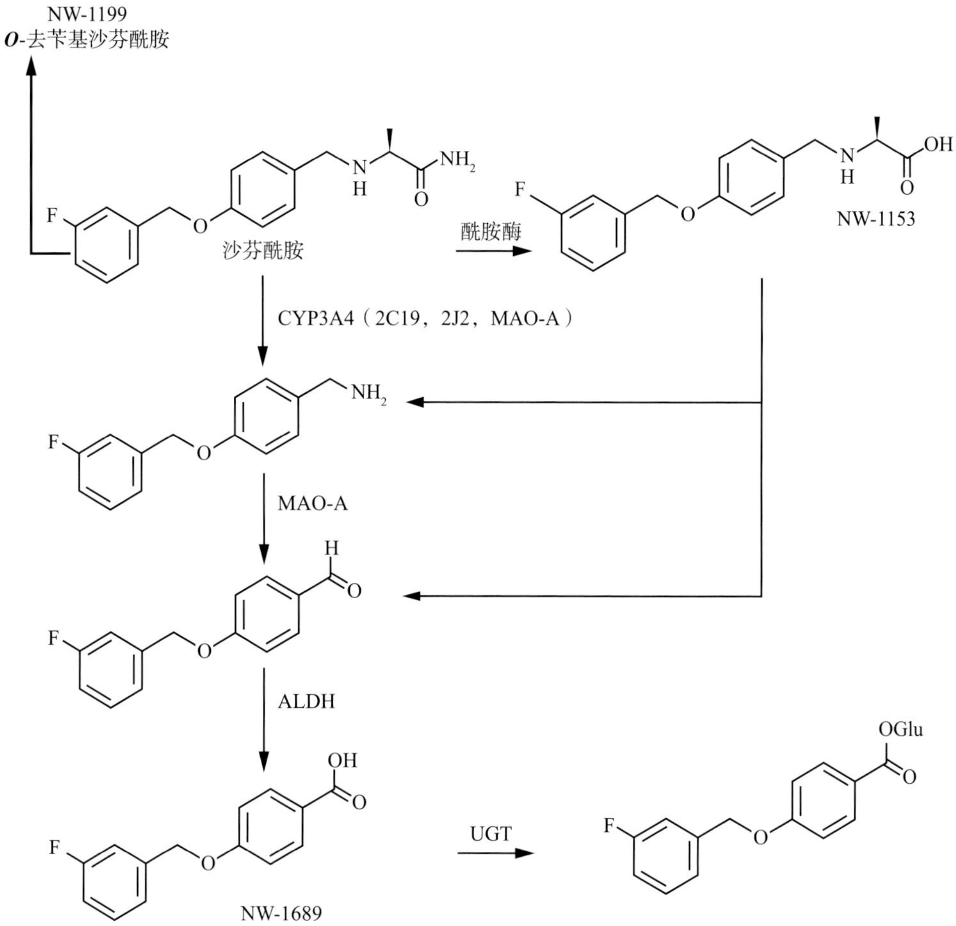

NW-1199
O-去苄基沙芬酰胺
沙芬酰胺
酰胺酶
NW-1153
CYP3A4（2C19，2J2，MAO-A）
MAO-A
ALDH
NW-1689
UGT

图7.10　沙芬酰胺的代谢途径。酶：CYP，cytochrome P450，细胞色素P450；MAO-A，monoamine oxidase A，单胺氧化酶A；ALDH，aldehyde dehydrogenases，醛脱氢酶；UGT，UDP-glucuronosyltransferases，葡萄糖醛酸转移酶；Gluc，acyl glucuronide，酰基葡萄糖醛酸苷

7.5.2　临床药代动力学、代谢和安全性研究

研究人员在四项临床试验中对沙芬酰胺的药代动力学性质进行了评估，剂量范围为25～10 000 μg/kg，并以单次和重复给药方案给药至血药浓度达到稳态。其中还包括一项食物相互作用试验[54]。结果显示，沙芬酰胺的药代动力学与给药剂量呈线性关系。它的吸收较快，2～4 h即可达到血浆峰浓度。进食虽不会影响沙芬酰胺的吸收程度，但是会影响其吸收速率。在重复给药方案中（每日1次），沙芬酰胺在第5个研究日达到稳态，积累因子低至1.5～1.7。沙芬酰胺

的半衰期约为22 h，可满足每日给药1次。这些人体研究结果表明，沙芬酰胺对MAO-B的抑制作用是完全可逆的。在600 μg/kg的单剂量给药试验中达到了完全抑制，从25 μg/kg开始，抑制呈现出相关的剂量依赖性。值得注意的是，即使以最高单剂量10 mg/kg给药，也未观察到任何对MAO-A的抑制作用。Ⅰ期临床试验显示的生命体征、血液/尿液生化分析，以及不良事件的发生率都证明了沙芬酰胺的安全性，同时静脉注射酪胺（tyramine）的升压反应（pressor response）也证实了这一点。在一项对健康志愿者进行沙芬酰胺和安慰剂治疗的安全性研究中，也发现药物和安慰剂之间没有差异[55]。

7.6 沙芬酰胺的临床疗效

7.6.1 早期帕金森病的临床研究

最近一项有关沙芬酰胺对早期和晚期帕金森病患者作用的细致且关键的临床研究使沙芬酰胺获得了EMA的上市批准[56]。该研究对196名自发性帕金森病患者进行了随机、双盲、安慰剂对照、多中心及剂量探索的试验。总计172名受试者被随机分组接受0.5 mg/kg沙芬酰胺、1.0 mg/kg沙芬酰胺或安慰剂的治疗，并以单一疗法方式或作为多巴胺的单一辅助药物方式给药。主要目标是在统一的帕金森病评估量表（Unified Parkinson’s Disease Rating Scale，UPDRS）的第Ⅲ部分获得与基线相比＞30%的改善效果。结果显示仅1.0 mg/kg剂量的沙芬酰胺和安慰剂之间显示出统计学上的显著差异（P＝0.018）。出人意料的是，当将沙芬酰胺作为多巴胺的辅助药物时，其优势更为明显，UPDRS第Ⅲ部分的评分平均降低了27.8%[57]。

在单中心、开放标签的预实验中，对固定多巴胺给药剂量的13名帕金森病患者每天再附加以高剂量的沙芬酰胺（100 mg、150 mg和200 mg）作为辅助疗法。100 mg/d的初始剂量在2周时间内逐渐增加到150 mg/d，然后再逐渐增加到200 mg/d。根据UPDRS第Ⅲ部分（4.2分，P＜0.001）的评估，在超过8周的时间里，患者的运动表现得到了显著改善[58]。

第三项研究是一项包含270例患者的随机分组、双盲、安慰剂对照、平行组试验，为期24周[59]。最重要的入选标准是确诊为原发性帕金森病少于5年的患者，并在筛查前至少服用4周稳定剂量的多巴胺。该试验需要经过一段导入期（run-in period），之后患者由计算机随机分组，分别接受沙芬酰胺（100 mg或200 mg）或安慰剂（1∶1∶1）作为单一多巴胺给药的辅助治疗。疗效的主要衡量标准为UPDRS第Ⅲ部分从基线至终点的改变情况（24周）。主要终点显示沙芬酰胺200 mg剂量组与安慰剂组之间无显著差异。从基线到第24周，UPDRS第Ⅲ部分的平均变化在服用100 mg/d沙芬酰胺与安慰剂的两组中具有统计学意义（$P=0.0419$）。该试验中，沙芬酰胺100 mg剂量组的UPDRS第Ⅲ部分、UPDRS第Ⅱ部分和临床总体印象-疾病严重程度（Clinical Global Impression-Severity of Illness，CGI-S）总分都有显著改善。沙芬酰胺200 mg剂量组与安慰剂组之间无显著性差异，但100 mg和200 mg的沙芬酰胺剂量组的应答百分比均较安慰剂组更高。200 mg剂量组没有达到显著药效的原因尚不清楚。在治疗的12周和24周后，以基线为基准对工作记忆（working memory）、执行功能（executive function）和简单运动速度（simple motor speed）进行认知评估。结果显示，在执行功能和工作记忆的测试中，受试者的认知能力得到了改善[60]。

Ⅲ期临床研究（MOTION）是一项为期6个月（24周）的随机、双盲、安慰剂对照的国际试验，主要评估每日1次两种固定剂量沙芬酰胺（50 mg和100 mg）的有效性和安全性。本试验纳入了使用单一多巴胺激动剂治疗的早期自发性帕金森病（患病时间<5年）患者。共有679名患者随机接受了50 mg/d、100 mg/d沙芬酰胺或安慰剂的治疗。尽管对整个研究人群（$n=679$）的分析显示，安慰剂组与100 mg/d沙芬酰胺之间存在统计学显著差异（$P=0.073$），但该研究的关键终点（UPDRS第Ⅲ部分从基线到第24周的变化）仍未达到。在接受多巴胺激动剂单一疗法的患者（$n=666$）中，沙芬酰胺100 mg/d剂量组与安慰剂组相比显著提高了UPDRS第Ⅲ部分评分（$P=0.0396$）和帕金森病问卷-39（Parkinson's disease questionnaire-39，PDQ-39）的得分[61]。

7.6.2 晚期帕金森病的临床研究

在一项多中心、随机、双盲、安慰剂对照、平行组试验的Ⅲ期临床研究（016号研究）中，入选患者患有帕金森病超过3年，且每天存在超过1.5 h关闭期（off-time，表示药物效果不明显的时间）的运动功能障碍[62]。主要疗效指标是无运动障碍的平均每日开启期（on-time，表示药物的起效时间）的变化。次要疗效指标包括每天开启期总时间、开启期时间的UPDRS第Ⅲ部分分数、开启期的UPDRS第Ⅱ部分得分、临床总体印象变化（Clinical Global Impression-Change，CGI-C）和CGI-S得分、开启期运动障碍评定量表（Dyskinesia Rating Scale，DRS）得分，以及L-dopa剂量变更百分比。共有699名患者被随机分为3组，88%的受试者完成了研究。在第24周，沙芬酰胺50 mg/d和100 mg/d剂量组的最小二乘均值变化与安慰剂组均存在显著差异。对于关闭期，在第24周，安慰剂组的最小二乘均值差明显高于沙芬酰胺50 mg/d和100 mg/d剂量组。此外，沙芬酰胺50 mg/d和100 mg/d剂量组与安慰剂组相比，UPDRS第Ⅲ部分的评分均得到了显著改善。在早晨服用L-dopa，与安慰剂组相比，两个沙芬酰胺剂量组的CGI-C、CGI-S和关闭期均得到显著改善。在关闭期内，组间DRS分数无显著差异。

在核心试验中没有表现出不良反应的544名患者参加了一项为期18个月的双盲、安慰剂对照、平行分组扩展的试验（018号研究）[63]。主要终点是016号[62]研究中基线在进入DRS总评分时的平均变化。在沙芬酰胺50 mg/d和100 mg/d剂量组中，每日没有运动障碍的开启期从016号研究的基线到018号研究的第78周都得到了明显改善。对进入016号研究的中度至重度运动障碍患者进行的特设分析显示，平均DRS总分在统计学上显著降低。L-dopa每日剂量减少的患者在沙芬酰胺100 mg剂量组中显示出持续的疗效，这表明沙芬酰胺的抗运动障碍作用与L-dopa剂量的减少无关。在没有运动障碍和各种次要终点的情况下，关闭期和开启期相比也得到了显著改善。总体而言，在016号研究期间，使用沙芬酰胺治疗的两组患者在同一时期的扩展研究中均保持了稳定的疗效，L-dopa的平均剂量在安慰剂和沙芬酰胺50 mg剂量组中增加，但在沙芬酰胺100 mg剂量组中降低[62]。

最近进行了一项018号研究的事后分析，目的是评估沙芬酰胺对运动障碍的影响[63]。根据基线水平是否存在运动障碍，以及在24个月的整个研究周期内L-dopa的剂量是否改变来对试验患者进行分级。DRS得分的变化概括为降低（运动障碍改善）、不变（稳定）和增加（运动障碍加重）。在分析24个月内未改变L-dopa剂量的患者时，发现沙芬酰胺100 mg剂量组的DRS得分与安慰剂组相比有显著改善。分析显示，在基线水平显示出运动障碍的患者亚组中，无论有无L-dopa剂量的改变，沙芬酰胺100 mg剂量组对运动障碍的改善都很显著。分析还显示，在试验期间没有改变过L-dopa剂量的运动障碍患者，趋向于具有显著性差异。018号研究的结果证实沙芬酰胺对运动障碍的改善并不完全依赖于L-dopa剂量的降低。实际上，在L-dopa剂量稳定的患者分组中，运动障碍也发生了明显的改善[64]。

SETTLE研究是为期6个月（24周）的随机、双盲、安慰剂对照的国际Ⅲ期临床试验。试验招募了549例中晚期特发性帕金森病（病情＞3年）患者，这些患者接受了经过优化的、稳定剂量的L-dopa和多巴胺激动剂、COMT抑制剂、抗胆碱能药或金刚烷胺的联合治疗[65]。每天至少经历1.5 h关闭期的患者被随机分组，接受每日1次50～100 mg沙芬酰胺或安慰剂作为辅助治疗。试验的主要指标是每日关闭期的变化，该变化由患者填写的每日日记卡（18 h/d）评估。与安慰剂相比，沙芬酰胺（50～100 mg/d）显著改善了开启期（不会加重运动障碍）、关闭期、UPDRS第Ⅲ部分、CGI-S、CGI-C、PDQ-39和初次清晨服用L-dopa的关闭期（即开启期的潜伏期）。

7.6.3 其他适应证的临床试验

2003年公布了一项沙芬酰胺治疗神经性癫痫发作的Ⅱ期试验初步结果。这项开放标签的研究旨在评估48例未经控制的癫痫发作患者中沙芬酰胺的耐受性和DDI，这些患者已经接受过多达三种抗癫痫药物的治疗。从初始口服50 mg/d剂量的沙芬酰胺开始，每两周增加一次剂量，直至剂量达到300 mg/d或最大耐受剂量。完成研究的前29名患者进行的中期分析显示出了极好的耐受性，且任何测试剂量下均未出现DDI，表明沙芬酰胺不会改变其他抗癫痫药物的药代动力学。同时，沙芬酰胺对患有难治性癫痫的患者具有良好的耐受性，且试验中没有发生严重的不良事件。尽管该研究并非旨在提供有效性证据，但赞助商报告的初步数据显示，从50 mg逐渐增加到最高剂量时，中等癫痫发作的频率显著降低[66]。

2005年，共有10名RLS患者接受了沙芬酰胺的治疗，参与了单中心、Ⅱ期开放标签的预试验研究。每位患者连续两周在睡前接受沙芬酰胺（100 mg/d）的治疗，结果显示所有治疗参数均得到显著改善。RLS是一种神经系统疾病，其主要特征是出现在夜晚和睡眠中的下肢抽搐运动。正如一篇新闻稿中所报道的，沙芬酰胺具有良好的耐受性且没有表现出任何临床相关副作用，但是研究结果尚未发表[67]。

7.7 临床安全性和耐受性研究

沙芬酰胺的总体安全性是基于3000余个受试者的临床试验研究，其中超过500个受试者的治疗期超过2年。在这些临床研究中未发现常见的不良反应（发生率≥10%的不良反应）。在最大的Ⅲ期MOTION研究中[61]，报告的不良反应（发生率为1%～10%）包括关节痛、头晕、嗜睡、头痛、恶心、鼻咽炎和腰痛。

7.8 临床试验和销售许可

在两项主要涉及1218例症状波动的晚期帕金森病患者的研究中，在有或没有其他帕金森病药物参与的情况下，对沙芬酰胺与安慰剂作为L-dopa的附加疗法进行了比较。两项研究结果均显示，与安慰剂相比，采用沙芬酰胺治疗6个月可增加患者的开启期时间，并使其能够自由运动30～60 min。另一项研究表明，这种作用可以维持24个月。在另两项研究中，沙芬酰胺还作为早期无波动的帕金森病患者的补充疗法药物，但未显示出明显的疗效，该公司也未将这种用途作为EMA应用的一部分。沙芬酰胺于2015年2月在欧洲获批上市，商品名为Xadago™，作为L-dopa的补充疗法药物或与其他帕金森病药物联合用于中晚期帕金森病的治疗。2017年3月，沙芬酰胺被FDA批准用于正在服用L-dopa/卡比多巴并经历关闭期发作的患者，或者药物治疗效果不佳导致帕金森病症状加重的患者。

7.9 结论

将帕金森病定义为神经性疾病已将近200年，尽管对症治疗的方法存在已久，但即使到现在，帕金森病的治疗效果仍然不佳。当前帕金森病的治疗主要针对运动症状的逆转，而诸如神经保护等其他方面的需求仍未得到满足。因而同时具有多巴胺能和非多巴胺能作用的新药，如沙芬酰胺可能具有显著的治疗优势。

沙芬酰胺作为目前可用的附加疗法，具有多种作用机制，包括通过抑制MAO-B，从而抑制多巴胺分解而维持多巴胺的生理活性，调节Na^{+}/Ca^{2+}通道，以及抑制谷氨酸释放介导的抗兴奋性毒性。

沙芬酰胺最初在临床前研究中被用作抗癫痫药，但后来在临床上被开发用于帕金森病的治疗。该药已于2015年2月在欧洲获批上市，可单独作为L-dopa的附加疗法或与其他帕金森病药物联合应用于中晚期帕金森病患者。2017年3月，沙芬酰胺获得FDA批准。

（姚　鸿　白仁仁）

原作者简介

保罗・皮瓦内罗（Paolo Pevarello），1981年毕业于意大利帕维亚大学（University of Pavia），主修化学。1986年，他获得了帕维亚大学和热那亚大学（University of Pavia and Genoa）的有机化学博士学位，师从R.甘多尔菲（R. Gandolfi）教授，研究1,3-偶极环加成反应。1987年，他成为法米塔利亚・卡洛・埃尔巴研究实验室（Research Laboratories of Farmitalia Carlo Erba）的一员，之后就职于法玛西亚普强（Pharmacia & Upjohn）和法玛西亚公司。2001年，他开始担任意大利法玛西亚肿瘤研究中心的药物化学主任。2006年，他加入位于西班牙马德里的西班牙国家肿瘤中心（Oncology National Center，CNIO），担任实验性治疗学部门（Experimental Terapeutics Department）的化学主管。2008年，他担任纽伦制药公司（Newron Pharmaceuticals）临床前研发主管。自2012年起，担任阿克萨姆（Axxam）研发中心的化学主任。多年来，皮瓦内罗博士一直领导着多个与中枢神经系统和肿瘤治疗领域相关的药物研发项目，如MAO-B抑制剂、离子通道阻滞剂、激酶抑制剂和嘌呤能受体调节剂的研发。

马里奥·瓦拉西（Mario Varasi），1976年于罗马获得药物化学博士学位，随后在先达公司（Syntex Research）的有机化学研究所（加州帕罗奥多市）进行了2年的博士后研究。他拥有超过35年的药物研发经验，包括在扎姆贝莱蒂（Zambeletti）、陶氏-勒珀蒂（Dow-Lepetit）、法米塔利亚（Farmitalia）、法玛西亚、法玛西亚普强（Pharmacia & Upjohn）、辉瑞（Pfizer）、维亚诺医学科学（Nerviano Medical Sciences，NMS）和Genextra等制药公司的工作经历。2009年，他加入欧洲肿瘤研究所（European Institute of Oncology）并担任药物研发计划（Drug Discovery Program）的联合创始人兼主任。2016年4月开始担任米兰FIRC分子生物学研究所（FIRC Institute of Molecular Biology，IFOM）实验治疗项目主任。他的主要研究领域是中枢神经系统和肿瘤学，目前的研究主要集中在表观遗传学、细胞运动和DNA损伤修复方面。他对一些高质量临床候选药物的发现做出了重要贡献。

参考文献

1. Parkinson，J.（1817）An essay on the shaking palsy. London：Sherwood，Neely，and Jones. Reproduced（2012）：. *J. Neuropsychiatry Clin. Neurosci.*，14（2），223-236.
2. Lees，A.J.，Hardy，J.，and Revesz，T.（2009）Parkinson's disease. *Lancet*，373（9680），2055-2066.
3. Sveinbjornsdottir，S.（2016）The clinical symptoms of Parkinson's disease. *J. Neurochem.*，139（Suppl. 19），318-332.
4. Pringsheim，T.，Jette，N.，Frolkis，A.，and Steeves，T.D.L.（2014）The prevalence of Parkinson's disease：a systematic review and meta-analysis. *Mov. Disord.*，29（13），1583-1590.
5. Antony，P.M.，Diederich，N.J.，Krüger，R.，and Balling，R.（2013）The hallmarks of Parkinson's disease. *FEBS J.*，280（23），5981-5993.
6. Collier，T.J.，Kanaan，N.M.，and Kordower，J.H.（2011）Ageing as a primary risk factor for Parkinson's disease：evidence from studies of non-human primates. *Nat. Rev. Neurosci.*，12（6），359-366.
7. Sulzer，D.（2007）Multiple hit hypothesis for dopamine neuron loss in Parkinson's disease. *Trends Neurosci.*，30，244-250.
8. Gaki，G.S. and Papavassiliou，A.G.（2014）Oxidative stress-induced signaling pathways implicated in the pathogenesis of Parkinson's disease. *Neuromol. Med.*，16，217-230.
9. Schapira，A.H.，Gu，M.，Taanman，J.W.，Tabrizi，S.J.，Seaton，T.，Cleeter，M.，and Cooper，J.M.（1998）Mitochondria in the etiology and pathogenesis of Parkinson's disease. *Ann. Neurol.*，44（3 Suppl. 1），89-98.

10. Whitton, P.S. (2007) Inflammation as a causative factor in the aetiology of Parkinson's disease. *Br. J. Pharmacol.*, 150 (8), 963-976.

11. Funke, C., Schneider, S., Berg, D., and Kell, D.B. (2013) Genetics and iron in the systems biology of Parkinson's disease and some related disorders. *Neurochem. Int.*, 62 (5), 637-652.

12. Mizuno, Y., Hattori, N., Mori, H., Suzuki, T., and Tanaka, K. (2001) Parkin and Parkinson's disease. *Opin. Neurol.*, 14 (4), 477-482.

13. Recchia, A., Debetto, P., Negro, A., Guidolin, D., Skaper, S.D., and Giusti, P. (2004) Alpha-synuclein and Parkinson's disease. *FASEB J.*, 18 (6), 617-626.

14. Klein, C. and Westenberger, A. (2012) Genetics of Parkinson's disease. *Cold Spring Harb. Perspect. Med.*, 2, 1-15.

15. Langston, J.W. and Ballard, P.A. (1983) Parkinson's disease in a chemist working with 1-methyl-4-phenyl-1,2,5,6-tetrahydropyridine. *N. Engl. J. Med.*, 309 (5), 310.

16. Mizuno, Y., Suzuki, K., Sone, N., and Saitoh, T. (1988) Inhibition of mito-chondrial respiration by 1-methyl-4-phenyl-1,2,3,6-tetrahydropyridine (MPTP) in mouse brain *in vivo*. *Neurosci. Lett.*, 91 (3), 349-353.

17. Goldman, S. (2014) Environmental toxins and Parkinson's disease. *Ann. Rev. Pharmacol. Toxicol.*, 54, 141-164.

18. Fahn, F. (2015) The medical treatment of Parkinson disease from James Parkinson to George Cotzias. *Mov. Disord.*, 30 (1), 4-19, and reference cited therein.

19. Carlsson, A., Lindqvist, M., and Magnusson, T. (1957) 3, 4-Dihydroxyphenylalanine and 5-hydroxytryptophan as reserpine antagonists. *Nature*, 180, 1200.

20. Carlsson, A., Lindqvist, M., Magnusson, T., and Waldeck, B. (1958) On the presence of 3-hydroxytyramine in brain. *Science*, 127 (3296), 471.

21. Carlsson, A. (1959) The occurrence, distribution and physiological role of catecholamines in the nervous system. *Pharmacol. Rev.*, 11, 490-493.

22. Sano, I., Gamo, T., Kakimoto, Y., Taniguchi, K., Takesada, M., and Nishinuma, K. (1959) Distribution of catechol compounds in human brain. *Biochim. Biophys. Acta*, 32, 586-587.

23. Bertler, A. and Rosengren, E. (1959) On the distribution in brain of monoamines and of enzymes responsible for their formation. *Experientia*, 15, 382-384.

24. Ehringer, H. and Hornykiewicz, O. (1960) Distribution of noradrenaline and dopamine (3-hydroxytyramine) in the human brain and their behavior in diseases of the extrapyramidal system. *Wien Klin. Wochenschr.*, 38, 1238-1239.

25. Birkmayer, W. and Hornykiewicz, O. (1961) The effect of l-3,4-dihydroxyphenylalanine (5 DOPA) on akinesia in parkinsonism. *Wien Klin. Wochenschr.*, 73, 787-788.

26. Cotzias, G.C., Van Woert, M.H. and Schiffer, L.M. (1967) Aromatic amino acids and modification of parkinsonism. *N. Engl. J. Med.*, 276 (7), 374-379.

27. Cotzias, G.C., Papavasiliou, P.S., and Gellene, R. (1969) Modification of parkinsonism-chronic treatment with l-dopa. *N. Engl. J. Med.*, 280 (7), 337-345.

28. Yahr, M.D., Duvoisin, R.C., Schear, M.J., Barrett, R.E., and Hoehn, M.M. (1969) Treatment of parkinsonism with levodopa. *Arch. Neurol.*, 21 (4), 343-354.

29. Kakkar, A.K. and Dahiya, N. (2015) Management of Parkinson's disease: current and

future pharmacotherapy. *Eur. J. Pharmacol.*, 750, 74-81.

30. Bernal-Pacheco, O., Limotai, N., Go, C.L., and Fernandez, H.H. (2012) Non-motor manifestations in Parkinson disease. *Neurologist*, 18 (1), 1-16.
31. Fariello, R.G. (2007) Safinamide. *Neurotherapeutics*, 4, 110-116.
32. Jenner, P. (2008) Molecular mechanisms of l-DOPA-induced dyskinesia. *Nat. Rev. Neurosci.*, 9 (9), 665-677.
33. Van Dorsser, W., Barris, D., Cordi, A. and Roba, J. (1983) Anticonvulsant activity of milacemide. *Arch. Int. Pharmacodyn.*, 266 (2), 239-249.
34. Varbeke, J.P., Cavalier, R., David-Remacle, M., and Youdim, M.B.H. (1988) Formation of the neurotransmitter glycine from the anticonvulsant milacemide is mediated by brain monoamine oxidase B. *J. Neurochem.*, 50 (4), 1011-1016.
35. Semba, J., Curzon, G., and Patsalos, P.N. (1993) Antiepileptic drug pharmacokinetics and neuropharmacokinetics in individual rats by repetitive withdrawal of blood and cerebrospinal fluid: milacemide. *Br. J. Pharmacol.*, 108 (4), 1117-1124.
36. Gordon, M.F., Diaz-Olivo, R., Hunt, A.L., and Fahn, S. (1983) Therapeutic trial of milacemide in patients with myoclonus and other intractable movement disorders. *Mov. Disord.*, 8 (4), 484-488.
37. Houtkooper M.A., van Oorschot C.A. and Rentmeester, T.W. (1986) Double-blind study of milacemide in hospitalized therapy-resistant patients with epilepsy. *Epilepsia*, 27 (3), 255-262.
38. O'Brien, E.M., Dostert, P., Pevarello, P., and Tipton, K.F. (1994) Interactions of some analogues of the anticonvulsant milacemide with monoamine oxidase. *Biochem. Pharmacol.*, 48 (7), 905-912.
39. O'Brien, E.M., Tipton, K.F., Strolin Benedetti, M., Bonsignori, A., Marrari, P., and Dostert, P. (1991) Is the oxidation of milacemide by monoamine oxidase a major factor in its anticonvulsant actions? *Biochem. Pharmacol.*, 41 (11), 1731-1737.
40. Dostert, P., Pevarello, P., Heidempergher, F., Varasi, M., Bonsignori, A., and Roncucci, R. (1990) Preparation of α- (phenylalkylamino) carboxamides as drugs. *Eur. Pat. Appl.*, EP 400, 495 A1, 19, 901, 205.
41. Pevarello, P., Amici, R., Pinciroli, V., and Varasi, M. (1996) Reductive alkylation of *R*-amino amides. *Org. Prep. Proc. Int.*, 28 (2), 179-183.
42. Pevarello, P., Bonsignori, A., Dostert, P., Heidempergher, F., Pinciroli, V., Colombo, M., McArthur, R.A., Salvati, P., Post, C., Fariello, R.G., and Varasi, M. (1998) Synthesis and anticonvulsant activity of a new class of 2-[(arylalkyl) amino]alkanamide derivatives. *J. Med. Chem.*, 41 (4), 579-590.
43. Pevarello, P., Traquandi, G., Bonsignori, A., McArthur, R.A., Maj, R., Caccia, C., Salvati, P., and Varasi, M. (1999) Synthesis and preliminary biological evaluation of new α-amino amide anticonvulsants incorporating a dex-tromethorphan moiety. *Bioorg. Med. Chem. Lett.*, 9 (13), 1783-1788.
44. Pevarello, P., Bonsignori, A., Caccia, C., Amici, R., McArthur, R.A., Fariello, R.G., Salvati, P., and Varasi, M. (1999) Sodium channel activity and sigma binding of 2-aminopropanamide anticonvulsants. *Bioorg. Med. Chem. Lett.*, 9 (17), 2521-2524.

45. Caccia, C., Maj, R., Calabresi, M.S., Maestroni, S., Faravelli, L., Curatolo, L., Salvati, P., and Fariello, R.G.（2006）Safinamide：from molecular targets to new anti-Parkinson drug. *Neurology*, 67（Suppl. 2）, S18-S23.
46. Salvati, P., Maj, R., Caccia, C., Cervini, M.A., Fornaretto, N.G., Lamberti, E., Pevarello, P., Skeen, H.S., White, H.H., Wolf, L., Faravelli, M., Mazzanti, M., Mancinelli, M., Varasi, M., and Fariello, R.G.（1999）Biochemical and electrophysiological studies on the mechanism of action of PNU-151774E, a novel antiepileptic compound. *J. Pharm. Exp. Ther.*, 288（2）, 1151-1159.
47. Fariello, R.G., McArthur, R.A., Bonsignori, A., Cervini, M.A., Maj, R., Marrari, P., Pevarello, P., Wolf, H.H., Woodhead, J.W., White, H.S., Varasi, M., Salvati, P., and Post, C.（1998）Preclinical evaluation of PNU-151774E as a novel anticonvulsant. *J. Pharm. Exp. Ther.*, 285（2）, 397-403.
48. Maj, R., Fariello, R.G., Pevarello, P., Varasi, M., McArthur, R.A., and Salvati, P.（1999）Anticonvulsant activity of PNU-151774E in the amygdala kindled model of complex partial seizures. *Epilepsia*, 40（11）, 1523-1528.
49. Maj, R., Fariello, R.G., Ukmar, G., Varasi, M., Pevarello, P., McArthur, R.A., and Salvati, P.（1998）PNU-151774E protects against kainate-induced status epilepticus and hippocampal lesions in the rat. *Eur. J. Pharmacol.*, 359（1）, 27-32.
50. Fariello, R.G., Maj, R., and Marrari, P.（2000）Acute behavioural and EEG effects of NW-1015 on electrically-induced after discharge in conscious monkeys. *Epilepsy Res.*, 39（1）, 37-46.
51. Fredriksson, A., Palomo, T., and Archer, T.（1999）Effects of co-administration of anticonvulsant and putative anticonvulsant agents and sub/supra-threshold doses of l-dopa upon motor behavior in MPTP-treated mice. *J. Neural Transm.*, 106（9-10）, 889-909.
52. Podurgiel, S., Collins-Praino, L.E., Yohn, S., Randall, P.A., Roach, A., Lobianco, C., and Salamone, J.D.（2013）Tremorolytic effects of safinamide in animal models of drug-induced Parkinsonian tremor. *Pharmacol. Biochem. Behav.*, 105, 105-111.
53. European Medicines Agency（2015）Summary of Product Characteristics for Xadago（PDF）, http：//www.ema.europa.eu/docs/en_GB/document_library/EPAR_Product_Information/human/002396/WC500184965.pdf（accessed 24 February 2015）.
54. Marzo, A., Dal Bo, L., Ceppi Monti, N., Crivelli, F., Ismaili, S., Caccia, C., Cattaneo, C., and Fariello, R.（2004）Pharmacokinetics and pharmacodynamics of safinamide, a neuroprotectant with antiparkinsonian and anticonvulsant activity. *Pharmacol. Res.*, 50（1）, 77-85.
55. Cattaneo, C., Caccia, C., Marzo, A., Maj, R., and Fariello, R.G.（2003）Pressor response to intravenous tyramine in healthy subjects after safinamide, a novel neuroprotectant with selective, reversible monoamino oxidase B inhibition. *Clin. Neuropharmacol.*, 26（4）, 213-217.
56. Stocchi, F. and Torti, M.（2016）Adjuvant therapies for Parkinson's disease：critical evaluation of safinamide. *Drug Des. Dev. Ther.*, 10, 609-618.
57. Stocchi, F., Arnold, G., and Onofrj, M.（2004）Improvement in motor function in early Parkinson disease by safinamide. *Neurology*, 63（4）, 746-748.

58. Stocchi, F., Vacca, L., and Grassini, P. (2006) Symptoms relief in Parkinson's disease by safinamide. Biochemical and clinical evidence beyond MAO-B inhibition. *Neurology*, 67, S24-S29.
59. Stocchi, F., Borgohain, R., Onofrj, M., Schapira, A.H.V., Bhatt, M., Lucini, V., Giuliani, R., and Anand, R. (2012) Randomized trial of safinamide add-on to levodopa in Parkinson's disease with motor fluctuations. *Mov. Disord.*, 27 (1), 106-112.
60. Sharma, T., Anand, R., Stocchi, F., Borgohain, R., and Rossetti, R. (2007) Abstract. Number 770. Cognitive effects of safinamide in early Parkinson's disease patients. *International on Congress of Parkinson's Disease and Movement Disorders*, Istanbul, Turkey.
61. Schapira, A.H.V., Stocchi, F., Borgohain, R., Onofrj, M., Bhatt, M., Lorenzana, P., Lucini, V., Giuliani, R., and Anand, R. (2013) Long-term efficacy and safety of safinamide as add-on therapy in early Parkinson's disease. *Eur. J. Neurol.*, 20 (2), 271-280.
62. Borgohain, R., Szasz, J., Stanzione, P., Meshram, C., Bhatt, M., Chirilineau, D., Stocchi, F., Lucini, V., Giuliani, R., Forrest, E., Rice, P., and Anand, R. (2014) Randomized trial of safinamide add-on to levodopa in Parkinson's disease with motor fluctuations. *Mov Disord.*, 29 (2), 229-237.
63. Borgohain, R., Szasz, J., Stanzione, P., Meshram, C., Bhatt, M., Chirilineau, D., Stocchi, F., Lucini, V., Giuliani, R., Forrest, E., Rice, P., and Anand, R. (2014) Two year, randomized, controlled study of Safinamide as add-on to levodopa in mid to late Parkinson's disease. *Mov Disord.*, 29 (10), 1273-1280.
64. Cattaneo C., La Ferla R., Bonizzoni E. and Sardina, M. (2015) Long-term effects of safinamide on dyskinesia in mid-to late-stage Parkinson's disease: a post-hoc analysis. *J. Parkinson's Dis.*, 5 (3), 475-481.
65. Schapira, A.H.V., Fox, S., and Hauser R. (2013) Safinamide add on to l-dopa: a randomized, placebo controlled 24 weeks global trial in patients with Parkinson's disease and motor fluctuations. 65th Annual Meeting of the American Academy of Neurology (AAN), San Diego, CA, USA; March 16-23, 2013.
66. CISION (2003) Newron's Safinamide is Well Tolerated Without Significant Drug to Drug Interaction in an Open Study in Uncontrolled Seizure Patient http://www.prnewswire.com/news-releases/newrons-safinamide-is-well-tolerated-without-significant-drug-to-drug-interaction-in-an-open-study-in-uncontrolled-seizure-patients-73060532.html (accessed 17 October 2017).
67. CISION (2005) Newron Pharmaceuticals Successfully Completes Pilot Study of Safinamide in Restless Legs Syndrome, http://www.prnewswire.com/news-releases/newron-pharmaceuticals-successfully-completes-pilot-study-of-safinamide-in-restless-legs-syndrome-66248992.html (accessed 17 October 2017).

第8章

奥格列汀——一种治疗2型糖尿病的长效DPP-4抑制剂的研发

8.1 引言

2型糖尿病（type 2 diabetes mellitus，T2DM）是一种全球患者数量超过三亿六千六百万的慢性进行性疾病，其中仅美国患者数量就达到两千六百万。在全球范围内，T2DM已成为一种患病人数不断扩增的流行病[1, 2]，并与心脏病、肾衰竭、脑卒中和致盲风险的不断增加密切相关。糖化血红蛋白（glycosylated hemoglobin，HbA1c）水平每增加1%，即会导致全因死亡率增加30%，以及与心血管相关的死亡率增加40%[3]。因此，良好的血糖控制对预防包括视网膜病变、肾脏疾病和神经性病变在内的相关并发症及微血管疾病至关重要[4]。

人体进食后释放的两种降糖激素——胰高血糖素样肽-1（glucagon-like peptide-1，GLP-1）和抑胃肽（gastric inhibitory polypeptide，GIP）——可葡萄糖依赖性地刺激胰岛B细胞分泌胰岛素（insulin），并抑制胰岛A细胞分泌胰高血糖素（glucagon），从而发挥降糖作用[5]。然而，GLP-1会在循环系统中被二肽基肽酶-4（dipeptidyl peptidase-4，DPP-4）水解而迅速失活，故通过DPP-4抑制剂抑制GLP-1的失活，可葡萄糖依赖性地改善2型糖尿病患者的血糖控制情况，降低餐后胰岛A细胞对胰高血糖素的分泌水平，潜在地增加B细胞的数量，刺激产生小胰岛（small islet），并诱发胰岛新生（islet neogenesis）[6, 7]。

为控制血糖，已开发了大量作用机制不同的降糖药物（antihyperglycemic agent，AHA）[8]。其中诸如磺酰脲（sulfonylurea）类药物、噻唑烷二酮（thiazolidinedione）类药物、α-葡萄糖苷酶抑制剂（α-glucosidase inhibitor）和二甲双胍（metformin）等，虽可有效控制血糖水平，但对胰岛B细胞并无有益作用[9]。然而，研究显示，DPP-4抑制剂可抑制B细胞凋亡，并刺激B细胞的增殖与分化[10]。因此，DPP-4抑制剂代表了一类既能对抗2型糖尿病症状，又能中止或逆转糖尿病进程的药物。

在2005年，由默克公司（Merck）研发的西格列汀（sitagliptin，1）[11]是首个被美国FDA批准上市的DPP-4抑制剂（2006年10月）。自此之后，有10种

DPP-4抑制剂以单药或与其他降糖药物联用的形式获批上市（图8.1）。这些药物可分为三种结构类型：β-氨基丁酸衍生物1～3、嘧啶/黄嘌呤类似物4～6，以及吡咯烷类似物7～11[12-15]。

与降糖药物（包括DPP-4抑制剂）相关的不良反应主要包括低血糖和胃肠不耐受。体重增加也是很多降糖药物的不良反应，但未见于DPP-4抑制剂。这些不良反应可能导致较低的治疗依从性（adherence）。降糖药物治疗的依从性亦与医生开具的药片数量或处方的复杂性直接相关。因此，一种有效的、耐受良好的、每周口服1次的降糖药物可显著提高患者的依从性，并改善2型糖尿病患者的预后。而市面上几乎所有的DPP-4抑制剂（1～10），包括西格列汀在内，均为每日口服1次的降糖药物。本章将介绍长效降糖药物奥格列汀（omarigliptin，MARIZEV™，MK-3102）的研发过程。该药物的化学名为（2*R*，3*S*，5*R*）-2-（2,5-二氟苯基）-5-［2-甲磺酰基-2,6-二氢吡咯并［3,4-*c*］吡唑-5（4*H*）-基］四

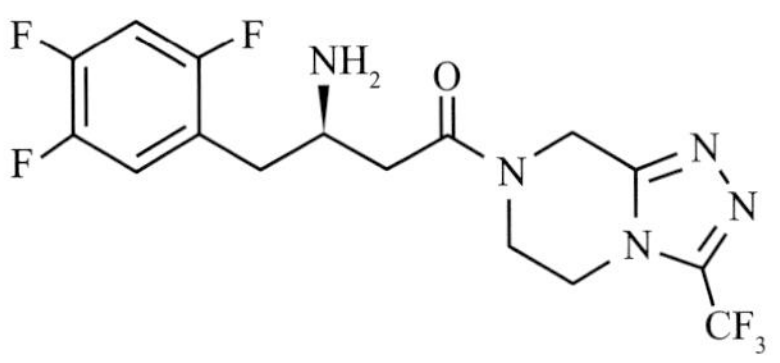

1.西格列汀（MK-0431）

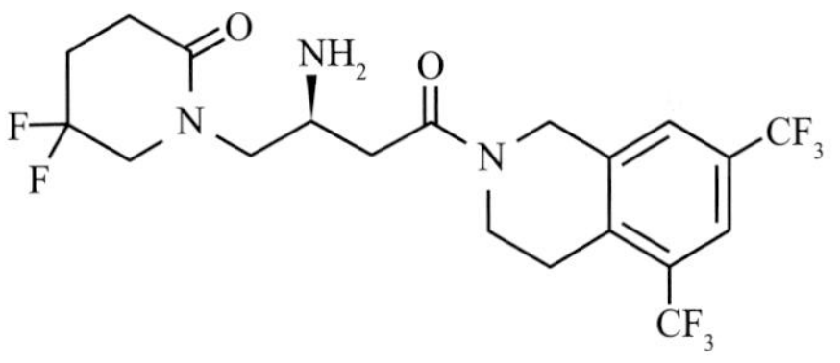

2. 吉格列汀（gemigliptin, LC15-0444）

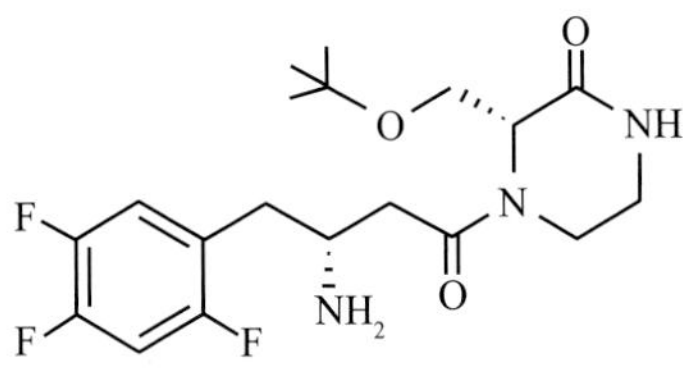

3.艾格列汀（evogliptin）

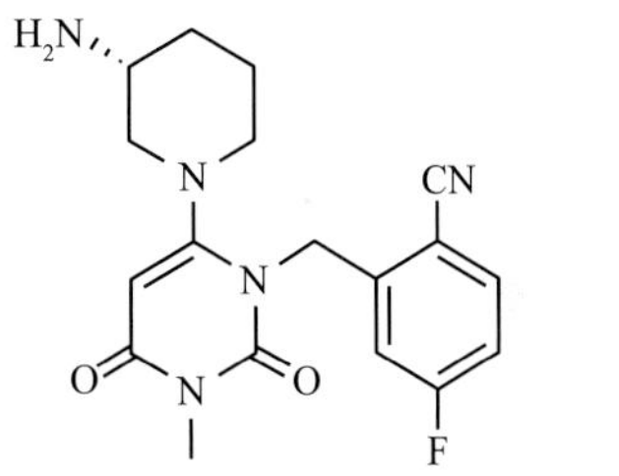

4.曲格列汀（trelagliptin, SYR-472）

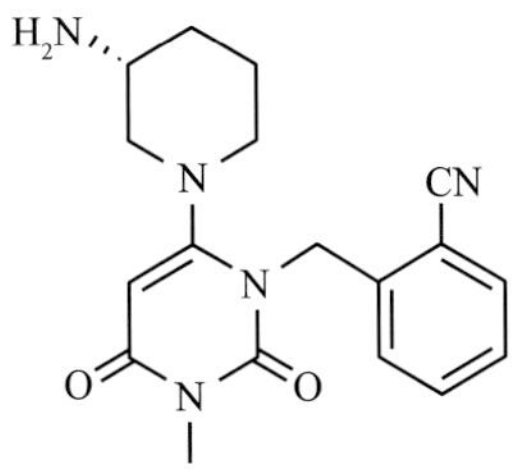

5.阿格列汀（alogliptin, SYR-322）

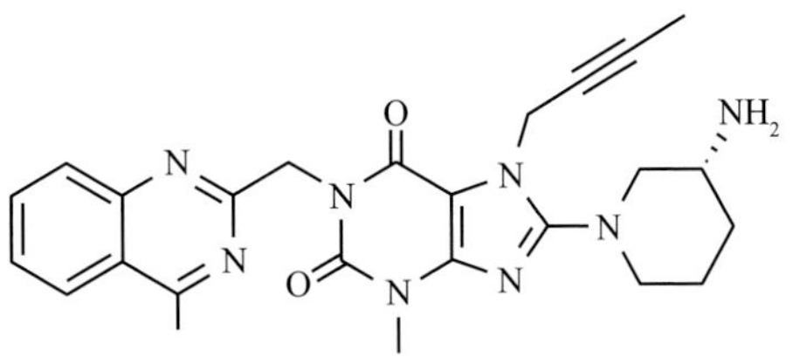

6.利格列汀（linagliptin, Bl-1356）

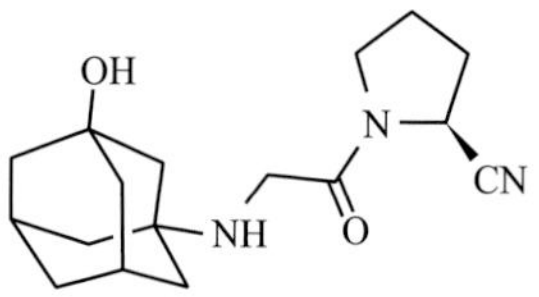

7. 维格列汀（vildagliptin, LAF-237）

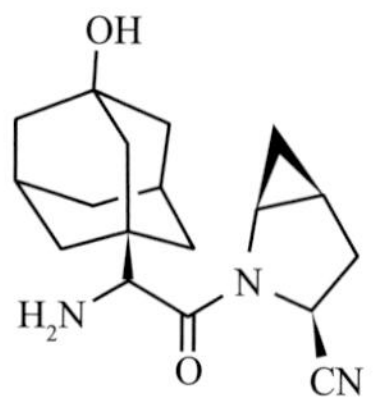

8.沙格列汀（saxaglipting, BMS-477118）

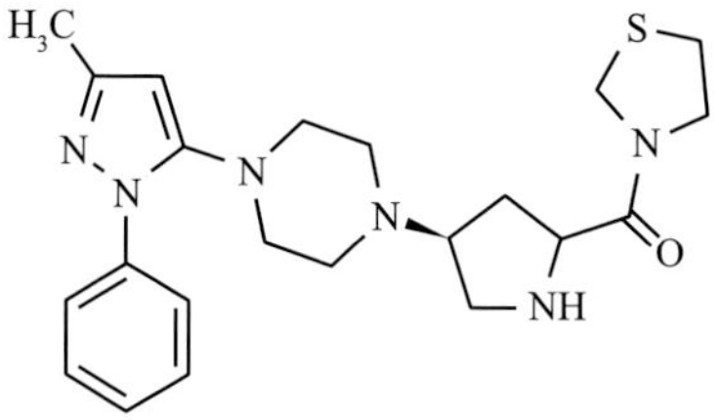

9. 替格列汀（teneligliptin, MP-0513）

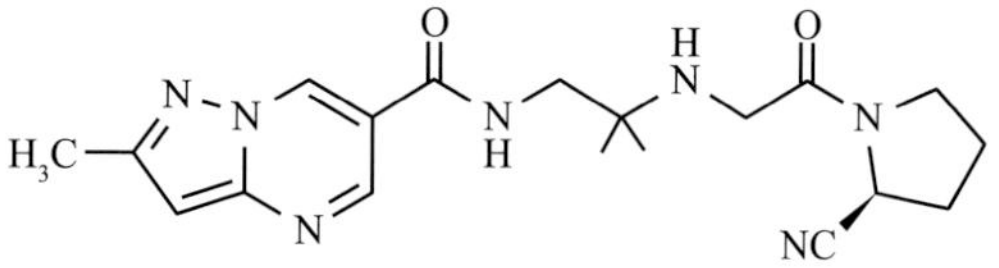

10.安奈格列汀（anagliptin, SK-0403）

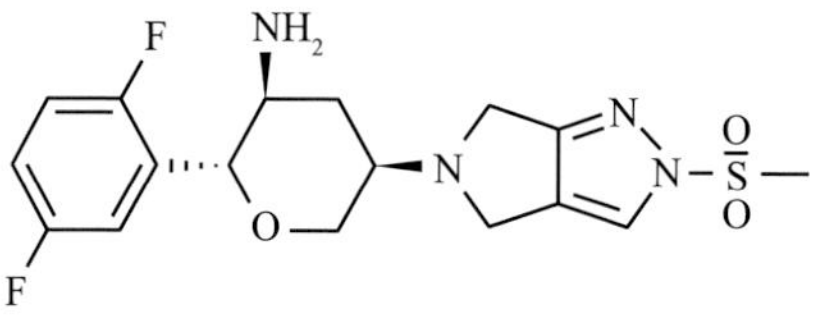

11.奥格列汀（MK-3102）

图8.1　已上市用于治疗T2DM的DPP-4抑制剂

氢-2*H*-吡喃-3-胺（4，图8.1），是一类2,3,5-三取代四氢吡喃类衍生物，于2015年9月在日本获批上市，用于2型糖尿病的治疗，每周口服1次。

8.2 奥格列汀的发现

在寻找新型DPP-4抑制剂的过程中，基于西格列汀与DPP-4复合物的晶体结构（图8.2），首先设计了具有强效DPP-4抑制作用的环己胺类似物6a（IC_{50} = 0.5 nmol/L，图8.3）。与西格列汀不同的是，其结构中含有一个中等大小的刚性环结构[16]。将西格列汀中的三氮唑并［4，3-］吡嗪基团取代为二氢吡咯并嘧啶基团，可增强其对DPP-4的抑制活性，并保持对其他相关蛋白酶的选择性，如DPP-8、DPP-9和成纤维细胞激活蛋白（fibroblast activation protein，FAP）[17]。然而，化合物6a具有hERG抑制毒性（IC_{50} = 4.8 μmol/L）。在CV犬模型中发现，6a在3 mpk（译者注：mg per kg，即受试者每千克体重的毫克剂量）的静脉注射剂量下可导致QT间期延长超过5%。为降低其对hERG钾离子通道的亲和力，研究人员试图降低连接在环己基母核上氨基的碱性[18]，得到了氨基pK_a降低的四氢吡喃类似物7a（图8.3），其氨基的pK_a值由6a的8.6降至7.3，显著改善了对hERG的选择性（IC_{50}大于30 μmol/L）。在CV犬模型中，7a即使在高达30 mg/kg的静脉注射剂量下，亦不会导致QT间期延长。然而，7a存在代谢稳定性问题，在大鼠和犬中，给药后分别约有50%和30%的7a会转化为吡咯并嘧啶代谢物7c（图8.3）。该代谢物对DPP-4仅具有微弱的抑制活性，但对某些相关的蛋白酶却不具有选择性，如静息细胞脯氨酸二肽酶（quiescent cell proline dipeptidase，QPP），亦称为二肽基肽酶-7（dipeptidyl peptidase-7，DPP-7），7c对该酶的IC_{50}为160 nmol/L。

后续的研发目标主要集中在降低右侧含氮结构的代谢及探索适宜的生物电子等排体方面（表8.1）。以*gem*-二甲基（即两个甲基取代于同一碳上）封闭脱氢氧化位点，并以各种生物等排体替换吡咯并嘧啶基团，均会导致DPP-4抑制活性的下降[18]。吡咯并咪唑类似物虽具有良好的DPP-4抑制活性，但对DPP-8的选择性较差。然而，将吡咯并咪唑基团替换为吡咯并吡唑基团（如7b），可得到一系列

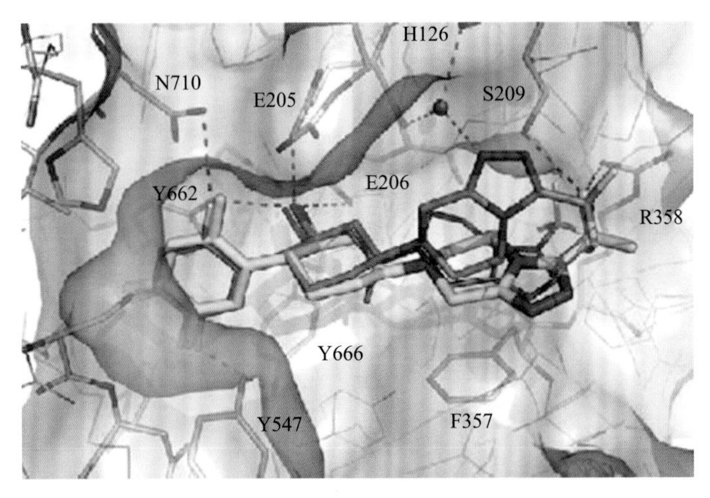

图8.2 西格列汀及其环己胺类似物与DPP-4活性位点的晶体复合物结构（PDB码：1X70和2P8S）

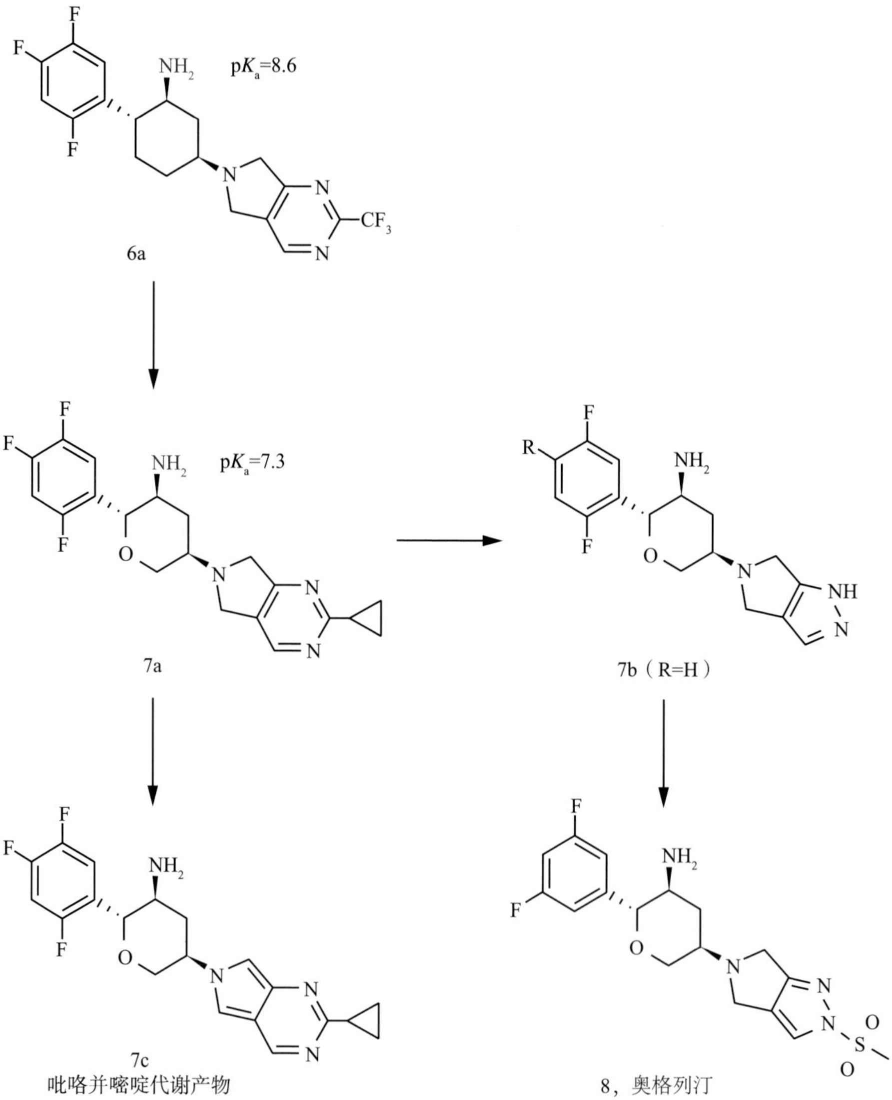

6a

7a

7b（R=H）

7c
吡咯并嘧啶代谢产物

8，奥格列汀

图8.3　奥格列汀（8）发现过程中先导化合物的优化过程

既具有理想的DPP-4抑制活性，又对相关蛋白酶具有良好选择性的结构类似物。此外，研究发现7b表现出较好的代谢稳定性，在大鼠和犬中均未发现上述氧化代谢物。

表8.1 分子右侧芳环并二氢吡咯部分的构效关系

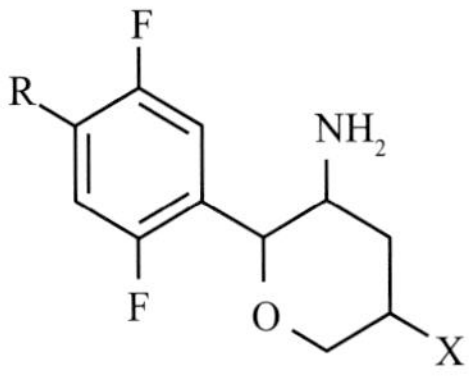

X基团	DPP-4 IC_{50}（nmol/L）	QPP IC_{50}（μmol/L）	DPP-8 IC_{50}（μmol/L）	EAP IC_{50}（μmol/L）
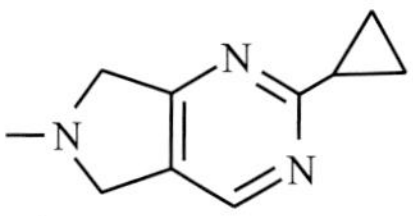 （7a）	0.66	＞100	NR	NR
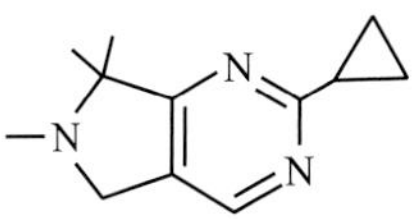	27	＞100	＞100	＞100
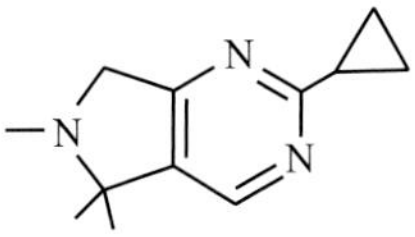	12 600	＞100	＞100	＞100
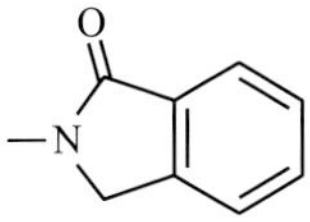	720	＞100	＞100	＞100
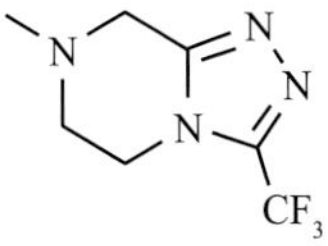	37	＞100	＞100	＞100
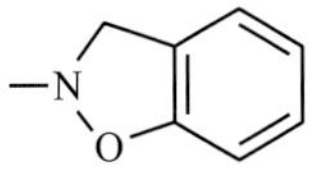	125	＞100	＞100	＞100
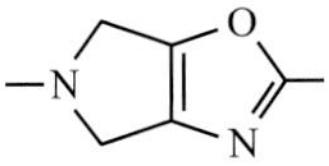	11	＞100	＞100	＞100
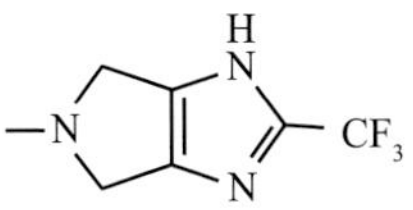	1.6	＞100	220	＞100
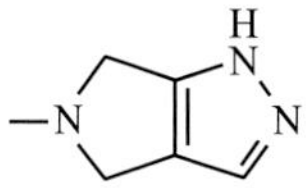 （7b）	1.4	＞100	＞100	＞100

注：7a的R基团为F原子；其他类似物的R基团均为H原子；NR表示未报道。

除2,5-二氟苯基外，将7b分子结构左侧的三氟苯基取代为其他生物电子等排体，均会导致其DPP-4抑制活性的降低[18]，提示苯环上的2,5-二氟取代结构对于维持该分子对DPP-4的紧密结合至关重要。研究人员制备了7b的全部8个立体异构体，并测试了其对DPP-4及其他蛋白酶的抑制活性（表8.2）[18]。研究发现，2*R*，3*S*，5*R*-异构体是DPP-4抑制活性最强的异构体，且与其他相关蛋白酶相比，该异构体对DPP-4表现出理想的选择性。

表8.2　化合物7b的8个立体异构体及其活性

化合物	DPP-4 IC_{50}（nmol/L）	QPP IC_{50}（μmol/L）	DPP-8 IC_{50}（μmol/L）	FAP IC_{50}（μmol/L）
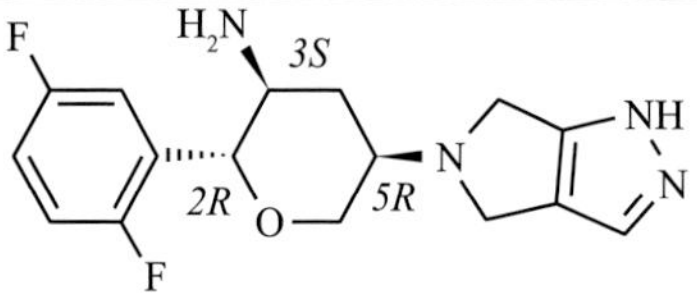 2*R*, 3*S*, 5*R*	1.4	＞100	＞100	22
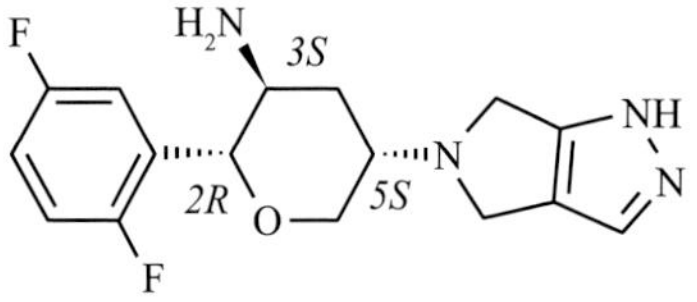 2*R*, 3*S*, 5*S*	56	6.6	45.8	＞100
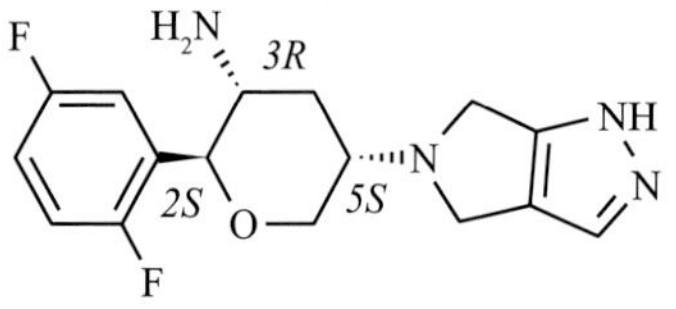 2*S*, 3*R*, 5*S*	24 400	＞100	＞100	＞100
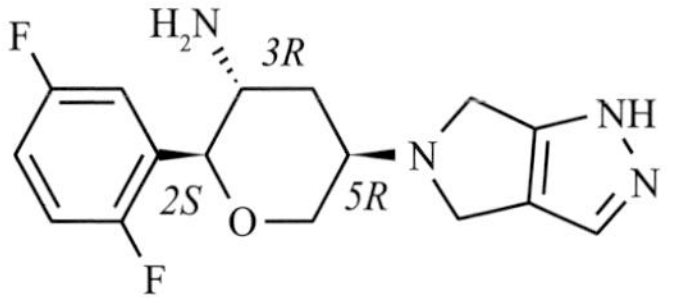 2*S*, 3*R*, 5*R*	38 000	＞100	28	＞100
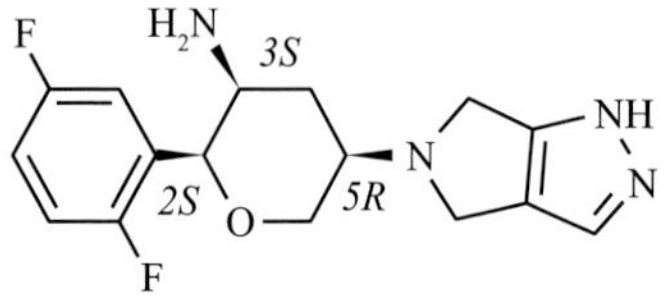 2*S*, 3*S*, 5*R*	2 800	＞100	＞100	＞64
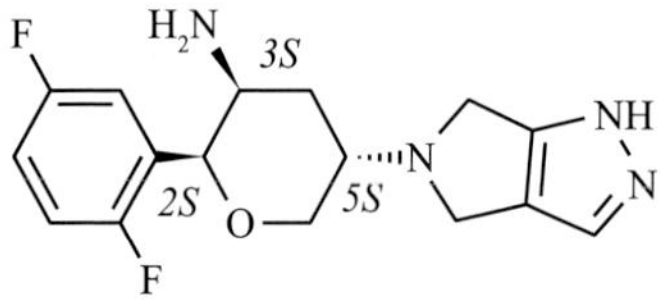 2*S*, 3*S*, 5*S*	26 600	＞100	＞100	＞100

续表

化合物	DPP-4 IC_{50}（nmol/L）	QPP IC_{50}（μmol/L）	DPP-8 IC_{50}（μmol/L）	FAP IC_{50}（μmol/L）
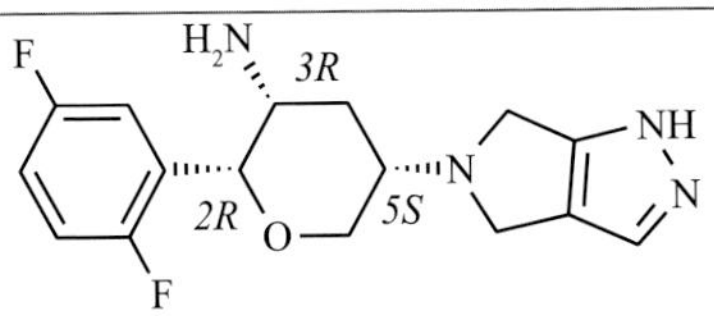 F, H_2N, 3R, 2R, 5S, O, F, N, NH, N	13 100	15.4	＞100	51
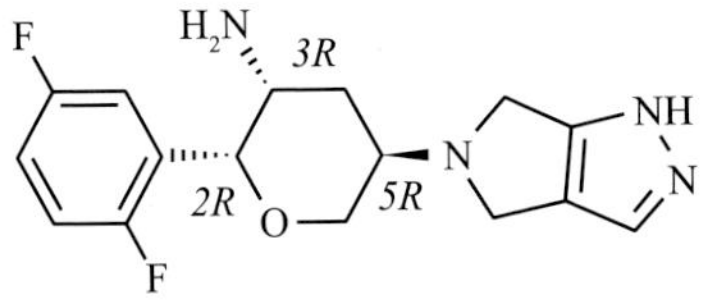 F, H_2N, 3R, 2R, 5R, O, F, N, NH, N	＞100 000	＞100	＞100	＞100

在体外试验中，化合物7b具备了一个强效DPP-4选择性抑制剂应当具备的所有特征，但药代动力学评估却显示该化合物并不适合每周1次的给药方案（表8.3）。最终，以甲磺酰基取代吡唑2位的氢原子，得到了体内半衰期更长的化合物8（表8.3），即奥格列汀[19]。

表8.3　化合物7b与奥格列汀（8）的体内药代动力学参数

化合物	受试动物	剂量（mg/kg）[a]	CL［mL/（min·kg）］	V_{dss}（L/kg）	$t_{1/2}$（h）	C_{max}（μmol/L）	t_{max}（h）	F_{oral}（%）	AUC［h/（mg·kg）］
7b	大鼠	0.5	9.7	4.9	6.3	0.80	0.5	70	3.72
	犬	0.5	2.7	3.0	13	1.92	3.5	83	16.1
	猴	0.5	5.2	4.2	9.7	1.48	1.1	72	7.33
8	大鼠	0.5	1.1	0.8	11	9.0	1.0	100	47.8
	犬	0.5	0.9	1.3	22	5.9	1.3	100	54.0
	猴	0.5	NR[b]	NR[b]	NR[b]	NR[b]	NR[b]	NR[b]	NR[b]

a 静脉注射和口服给药。

b NR＝未报道。

8.3 X线衍射与分子模型研究

如图8.4所示，西格列汀（碳链为黄色棒状）和3-氟取代的奥格列汀（碳链为绿色棒状）与DPP-4活性位点的结合方式类似，具有相同的关键相互作用。左侧三氟苯基上的2位氟原子与R125的侧链形成氢键，碱性的氨基与E205和E206

分别形成盐桥（salt bridge）。而在分子结构右侧，稠合结构与F357的苯基形成π-π堆叠作用[19, 20]。西格列汀还具有一个特别的相互作用，其酰胺结构的羰基与Y547的侧链形成了一个水分子介导的氢键。而在奥格列汀中，该氢键对其四氢吡喃刚性母核与DPP-4的结合并不重要。

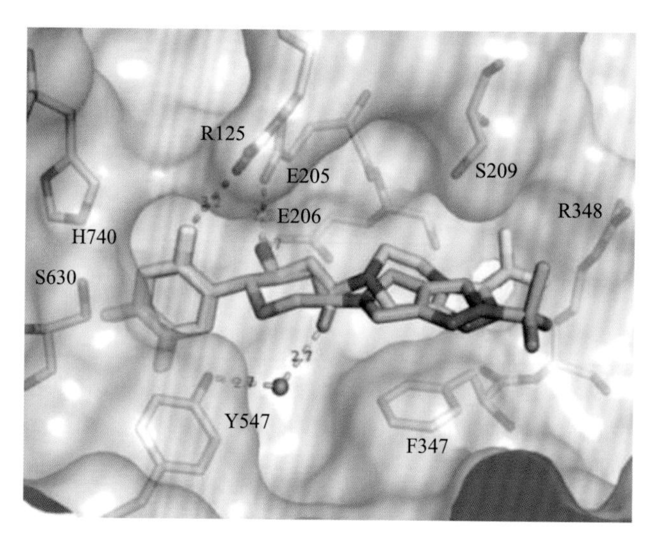

图8.4　西格列汀及氟代奥格列汀与DPP-4活性位点的共晶结构（PDB码：1X70和2PNZ）

8.4 奥格列汀的合成

奥格列汀最初的汇聚式合成路线如反应式8.1～8.3所示[19]，其最终的合成通过甲磺酰吡咯并吡唑14与四氢吡喃酮22的偶联实现。将叔丁氧基甲酰基（Boc）保护的酮9溶液与*N*,*N*-二甲基甲酰胺-二甲基乙酰胺（DMF-DMA）共热，得到烯胺中间体10。后者溶于乙醇中，先与肼加压共热，再在干燥的乙酸乙酯中

9 —DMF-DMA→ 10 —（1）$NH_2—NH_2$（2）HCl（3）aq.NaOH→ 11 —$(Boc)_2O$→

12 —NaH, CH_3SO_2Cl→ 13 —（1）$PhSO_3H$，DMA（2）NH_4OH→ 14

反应式8.1　甲磺酰吡咯并吡唑中间体（14）的合成

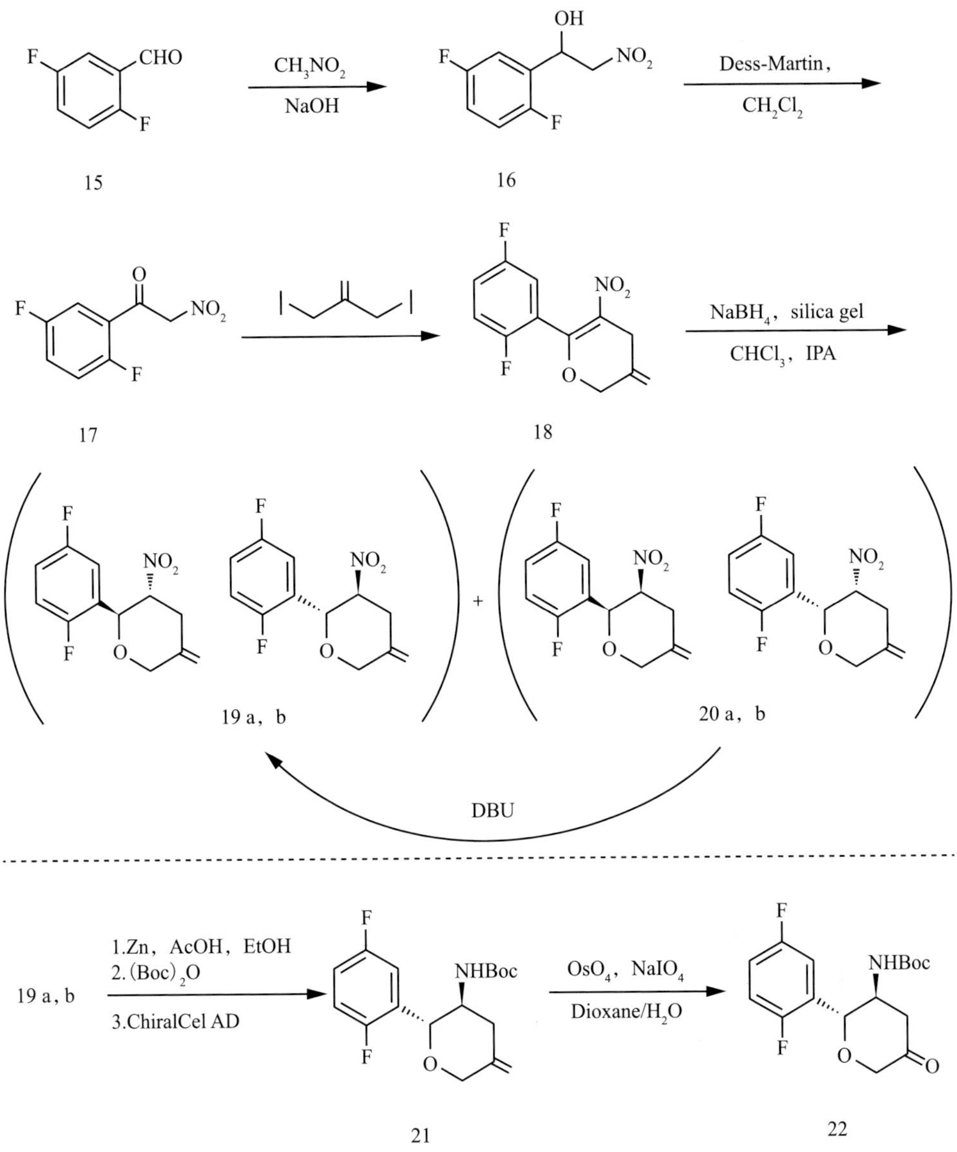

反应式8.2　**四氢吡喃酮中间体（22）的合成**

与氯化氢共热，然后以氢氧化钠水溶液中和，得到吡咯并吡唑中间体11。将中间体11的吡咯氮原子以Boc保护，再在强碱条件下对吡唑氮原子进行磺酰化，得到Boc保护的甲磺酰吡咯并吡唑13。以苯磺酸脱除化合物13的保护基，并以氢氧化铵中和，即可得甲磺酰吡咯并吡唑关键中间体14。

四氢吡喃酮关键中间体22的制备如反应式8.2所示。在催化量氢氧化钠的作用下，醛15与硝基甲烷反应，生成硝基苄醇中间体16，后者经Dess-Martin氧化或Jones氧化得到硝基甲酮中间体17。将硝基甲酮17与3-碘-2-（碘甲基）-1-丙

14 + 22 —NaBH(OAc)$_3$→ 23 —H_2SO_4→ 8

反应式8.3 **奥格列汀的合成**

烯共热，生成吡喃中间体18，再经硼氢化钠还原，转化为*trans*-和*cis*-硝基吡喃外消旋混合物（分别为19a，b和20a，b）。经柱层析分离后，顺式混合物20a，b可在1,8-二氮杂双环［5.4.0］十一碳-7-烯（DBU）的作用下转化为反式混合物19a，b，使异构体副产物得以利用，提高了合成收率。反式硝基吡喃混合物19a，b经锌-乙酸还原，经Boc保护并还原得到的对映异构体混合物，再利用ChiraCel环糊精手性柱进行色谱拆分，得到2R，3S-异构体21。中间体21首先与四氧化锇和*N*-甲基吗啉-*N*-氧化物反应，再与高碘酸钠反应，即可生成四氢吡喃酮对映异构体22。

合成奥格列汀的最终步骤是中间体14和22在三乙酰氧基硼氢化钠作用下的还原胺化（reductive amination）反应（反应式8.3）。反应产物中的吡咯并吡唑基团处于位阻更小的倒伏键，从而决定了吡喃环C-5位的立体化学。在酸性条件下脱除Boc保护基，并中和反应体系，最终得到具有高对映体纯度的奥格列汀（对映体过量值大于99%）。

在工业化生产中，奥格列汀的合成使用了另一条改进的汇聚式路线[21]。其关键点在于，利用了钌催化的非对映选择性还原来制备四氢吡喃酮中间体22（反应式8.4），从而避免了多个非对映异构体（19a，b和20a，b）的生成（反应

24

（1）苯磺酸炔丙酯，K_3PO_4，n-Bu_4NBr，MTBE；HCl，H_2O

（2）NaOH，H_2O；Boc_2O，MTBE

（3）CDI；（MeO）$MeNH_2Cl$

（75%）

25

iPrMgCl · LiCl

THF，toluene

（89%）

26

0.1 mol%（R, R）-Ts-DENEB

HCO_2H，DABCO，THF

（96：4 dr，99% ee，93%）

27

CpRuCl（PPh_3）$_2$，PPh_3

N-羟基丁二酰亚胺

Bu_4NPF_6，$NaHCO_3$，DMF

（86%）

28

BH_3 · SMe_2

MTBE；

$NaHCO_3$

$NaBO_3$ · $4H_2O$

（89%）

29

$RuCl_3$，$NaBrO_3$

$CH_3CN/AcOH/H_2O$

（80%）

22

（R, R）-Ts-DENEB

RuCl［（R, R）-Fsdpen］-（p-cymene）

反应式8.4　中间体22的不对称合成

式8.2）。

N-（二苯基亚甲基）甘氨酸乙酯（24）依次经炔丙基化和Weinreb酰胺作用后，得到中间体25，后者与2,5-二氟苯基镁盐试剂反应，转化为中间体26。在手性钌氢转移试剂氯化［（*R*，*R*）-*N*-［2-（4-甲基苄氧基）乙基］-*N*-对甲苯磺酰基-1,2-二苯基乙二胺］钌（II）（*R*，*R*-Ts-DENEB）的作用下，中间体26经高收率的立体选择性还原，以24∶1的非对映选择性和大于99%的对映体过量值得到（1*R*，2*S*）-羟基-5-戊炔中间体27。相比之前使用另一种手性钌氢试剂［*N*-［（1*R*,2*R*）-2-（氨基-κN）-1,2-二苯基乙基］-2,3,4,5,6-五氟苯磺酰胺基-κN］-氯化-［（1,2,3,4,5，6-η）-1-甲基-4-（甲基乙基）苯］-钌［RuCl（（R-R）-Fsdpen）-（*p*-cymene）］只能以8∶1的非对映选择性和大于98%的对映体过量值得到中间体27，该步骤得到了非常显著的改进。接着，在氯化（环戊二烯基）双（三苯基膦）钌［CpRuCl（PPh_3）$_2$］的催化下，中间体27经高收率的环化反应，以99.2%的非对映选择性和99.8%的对映体过量值转化为吡喃中间体28。经硼氢化反应，中间体28转化为一对非对映体醇混合物29，后者再被氧化为所需的四氢吡喃酮中间体22。

在这条改进的工业生产路线的收尾阶段，将多个反应“压缩精简”为“一锅法”操作，以避免处理具有致突变作用的1-甲磺酰基吡唑30（反应式8.5）。在反应过程中，前期得到的中间体13首先转化为30，后者不经处理，直接与四氢吡喃酮22发生可控的还原胺化反应，再通过直接在反应介质中缓慢结晶并分离，得到最后的中间体23。中间体23经脱除Boc保护基、在反应体系中结晶分离，以及额外的重结晶纯化，最终以93%的收率、质量分数99.6%的纯度、99.9%的光学纯度（99.9 *A*%）得到奥格列汀的所需晶型。

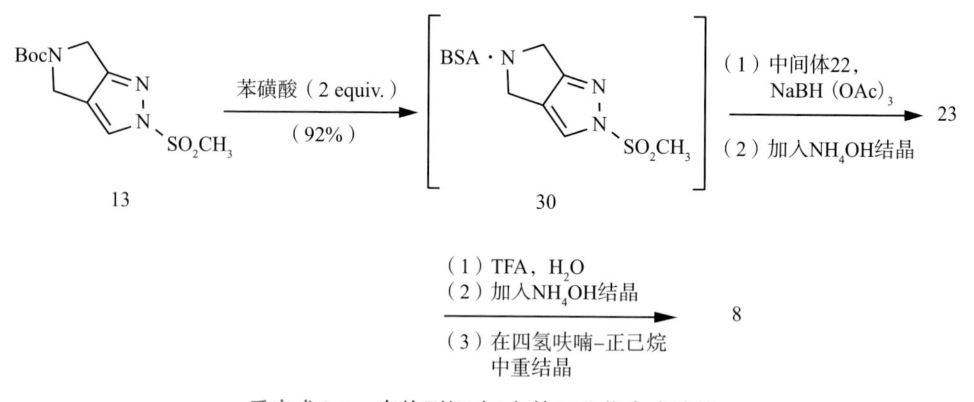

反应式8.5　**奥格列汀（8）的工业化合成路线**

8.5 体外药理学研究

奥格列汀是一个强效的、可逆的DPP-4竞争性抑制剂，其抑制DPP-4的活性（IC_{50}＝1.6 nmol/L）是西格列汀（IC_{50}为18 nmol/L）的10余倍，并对包括QPP、FAP、肽酶（peptidase，PEP）、DPP-8及DPP-9在内的其他在活性或结构上与DPP-4同源（DPP-4 activity or structural homologue，DASH）的PEP表现出优越的选择性。奥格列汀还具有微弱的离子通道活性，对IKr、Ca_v 1.2和Na_v 1.5的IC_{50}均大于30 μmol/L。MDS Pharma公司还进行了一项基于168种配体结合与酶活性测试的评估试验，而奥格列汀在所有测试中的IC_{50}均大于10 μmol/L，证明了该药作为DPP-4抑制剂的良好选择性。

8.6 临床前体内药理学研究

一项口服葡萄糖耐受试验（oral glucose tolerance test，OGTT）显示，在0.01～0.3 mg/kg剂量范围内，奥格列汀可剂量依赖性地降低血糖水平，血糖AUC在0.01 mg/kg剂量下降低7%，在0.3 mg/kg剂量下降低51%（图8.5），这一活性与西格列汀相近[19]。在相关的药效学测试中，奥格列汀介导的血浆DPP-4抑制水平和血浆化合物浓度呈现出剂量依赖性。在0.3 mg/kg这一体现出最大急性降糖效应的剂量下，85%的血浆DPP-4活性被抑制[19]，其DPP-4抑制能力与该剂量下的血浆浓度（521 nmol/L）吻合，亦与该药对小鼠血浆DPP-4的抑制能力（在50%小鼠血浆中的IC_{50}为43.9 nmol/L）吻合。此外，奥格列汀还可剂量依赖性地升高活性GLP-1（GLP-1［7-36］-酰胺和GLP-1［7-37］）的血浆浓度，并在

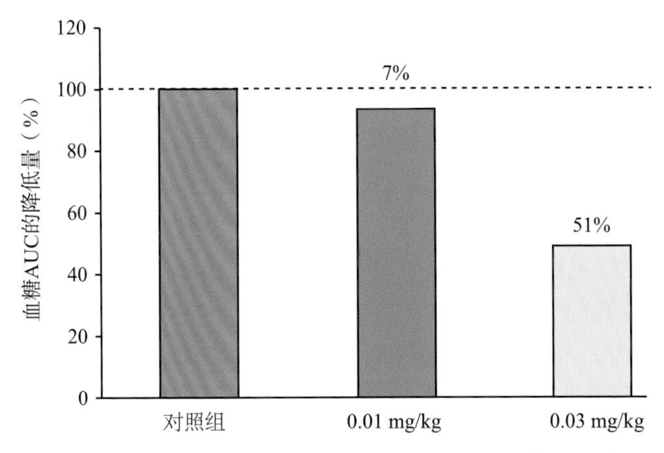

图8.5　奥格列汀的口服葡萄糖耐受性测试结果。在服用右旋葡萄糖之前1 h口服奥格列汀

0.3 ～ 1.0 mg/kg的剂量范围内表现出活性GLP-1血浆浓度的最大增量。GLP-1水平在该剂量范围内可增加10倍以上，这与在基因编辑小鼠（*Dpp4*$^{-/-}$）中所观察到水平变化一致，而在野生型动物中则通常有3 ～ 8倍的变化[22]。

8.7 临床前药代动力学研究

在成年雄性Sprague-Dawley大鼠和比格犬中的药代动力学数据显示，奥格列汀的血浆清除率较低，稳态分布容积为0.8 ～ 1.3 L/kg，消除半衰期较长（表8.3）[19]。奥格列汀在犬和大鼠中的生物利用度均十分理想（约100%）。在1 μmol/L、10 μmol/L和100 μmol/L浓度下，CD-1小鼠、Sprague-Dawley大鼠、比格犬和人体血浆内游离［^{3}H］奥格列汀的平均百分率分别为38%、15%、43%和68%（表8.4），血液-血浆浓度比（blood-to-plasma ratio）为0.6 ～ 1.2。奥格列汀具有较长的半衰期（在大鼠中为11 h，在犬中为22 h）和较低的清除率（在大鼠中为每分钟1.1 mL/kg，在犬中为每分钟0.9 mL/kg）。临床研究表明，奥格列汀的药代动力学性质具有两相性，在人体内半衰期长达120 h，足以满足每周1次的给药需求。

表8.4 不同物种血浆中游离型奥格列汀的平均百分率

CD-1小鼠	Sprague-Dawley大鼠	比格犬	人体
38%	15%	43%	68%

8.8 药物制剂研究

经光学显微镜和X射线粉末衍射（X-ray powder diffraction，XRPD）确认，用于临床试验的奥格列汀为白色晶体样物质。差示扫描量热法（differential scanning calorimetry，DSC）测试显示，其在176.0 ℃时出现吸热熔解，熔解热为89.68 J/g，其非晶态的玻璃转化温度（glass transition temperature）为58 ℃。在温度40 ℃、相对湿度75%的环境中，奥格列汀游离碱的无水晶体具有最高长达4周的化学和物理稳定性。在光强为10万勒克斯时（lxh）的白色冷荧光灯照射下，奥格列汀具有较好的光学稳定性。溶解研究显示，在水相缓冲液中平衡24 h后，奥格列汀在pH为2、6和8时的浓度分别为7.1 mg/mL、8.7 mg/mL和3.1 mg/mL，其两个pK_a值分别为3.5和7.1（表8.5）[19]。

表8.5 奥格列汀的关键理化性质

熔点	176.0 ℃
熔解热	89.68 J/g
玻璃转化温度	58 ℃
稳定性	超过4周（40 ℃，相对湿度75%）
光稳定性	100,000 lx h
pK_a值	3.5；7.1
pH	溶解度（mg/mL）
在水相缓冲液中的热动力学溶解度（平衡24 h后）	
2	7.1
6	8.7
8	3.1

8.9 临床前安全性研究

奥格列汀在埃姆斯致突变测试（Ames mutagenicity assay）中呈现阴性。PatchXpress心肌离子通道板测试发现，在最高测试浓度（30 μmol/L）下，奥格列汀可微弱地抑制hERG电流。在无功能MK-499替换结合试验（nonfunctional MK-499 displacement binding assay）中，其IC_{50}值大于30 μmol/L，且对钾离子通道电流I_K、钠离子通道电流I_{Na}和钙离子通道电流I_{Cal}均无显著影响。在成年雄性大鼠中进行的一项给药剂量为每日100 mg/kg的试探性14日口服安全性研究中，受试大鼠在整个研究过程中均对奥格列汀体现出良好的耐受性，未见死亡或其他标志性事件，临床病理学事件仅局限于血糖、三酰甘油和胆固醇的轻度下降。该药的$AUC_{(0\sim24\,h)}$、最高血药浓度（C_{max}）和达峰时间（T_{max}）分别为5003 μmol/(L·h)、371 μmol/L和2 h[19]。

8.10 临床研究数据

在临床上，DPP-4抑制剂的降糖效果与其他口服抗糖尿病药物相当，但其引起低血糖的风险更低。据报道，沙格列汀可降低31.7%的最初胰岛素所需剂量，当它与其他降糖药或胰岛素同时给药时，口服降糖药或胰岛素所需的剂量分别降低19.5%和23.5%，并可有效对抗出现2年以上的血糖不稳定状态[23]。对一系列研究DPP-4抑制剂和α-葡萄糖苷酶抑制剂药效的随机控制试验的结果进行综合对比分析，发现DPP-4抑制剂可显著降低HbA1c及与基线水平相比的空腹血糖水平（fasting plasma glucose，FPG）[24]。

在血糖控制不佳的T2DM患者中，对每周1次口服奥格列汀（单用或与其他口服降糖药合用）的降糖药效进行了数项随机、双盲、多中心、跨国Ⅲ期临床试验（表8.6）[3, 25-35]。试验结果显示，奥格列汀可剂量依赖性地抑制健康受试者和T2DM患者的血浆DPP-4活性。在25 mg的给药剂量下，可抑制血浆中80.7%的DPP-4活性，且与安慰剂相比，可将餐后4 h的平均活性GLP-1水平提升一倍。在健康受试志愿者中，奥格列汀可被迅速吸收，生物利用度不低于74%。对奥格列汀进行3次、每次剂量为每周25 mg的给药后，可达血液稳态浓度，其AUC为22.3 μmol/L/h，C_{max}为701 nmol/L，T_{max}为1.5 h，半衰期为82.5 h[36]。在T2DM患者中进行的一项为期12周的给药剂量范围探索研究发现，每周1次给予奥格列汀25 mg可显著降低HbA1c水平，且血浆DPP-4活性在最低谷时被抑制了80.7%。与西格列汀相比，奥格列汀是一种耐受良好、安全且有效的降糖药物[36]。

表8.6 奥格列汀针对2型糖尿病的关键临床试验

临床试验编号	药物	临床试验阶段	临床试验地点
NCT01407276	奥格列汀	Ⅰ	跨国
NCT01217073	奥格列汀	Ⅱ	跨国
NCT01755156	奥格列汀＋二甲双胍 vs 格列美脲＋二甲双胍	Ⅲ	跨国
NCT01814748	奥格列汀	Ⅲ	跨国
NCT01698775	奥格列汀	Ⅲ	跨国
NCT01682759	奥格列汀 vs 格列美脲	Ⅲ	跨国
NCT01863667	奥格列汀 vs 格列美脲	Ⅲ	跨国
NCT01717313	奥格列汀＋二甲双胍 vs 二甲双胍	Ⅲ	跨国
NCT01704261	奥格列汀＋格列美脲＋二甲双胍 vs 格列美脲＋二甲双胍	Ⅲ	跨国
NCT01841697	奥格列汀＋二甲双胍 vs 西格列汀＋二甲双胍	Ⅲ	跨国
NCT01703221	奥格列汀 vs 西格列汀	Ⅲ	日本
NCT01697592	奥格列汀	Ⅲ	日本

在25 mg的剂量下，奥格列汀可被迅速吸收，血药峰浓度（C_{max}）为750 nmol/L[36]。进食对其药代动力学表现的影响被认为不具临床相关性，故奥格列汀可随餐或不随餐服用[37]。服用奥格列汀后，在10～100 mg的剂量范围内，其药代动力学

特征与时间和剂量呈线性相关。奥格列汀的血浆蛋白结合率呈现浓度相关性的下降，从1 nmol/L时的75%降至1000 nmol/L时的24%[36]。2～3周的给药方能达到稳态血药浓度。该药不易被代谢，几乎全部以药物原型经肾排泄。单次给予25 mg经放射性标记的奥格列汀，可在尿液中测得74.4%的总放射活性，而在粪便中测得3.4%的总放射活性[36, 38]。该药的平均血浆半衰期为132 h[38]。群体性药代动力学参数显示，其临床疗效与性别、年龄、体重或种族等因素均不相关，证明奥格列汀在对具备不同的上述因素的患者进行治疗时，无须进行剂量调整[37]。

由于T2DM患者常出现肾功能损伤[39]，在肾功能不全的患者中进行了一项非盲的单剂量研究（NCT01407276），通过研究受损的肾功能对血浆和尿液中药物浓度的影响，探究奥格列汀的安全性和耐受性[25]。给予单次3 mg剂量的奥格列汀（NCT01703221），对于轻度/中度/重度肾功能损伤或肾病终末期的患者，其体内药物浓度为健康受试者的0.94～1.97，总体上呈现出良好的耐受性。

在一项长达12周的探索给药剂量范围的Ⅱb期临床试验中[36]，通过检测餐后2 h血糖降低的水平（2 h PMG）、FPG降低水平和HbA1c水平发现，每周1次给予奥格列汀与每日1次给予西格列汀等其他DPP-4抑制剂相比，呈现出相似的药物安全性数据和剂量依赖性药效。

一项在T2DM患者中进行的探索给药剂量范围的Ⅱ期临床试验（NCT01217073）结果显示，在为期12周的试验结束时，与安慰剂相比，单用奥格列汀（每周1次给药25 mg）可使血糖控制水平得到显著的改善[40]。685位受试者被随机分成了5个剂量组，以相等的比例分别给予0.25 mg、1 mg、3 mg、10 mg和25 mg奥格列汀或安慰剂。与给予安慰剂的受试者相比，上述5个奥格列汀剂量均实现了HbA1c水平的显著降低，并显示出剂量依赖性的药效（图8.6）。与安慰剂相比，口服25 mg奥格列汀可更加显著地降低HbA1c的水平，其实际降低水平可达7.8 mmol/mol（与安慰剂相比）。在第12周时，与安慰剂组相比，25 mg剂量组内有更多的受试者达到了7.0%和6.5%的HbA1c目标水平。奥格列汀组内有33.6%的受试者可达7.0%的HbA1c目标水平，而安慰剂组的这一比例仅为13.6%；奥格列汀组内有21.8%的受试者可达6.5%的HbA1c目标水平，而安慰剂组的这一受试者比例仅为4.5%。其他的次要终点目标同样支持奥格列汀优于安慰剂的结论，包括2 h PMG和FPG。与基线水平相比，为期12周的每周1次奥格列汀治疗结束后，血浆DPP-4活性可降低80.7%，且呈现出剂量依赖性特征。在所有的奥格列汀治疗组中，均未发现明显的体重变化。

患者在完成了为期12周的初始治疗后，接着参与了一项延伸性研究[40]。在该研究中，所有的奥格列汀给药组均继续或转而进行长达66周的每周1次、每次25 mg的奥格列汀治疗，而之前给予安慰剂的患者则在不知情的情况下先后被

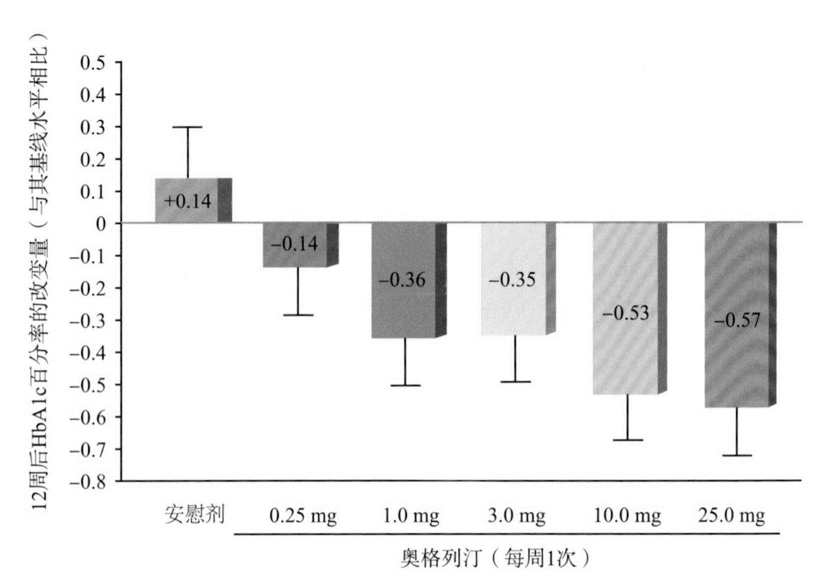

图8.6 T2DM患者给予奥格列汀（每周1次）12周后的HbA1c百分率改变量（95% CI）

给予吡格列酮（pioglitazone）和二甲双胍（根据长期使用吡格列酮可能存在的安全性问题而进行治疗方案调整）。二甲双胍起始量为500 mg q.d.，后增至1000 mg b.i.d.。在各奥格列汀治疗组和安慰剂/二甲双胍治疗组中，HbA1c与其基线水平相比的最小二乘法平均变化值如图8.7所示。与安慰剂/二甲双胍治疗组相比，在奥格列汀治疗组内，有更高比例的患者可达到7.0%和6.5%的HbA1c目标水平。

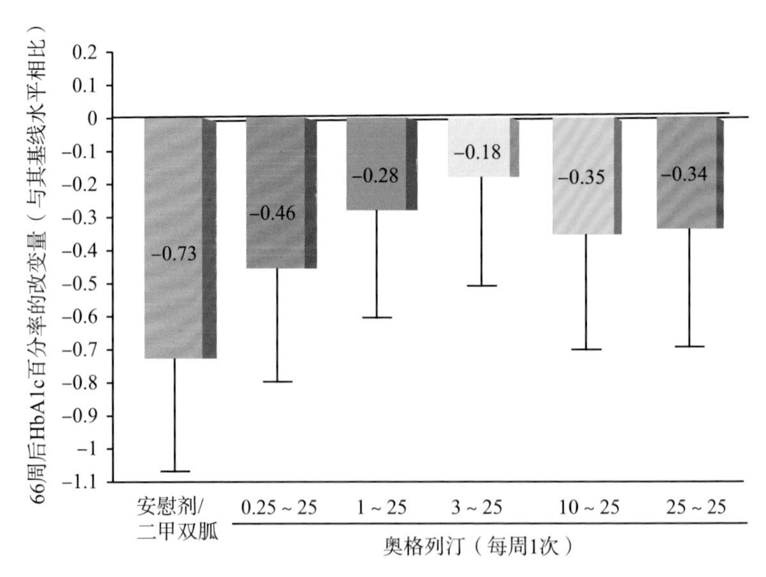

图8.7 T2DM患者参加为期66周的延伸性研究后的HbA1c百分率改变量（95% CI）。前期研究中的安慰剂组受试者给予二甲双胍（起始量为500 mg q.d.，后增至1000 mg b.i.d.），而不同给药剂量的奥格列汀受试组在该研究中均每周1次地给予25 mg奥格列汀

奥格列汀组内有33.5%的受试者可达到7.0%的HbA1c目标水平，而安慰剂/二甲双胍治疗组的这一受试者比例为21.7%；奥格列汀组内有45.8%的受试者可达6.5%的HbA1c目标水平，而安慰剂/二甲双胍治疗组的这一受试者比例为29.2%。与为期12周的初始治疗相似，在所有的奥格列汀治疗组中，亦均未发现明显的体重变化。

针对饮食/运动相关治疗后血糖水平仍控制不佳的患者，进行了一项以西格列汀作为对照、为期24周、随机、多中心、跨国Ⅲ期临床研究（NCT01703221）[27, 36]，以比较每周1次、每次单用25 mg奥格列汀与每日1次、每次50 mg西格列汀的疗效和安全性。在奥格列汀组和西格列汀治疗组中，与基线水平相比的HbA1c降低量，在24周治疗结束时分别为0.66%和0.65%。从与基线水平相比的HbA1c最小二乘平均降低量来看，奥格列汀与西格列汀相比一样有效（$P=0.792$）。此外，从FPG的改变（$P=0.555$）和2 h PMG的改变（$P=0.33$）而言，奥格列汀与西格列汀相比也基本相当。

8.11 联合用药研究

Ⅲ期临床试验还研究了奥格列汀在联合给药治疗中的疗效。在两项独立的试验中，针对单用二甲双胍无法有效控制血糖水平的患者，比较了加用奥格列汀与加用格列美脲，以及加用奥格列汀与加用西格列汀的疗效。在另一项试验中，针对联用格列美脲与二甲双胍仍无法有效控制血糖水平的患者，进行了联用奥格列汀的疗效研究。上述三项临床试验的结果如下。

8.11.1 奥格列汀与二甲双胍联合用药研究

为比较奥格列汀与格列美脲（表8.7）或与西格列汀（表8.8）的疗效，针对单用二甲双胍无法有效控制血糖水平的患者，开展了两项与二甲双胍联合给药的随机、双盲、多中心的临床试验[28, 29]。在参加该研究前，受试的2型糖尿病患者以每日不低于1500 mg的恒定剂量，单用二甲双胍至少12周。在第一项研究中，从与基线水平相比的HbA1c改变量来看，奥格列汀作为二甲双胍的联合治疗药物，并不劣于格列美脲[28]。从达到7.0%和6.5%的HbA1c目标水平的患者比例来看，奥格列汀组仅略低于格列美脲组。从降低FPG的水平而言，奥格列汀组和格列美脲组的FPG下降量分别为0.15 mmol/L（2.7 mg/dL）和0.46 mmol/L（8.3 mg/dL）。从平均体重变化量来看，联用奥格列汀与联用格列美脲之间体现出显著的差异，分别减轻了0.4 kg和1.5 kg（$P<0.001$）。此外，从出现有症状的低血糖不良反应事件的患者比率来看，奥格列汀联合给药组显著低于格列美脲联合给药组，分别为5.3%和26.7%（$P<0.001$）。

表8.7 奥格列汀和格列美脲分别与二甲双胍联合用药的临床试验结果

	奥格列汀＋二甲双胍	格列美脲＋二甲双胍
54周后，与基线水平相比HbA1c百分率的改变量（%）	−0.30%（−0.39 ～ −0.21）	−0.48%（−0.57 ～ −0.39）
54周后，与基线水平相比FPG的改变量（mg/dL）	−0.27（−6.7 ～ 1.3）	−8.3（−12.4 ～ −4.3）
54周后，与基线水平相比FPG的改变量（mmol/L）	−0.15	−0.46
54周后，HbA1c水平降至7.0%以下的患者百分率	47.7%（42.3 ～ 53.1）	58.0%（52.7 ～ 63.1）
54周后，HbA1c水平降至6.5%以下的患者百分率	25.1%（20.6 ～ 30.2）	28.8%（24.1 ～ 34.0）
54周后，患者的体重变化（kg）	−0.4（−0.8 ～ −0.0）	−1.5（−1.1 ～ −1.9）
发生有症状的低血糖事件的患者百分率	5.3%	26.7%

表8.8 奥格列汀和西格列汀分别与二甲双胍联合用药的临床试验结果

	奥格列汀＋二甲双胍	西格列汀＋二甲双胍
54周后，与基线水平相比HbA1c百分率的改变量（%）	−0.47%（−0.55 ～ −0.38）	−0.43%（−0.51 ～ −0.35）
54周后，与基线水平相比FPG的改变量（mg/dL）	−13.7（−17.3 ～ 10.1）	−9.5（−13.2 ～ −5.9）
54周后，与基线水平相比FPG的改变量（mmol/L）	−0.76	−0.53
54周后，HbA1c水平降至7.0%以下的患者百分率	50.9%（24.6 ～ 38.4）	49.1%（43.2 ～ 59.3）
54周后，HbA1c水平降至6.5%以下的患者百分率	27.0%（20.6 ～ 30.2）	22.8%（20.3 ～ 34.2）

在另一项为期24周的Ⅲ期临床试验中，从与基线水平相比的HbA1c改变量来看，奥格列汀作为二甲双胍的联合治疗药物，并不劣于西格列汀[29]。与FPG的基线水平相比，奥格列汀联合给药组对FPG水平的平均降低量为13.7%，在数值上高于西格列汀联合给药组的9.5%。从达到7.0%和6.5%的HbA1c目标水平的患者比例来看，奥格列汀联合给药组的这一比例同样高于西格列汀联合给药组。

8.11.2 奥格列汀与格列美脲、二甲双胍三药联用研究

在联用二甲双胍与格列美脲仍无法有效控制血糖水平的患者中，进行了一项为期24周的临床试验，以研究将奥格列汀加入到上述联合用药方案中的效果（表8.9）[30]。经过为期24周的治疗，从与基线水平相比的HbA1c改变量来看，加入了奥格列汀的三药联用治疗组的HbA1c降低量为0.67%，只给予二甲双胍和格列美脲的两药联合治疗组的HbA1c降低量为0.06%，前者显著优于后者（*P*

< 0.001）。与联用二甲双胍、格列美脲和安慰剂治疗组相比，联用奥格列汀的三药联用治疗组更容易达到7.0%和6.5%的HbA1c目标水平，并可更加显著地降低FPG水平。此外，奥格列汀组与安慰剂组呈现出相同的因不良反应事件而退出临床研究的比率，均为2.6%。

表8.9 奥格列汀＋二甲双胍＋格列美脲三药合用及二甲双胍＋格列美脲两药联用的临床试验结果

	奥格列汀＋二甲双胍＋格列美脲	二甲双胍＋格列美脲
54周后，与基线水平相比HbA1c百分率的变化量（%）	−0.67%（−0.84 ～ −0.50）	−0.06%（−0.23 ～ −0.12）
54周后，与基线水平相比FPG的变化量（mg/dL）	−19.6（−26.7 ～ −12.5）	−3.0（−10.2 ～ 4.1）
54周后，与基线水平相比FPG的变化量（mmol/L）	−1.01	−0.17
54周后，HbA1c水平降至7.0%以下的患者百分率	23.8%（17.5 ～ 31.5）	4.4%（2.1 ～ 9.3）
54周后，HbA1c水平降至6.5%以下的患者百分率	10.1%（6.1 ～ 16.4）	2.1%（0.7 ～ 6.0）

8.12 安全性和耐受性研究

据报道，罗格列酮和吡格列酮等噻唑烷二酮类药物具有增加罹患心力衰竭的风险[41]，并且第一代和第二代磺酰脲类药物也具有心血管风险[42]。然而，相关临床试验确认了DPP-4抑制剂的心血管安全性[43]，并证明了此类药物与安慰剂相比并不具有更差的安全性[44]。DPP-4抑制剂治疗中的胰腺安全性问题也得到了评估，且未发现胰腺炎与DPP-4抑制剂之间的因果关联[45-46]，DPP-4抑制剂不会升高罹患急性胰腺炎的风险[46]。

在单独使用或与其他抗糖尿病药物联用时，2型糖尿病患者总体上可以很好地耐受口服奥格列汀[27-30]。在一项探索剂量范围的Ⅱ期临床试验中[40]，共有安慰剂组及给药剂量分别为0.25 mg、1 mg、3 mg、10 mg和25 mg奥格列汀6个受试组，与药物相关的不良反应事件发生率分别为8.0%、6.2%、5.2%、7.9%、7.8%和7.0%，说明各个不同给药剂量的受试组之间具有相似的发生率，并未观察到该比率呈剂量依赖性的增加。在所有给药剂量组内，低血糖事件的发生率很低，且并未观察到严重的低血糖事件，也未见急性或慢性胰腺炎[40]。报告频率最高的不良反应事件为鼻咽炎，奥格列汀组和安慰剂组的发生率分别为13%和31%[36]。其他可能发生的不良反应事件包括支气管炎（奥格列汀组和安慰剂组的发生率分别为2%和4%）、流感（奥格列汀组和安慰剂组的发生率分别为2%和5%）、咽炎

（奥格列汀组和安慰剂组的发生率分别为2%和4%）、上呼吸道感染（奥格列汀组和安慰剂组的发生率均为2%）、腹泻（奥格列汀组和安慰剂组的发生率分别为1%和4%）和胃炎（奥格列汀组和安慰剂组的发生率分别为1%和0%）。在一项比较奥格列汀和西格列汀的非劣性Ⅲ期临床研究中[27]，奥格列汀联合给药组的不良反应事件发生率（36.3%）低于西格列汀联合给药组（40.6%）。联用奥格列汀和二甲双胍的患者发生低血糖的比率（3.7%）也低于联用西格列汀和二甲双胍的患者（4.7%）。在因不良反应事件而中断临床试验的患者比例方面，奥格列汀联合给药组亦低于西格列汀联合给药组（分别为0.9%和2.2%）[35]。目前，2型糖尿病患者每周口服1次、每次25 mg的奥格列汀进行治疗时，未见心血管事件的报告。

8.13 总结

基于临床现有的DPP-4抑制剂，成功研发出了药代动力学性质更优越的奥格列汀（MK-3102，omarigliptin），其是一种可每周给药1次的强效选择性DPP-4抑制剂。研究表明，奥格列汀对HbA1c和空腹/餐后血糖表现出有益的调节作用。它能够强效但可逆地抑制DPP-4酶活性，延长GLP-1的循环半衰期，从而葡萄糖依赖性地增加胰岛素的分泌。这种胰岛素分泌的剂量依赖性使得奥格列汀具有很低的低血糖风险。与阿格列汀、利拉列汀和西格列汀等每日给药1次的DPP-4抑制剂相比，每周给药1次的奥格列汀可有效改善患者的依从性，从而实现最优的治疗效果。单用奥格列汀或与其他抗糖尿病药物联合给药，均可有效改善2型糖尿病患者的血糖水平。2015年，奥格列汀于日本获批准上市，但出于商业原因，该药已于近期放弃在美国的新药申报[47]。

（李子元　姚　鸿）

原作者简介

特斯法耶·比夫图（Tesfaye Biftu），先后于布兰迪斯大学（Brandeis University）和罗格斯大学（Rutgers University）获得化学博士学位和工商管理硕士学位。在学术圈短暂工作后，他加入了默克公司（Merck），从事药物化学研究工作。而后加入CytoMed公司，担任药物化学高级总监。1995年，他重新回到默克公司，先后担任杰出高级研发科学家和发现化学部主任。他现为ASTU的杰出教授，领导埃塞俄比亚的国家药学研究院（National Institution of Pharmaceutical Sciences，NIPS）。他曾担任DPP-4抑制剂奥格列汀（MK-3102）等数个候选新药的研发项目主管和主要研发人员。他发表了60余篇论文，并持有60

余项美国和国际专利，涵盖了炎症、心血管疾病、血栓、肥胖症、代谢紊乱和感染性疾病等诸多领域。

参考文献

1. Kulasa, K.M.; Henry, R.R.（2009）Pharmacotherapy of hyperglycemia. *Expert Opin. Pharmacother*. 2009, *10*（15）, 2415-2432.
2. International Diabetes Federation *IDF Diabetes Atlas*, 6th edn; International Diabetes Federation: Brussels, Belgium, 2013; http://www.idf.org/diabetesatlas /5e/theglobal-burden.
3. NIH A Study to Evaluate the Safety, Tolerability, and Efficacy of the Addition of MK-3102 to Participants with Type 2 Diabetes Mellitus Who Have Inadequate Glycemic Control on Metformin Therapy（MK-3102-024）, https://clinicaltrials.gov/ct2/show/NCT01755156（accessed 05 December 2016）.
4. The Diabetes Control and Complications Trial Research Group. The effect of intensive treatment of diabetes on the development and progression of long-term complications in insulin-dependent diabetes mellitus. *N.Engl. J. Med*. 1993, *329*（14）, 977-986.
5. Drucker, D.J.; Nauck, M.A.The incretin system: glucagon-like peptide-1 receptor agonists and dipeptidyl peptidase-4 inhibitors in type 2 diabetes. *Lancet* 2006, *368*（9548）, 1696-1705.
6. Althage, M.C.; Ford, E.L.; Wang, S.; Tso, P.; Polonsky, K.S.; Wice, B.M.Targeted ablation of glucose-dependent insulinotropic polypeptide-producing cells in transgenic mice reduces obesity and insulin resistance induced by a high fat diet. *J. Biol. Chem*. 2008, *283*（26）, 18365-18376.
7. Scheen, A.J.A review of gliptins in 2011. *Expert Opin. Pharmacother*. 2012, *13*（1）, 81-99.
8. Tropeano, A.I.Mechanism of diabetic complications: “therapeutic” perspectives. *Ann. Endocrinol*. 2003, *64*（6）, 474-476.
9. Kaiser, N.; Leibowitz, G.; Nesher, R.Glucotoxicity and β-cell failure in type 2 diabetes mellitus. *J. Pediatr. Endocrinol. Metab*. 2003, *16*（1）, 5-22.
10. Omar, B.A.; Vikman, J.; Winzell, M.S.; Voss, U.; Ekblac, E.; Foley, J.E.; Ahrén, B.Enhanced beta cell function and anti-inflammatory effect after chronic treatment with the dipeptidyl peptidase-4 inhibitor vildagliptin in an advanced-aged diet-induced obesity mouse model. *Diabetologia* 2013, *56*（8）, 1752-1760.
11. Kim, D.; Wang, L.; Beconi, M.; Eidermann, G.J.; Fisher, M.H.; He, H.; Hickey, G.J.; Kowalchick, J.E.; Leiting, B.; Lyons, K.; Marsilio, F.; McCann, M.E.; Patel, R.A.; Petrov, A.; Scapin, G.; Patel, S.B.; Roy, R.S.; Wu, J.K.; Wyvratt, M.J.; Zhang, B.B.; Zhu, L.; Thornberry, N.A.; Weber, A.E.（2*R*）-4-Oxo-4-［3-（trifluoromethyl）-5,6-dihydro［1,2,4］triazolo［4,3-*a*］pyrazin-7-（8*H*）-yl］-1-（2,4,5-trifluorophenyl）butan-2-amine: a potent, orally active dipeptidyl peptidase IV inhibitor for the treatment of type 2 diabetes. *J. Med. Chem*. 2005, *48*（1）, 141-151.
12. Chyan, Y.J.; Chuang, L.M.Dipeptidyl peptidase-IV inhibitors: an evolving treatment for type 2 diabetes from the incretin concept. *Recent Pat. Endocr. Metab. Immune Drug Discov*.

2007, *1* (1), 15-24.

13. Gupta, R.; Walunj, S.S.; Tokala, R.K.; Parsa, K.V.; Singh, S.K.; Pal, M.Emerging drug candidates of dipeptidyl peptidase IV (DPP IV) inhibitor class for the treatment of type 2 diabetes. *Curr. Drug Targets* 2009, *10* (1), 71-87.
14. Verspohl, E.J.Novel pharmacological approaches to the treatment of type 2 diabetes. *Pharmacol. Rev.* 2012, *64* (2), 188-237.
15. Demuth, H.U.; McIntosh, C.H.; Pederson, R.A.Type 2 diabetes-therapy with dipeptidyl peptidase IV inhibitors. *Biochim. Biophys. Acta* 2005, *1751* (1), 33-44.
16. Biftu, T.; Scapin, G.; Singh, S.; Feng, D.; Becker, J.W.; Eiermann, G.; He, H.; Lyons, K.; Patel, S.; Petrov, A.; Sinha-Roy, R.; Zhang, B.; Wu, J.; Zhang, X.; Doss, G.A.; Thornberry, N.A.; Weber, A.E.Rational design of a novel, potent, and orally bioavailable cyclohexylamine DPP-4 inhibitor by application of molecular modelling and X-ray crystallography of sitagliptin. *Bioorg. Med. Chem. Lett.* 2007, *17* (12), 3384-3387.
17. Gao, T.-D.; Feng, D.; Sheridan, R.P.; Scapin, G.; Patel, S.B.; Wu, J.K.; Zhang, X.; Sinha-Roy, R.; Thornberry, N.A.; Weber, A.E.; Biftu, T.Modelling assisted rational design of novel, potent, and selective pyrrolopyrimidine DPP-4 inhibitors. *Bioorg. Med. Chem. Lett.* 2007, *17* (14), 3877-3879.
18. Biftu, T.; Qian, X.; Chen, P.; Feng, D.; Scapin, G.; Gao, Y.D.; Cox, J.; Roy, R.S.; Eiermann, G.; He, H.; Lyons, K.; Salituro, G.; Patel, S.; Petrov, A.; Xu, F.; Xu, S.S.; Zhang, B.; Caldwell, C.; Wu, J.K.; Lyons, K.; Weber, A.E.Novel tetrahydropyran analogues as dipeptidyl peptidase IV inhibitors: profile of clinical candidate (2*R*, 3*S*, 5*R*)-2-(2,5-difluorophenyl)-5-(2,6-dihydropyrrolo (3,4-*c*) pyrazol-5 (4*H*) -yl) tetrahydro-2*H*-pyran-3-amine. *Bioorg. Med. Chem. Lett.* 2013, *23* (19), 5361-5366.
19. Biftu, T.; Sinha-Roy, R.; Chen, P.; Qian, X.; Feng, D.; Kuethe, J.T.; Scapin, G.; Gao, Y.D.; Yan, Y.; Krueger, D.; Bak, A.; Eiermann, G.; He, J.; Cox, J.; Hicks, J.; Lyons, K.; He, H.; Salituro, G.; Tong, S.; Patel, S.; Doss, G.; Petrov, A.; Wu, J.; Xu, S.S.; Sewall, C.; Zhang, X.; Zhang, B.; Thornberry, N.A.; Weber, A.E.Omarigliptin (MK-3102): a novel long-acting DPP-4 inhibitor for once-weekly treatment of type 2 diabetes. *J. Med. Chem.* 2014, *57* (8), 3205-3212.
20. Brunavs, M.; Cowley, P.; Ward, S.E.; Weber, P.Recent disclosures of clinical candidates (SMR award lecture). *Drugs Future* 2013, *38* (3), 127-133.
21. Chung, J.Y.L.; Scott, J.P.; Anderson, C.; Bishop, B.; Bremeyer, N.; Cao, Y.; Chen, Q.; Dunn, R.; Kassim, A.; Lieberman, D.; Moment, A.J.; Sheen, F.; Zacuto, M.Evolution of a manufacturing route to omarigliptin, a long-acting DPP-4 inhibitor for the treatment of type 2 diabetes. *Org. Process Res. Dev.* 2015, *19* (11), 1760-1768.
22. Conarello, S.L.; Li, Z.; Ronan, J.; Roy, R.S.; Zhu, L.; Jiang, G.; Liu, F.; Woods, J.; Zycband, E.; Moller, D.E.; Thornberry, N.A.; Zhang, B.B.Mice lacking dipeptidyl peptidase IC are protected against obesity and insulin resistance. *Proc. Natl. Acad. Sci.* 2003, *100* (11), 6825-6830.
23. Leibowitz, G.; Cahn, A.; Bhatt, D.L.; Hirshberg, B.; Mosenzon, W.; Wei, C.; Jermendy, G.; Sheu, W.H.; Shendon, J.L.; Im, K.; Braunwald, E.; Scirica, B.M.; Raz, I.Impact of treatment with saxagliptin on glycaemic stability and β-cell function in the SAVOR-TIMI 53

study. *Diabetes Obes. Metab.* 2015, *17* (5), 487-494.

24. Cai, X.; Yang, W.; Zhou, L.; Zhang, S.; Han, X.; Ji, L.Comparisons of the efficacy of glucose control, lipid profile, and β-cell function between DPP-4 inhibitors and AGI treatment in type 2 diabetes patients: a meta-analysis. *Endocrine* 2015, *50* (3), 590-597.
25. NIH A Study of Omarigliptin (MK-3102) in Participants with Impaired Renal Function (MK-3102-009), https://clinicaltrials.gov/ct2/show/NCT01407276 (accessed 05 December 2016).
26. NIH A Dose-Range Finding Study in Participants with Type 2 Diabetes (MK-3102-006), https://clinicaltrials.gov/ct2/show/study/NCT01217073 (accessed 05 December 2016).
27. NIH Omarigliptin (MK-3102) Clinical Trial-Placebo-and Sitagliptin-Controlled Monotherapy Study in Japanese Patients with Type 2 Diabetes Mellitus (MK-3102-020), https://clinicaltrials.gov/ct2/show/study/NCT01703221 (accessed 05 December 2016).
28. NIH A Study of the Safety and Efficacy of Omarigoliptin (MK-3102) Compared with Glimepiride in Participants with Type 2 Diabetes Mellitus with Inadequate Glycemic Control on Metformin (MK-3102-016), https://clinicaltrials.gov/ct2/ show/NCT01682759 (accessed 05 December 2016).
29. NIH Study to Evaluate the Safety and Efficacy of the Addition of Omarigliptin (MK-3102) Compared with the Addition of Sitagliptin in Participants with Type 2 Diabetes Mellitus with Inadequate Glycemic Control on Metformin (MK-3102-026), https://clinicaltrials.gov/ct2/show/study/NCT01841697 (accessed 05 December 2016).
30. NIH Addition of Omarigliptin (MK-3102) to Participants with Type 2 Diabetes Mellitus who Have Inadequate Glycemic Control on Combination Therapy with Glimepiride and Metformin (MK-3102-022), https://clinicaltrials.gov/ct2/show/ study/NCT01704261 (accessed 05 December 2016).
31. NIH A Study of MK-3102 in Participants with Type 2 Diabetes Mellitus with Chronic Kidney Disease or Kidney Failure on Dialysis (MK-3102-019), https://clinicaltrials.gov/ct2/show/NCT01698775 (accessed 05 December 2016).
32. NIH A Study of the Safety and Efficacy of Omarigliptin (MK-3102) in ≥ 18 and o 45 Year-old Participants with Type 2 Diabetes Mellitus and Inadequate Glycemic Control (MK-3102-028), https://clinicaltrials.gov/ct2/show/NCT01814748 (accessed 05 December 2016).
33. NIH A Study to Assess the Safety and Efficacy of Omarigliptin (MK-3102) in Participants with Type 2 Diabetes Mellitus (T2DM) and Inadequate Glycemic Control (MK-3102-011), https://clinicaltrials.gov/ct2/show/NCT01717313 (accessed 05 December 2016).
34. NIH A Study to Evaluate the Safety and Efficacy of Omarigliptin (MK-3102) Compared with Glimepiride in Participants with Type 2 Diabetes Mellitus for Whom Metformin is Inappropriate (MK-3102-027), https://clinicaltrials.gov/ct2/ show/NCT01863667 (accessed 05 December 2016).
35. NIH Omarigliptin (MK-3102) Clinical Trial-Add-On to Oral Antihyperglycemic Agent Study in Japanese Participants with Type 2 Diabetes Mellitus (MK-3102-015), https://clinicaltrials.gov/ct2/show/study/NCT01697592 (accessed 05 December 2016).
36. Burness, C.B.Omarigliptin: first global approval. *Drugs* 2015, *75* (16), 1947-1952.
37. Addy, C.; Tatosian, D.; Hou, X.S.; Gendrano, I.N.; Martucci, A.; Groff, M.; Wagner, J.A; Stoch, S.A.Pharmacokinetic (PK) and pharmacodynamic (PD) effects of multiple-dose

administration of omarigliptin, a novel once-weekly dipeptidyl peptidase-4 (DPP-4) inhibitor, in obese subjects with and without type 2 diabetes mellitus (T2DM). *Diabetes* 2013, *62* (Suppl. 1), A287; Abstract 1106-P, 73rd Scientific Sessions of the American Diabetes Association, Chicago, IL.

38. Xu, S.; Kuah, A.; Tatosian, D.Absorption, metabolism and excretion of [14C] omarigliptin, a once-weekly DPP-4 inhibitor, in humans. *Diabetes*, *63* (Suppl. 1), A281; Abstract 1080-P, 74th Scientific Sessions of the American Diabetes Association, San Francisco, CA.
39. Giorda, D.B.; Nada, E.; Tartaglino, B.Pharmacokinetics, safety, and efficacy of DPP-4 inhibitors and GLP-1 receptor agonists in patients with type 2 diabetes mellitus and renal or hepatic impairment. A systematic review of the literature. *Endocrine* 2014, *46* (3), 406-419.
40. Sheu, W.H.; Gantz, I.; Chen, M. *et al.* Safety and efficacy of omarigliptin (MK-3102), a novel once-weekly DPP-4 inhibitor for the treatment of patients with type 2 diabetes. *Diabetes Care* 2015, *38* (11), 2106-2114.
41. Delea, T.E.; Edelsberg, J.S.; Hagiwara, M. *et al.* Use of thiazolidinediones and risk of heart failure in people with type 2 diabetes a retrospective cohort study. *Diabetes Care* 2003, *26* (11), 2983-2989.
42. Simpson, S.H.; Lee, J.; Choi, S. *et al.* Mortality risk among sulfonylureas: a systematic review and network meta-analysis. *Lancet* 2015, *3* (1), 43-51.
43. Fiorentino, T.V.; Sesti, G.Lessons learned from cardiovascular outcome clinical trials with dipeptidyl peptidase 4 (DPP-4) inhibitors. *Endocrine* 2015, *53* (3), 373-380.
44. Monami, M.; Dicembrini, I.; Martelli, D.; Mannucci, E.Safety of dipeptidyl peptidase-4 inhibitors: a meta-analysis of randomized clinical trials. *Curr. Med. Res. Opin.* 2011, *27* (Suppl. 3), 57-64.
45. Giorda, C.B.; Sacerdote, C.; Nada, E. *et al.* Incretin-based therapies and acute pancreatitis risk: a systematic review and meta-analysis of observational studies. *Endocrine* 2015, *48* (2), 461-471.
46. Eurich, D.T.; Simpson, S.; Senthilselvan, A. *et al.* Comparative safety and effectiveness of sitagliptin in patients with type 2 diabetes: retrospective population based cohort study. *BMJ* 2013, *346*, f2267.
47. MERCK (2016) Merck provides update on filing plans for omarigliptin, an investigational DPP-4 Inhibitor for type 2 diabetes, Merck & Co., Inc., Kenilworth, NJ.Press release, April 8.

第9章

匹托利生——首个治疗嗜睡症的组胺H_3受体反向激动剂/拮抗剂的研发

9.1 引言

匹托利生（pitolisant）的发现是一个真正的欧洲各国科研机构通力配合并与制药公司合作的典范。首先，在法国卡昂大学（University of Caen）进行了选择性组胺H_3受体拮抗剂——硫丙咪胺（thioperamide）——的化学制备研究。后期的药物化学研究是在德国柏林自由大学（Free University of Berlin）和英国伦敦大学学院（University College London，England）开展的，并得到了来自欧洲经济共同体（European Economic Community，EEC）BIOMED项目和Bioprojet-Paris的资助。而大量的药物上市前研发工作则是在法国雷恩的Bioprojet生物技术公司的珍-查尔斯·施瓦兹（Jean-Charles Schwartz）教授和珍妮-玛丽·莱孔特（Jeanne-Marie Lecomte）博士的带领下完成的。

这项工作的基础研究是在法国巴黎的国家健康与医学研究院实验室中开展的，经历了近40年的持续研究。在当时，很少有神经学家认为组胺（histamine）是一种神经递质（neurotransmitter）。在此期间，研究人员不断积累了大脑组织中存在组胺能神经元（histaminergic neurons）的证据[1]。组胺能神经元通路现已被证实分布于大脑内[2]，而神经递质组胺主要在该通路中参与维持人体的“觉醒”状态[3, 4]。组胺H_1受体亚型的阻断会引起镇静，正如现有抗组胺药物的镇静作用一样[5, 6]。这也是设计不进入中枢神经系统（central nervous system，CNS）的新型抗组胺药物的理论基础。20世纪80年代初，巴黎的研究小组发现了一种组胺能突触前自抑制受体（auto-inhibitory receptor），该受体在药理学上不同于组胺H_1和H_2受体，因此将其定义为组胺H_3受体[7]。通过鉴定H_3受体选择性配体确认了H_3受体的存在，其配体可以分为激动剂、拮抗剂、部分激动剂和放射性配体[8]。H_3受体位于中枢神经系统组胺能神经元的突触前，其功能主要是作为自受体（autoreceptor）调节组胺的释放。H_3受体还参与调节以*L*-组氨酸为原料的组胺的合成。当组胺激活H_3受体后，会导致组胺神经递质释放浓度的降低。因此，阻断H_3受体可促进组胺能传递的增加并促进维持人体的觉醒状态。

H_3受体也作为异源受体分布于非组胺能轴突末端，调节其他神经递质，如乙酰胆碱（acetylcholine）、去甲肾上腺素（noradrenaline，NE）、多巴胺（dopamine）和5-羟色胺（serotonin）的释放。因此，由于H_3受体分布位置的不同，阻断H_3受体也可能增加这些神经递质的传递。

1987年，人们合成了一种非常有效的H_3受体拮抗剂——硫丙咪胺（thioperamide）——并对其进行了开发研究。然而，实验中发现硫丙咪胺在大鼠模型中产生了严重的肝毒性，因此其用于人类治疗的开发不得不被搁置了。肝毒性的产生可能归咎于其结构中的硫脲基团[9]。此后，研究人员对实验室中的其他化合物进行了筛选，以寻找可能的先导化合物，但直到设计出匹托利生之前，仍没有哪一化合物能通过所有的筛选测试。

9.2 化学研究背景

虽然硫丙咪胺是典型的H_3受体拮抗剂（1，表9.1）[8]，且在体外表现出很强的活性（$K_i = 4$ nmol/L），但在小鼠模型中口服给药时，ED_{50}相对较高，约为1 mg/kg。此外，还发现其会对脑中组胺的主要分解代谢产物*N*-端甲基组胺（*N*-tele-methylhistamine）产生影响。因此，尽管硫丙咪胺能有效穿过血脑屏障，但并不是理想的候选药物[12]。

表9.1　硫丙咪胺的吡啶等排体

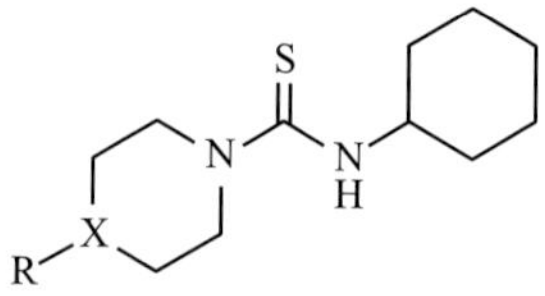

	R	X	K_i^a（nmol/L）
1 硫丙咪胺	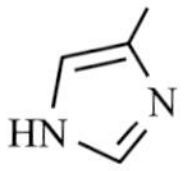 HN, N（咪唑基）	CH	4.3
	H	CH	＞10 000
	 N（2-吡啶基）	CH	13 000
	 N（2-吡啶基）	N	＞10 000

H_3受体拮抗剂对大鼠大脑皮质突触体的体外活性测定。

a K^+诱发大鼠大脑皮质突触体释放H_3组胺的体外测试[11]。

来源：Ganellin 1991[10]。

小分子药物能否被动进入大脑取决于其自身的理化性质，这些理化性质可以通过方程式9.1来描述[13]。其中，脑血比（brain-blood ratio，BB）会随R（excess molar refraction，过量摩尔折射）和V［麦高恩（McGowan）摩尔体积］的增加而增加，但会随Π（dipolarity and polarizabilit，偶极性和极化率）、$\sum\alpha$（氢键酸度总和）和$\sum\beta$（氢键碱度总和）的增加而减少。

$$\log BB = c_1 + c_2R - c_3\Pi - c_4\sum\alpha - c_5\sum\beta + c_6V \qquad \text{（方程式9.1）}$$

因此，形成氢键的极性基团在减少药物进入大脑方面具有显著的作用。尽管化合物的亲脂性有助于脑部渗透，但如果化合物同时也是强氢键化合物，这将不再是一个可靠的标准。先前在设计脑穿透性组胺H_2受体拮抗剂方面的研究也强调了这些结论[14]。

硫丙咪胺含有一个咪唑环（强氢键受体和供体）和一个硫脲基团（弱氢键受体和强氢键供体）。这两种结构都是极性和强氢键基团，因此对脑部渗透具有相当大的负面影响。此外，咪唑类化合物对细胞色素P450酶也有干扰作用，而且甲咪硫脲（metiamide）和硫丙咪胺之类的硫脲类化合物具有毒性。因此，研究人员设计了不含4（5）-咪唑结构的H_3受体拮抗剂，以期提高血脑屏障穿透性，同时也避免设计的化合物中含有硫脲和脲类极性基团。十多年来，药物化学家一直在设计合成不含这些基团的H_3受体拮抗剂。通过对脲类基团的取代，得到了具有活性的氨基杂环[15]、苯氧基[11]、酰胺、氨基甲酸酯和芳烷醚类的结构母核[16]。然而，当研究人员试图以其他杂环取代咪唑环时，所得化合物的活性却大大降低（表9.1和表9.2）[10,15,17,18]。所有强效的H_3受体的配体都含有4（5）-咪唑环（由于C-取代咪唑互变异构的可能性，环取代基可以在4位或5位）。

表9.2　4（5）-咪唑环被替换或环中N原子被取代后所得的化合物

UCL	结构	cf	
		K_i^a（nmol/L）	（咪唑结构）^{b}（nmol/L）
1031	（结构式）	3100	330
1200	（结构式，含NO_2）	1000	29

续表

UCL	结构		cf	
			K_i^a（nmol/L）	b（nmol/L）
1264		R＝NO_2	2500	29
1265		R＝CF_3	1300	17
1282			≫1000	13

H_3受体拮抗剂活性与相应的取代咪唑类似物的活性的比较[15]（在最后一栏中给出）。

a K^+诱发大鼠大脑皮质突触体释放H_3组胺的体外测试[11]。

b 相应的咪唑类似物的K_i值。

9.3 先导化合物的发现

研究人员设计合成咪唑环被其他杂环取代的化合物的努力一直未停止，在伦敦，研究人员也在尝试一种完全不同的方法。重新回到最初的原理，即艾瑞斯（Ariens）和西蒙尼斯（Simonis）在20世纪60年代提出的理念（图9.1）[19]。他们认为，原则上，受体中可能存在一个共同的分子区域，激动剂和拮抗剂的某些部分都可在该区域结合，也就是说，结合区域可能发生重叠。如图9.1所示，研究人员思考能否合成从激动剂到部分激动剂，再到拮抗剂的一系列不同功能的化合物。他们提出，图9.1中的“公共区域”将与铵类基团发生相互作用的假设。基于以上考量，研究人员尝试寻找具有这些理想生物活性的化学结构。

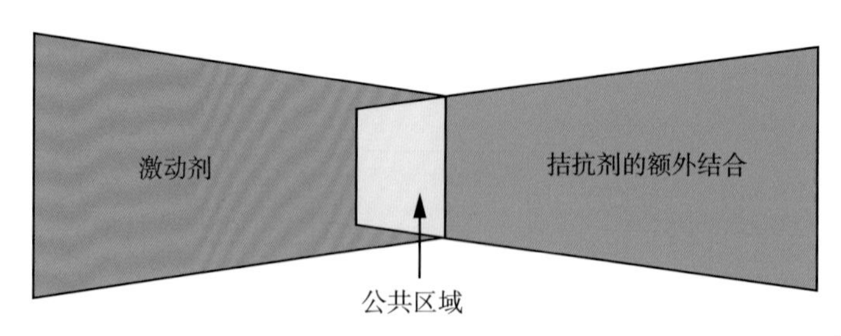

图9.1 激动剂和拮抗剂结合位点的重叠（在艾瑞斯和西蒙尼斯提出的理念[19]之后）

有时，可以通过在分子中引入额外的基团而将激动剂转化为拮抗剂，这些基团可以定位受体结合口袋附近的结合位点，具体能否成功则取决于受体的性质及其结构。即便如此，所得到的分子到底是部分激动剂还是拮抗剂，取决于激动剂部分是否继续以引起受体反应所需的关键方式与受体结合。如果不是，那么该分子将可能成为拮抗剂。此外，可能会存在这样的质疑，即激动剂结构部分是否真的对亲和力发挥了任何实质性的贡献。如果这些附加基团的位置正确，并与受体发生适当的相互作用，则所得分子能够实现亲和力的显著提高，随后，或许也可以从结构中除去激动活性必需的结构部分。为了探讨这种方法是否适用于组胺受体，研究人员对组胺H_1和H_2受体拮抗剂进行了回顾性构效关系（structure-activity relationship，SAR）分析。

表9.3[21]中的2-（2-吡啶基）乙胺（2）是H_1受体完全激动剂，其活性为组胺的5%。其-NHMe同系物（3）具有类似的活性，而-NHEt同系物（4）是较弱的激动剂，二乙氨基类似物（5）则是部分激动剂，而其作为拮抗剂的pA_2（拮抗参数）为4.37。丙氨基同系物（6）为纯拮抗剂（$pA_2=4.17$）。引入苯基并甲基化氨基（7）可使拮抗剂的活性提高近100倍（$pA_2=6.00$）。以—N（Ph）CH_2Ph取代化合物6的末端甲基得到化合物8，其活性得到了进一步提高（$pA_2=6.51$）。现在可以去除初始激动剂中的2-吡啶基甲基基团，所得化合物9仍然是拮抗剂（$pA_2=6.94$），甚至更为有效。将仲胺—NHMe进一步甲基化为叔胺—NMe_2，得到化合物10，即抗组胺药芬苯扎胺（phenbenzamine，RP 2339，Antergan™）[20]。

表9.3　从组胺H_1受体激动剂（吡啶基乙胺）到部分激动剂，再到拮抗剂（苯苄明）

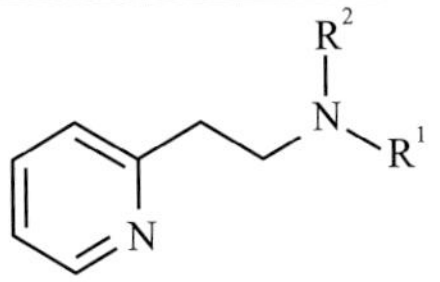			激动剂的活性[a]	% max[a]	拮抗参数pA_2
编号	R^1	R^2			
2	H	H	5	100	—
3	H	Me	5	100	—
4	H	Et	0.5	91	—
5	Et	Et	0.5	22	4.37
6	H	*n*-Pr	—	—	4.17
7	Me	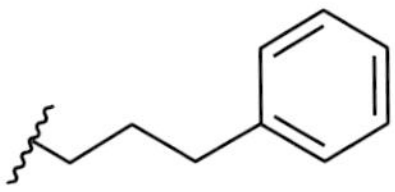	—	—	6.00
8	H	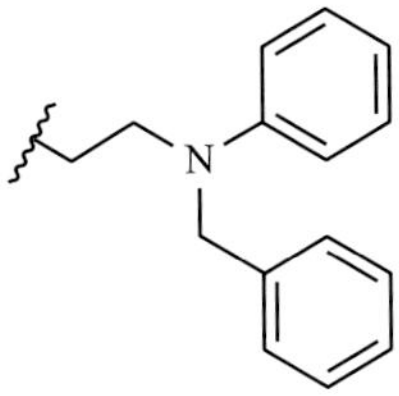	—	—	6.51

续表

		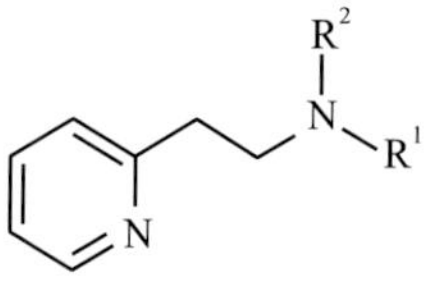	激动剂的活性[a]	% max[a]	拮抗参数 pA_2
编号	R^1	R^2			
去除吡啶亚甲基得到化合物9 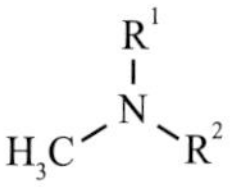					
9	H	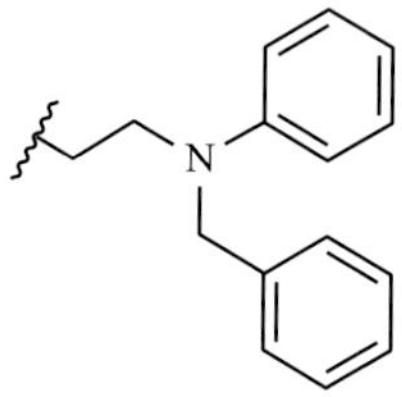	—	—	6.94
10	Me[b]	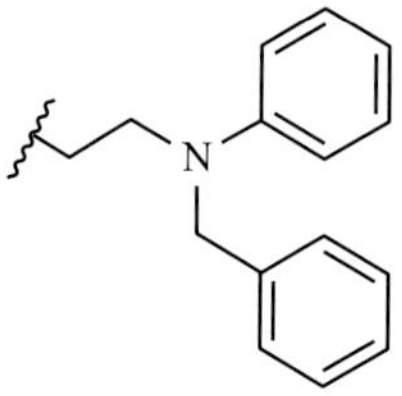	—	—	7.71，8.41[c]

注：体外活性测定采用分离的豚鼠回肠，数据来自文献［21］。

a 相对于组胺（100%）来说。

b 芬苯扎胺（RP 2339，Antergan™）。

c 数据来自文献［20］中的表1。

可以从概念上分析作用于组胺H_2受体的化合物，虽然其并不是在基于这种方法的情况下合成的。现已发现因普米丁（impromidine，13，表9.4）是一种强效的H_2受体部分激动剂[22]，可以将其与3-（4（5）-咪唑基）丙基胍（12）联系起来，后者是一种较弱的H_2受体部分激动剂[23]。该化合物最初是为了发现H_2受体拮抗剂的先导化合物而合成的。理论上，如果它与4-甲基咪唑-3-基-甲硫乙基结合，可得到因普米丁，其是一种非常有效的H_2受体部分激动剂[23]。而相应的氰胍基化合物（14）则为纯H_2受体拮抗剂（pA_2＝6.24）[24]。去除提供激动剂活性的3-（咪唑基）丙基，则可获得纯H_2受体拮抗剂西咪替丁（cimetidine，15）（pA_2＝6.10）[25]。

上述关于发现H_1和H_2受体拮抗剂的回顾性分析表明，从理论上讲，通过引入适当的基团[16]可以将组胺（11）或其类似物转化为拮抗剂[16]，然后再去除咪唑或吡啶环，从而得到拮抗剂分子。因此，激动剂结构虽可用于定位受体，但是当存在适当的亲和基团时，将不再需要激动剂结构部分，上述亲和基团即能发挥定位受体的功能。因此，将这一分析结论应用于组胺和H_3受体的相互作用是十分必要的。该方法的难点在于确定哪些基团可以适当地融合到组胺分子中，以及它们应该被引入到哪些结构位置上以充分提高H_3受体亲和力。这是一个高度推测性的方法，研究人员在化学家的协助下完成了这些化合物的合成。同时，研究团队仍继续开展其他研究策略，以寻找硫脲和咪唑基团的替代化合物。

在各种尝试中，最有希望的是较早时在柏林发现的N^{α}-（4-苯基丁基）组胺（16，表9.5），它是H_3受体组胺的纯拮抗剂，K_i = 0.63 μmol/L[26]。伦敦的研究团队从该结构中去除了咪唑环，从而合成了*N*-乙基-*N*-（4-苯基丁基）胺（17），并进行了活性测试，发现该化合物为H_3受体拮抗剂，其K_i = 1.3 μmol/L。咪唑环的去除仅导致亲和力下降了50%，因此成功地发现了非咪唑类H_3受体拮抗剂的可能先导化合物。*N*-甲基叔胺衍生物（18，表9.5）的活性与之相似。

表9.4　从组胺H_2受体激动剂（组胺），经过部分激动剂到拮抗剂（西咪替丁）的概念构建

结　构	化合物
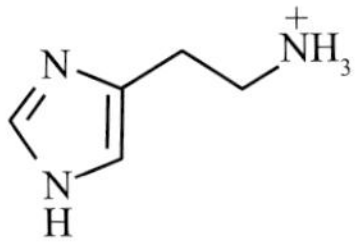 [结构式]	11，组胺
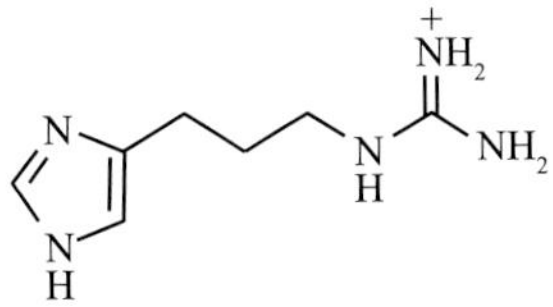 [结构式]	12，SF&F 91486，较弱的部分激动剂[22]
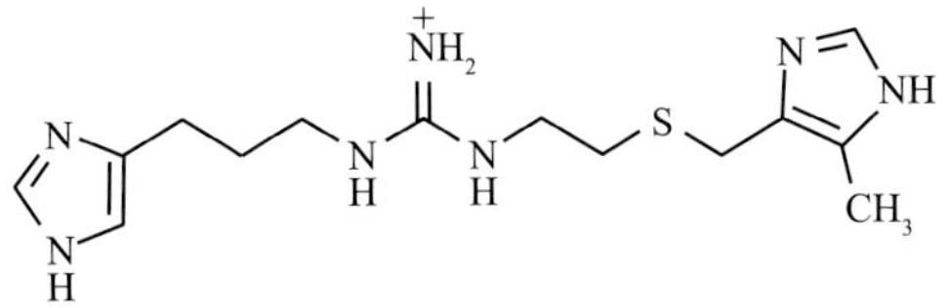 [结构式]	13，impromidine，较强的部分激动剂，活性是组胺的48倍[23]
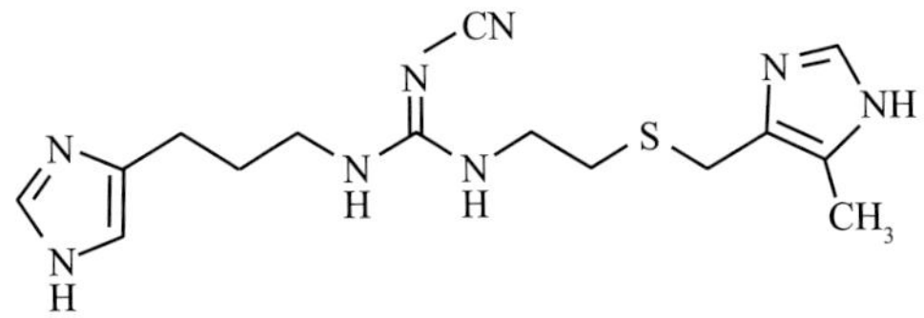 [结构式]	去除碱性，不带正电荷，得到拮抗剂14 pA_2 = 6.24[24]
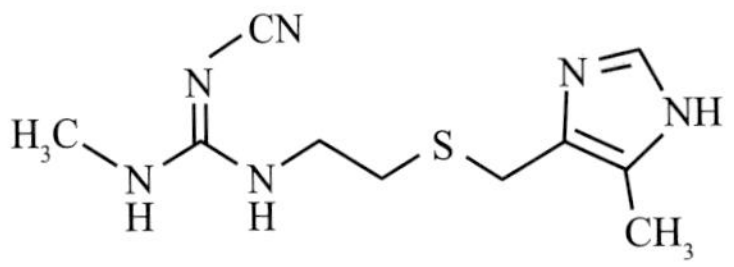 [结构式]	除去咪唑基乙基，得到化合物15，西咪替丁 pA_2 = 6.10[25]

注：采用分离的豚鼠心房测定体外的效力/活性。

9.4 药理学筛选方法

随后，通过合适的体外和体内方法测试了这些化合物的药理活性。体外筛选主要通过测定大鼠大脑皮质制备的突触小体中氚化组胺的释放来测试化合物的活性[27]。首先将突触体与［^{3}H］*L*-组氨酸在37 ℃下孵育，然后彻底洗涤，加入测试化合物后重新在新鲜的K^+ Krebs-Ringer培养基中培养。孵育5 min后，通过将K^+浓度提高到30 mmol/L使突触小体去极化。2 min后，快速离心终止培养。最后通过离子交换层析纯化后测定上清液中的［^{3}H］组胺水平。释放量表示为最初存在于突触体制剂中的总［^{3}H］组胺的百分数。

对于体内试验[28]，采用Swiss雄性小鼠，口服给药。通过测定组胺的主要代谢产物N端甲基组胺来评估脑组胺能神经元的活性。禁食24 h后，小鼠口服受试化合物，并在90 min后处死。然后将大脑分离并匀浆，通过放射免疫法测定N端甲基组胺的水平[29]。活性以ED_{50}表示，其与3 mg/kg环丙西芬（ciproxifan）产生的最大增幅相关[27]。

9.5 结构与活性优化

来自塞浦路斯的博士生安东尼娅·皮里皮斯（Antonia Piripitsi）进行了该部分研究。首先，探讨了苯环对位引入取代基（R＝NO_2、F、Cl、OMe、NH_2）是否有助于活性的提高，但相关化合物的K_i值仅≥0.5 μmol/L。为了便于合成及构效关系的研究，在结构侧链中插入了一个O原子或S原子，得到了—Ph—X—（CH_2）$_m$—NR^1R^2—的结构通式，其中X＝O或S，*m*＝3～6，R^1＝R^2＝Me、Et、*n*-Pr、*n*-Bu。在这一优化阶段，有两个化合物表现出一定的体内活性［ED_{50}（p.o.）15 mg/kg，K_i≈0.2～0.3 μmol/L］，其取代基为X＝O或S，*m*＝5，R^1＝R^2＝Et[30]。此时，安东尼娅完成了博士期间的工作[30]，第二位博士生接受了后续的工作。

来自法国的优秀博士生法宾·勒奎因（Fabien Leurquin）继续开展后续的研究。他设计了Ph—O—（CH_2）$_5$—NR^1R^2的结构，并探讨了改变R^1和R^2基团对活性的影响。他研究了27个胺类化合物的活性，其中活性最好的是—NR^1R^2＝哌啶基［K_i＝（141±73）nmol/L，ED_{50}（p.o.）＝（6.9±3.1）mg/kg］或—NR^1R^2＝吡咯烷基［K_i＝（184±97）nmol/L，ED_{50}（p.o.）＝（3.4±1.7）mg/kg］时所对应的化合物。基于以上结果，法宾继续合成了一系列苯环4位取代的化合物，即R—Ph—O—（CH_2）$_5$—N（CH_2）$_4$，其中R＝*p*-NO_2、CN、Ac、PhCO、$PhCH_2CO$、F、Cl、CH_3、Ph、MeO、NH_2、PhO、PhCONH、AcNH、*m*-NO_2、CN、CF_3、Cl、Ph。其中9个化合物的ED_{50}在1～3 mg/kg范围内（表9.6）[31, 32]。

表9.5　非咪唑类H_3受体拮抗剂先导化合物$N^α$-（4-苯基丁基）组胺[26]

编号	结构	作用	K_i^a（μmol/L）
11	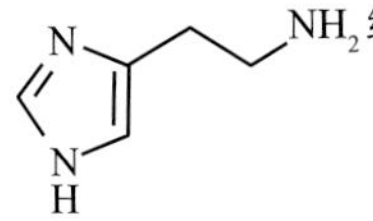 组胺	激动剂	
16	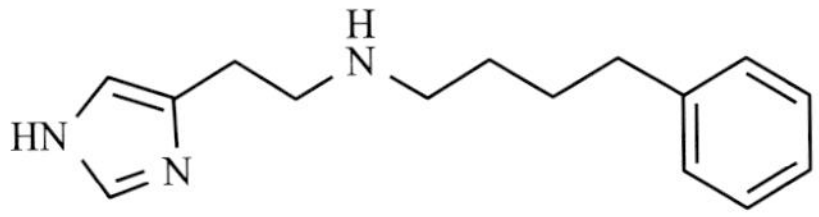	拮抗剂	0.7
去除咪唑环得到化合物17			
17	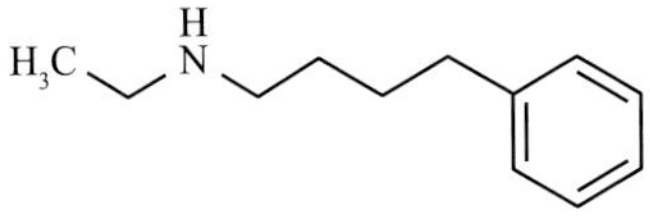	拮抗剂	1.3
18	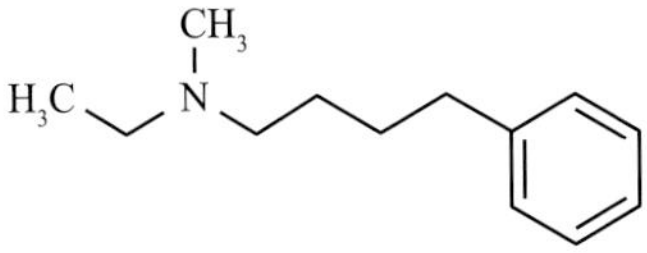	拮抗剂	1.1

a见表9.2中的表注a。

基于活性不够强的化合物所得出的构效关系结论是不可靠的。到目前为止，体内活性最强的化合物含有对氰基苯氧基和对乙酰基苯氧基（表9.6），因此，法宾对结构通式*p*-R-C_6H_4-O-（CH_2）$_m$-NR^1R^2开展了进一步的优化。由此得到了活性最强的化合物19、21和22（表9.7）。当$m=3$，-NR^1R^2＝哌啶基时，法宾考察了苯氧基环上其他取代基的影响，其中化合物26（R＝COEt）与27（UCL2190，R＝*p*-cyclopropyl CO-）活性较好。法宾出色地完成了博士研究工作，总计合成了120余个化合物[32]。此后，由来自丹麦的硕士研究生蒂蒂·阿金勒米努（Titi Akinleminu）合成了另外的23个化合物。表9.7中6个化合物（19、22、23、26～28）的体内活性是硫丙咪胺的5～8倍。

表9.6　苯氧基-戊基吡咯烷及两种其他胺类化合物的H_3受体拮抗活性，化合物ED_{50}大多在1～3 mg/kg范围内[31]

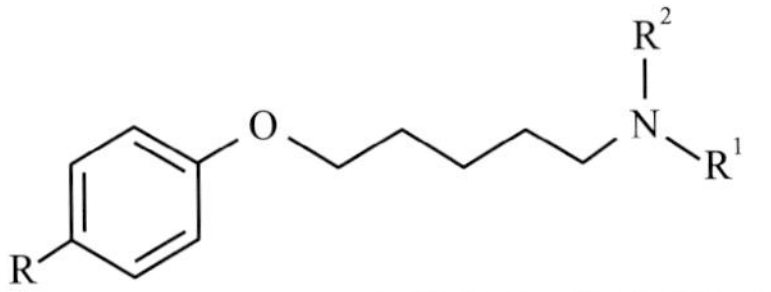

UCL	R	NR^1R^2	体外 K_i^a±SEM（nmol/L）	体内 ED_{50}^b±SEM（mg/kg）
1866	H	pyr[c]	184±97	3.4±1.7

续表

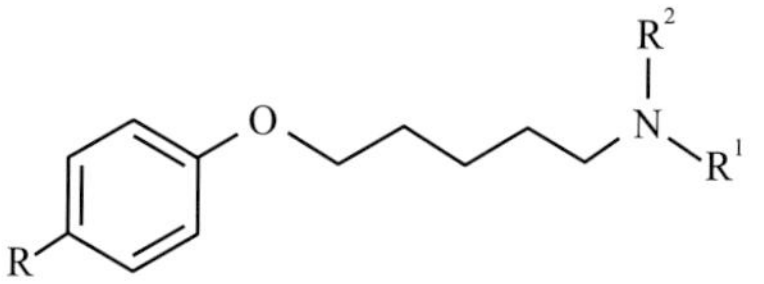

UCL	R	NR^1R^2	体外 K_i^a±SEM（nmol/L）	体内 ED_{50}^b±SEM（mg/kg）
2128	CN	NEt_2	53±12	3.0±0.8
1986	C_6H_5	pyr	406±177	2.8±0.8
2086	NH_2	pyr	100--	2.6±0.9
2114	$NHCOCH_3$	pyr	-	2.0±0.8
1980	CN	pyr	19±7	1.9±1.2
2125	$NHCOC_6H_6$	pyr	26±5	1.7±0.3
2085	$COCH_3$	pyr	19±3	1.5±0.8
2084	NO_2	3-Mepip[d]	-	1.3±0.7
1972	NO_2	pyr	39±11	1.1±0.6
2127	CH（OH）CH_3	pyr	28±7	1.0±0.4

a 见表9.2中的表注a。

b 体内测试主要通过测定小鼠口服给药后脑内N端甲基组胺的水平[18]。

c 吡咯烷。

d 3-甲基哌啶。

随着研究的进行，研究人员提出了新的问题：这些看起来简单的化学结构是否对组胺H_3受体具有很好的选择性，还是它们也会无差别地作用于其他组胺受体？让人兴奋的是，化合物29（UCL 2283）不仅对人重组H_3受体具有拮抗活性，K_i＝（3.4 ± 0.4）nmol/L，ED_{50}（小鼠，p.o.）＝（0.54 ± 0.14）mg/kg，而且选择性很好。通过Panlabs对大约90个靶点的筛选发现，只有少数靶点的IC_{50}值为3 ～ 10 μmol/L，分别是α_{2A}、α_{2B}、D_2、H_2、5-HT_{2A}、5-HT_{2B}、5-HT_{2C}、M_2和NE转运蛋白；并且化合物29对σ_1和σ_2具有较高的活性，IC_{50}值分别约为10 nmol/L和50 nmol/L。

9.6 匹托利生的发现

令人惊讶的是，通过对现有化合物结构的分析，研究人员绕了一个大圈，又回到了类似于含有咪唑的结构，显然只是简单地以一个哌啶环取代了4（5）咪唑基团。因此，上述环丙基羰基化合物（27）似乎是ciproxifan（表9.8中的30）的直接类似物，而ciproxifan曾是一个临床候选药物，但由于存在某些眼部毒性，其开发已经被中止。研究人员认为这可能是由芳香醚中的O原子和对位羰基之间的共轭导致的[27]。化合物27和ciproxifan之间的结构相似性使得柏林的化学家们开始了新的研究方向，即以哌啶环取代含有咪唑结构的H_3拮抗剂中的咪唑环。然而，这种简单的取代非常依赖于结构本身，且不一定奏效（表9.7）[34-37]。例如，当硫丙咪胺、卡哌酰胺（carboperamide）、impentamine和各种其他结构中的咪唑环被取代时，并没有产生有活性的化合物[34]。但将3-（3-苯基丙氧基）丙基-4（5）-咪唑（32，FUB 153）中的咪唑环以哌啶环取代得到的化合物33[16]，以及对位氯取代的类似物（34，FUB 181）却是有活性的。FUB 181是一个早期的临床前候选药物，并已用于之前的H_3受体研究[33]。以哌啶环取代化合物34中的咪唑得到了化合物35，也就是本章所介绍的匹托利生（pitolisant，FUB 649），化学名为1-（3-（3-（4-氯苯基）丙氧基）丙基）哌啶盐酸盐[34]。研究人员还发现含哌啶环的化合物的活性优于或等同于含氮杂䓬基、吡咯烷基或二乙氨基的化合物。匹托利生的实验室合成路线如反应式9.1所示[34]。

表9.7 经结构再优化获得的具有最强H_3受体拮抗活性的化合物

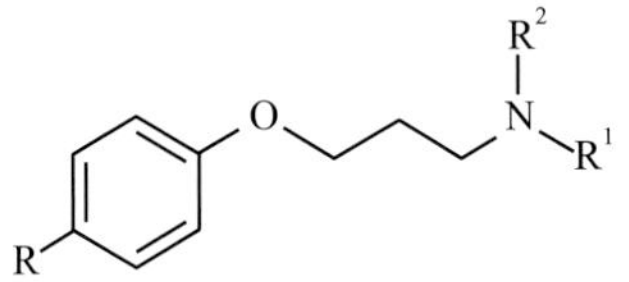

编号	UCL	R	NR^1R^2	体外 K_i[a]±SEM（nmol/L）	体内 ED_{50}[b]±SEM（mg/kg）
19	2138	CN	pip[c]	11±1.5	0.20±0.07
20	2139	CN	Azepano	8.7±2.1	0.64±0.31
21	2239	CN	tMe$_2$pip[d]	6.8±2.1	0.39±0.11
22	2173	$COCH_3$	tMe$_2$pip	1.8±0.3	0.12±0.05
23	2240	COCH(CH$_2$)$_2$（环丙基）	tMe$_2$pip	2.5±0.5	0.17±0.06
24	2104	$COCH_3$	NEt_2	20±7	0.44±0.10
25	2180	COC_2H_5	pip	4.7±0.8	0.60±0.16
26	2224	COC_2H_5	3-Mepip[e]	4.5±1.6	0.14±0.04
27	2190	COCH(CH$_2$)$_2$（环丙基）	pip	3.6±1.0	0.18±0.06
28	2289	$CONH_2$	pip	-	0.18±0.02
29	2283	$CH_2CH_2CH_3$	pip	3.4±0.4[f]	0.54±0.14

a见表9.2中的表注a。
b体内测试主要通过测定小鼠口服给药后脑内N端甲基组胺的水平[18]。
c哌啶烷。
d反式-3,5-二甲基-哌啶。
e 3-甲基-哌啶。
f人重组受体的K_i。

（i）NaH/toluene
（ii）15-crown-5，Bu_4N^+I reflux 17 h

反应式9.1　匹托利生（FUB 649）的实验室合成路线[34]

在获得人或大鼠重组H_3受体之前，主要通过经典药理学和体内筛选方法对化合物进行测试。1999年，强生公司的洛文伯格（Lovenberg）及其同事在加利福尼亚州圣地亚哥的实验室克隆出了人H_3受体[38]。后来，人H_3受体序列的披露使许多制药公司得以进入这一新药研究领域，并利用化合物库进行了高通量筛选，以寻找其他非咪唑类H_3受体拮抗剂。目前，已经获得了许多先导化合物，并处于研发之中[39, 40]，但在撰写本章时，还没有任何化合物上市。

如表9.8中的数据所示，对于克隆的人H_3受体，某些咪唑化合物（如硫丙咪胺，1）的K_i值比大鼠H_3受体更低（即更有效）。两种受体序列之间的差异很小，整个序列中仅相差两个氨基酸[41]。意想不到的是，与大鼠相比，许多哌啶化合物比相应的咪唑类似物能更有效地与人H_3受体结合。

9.7 临床前研究

作为竞争性拮抗剂，匹托利生在人重组或死后大脑样本的天然受体上表现出低纳摩尔级的表观亲和力[42]。在低纳摩尔浓度情况下，匹托利生也是一种反向激动剂，它不仅能阻断组胺或H_3受体激动剂所促进的去极化突触体释放内源性组胺的作用，还具有自身的固有受体激动活性，能在基础水平上增强这种释放（表9.8和表9.9）。作为反向激动剂，这种高固有活性对于在H_3自体受体上的体内功能非常重要[43]。

匹托利生不会与近百种不同的人源受体或离子通道发生显著的相互作用。虽然其在啮齿动物受体上有适度的亲和力，但通过N端甲基组胺的水平评估，匹托利生能够以较低的口服剂量增强小鼠的脑组胺能神经元的活性。更重要的是，匹托利生具有很高的口服生物利用度（84%）和脑穿透性（表9.9）[44]。

表9.8 咪唑化合物和相应的哌啶类似物的H_3受体拮抗剂活性的比较

编号	环	化合物Ⅰ或Ⅱ	hK_i[a]±SEM（nmol/L）	rK_i[b]±SEM（nmol/L）	ED_{50} p.o.[c]±SEM（mg/kg）（小鼠）
30	4（5）-咪唑	Ⅰ Cipraxifan	46±4	0.5±0.1	0.14±0.03
27	1-哌啶	Ⅰ UCL 2190	1.5±0.1	4±1	0.18±0.06
1	4（5）-咪唑	Ⅱ 硫丙咪胺	60±12	4±1	1.0±0.5
31	1-哌啶	Ⅱ FUB 645	-	＞1000	＞10

编号	环	化合物	R	rK_i[b]±SEM（nmol/L）	ED_{50} p.o.[c]±SEM（mg/kg）（小鼠）
32	4（5）-咪唑	FUB 153[d]	H	16	1.4±0.6
33	1-哌啶	FUB 637	H	16	3.7±1.0
34	4（5）-咪唑	FUB 181[e]	Cl	16	0.8±0.2
35	1-哌啶	FUB 649[f]	Cl	17	1.6±0.9

a人重组受体K_i。
b见表9.2中的表注a。
c见表9.2中的表注b。
d首次报道于参考文献［16］。
e报道见参考文献［33］。
f匹托利生。
来源：参考文献［34］。

表9.9 匹托利生的生物活性测定结果[42, 44]

人H_3受体的K_i	0.3～1.0 nmol/L
大鼠H_3受体的K_i	17 nmol/L
人H_3受体反向激动作用（EC_{50}）	1.5 nmol/L
口服给药后体内小鼠脑中HA释放的ED_{50}	1.6 mg/kg
小鼠脑/血浆比（C_{max}或AUC）	25
小鼠口服生物利用度（口服vs静脉注射的AUC）	84%
志愿者口服20 mg后的药代动力学研究	c_{max}～30 ng/mL t_{max}＝3 h，$t_{1/2}$＝11 h

匹托利生还增强了大鼠前额叶皮质和海马微透析液中乙酰胆碱和前额叶皮质中的多巴胺水平。相反，在包含伏隔核的纹状体复合体（striatal complex）中，多巴胺的水平并未升高。这一观察结果表明，H_3受体拮抗剂与安非他命（amphetamine，苯丙胺）等精神兴奋剂的作用机制不同。研究人员一致认为，匹托利生并没有促进运动的活性和类似于毒品的药物滥用风险[45]。

匹托利生最显著的中枢神经系统作用是对猫、大鼠和小鼠的促觉醒作用。这种作用不同于精神兴奋剂，匹托利生并不具有行为兴奋的迹象，但伴有睡眠开始快速眼动（sleep-onset rapid eye movement，SOREM）的减少[从唤醒到异常快速眼动（abnormal rapid eye movement，REM）睡眠期的直接过渡]。这一作用在食欲素（orexin，也称为下视丘分泌素，hypocretin）敲除小鼠（一种人类发作性睡病的可靠模型）中尤为明显，在该模型中，SOREM频繁出现，并且与癫痫发作同时发生[46]。动物模型显示，食欲素传导不足导致嗜睡病（narcolepsy，也称为发作性睡病）[47，48]。据报道，在嗜睡病伴有猝倒发作（强烈情绪引发的肌肉张力突然丧失）的患者中，脑脊液中的食欲素A水平和死后脑组织中的食欲素神经元数量均显著下降[49]。食欲素是神经元从下丘脑外侧释放的兴奋性肽，可投射到参与清醒控制的胺能神经元，如组胺能或去甲肾上腺素能神经元。通过激活下丘脑后侧结节乳头状核的组胺能神经元，将兴奋性终末传递至整个末梢脑，可以避免食欲素的缺乏所引起的不良症状。这些神经元代表了大脑中的主要觉醒系统[50，51]，同时也是食欲素的觉醒效应所必需的[52]。

一系列的毒理学实验验证了匹托利生的临床前安全性。值得注意的是，6个月的大鼠和9个月猴的毒性研究没有显示任何显著的组织病理学或生化改变。此外，通过与hERG通道的相互作用和遥测技术对犬的心血管安全性进行了评估，其结果也是可接受的[53]。

9.8 临床研究

在健康的志愿者中，匹托利生的单次口服剂量高达240 mg（相当于治疗剂量的6倍），且耐受性良好，没有任何不良表现。这些受试者还表现出警惕性和注意力提高的迹象。药代动力学参数与每日1次的清晨给药是一致的，并且在一天结束时其血浆水平已经得到了充分降低，以确保在夜间没有觉醒的副作用。血药浓度的下降与细胞色素3A4和细胞色素2D6催化产生的几种羟基化代谢产物有关。

研究人员还探讨了几种临床适应证，并将嗜睡病作为最终适应证进行了全面的研究[54，55]。嗜睡病是一种罕见的致残性长期睡眠障碍，每10万人中约有25人患病。嗜睡病会影响大脑调节正常睡眠-觉醒周期的能力。其特点是白天过度嗜睡和异常快速眼动睡眠，包括猝倒发作、从清醒直接过渡到异常快速眼动睡眠阶段、睡眠麻痹，以及催眠性幻觉。当某人站立发病时，可能会突然摔倒在地。嗜睡病的症状可能非常严重，并可能对患者的个人生活和工作产生重大影响。

嗜睡病很少见，因此早在2007年开发时，匹托利生就被孤儿药品委员会（Committee for Orphan Medicinal Products，COMP）指定为孤儿药（orphan drug）。孤儿药认定也是欧盟鼓励开发罕见疾病治疗药物的关键手段。

在第一个“概念验证”单盲试验中，给药匹托利生一周可显著改善患者的觉醒状态[46]。随后，在针对有或没有猝倒发作性睡病患者群体进行的两项Ⅲ期关键试验中，以最大剂量40 mg每日1次给药2个月（图9.2）。试验发现，匹托利生显著改善了该疾病的几种主要症状，如预期的白天过度嗜睡、猝倒和幻觉[56, 57]。

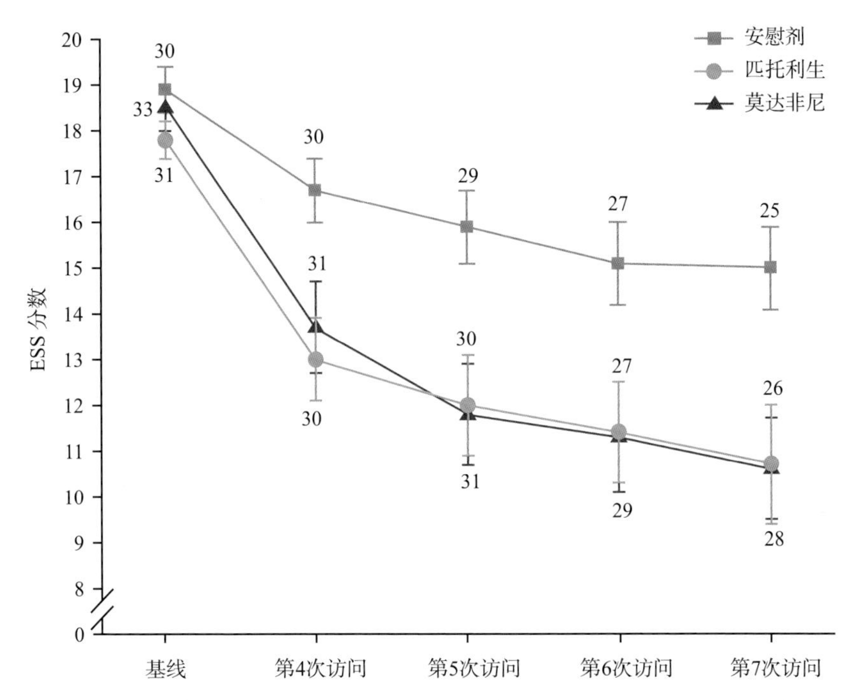

图9.2　79名嗜睡症患者服用匹托利生、莫达非尼（modafinil）或安慰剂治疗8周后的埃尔沃西嗜睡量表（Epworth Sleepiness Scale，ESS）分数的变化。数据点是平均值，误差线为SEM。在前7天中，所有患者均服用低剂量的药物（10 mg匹托利生、100 mg莫达非尼或安慰剂），然后在接下来的7天中服用中等剂量的药物（20 mg匹托利生、200 mg莫达非尼或安慰剂）。在第14天，即第4次访问时，调整每位患者的剂量，在接下来的5周内，患者分别服用10 mg、20 mg或40 mg的匹托利生或100 mg、200 mg、400 mg的莫达非尼或安慰剂。第5次访问为第21天，第6次访问为第49天，第7次访问为第56天[56]

在两项试验中，匹托利生表现出了很好的耐受性，最常见的不良事件是头痛和恶心。长达4年的治疗证实了匹托利生在嗜睡病中的长期疗效和安全性（相关论文正在准备中）。

综上，匹托利生（pitolisant，Wakix™）是一种新颖且疗效显著的嗜睡病治疗药物。目前正在探索基于匹托利生促进觉醒特性的其他适应证，如阻塞性睡眠呼吸暂停（obstructive sleep apnea）和特发性嗜睡（idiopathic hypersomnia）。

9.9 总结

组胺H_3受体具有显著的固有活性，而匹托利生是一种强效的H_3受体反向激动剂/拮抗剂[42，58]。匹托利生逆转了这一固有活性，这意味着其可以缓解组胺能神经元中组胺释放和传递的障碍。

匹托利生是首个通过所有临床前和临床试验的组胺H_3受体反向激动剂，已被证明可有效治疗嗜睡病并改善其主要症状[56]。匹托利生有效可增加脑内组胺信号通路的传播，从而增强觉醒和警觉性，并减少嗜睡病患者的昏迷和幻觉。匹托利生也是作用于大脑组胺H_3自受体的首创药物（first-in-class），已获得EMA的批准，用于治疗成年人的嗜睡病（无论是否患有猝倒），并以商品名Wakix™上市销售，并获得了相关专利的保护。

（江　波　白仁仁）

原作者简介

罗宾·加内林（Robin Ganellin），1958年获得伦敦大学玛丽皇后学院（Queen Mary，London University）化学博士学位，导师为迈克尔·德瓦尔（Michael Dewar）。1960年起担任麻省理工学院（Massachu-setts Institute of Technology，MIT）研究助理。随后，他加入了英国史密斯-克莱恩&法国（Smith Kline & French，SK & F）实验室，成为组胺H_2受体的共同发现者（1972年），后来担任研究副总裁。他也是抗溃疡药西咪替丁和抗嗜睡病药物匹托利生的共同发明人。1986年，他被任命为英国皇家学会（The Royal Society）会员，并被任命为伦敦大学学院SK & F药物化学主席，现为名誉主席。他是160多项专利的共同发明人，并发表了270多篇论文，还曾是IUPAC药物化学部门的主席。

珍-查尔斯·施瓦兹（Jean-Charles Schwartz），药学博士，巴黎笛卡儿大学（Paris Descartes University）和法兰西大学研究院（Institut Universitaire de France）名誉教授，法国国家科学院院士，Bioprojet制药公司的联合创始人兼科学总监。

霍尔格-史塔克（Holger Stark），1991年于德国柏林自由大学获得药物化学博士学位，研究方向为组胺H_3受体的前药和拮抗剂。2000年，他开始担任法兰克福大学（Goethe University in Frankfurt）的全职教授，2013年，他加入德国杜塞尔多夫海因里希-海涅大学（Heinrich-Heine-University Düsseldorf），从事不同神经递质及包括花生四烯酸和鞘脂途径在内的脂质信号转导的研究。他是匹托利生的共同发明者，并担任《生命科学化学》（*Archiv der Pharmazie*）的主编。

致谢

感谢莫妮克·加巴格（Monique Garbarg）博士对本章有益的讨论和准备工作。

参考文献

1. Schwartz, J.-C.（1975）Histamine as a transmitter in brain. Life Sci., 17, 503-517.
2. Garbarg, M., Barbin, G., Feger, J., and Schwartz, J.-C.（1974）Histaminergic pathway in rat brain evidenced by lesions of the medial forebrain bundle. *Science*, 186, 833-835.
3. Pollard, H. and Schwartz, J.-C.（1987）Histamine neuronal pathways and their functions. *Trends Neurosci.*, 10, 86-89.
4. Lin, J.S., Sakai, K., Vanni-Mercier, G., Arrang, J.-M., Garbarg, M., Schwartz, J.-C., and Jouvet, M.（1990）Involvement of histaminergic neurons in arousal mechanisms demonstrated with H3 receptor ligands in the cat. *Brain Res.*, 523, 325-330.
5. Rose, C., Quach, T.T., Llorens-Cortes, C., and Schwartz, J.-C.（1982）Relationship between occupation of cerebral H1 receptors and sedative properties of antihistamines. *Arzneim. Forsch.*, 32, 1171-1173.
6. Nicholson, A.N., Pascoe, P.A., Turner, C., Greengrass, P.M., Casy, A.F., Mercer, A.D., and Ganellin, C.R.（1991）Sedative effects in man of the enantiomers of chlorpheniramine and dimethindene. *Br. J. Pharmacol.*, 104, 270-276.
7. Arrang, J.-M., Garbarg, M., and Schwartz, J.-C.（1983）Auto-inhibition of brain histamine release mediated by a novel class（H3）of histamine receptor. *Nature*, 302, 832-837.
8. Arrang, J.-M., Garbarg, M., Lancelot, J.-C., Lecomte, J.-M., Pollard, H., Robba, M., Schunack, W., and Schwartz, J.-C.（1987）Highly potent and selective ligands for histamine H3-receptors. *Nature*, 327, 117-123.
9. Schwartz, J.-C.（2009）The third histamine receptor: from discovery to clinics, long-lasting love story at INSERM and Bioprojet, in The Third Histamine Receptor（ed. D.Vohora）, CRC Press, pp. 13-29.
10. Ganellin, C.R., Jayes, D., Khalaf, Y.S., Tertiuk, W., Arrang, J.-M., Defontaine, N., and Schwartz, J.-C.（1991）Synthesis of pyridyl isosteres of thioperamide as H3-receptor histamine antagonists. *Collect. Czech. Chem. Commun.*, 56, 2448-2455.
11. Ganellin, C.R., Fkyerat, A., Bang-Andersen, B., Athmani, S., Tertiuk, W., Garbarg, M., Ligneau, X., and Schwartz, J.-C.（1996）A novel series of（phenoxyalkyl）imidazoles as

potent H3-receptor histamine antagonists. *J. Med. Chem.*, 39, 3806-3813.

12. Sakurai, E., Gunji, E., Iizuka, Y., Hikichi, N., Maeyama, K., and Watanabe, T. (1994) The disposition of thioperamide, a histamine H3-receptor antagonist, in rats. *J. Pharm. Pharmacol.*, 46, 209-212.
13. Chadha, H.S., Abraham, M.H., and Mitchell, R.C. (1994) Physicochemical analysis of the factors governing distribution of solutes between blood and brain. *Bioorg. Med. Chem. Lett.*, 4, 2511-2516.
14. Young, R.C., Mitchell, R.C., Brown, T.H., Ganellin, C.R., Griffiths, R., Jones, R.M., Rana, K.K., Saunders, D., and Smith, I.R. (1988) The development of a new physicochemical model for brain penetration and its application to the design of centrally-acting H2-receptor histamine antagonists. *J. Med. Chem.*, 31, 656-671.
15. Ganellin, C.R., Hosseini, S.K., Khalaf, Y.S., Tertiuk, W., Arrang, J.-M., Garbarg, M., Ligneau, X., and Schwartz, J.-C. (1995) Design of potent non-thiourea H3-receptor histamine antagonists. *J. Med. Chem.*, 38, 3342-3350.
16. Schunack, W. and Stark, H. (1994) Design of histamine H3-receptor agonists and antagonists. Eur. *J. Drug Metab. Pharmacokinet.*, 19, 173-178.
17. Kiec-Kononowicz, K., Ligneau, X., Stark, H., Schwartz, J.-C., and Schunack, W. (1995) Azines and diazines as potential histamine H3-receptor antagonists. *Arch. Pharm.* (*Weinheim*), 328, 445-450.
18. Kiec-Kononowicz, K., Ligneau, X., Schwartz, J.-C., and Schunack, W. (1995) Pyrazoles as potential histamine H3-receptor antagonists. *Arch. Pharm.* (*Weinheim*), 328, 469-472.
19. Ariens, E.J. and Simonis, A.M. (1960) Autonomic drugs and their receptors. *Arch. Int. Pharmacodyn. Ther.*, 127, 479-496.
20. Nauta, W.T. and Rekker, R.F. (1978) Histamine II and anti-histaminics: chemistry, metabolism and physiological and pharmacological actions, in Handbook of Experimental Pharmacology, vol. XVⅢ/2, Springer-Verlag, Ed Rocha e Silva, (Table I), p.218.
21. van den Brink, F.G. and Lien, E.J. (1977) pD2-, pA2-and pD2'-values of a series of compounds in a histaminic and a cholinergic system. *Eur. J. Pharmacol.*, 44, 251-270.
22. Durant, G.J., Duncan, W.A.M., Parsons, M.E., Blakemore, R.C., and Rasmussen, A.C. (1978) Impromidine (SK&F 92676) is a very potent and specific agonist for histamine H2 receptors. *Nature*, 276, 403-405.
23. Parsons M.E., Blakemore R.C., Durant G.J., Ganellin C.R. and Rasmussen A.C. (1975) Proceedings: 3-(4(5)-imidazolyl) propylguanidine (SK&F 91486) -a partial agonist at histamine H2-receptors. *Agents Actions*, 5, 464.
24. Durant, G.J., Ganellin, C.R., Hills, D.W., Miles, P.D., Parsons, M.E., Pepper, E.S., and White, G.R. (1985) The histamine H2-receptor agonist impromidine: synthesis and structure activity considerations. *J. Med. Chem.*, 28, 1414-1422.
25. Durant, G.J., Emmett, J.C., Ganellin, C.R., Miles, P.D., Parsons, M.E., Prain, H.D., and White, G.R. (1977) Cyanoguanidine-thiourea equivalence in the development of the histamine H2-receptor antagonist, cimetidine. *J. Med. Chem.*, 20, 901-906.
26. (a) Lipp, R., Schunack, W., Arrang, J.-M., Garbarg, M., and Schwartz, J.-C.Poster

P 119, 10th EFMC International Symposium on Medicinal Chemistry, Budapest, Hungary, August (1988). (b) Stark, H., Lipp, R., Arrang, J.-M., Garbarg, M., Schwartz, J.-C., and Schunack, W. (1994) Acylated and alkylated histamine derivatives as new histamine H3-receptor antagonists. *Eur. J. Med. Chem.*, 29, 695-700.

27. Ligneau, X., Lin, J.-S., Vanni-Mercier, G., Jouvet, M., Muir, J.L., Ganellin, C.R., Stark, H., Elz, S., Schunack, W., and Schwartz, J.-C. (1998) Neurochemical and behavioral effects of ciproxifan, a potent histamine H3-receptor antagonist. *J. Pharmacol. Exp. Ther.*, 287, 658-666.
28. Garbarg, M., Arrang, J.M., Rouleau, A., Ligneau, X., Trung Tuong, M.D., Schwartz, J.C., and Ganellin, C.R. (1992) Imetit {S- [2- (4-imidazolyl) ethyl] isothiourea} a highly specific and potent histamine H3 receptor agonist. *J. Pharmacol. Exp. Ther.*, 263, 304-310.
29. Garbarg, M., Pollard, H., Trung Tuong, M.D., Schwartz, J.-C., and Gros, C. (1989) Sensitive radioimmunoassays for histamine and *tele*-methylhistamine in the brain. *J. Neurochem.*, 53, 1724-1730.
30. Piripitsi, A. (1996) Synthesis and structure-activity studies of novel compounds acting at histamine H3 receptors. PhD.University of London.
31. Leurquin, F., Piripitsi, A., Arrang, J.-M., Garbarg, M., Ligneau, X., Schunack, W., and Schwartz, J.-C. (1998) Synthesis of potent non-imidazole histamine H3-receptor antagonists. *Arch. Pharm. (Weinheim)*, 331, 395-404.
32. Leurquin, F. (1999) Non-imidazole H3-receptor histamine antagonists. PhD.University of London.
33. Onodera, K., Miyazaki, S., Imaizumi, M., Stark, H., and Schunack, W. (1998) Improvement by FUB181, a novel histamine H3-receptor antagonist, of learning and memory in the elevated plus-maze test in mice. Naunyn-Schmiedeberg's *Arch. Pharmacol.*, 357, 508-513.
34. Meier, G., Apelt, J., Reichert, U., Graßmann, S., Ligneau, X., Elz, S., Leurquin, F., Ganellin, C.R., Schwartz, J.-C., Schunack, W., and Stark, H. (2001) Influence of imidazole replacement in different structural classes of histamine H3-receptor antagonists. *Eur. J. Pharm. Sci.*, 13, 249-259.
35. Meier, G., Ligneau, X., Pertz, H.H., Ganellin, C.R., Schwartz, J.-C., Schunack, W., and Stark, H. (2002) Piperidino-hydrocarbon compounds as novel non-imidazole histamine H3-receptor antagonists. *Bioorg. Med. Chem.*, 10, 2535-2542.
36. Mikó, T., Ligneau, X., Pertz, H.H., Ganellin, C.R., Arrang, J.-M., Schwartz, J.-C., Schunack, W., and Stark, H. (2003) Novel non-imidazole histamine H3 receptor antagonists: 1- (4- (phenoxymethyl) benzyl) piperidines and related compounds. *J. Med. Chem.*, 46, 1523-1530.
37. Mikó, T., Ligneau, X., Pertz, H.H., Arrang, J.-M., Ganellin, C.R., Schwartz, J.-C., Schunack, W., and Stark, H. (2004) Structural variations of 1- (4- (phenoxymethyl) benzyl) piperidines as non-imidazole histamine H3-receptor antagonists. *Bioorg. Med. Chem.*, 12, 2727-2736.
38. Lovenberg, T.W., Roland, B.L., Wilson, S.J., Jiang, X., Pyati, J., Huvar, A., Jackson, M.R.,

and Erlander, M.G. (1999) Cloning and functional expression of the human histamine H3 receptor. *Mol. Pharmacol.*, 55, 1101-1107.

39. Cowart, M., Altenbach, R., Black, L., Faghih, R., Zhao, C., and Hancock, A.A. (2004) Medicinal chemistry and biological properties of non-imidazole histamine H3 antagonists. *Mini Rev. Med. Chem.*, 4, 979-992.

40. Sander, K., Kottke, T., and Stark, H. (2008) Histamine H3 receptor antagonists go to clinics. *Biol. Pharm. Bull.*, 31, 2163-2181.

41. Ligneau, X., Morisset, S., Tardivel-Lacombe, J., Gbahou, F., Ganellin, C.R., Stark, H., Schunack, W., Schwartz, J.-C., and Arrang, J.-M. (2000) Distinct pharmacology of the rat and human histamine H3 receptors: role of two amino acids in the third transmembrane domain. *Br. J. Pharmacol.*, 131, 1247-1250.

42. Ligneau, X., Perrin, D., Landais, L., Camelin, J.-C., Calmels, T.P.G., Berrebi-Bertrand, I., Lecomte, J.-M., Parmentier, R., Anaclet, C., Lin, J.-S., Bertaina-Anglade, V., Drieu la Rochelle, C., d'Aniello, F., Rouleau, A., Gbahou, F., Arrang, J.-M., Ganellin, C.R., Stark, H., Schunack, W., and Schwartz, J.-C. (2007) BF2. 649 [1-{3- [3- (4-chlorophenyl) propoxy] propyl}piperidine, hydrochloride], a non-imidazole inverse agonist/antagonist at the human histamine H3 receptor: preclinical pharmacology. *J. Pharmacol. Exp. Ther.*, 320, 365-375.

43. Morisset, S., Rouleau, A., Ligneau, X., Gbahou, F., Tardivel-Lacombe, J., Stark, H., Schunack, W., Ganellin, C.R., Schwartz, J.-C., and Arrang, J.M. (2000) High constitutive activity of native H3 receptors regulates histamine neurons in brain. *Nature*, 408, 860-864.

44. Ligneau, X., Landais, L., Perrin, D., Piriou, J., Uguen, M., Denis, E., Robert, P., Parmentier, R., Anaclet, C., Lin, J.-S., Burban, A., Arrang, J.-M., and Schwartz, J.-C. (2007) Brain histamine and schizophrenia: potential therapeutic applications of H3-receptor inverse agonists studied with BF2. 649. *Biochem. Pharmacol.*, 73, 1215-1224.

45. Uguen, M., Perrin, D., Belliard, S., Ligneau, X., Beardsley, P.M., Lecomte, J.-M., and Schwartz, J.-C. (2013) Preclinical evaluation of the abuse potential of Pitolisant, a histamine H3 receptor inverse agonist/antagonist compared with Modafinil. *Br. J. Pharmacol.*, 169, 632-634.

46. Lin J.S., Dauvilliers Y., Arnulf I., Bastuji H., Anaclet C., Parmentier R., Kocher L., Yanagisawa M., Lehert P., Ligneau X., Perrin D., Robert P., Roux M., Lecomte J.-M. and Schwartz J.-C. (2008) An inverse agonist of the histamine H (3) receptor improves wakefulness in narcolepsy: studies in orexin-/-mice and patients. *Neurobiol. Dis.*, 30, 74-83.

47. Lin, L., Faraco, J., Li, R., Kadotani, H., Rogers, W., Lin, X., Qiu, X., de Jong, P.J., Nishino, S., and Mignot, E. (1999) The sleep disorder canine narcolepsy is caused by a mutation in the hypocretin (orexin) receptor 2 gene. *Cell*, 98, 165-376.

48. Chemelli, R.M., Willie, J.T., Sinton, C.M., Elmquist, J.K., Scammell, T., Lee, C., Richardson, J.A., Williams, S.C., Xiong, Y., Kisanuki, Y., Fitch, T.E., Nakazato, M., Hammer, R.E., Saper, C.B., and Yanagisawa, M. (1999) Narcolepsy in orexin knockout mice: molecular genetics of sleep regulation. *Cell*, 98, 437-451.

49. Nishino, S., Ripley, B., Overeem, S., Lammers, G.J., and Mignot, E.(2000)Hypocretin(orexin) deficiency in human narcolepsy. *Lancet*, 355, 39-40.
50. Schwartz, J.-C., Arrang, J.-M., Garbarg, M., Pollard, H., and Ruat, M. (1991) Histaminergic transmission in the mammalian brain. *Physiol. Rev.*, 71, 1-51.
51. Lin, J.S. (2000) Brain structures and mechanisms involved in the control of cortical activation and wakefulness, with emphasis on the posterior hypothalamus and histaminergic neurons. *Sleep Med. Rev.*, 4, 471-503.
52. Huang, Z.-L., Qu, W.-M., Li, W.-D., Mochiziku, T., Eguchi, N., Watanabe, T., Urade, Y., and Hayaishi, O. (2001) Arousal effect of orexin A depends on activation of the histaminergic system. Proc. *Natl. Acad. Sci. U.S.A.*, 98, 9965-9970.
53. Ligneau, X.; Shah, R.R.; Berrebi-Bertrand, I.; Mirams, G.R.; Robert, P.; Landais, L.; Maison-Blanche, P.; Faivre, J-F.; Lecomte, J-M. and Schwartz J-C. (2017) Nonclinical cardiovascular safety of pitolisant: comparing International Conference on Harmonization S7B and Comprehensive in vitro Pro-arrhythmia Assay initiative studies. *Br. J. Pharmacol.*, DOI: 10.1111/bph.14047.
54. Schwartz, J.-C. and Lecomte, J.-M. (2016) Clinical trials with H3-receptor inverse agonists: what they tell us about the role of histamine in the human brain. *Neuropharmacology*, 106, 35-36.
55. Syed, Y.Y. (2016) Pitolisant: first global approval. *Drugs*, 76, 1313-1318.
56. HARMONY I study groupDauvilliers, Y., Bassetti, C., Lammers, G.J., Arnulf, I., Mayer, G., Rodenbeck, A., Lehert, P., Ding, C.L., Lecomte, J.-M., and Schwartz, J.-C. (2013) Pitolisant versus placebo or modafinil in patients with narcolepsy: a double blind study. *Lancet Neurol.*, 12, 1068-1075.
57. Kaszacs, Z., Dauvilliers, Y., Mikhaylov, V., Poverennova, I., Krylov, S., Jankovic, S., Sonka, K., Lehert, P., Lecomte, I., Lecomte, J.-M., and Schwartz, J.-C.for the HARMONY-CTP study group (2017) Safety and efficacy of pitolisant on cataplexy in patients with narcolepsy: a double-blind, randomised, placebo-controlled trial. *Lancet Neurol.*, Published Online, January 24. doi: 10.1016/S1474-4422 (16) 30333-7
58. Schwartz, J.-C. (2011) The histamine H3 receptor: from discovery to clinical trials with pitolisant. *British Journal of Pharmacology*, 163, 713-721.
59. European Medicines Agency (2016) Wakix (pitolisant): Summary of Product Characteristics.
60. Schwartz, J-C., Arrang, J-M., Garbarg, M., Lecomte, J-M., Ligneau, X., Schunack, W.G., Stark, H., Ganellin, C.R., Leurquin, F. and Elz, S., Non-imidazole alkylamines as histamine H-3-receptor ligands and their therapeutic applications. Euro Patent 1, 428, 820 (published 17. 05. 2006), US Patent 7, 138, 413.

第10章

色瑞替尼——一种有效治疗克唑替尼耐药的非小细胞肺癌的间变性淋巴瘤激酶抑制剂的研发

10.1 引言

间变性淋巴瘤激酶（anaplastic lymphoma kinase，ALK）是胰岛素受体超家族中的一种受体酪氨酸激酶（receptor tyrosine kinase），正常人体组织中ALK的表达仅发现于神经细胞的一个亚群中[1]。然而，ALK通过遗传异常参与了几种癌症的发生，这些遗传异常涉及具有多个融合伴侣的激酶结构域的易位或导致非配体依赖的组成性激活的激活突变[2-4]。迄今为止，在哺乳动物中还没有发现ALK的重要作用。而ALK缺乏的小鼠能够正常发育并显示出抗抑郁特征，在海马依赖性任务中表现增强，这可能是由海马祖细胞增多所致[5]。

在间变性大细胞淋巴瘤（anaplastic large cell lymphoma，ALCL）中首次发现了ALK的失调，其中酪氨酸激酶结构域与核仁磷酸蛋白（nucleophosmin，NPM）发生融合，后者则是复发性t（2；5）（p23；q35）染色体易位的产物[6]。随后，在将近70%的ALCL、40%～60%的炎性肌纤维母细胞肿瘤（inflammatory myofibroblastic tumor，IMT）、数十例弥漫性大B细胞淋巴瘤（diffuse large B-cell lymphoma，DLBCL），以及最近2%～7%的非小细胞肺癌（non-small cell lung cancer，NSCLC）病例中发现了导致ALK与各种伴侣基因融合的染色体重排[7-10]。迄今为止，在已确定的融合伴侣基因中，NPM在ALCL中最为常见。而棘皮动物微管相关蛋白样4（echinoderm microtubule-associated protein-like 4，EML4）是NSCLC的主要伴侣。除了导致ALK融合基因的染色体重排之外，最近还报道了神经母细胞瘤（neuroblastoma）、炎性乳腺癌[11]和卵巢癌[11-15]中ALK基因的扩增和全长ALK基因中的激活点突变。

TAE684（1）是2006年公开的第一个有效的ALK抑制剂（ALK inhibitor，ALKi）[16]。此后，多项研究报道了处于不同研发阶段的ALK抑制剂（图10.1）[17-38]。2011年，克唑替尼（crizotinib，PF2341066，Xalkori®，5）被批准用于治疗ALK阳性的NSCLC。色瑞替尼（ceritinib，LDK378，Zykadia®，2）和艾乐替尼（alectinib，Alecensa®，8）分别于2014年和2016年初被批准用于治疗克唑

替尼耐药的NSCLC。布加替尼（brigatinib，AP26113，3）和艾乐替尼（alectinib，CH5424802，8）于2014年被FDA授予突破性疗法认定，继一项之前未曾使用克唑替尼治疗的Ⅲ期临床研究后，艾乐替尼于2016年获得了另一项突破性疗法的认定。劳拉替尼（lorlatinib，PF-06463922，7）是一种有效的ALK抑制剂，专门用于克服克唑替尼耐药突变（尤其是看门基因L1196M突变），于2013年进入Ⅰ期临床试验，目前正在进行Ⅱ期临床评估。据最近完成的一项Ⅱ期临床研究报道，色瑞替尼作为一线治疗药物，与其他化疗方法相比具有明显的优势[39]。这些新药的出现为ALK阳性NSCLC患者提供了新的替代疗法，并改变了他们的生活。而在几年前，这些患者的预后还非常差，并且对化疗无效。图10.1列举了部分目前已被FDA批准或正在进行临床试验的ALK抑制剂。

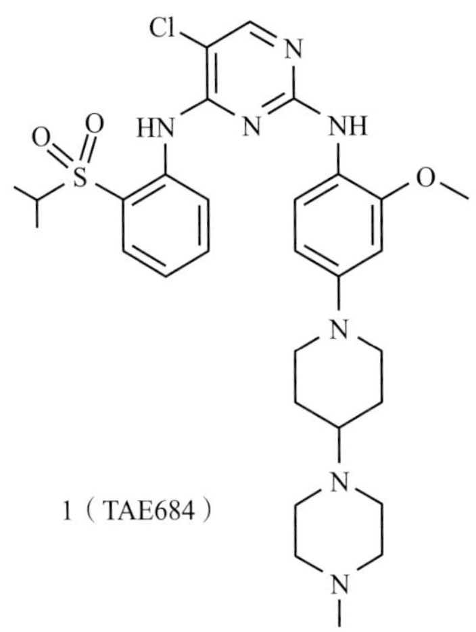

1（TAE684）

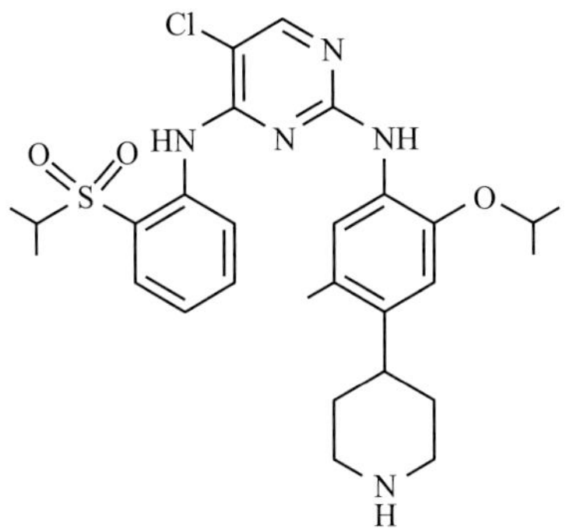

2（LDK378）

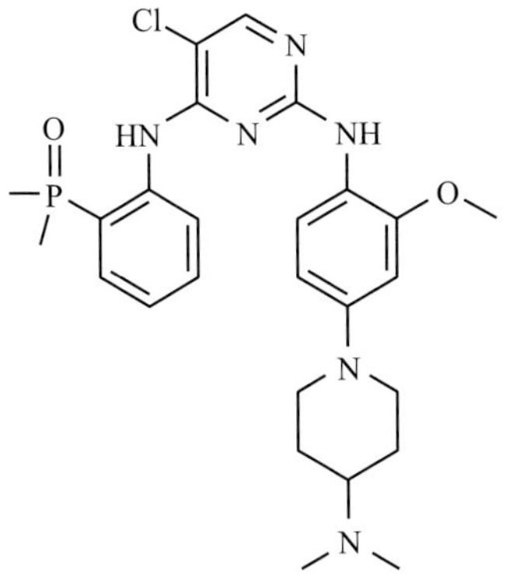

3（AP26113）

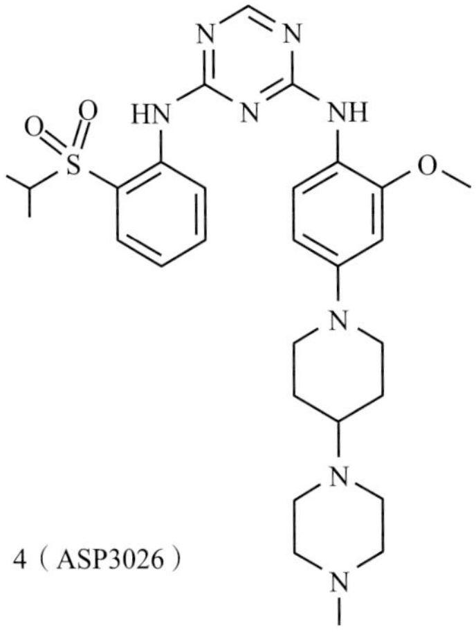

4（ASP3026）

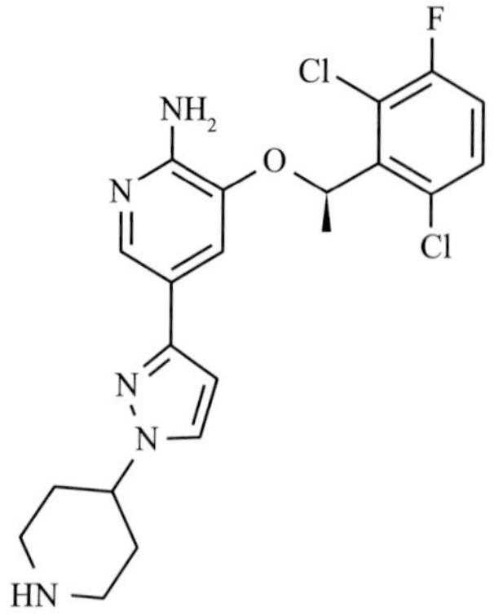

5（PF2341066）

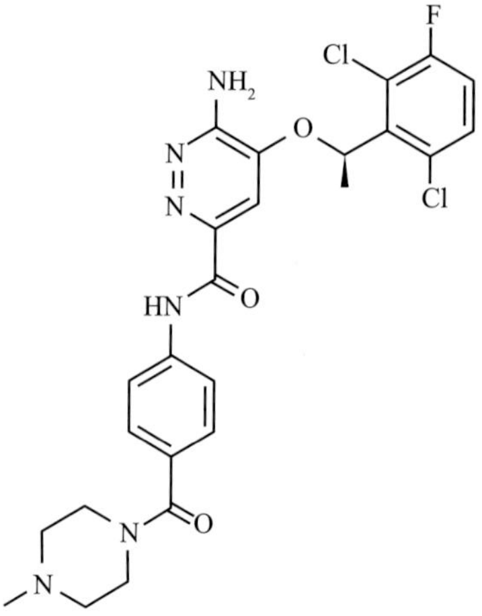

6（x-396）

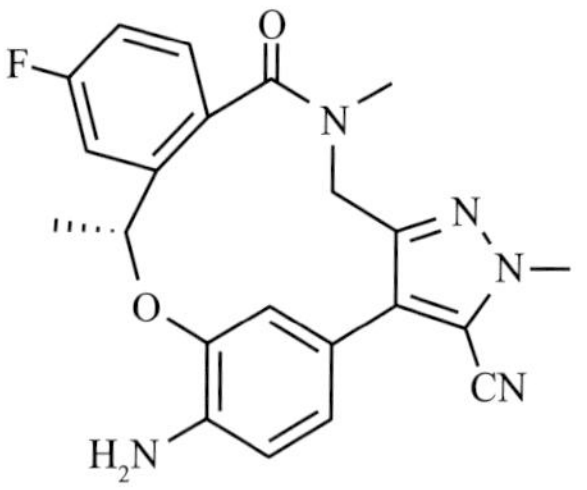

7（PF-06463922）

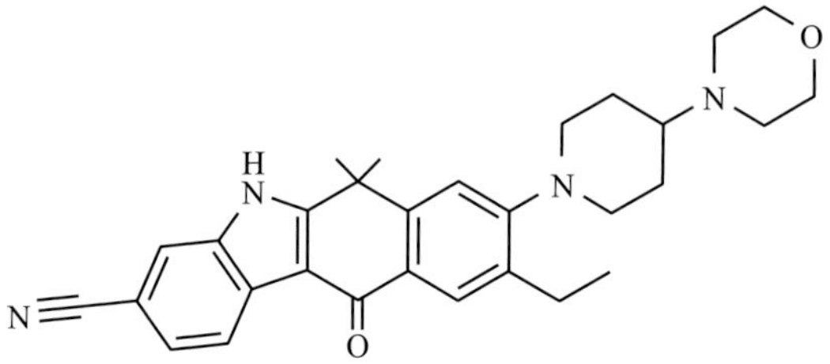

8（CH5424802）

图10.1 部分ALK抑制剂的化学结构

10.2 药物设计策略

研究人员以TAE684（1）及其结构类似物GNF0912（9）作为色瑞替尼的设计起点。这两个先导化合物都是有效的ALK抑制剂，但是发现它们在代谢氧化时会形成大量的反应性加合物，可能导致严重的毒性[40]。半定量LC-MS分析表明，在肝微粒体中孵育时，约有20%的TAE684和GNF0912会被转化为活性物质。这些活性物质可以被谷胱甘肽（glutathione，GSH）捕获，并通过谷胱甘肽捕获实验（GSH-trapping assay）对其进行了测定[41]。尽管在肝毒性药物和形成GSH加合物之间未发现相关性，但推测反应性代谢产物可能在特异性和其他毒性中发挥作用，并且因为在TAE684的临床前毒理学评估中发现了不可逆的毒性，所以研究人员将早期的药物化学工作重点集中在消除反应性代谢物的形成上[40, 42, 43]。

为了更好地了解潜在毒性产生的原因，研究人员对化合物的构效关系（structure activity relationship，SAR）进行了系统性评估，并很快发现，反应性代谢物的形成主要与通过氮原子连接到苯胺上的水溶性基团的存在有关（图10.2）。研究人员推测，富电子的芳环经过代谢氧化形成了1,4-二亚氨基醌（A），该结构具有很高的反应活性，并在GSH存在下形成了GSH加合物（B）。

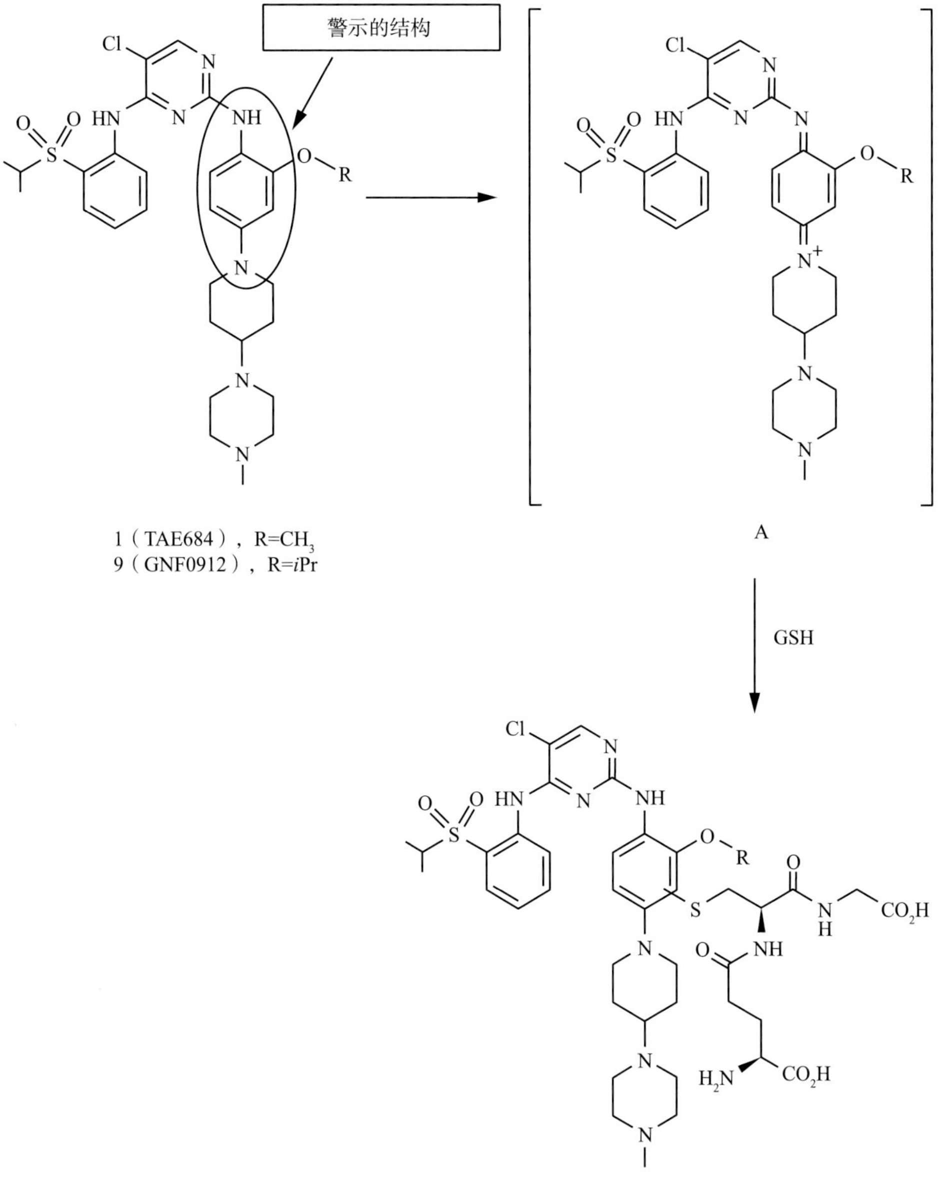

警示的结构

1（TAE684），R=CH_3
9（GNF0912），R=*i*Pr

A

GSH

B

图10.2　TAE684和GNF0912生成反应性加合物的可能机制

掌握了这些关键信息后，研究人员决定将TAE684和GNF0912中的哌啶环反转，从而消除任何形成推测的二亚氨基醌的可能性，并在烷氧基的对位引入甲基以阻止此位置的代谢（图10.3）。此外，还进行了大量的工作，以评估哌啶环上氮原子及其各种取代基团的影响，最终发现了活性最优的色瑞替尼（2）[37]。

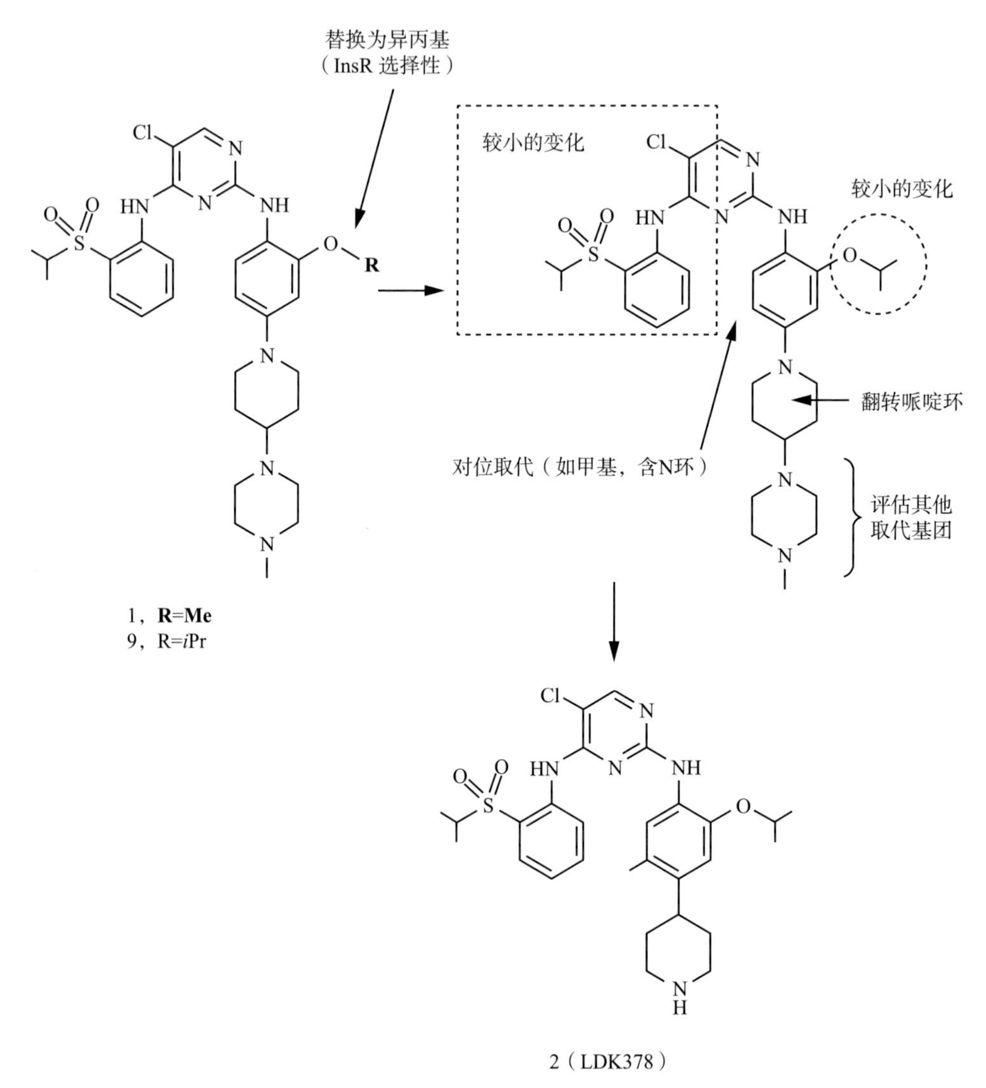

图10.3 **色瑞替尼的设计策略**

10.3 色瑞替尼的合成

色瑞替尼采用了高度汇聚性的合成路线，该路线包括在2,4,5-三氯嘧啶上进行两个连续胺化反应（反应式10.1）。在第一个胺化步骤中，以氟硝基苯为起始原料，经过三步得到2-（异丙基磺酰基）苯胺。在第二步中，以2-氯-4-氟甲苯为原料，经四步得到2-异丙氧基-5-甲基-4-（哌啶丁-4-基）苯胺。最终2-（异丙基磺酰基）苯胺与2-异丙氧基-5-甲基-4-（哌啶丁-4-基）苯胺反应得到色瑞替尼。

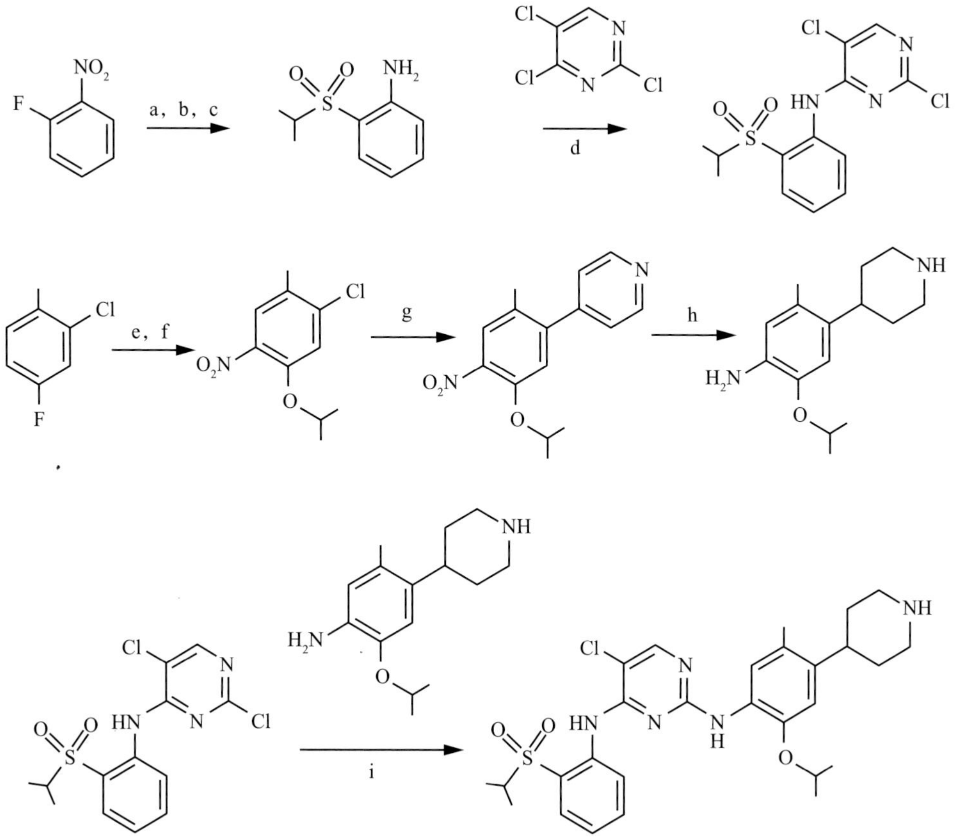

反应式10.1 色瑞替尼的合成路线。反应试剂及条件：a.丙烷-2-硫醇，K_2CO_3，DMF，45 ℃。b.$NaBO_3$，AcOH，60 ℃。c.H_2/Pd/C，EtOAc/MeOH（10/1）。d.NaH，DMF/DMSO，0～20 ℃。e.KNO_3，H_2SO_4，0～20 ℃。f.IPA，Cs_2CO_3，60 ℃，24 h。g.4-吡啶硼酸，1-BuOH，Pd_2（dba）$_3$，2-二环己基膦-2′-6′-二甲氧基联苯，MW，150 ℃。h.AcOH/TFA；PtO_2，H_2，RT，3 h。i.无水盐酸二氧六环，0.1 mol/L无水.2-甲氧基乙醇，135 ℃，2 h

10.4 色瑞替尼的体外活性评估

体外ALK抑制活性研究，以及对表达NPM-ALK或EML4-ALK融合蛋白的Ba/F3细胞的增殖抑制作用，都证实色瑞替尼是非常有效的ALK抑制剂（IC_{50}分别为0.15 nmol/L、10.6 nmol/L和22.0 nmol/L，表10.1）。同样，色瑞替尼对两种经ALK重排的肺癌细胞株H2228和H3122也具有较好的活性（IC_{50}分别为1.5 nmol/L和4.8 nmol/L，表10.1）。色瑞替尼还可以有效抑制karpas299细胞中ALK磷酸化及下游信号通路[43]。

表10.1　色瑞替尼在各种ALK依赖性细胞系中的活性（IC_{50}，nmol/L）

细胞系	ALK	H2228	H3122	Ba/F3-NMP/ALK	Ba/F3-EML4/ALK	Ba/F3-WT
LDK378	0.15	1.5	4.8	10.6	22.0	3013

色瑞替尼在46种激酶筛选测试中显示出优异的选择性（表10.2列出其中的30种）。色瑞替尼仅对三种激酶（IGF-1R、InsR和STK22D）的抑制活性低于100 nmol/L，IC_{50}分别为8 nmol/L、7 nmol/L和23 nmol/L。但由于其对ALK的抑制活性非常强，IC_{50}仅为200 pmol/L，因此对这些脱靶蛋白的选择性分别为80倍、70倍和230倍。在39种激酶的细胞增殖（Ba/F3转染的细胞系）测试中，色瑞替尼依然被证明具有很高的选择性（表10.3）。除ALK外，在所有测试的激酶中均未观察到IC_{50}低于100 nmol/L的抑制作用，并且在细胞水平上，其对FLT3和IGF-1R的抑制活性在细胞中无法再现（IC_{50}分别为410 nmol/L和3143 nmol/L），而对FGFR2和FGFR4的细胞抑制作用均大于2 μmol/L。研究人员虽未能建立STK22D的细胞分析方法，但并不妨碍后续的临床研究。

表10.2　色瑞替尼对多种激酶的选择性评估

激酶	IC_{50}（nmol/L）	激酶	IC_{50}（nmol/L）	激酶	IC_{50}（nmol/L）
ABL	1250	FGFR4	950	LYN	840
AKT	＞10 000	FLT3	60	cMET	3170
ALK	0.2	GSK3β	＞10 000	MKNK2	2240
AURORA	660	GSK3β	＞10 000	PAK2	＞10 000
BTK	3360	IGF-1R	8	PDGFRα	1140
CDK2	3970	InsR	7	RET	400
CDK4	4720	JAK1	3730	ROCK2	1270
EGFR	900	JAK2	610	SYK	3050
FGFR2	260	cKit	1280	STK22D	23
FGFR3	430	LCK	560	ZAP70	9700

表10.3 色瑞替尼的细胞选择性评估

激酶	IC_{50}（nmol/L）	激酶	IC_{50}（nmol/L）	激酶	IC_{50}（nmol/L）
Tel-ALK	40.7±5.3	Tel-JAK2	2160±320	Tel-RET	2304±459
EML4-ALK	2.2±0.5	Tel-FDR	4210±170	Tel-Ros	141.8±22.7
Tel-FGFR3	＞10	Tel-ckit	2855±215	Tel-Src	1694±276
Tel-FGR	1947±433	Tel-Lck	672±264	Tel-TRKA	2727±222
Tel-FLT3	3143±933	Tel-LYN	2306±552	Tel-TRKB	1829±80
Tel-IGF-1R	410±10	Tel-Met	1339±74	Tel-WT	3250±710

10.5 色瑞替尼的体外ADME评估

色瑞替尼的理化性质及体外ADME性质参数如表10.4所示。总体而言，色瑞替尼具有相对较好的理化特性（渗透性、溶解度、熔点）。其对CYP3A4表现出轻微的时间依赖性抑制作用（1.5 μmol/L）。此外，虽然色瑞替尼以1.3 μmol/L的亲和力与hERG通道结合，但在功能性手动膜片钳测试中发现其作用很弱（IC_{50} ＞22 μmol/L，表10.4）。色瑞替尼的总微粒体清除率在物种间是一致的（低度至中度），其蛋白结合在物种间也是一致的（96%～98.5%）。

表10.4 色瑞替尼的相关性质参数

性质	色瑞替尼	性质	色瑞替尼
M（g/mol）	558	CYP 3A4[ab]	1.5 μmol/L
t（℃）	174	TDI（Ki，Kinact）	Ki 1.47；Kinact 0.0642
pK_a[c]	3.9，9.9	hERG binding[a]	1.3 μmol/L
$\log P$[c]	4.6	hERG manual PC[a]	46 μmol/L
Therm. Sol pH 7.4[d]	0.06 mg/mL	Na and Ca channels manual PC[a]	22.2，＞30 μmol/L
log PAMPA（calc FA）	-43（95）	Microsomal CL（m，r，h，g，m，h）[e]	（15，10，5，8，19）μL/（min·mg）
Caco2（A-B/B-A）	3.8/0.9[f]	Protein binding（m，r，d，m，h）	97.4，98.9，96.0，98.3，98.5

a 数据以μmol/L为单位。

b 抑制活性的测定以咪达唑仑（midazolam）为底物。

c 测量值。

d 由药物晶体测定的溶解度。

e 清除率（CL_{int}）在肝微粒体中以μL/（min·mg）为单位。

f 恢复率低，被动跨细胞转运。

10.6 色瑞替尼的临床前药代动力学评估

在小鼠、大鼠、犬和猴中开展了色瑞替尼的临床前药代动力学研究（表10.5）。色瑞替尼在各种物种之间的血浆清除率均较低。而其稳态分配容积（distribution at steady state，V_{ss}）较高，是人体液总量的10倍。半衰期（$t_{1/2}$）从中等到较长（小鼠为6.2 h，猴为26 h）。单次口服色瑞替尼溶液或混悬液后，所有物种均表现出良好的口服生物利用度（＞54%）。体内血药最高浓度时间（T_{max}，达峰时间）在各物种中均较晚，表明色瑞替尼的口服吸收过程较慢。总之，色瑞替尼在所测试物种中均表现出了一致的药代动力学特征。

表10.5　色瑞替尼在小鼠、大鼠、犬和猴中的药代动力学参数

参数	小鼠		大鼠		犬		猴	
	IV[a]	PO[a]	IV[a]	PO[a]	IV[b]	PO[c]	IV[b]	PO[d]
剂量（mg/kg）	5	20	3	10	5	20	5	60
AUC［（h・nmol）/L］	5634	12 296	2779	6092	18 096	67 904	11 305	76 325
CL［mL/（min・kg）］	26.6	—	36.8	—	9.2	—	12.8	—
V_{ss}（L/kg）	9.7	—	21.2	—	13.5	—	15	
C_{max}（nmol/L）	1756	696	770	259	2329	1899	2526	1697
t_{max}（h）	0.03	7.0	0.03	7.0	0.03	8.0		13
$t_{1/2}$（h）	6.2	—	9.1	—	21	—	26	—
F（%）	F（%）	—	55	—	66	—	119	—

a配制于75%的聚乙烯300和25%的葡萄糖（5%）水溶液中。

b配制于30%丙二醇和5%Solutol®的磷酸盐缓冲盐水溶液中。

c配制于0.5%（w/v）甲基纤维素水溶液和0.5%吐温-80的悬浮液中。

d与其他配方相同［以0.5%（w/v）甲基纤维素水溶液的悬浮液配制］。

10.7 色瑞替尼的体内药效评价

在小鼠和大鼠异种移植模型中对色瑞替尼的体内药效进行了评价[38, 44]。本章重点介绍部分小鼠异种移植模型的实验结果。在为期2周的Karpas299（皮下注射具有NPM-ALK融合体的Karpas299细胞）和H2228（皮下注射具有EML4-ALK融合体的H2228细胞）小鼠异种移植模型中，H2228组的每日剂量为3.125 mg/kg、6.25 mg/kg、12.5 mg/kg和25 mg/kg；而Karpas299组的每日剂量为6.25 mg/kg、12.5 mg/kg和25 mg/kg。色瑞替尼在这两种模型中的疗效结果如

图10.4所示。在H2228模型中，色瑞替尼产生了剂量依赖性的肿瘤生长抑制作用，在3.125 mg/kg和6.25 mg/kg剂量下，肿瘤生长抑制率分别为41%和36%；在12.5 mg/kg和25 mg/kg剂量下，肿瘤消退率分别为-64%和-100%。在Karpas299模型中，色瑞替尼同样诱导了剂量依赖性的肿瘤生长抑制作用，在6.25 mg/kg和12.5 mg/kg剂量下，抑制率分别为62%和18%；在25 mg/kg剂量下，肿瘤几乎完全消退（-93%）。在这两种模型中，色瑞替尼的耐受性良好，并且在所有

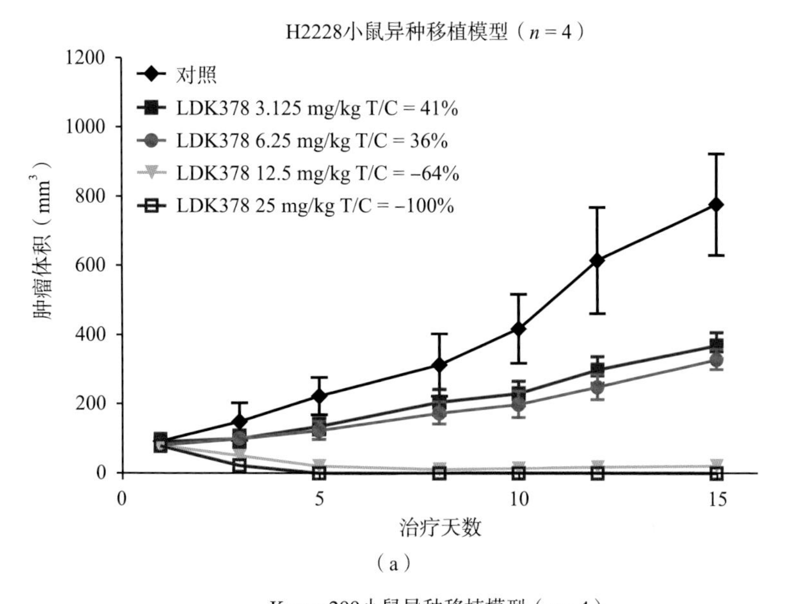

（a）

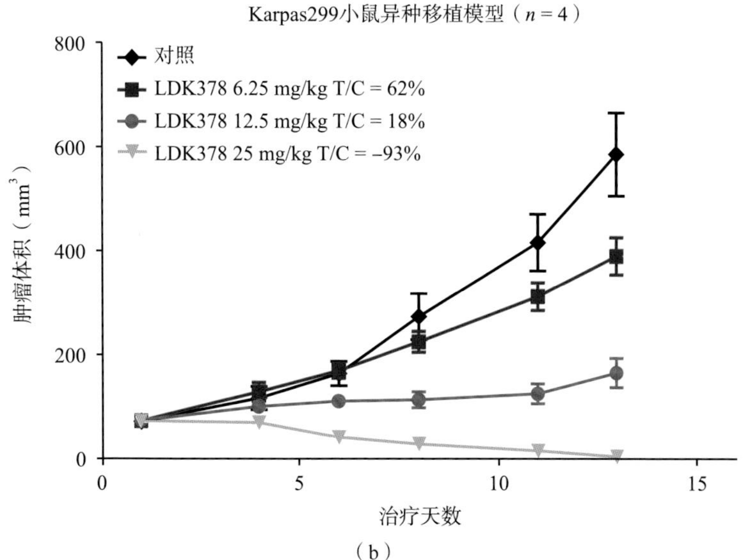

（b）

图10.4　色瑞替尼（LDK378）在小鼠H2228（a）和Karpas299（b）异种移植模型中的活性

测试剂量下均未观察到体重的减轻[38]。为了评估其药效持续时间，研究人员在H2228小鼠异种移植模型中以50 mg/kg的剂量给药色瑞替尼2周，并监测小鼠的肿瘤复发情况。实验证实，色瑞替尼表现出持久的抗肿瘤活性，药效超过150天（图10.5）。

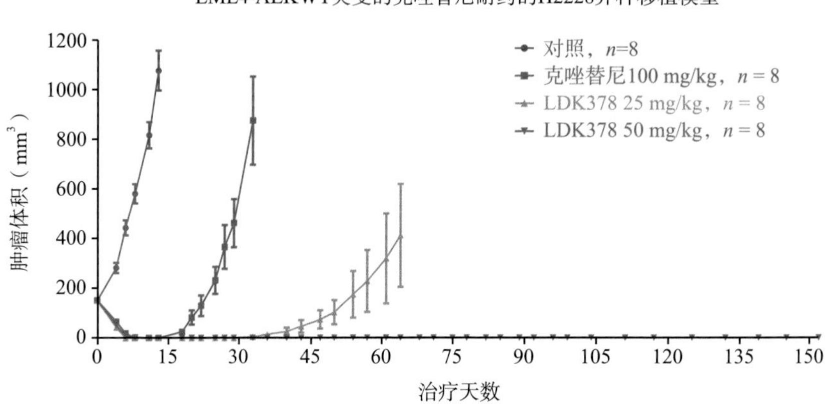

图10.5　色瑞替尼（LDK378）在野生型H2228小鼠异种移植模型中的长期疗效

10.8 色瑞替尼在克唑替尼耐药突变中的活性研究

在色瑞替尼进行临床前研究的同时，FDA加速批准克唑替尼用于治疗局部晚期或转移性NSCLC[45]。然而，尽管克唑替尼具有很强的临床疗效，总缓解率达到50%～60%，但由于患者通常在10～11个月后出现耐药突变，导致克唑替尼失去疗效。色瑞替尼是比克唑替尼更为有效的ALK抑制剂，因此研究小组决定在此时评估其对克唑替尼耐药突变的活性，从而确定更精准的临床适应证，为对克唑替尼停止响应的患者提供新的治疗选择。

为了研究色瑞替尼抗克唑替尼耐药突变的活性，研究人员采用了克唑替尼耐药细胞系模型，该模型具有两个最常见的EML4-ALK突变，即L1196M（H3122 CR1是一种克唑替尼耐药细胞系，通过长期暴露于克唑替尼，导致L1196M EML4-ALK看门基因突变和EML4-ALK等位基因扩增而产生的体外耐药性）和G1269A[34]。此外，还采用了已对克唑替尼耐药的ALK重排肺癌患者的活检组织所建立的其他细胞系。实验证实，色瑞替尼在主要的抗性突变L1196M、G1269A、S1206Y、I1171T和G1202R细胞质中均显示出良好的药效（表10.6）[44]。通过分析观察色瑞替尼与ALK激酶域的共结晶结构，可以很容易解释其对G1202R突变活性的下降。在1202位的突变导致与哌啶结构发生空间冲突，因此降低了色瑞替尼对G1202R突变体的结合亲和力（图10.6）。

表10.6 色瑞替尼在对克唑替尼主要耐药突变细胞系中的活性

IC_{50}	LDK378（nmol/L）	IC_{50}	LDK378（nmol/L）
WT	1.7	G1269A	3
S1206Y	1.5	L1196M	10
I1171T	4	G1202R	90

注：数值以nmol/L为单位，采用Ba/F3转染的细胞。

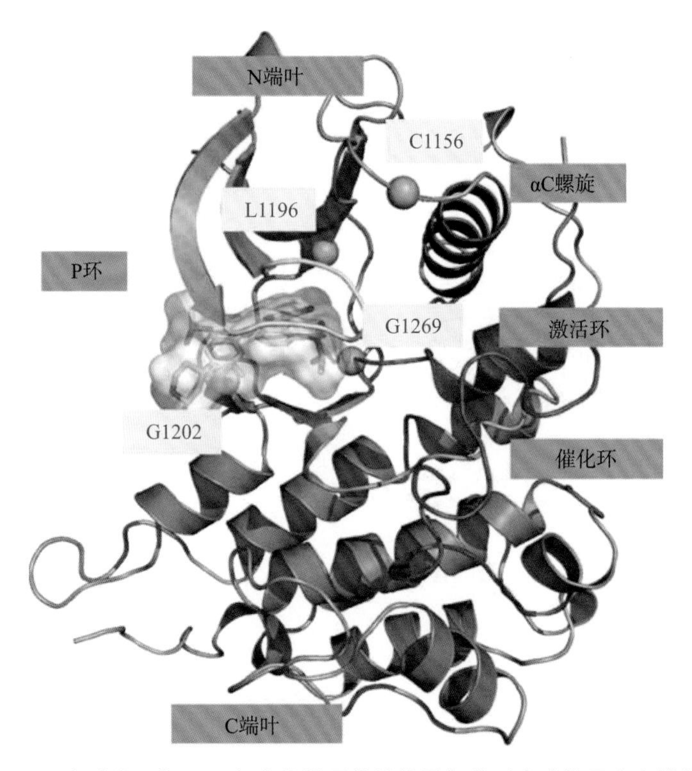

图10.6 色瑞替尼与ALK复合物的晶体结构及部分耐克唑替尼突变的位置

10.9 色瑞替尼在克唑替尼耐药的小鼠模型中的活性研究

研究人员在多种克唑替尼耐药的异种移植肿瘤模型中对色瑞替尼的活性进行了测试[44]。图10.7显示了色瑞替尼在C1156Y和I1171T耐药模型中的抗肿瘤活性。此外，还采用其他模型进一步验证了色瑞替尼的抗肿瘤作用。总而言之，色瑞替尼在所有耐药肿瘤模型中均表现出一定的活性，其中G1202R突变对色瑞替尼最不敏感（数据未显示）[44]。

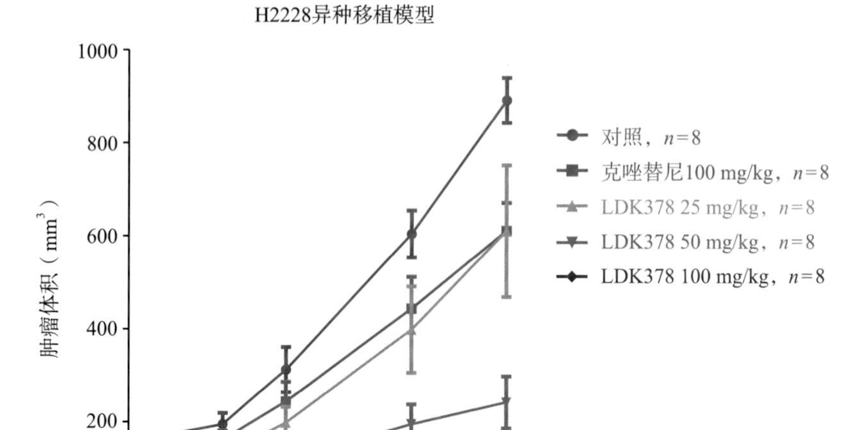

（a）

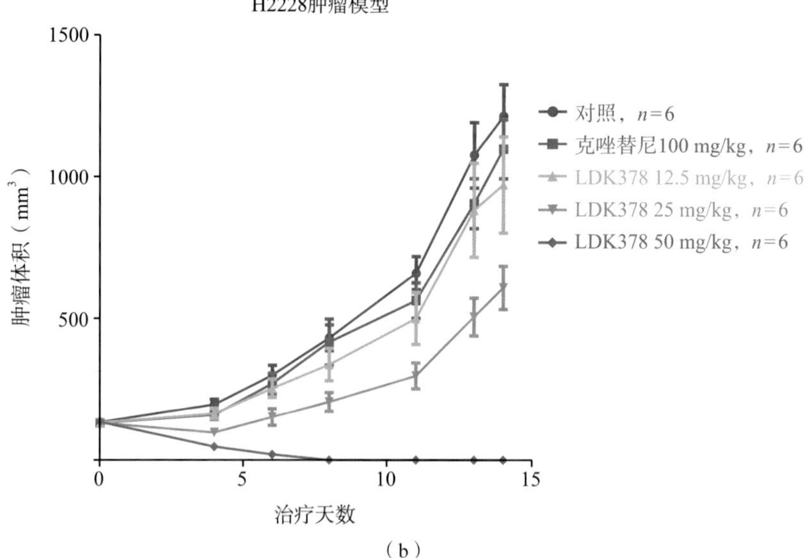

（b）

图10.7 色瑞替尼（LDK378）在克唑替尼耐药的小鼠异种移植模型中的活性

基于这些令人鼓舞的结果，随后在具有ALK突变（野生型和克唑替尼耐药型）的患者中开展了色瑞替尼的Ⅰ期临床研究。

10.10 色瑞替尼的Ⅰ期临床研究

研究发现，对于ALK基因突变的成年肿瘤患者，其对色瑞替尼的最大耐受剂量为每日750 mg。在剂量爬坡试验中，首先是单次给药，随后是为期3天的药代动力学评估，以及连续21天治疗周期中的每日口服给药。基于临床前的安全性评价结果，起始剂量为每天50 mg。ALK突变的NSCLC患者和其他ALK 激活肿瘤患者的最大耐受剂量入组研究仍在继续进行中。患者持续使用色瑞替尼进行治疗，直至病情恶化、出现不可接受的毒性为止[46]。在最大耐受剂量下，第8天24 h内的血浆浓度-时间曲线下的平均面积为（16 500 ± 4750）(ng・h）/mL，平均C_{max}为（800 ± 205）ng/mL。在反复每日给药的基础上，大约在第15天达到色瑞替尼的稳态水平[46]。

在Ⅰ期临床研究期间，共治疗了130名患者，其中114例剂量≥400 mg/d。表10.7总结了这些患者的缓解率（response rate，RR）和总缓解率（overall response rate，ORR）。在先前接受克唑替尼治疗的部分患者中（66例），ORR为57%；在未曾接受过克唑替尼治疗的患者中（35例），ORR为60%；所有患者的ORR为58%。

表10.7 色瑞替尼在Ⅰ期临床研究中（400 ～ 750 mg/d）对ALK阳性NSCLC患者的缓解率（n＝114）

缓解情况	全部NSCLC患者数（n＝114）	接受过克唑替尼治疗的NSCLC患者（n＝79）[a]	未接受过克唑替尼治疗的NSCLC患者（n＝35）[b]
完全缓解（CR）	1（1%）	1（1%）	0
部分缓解（PR）	65（57%）	44（56%）	10（29%）
疾病稳定	6（5%）	6（8%）	0
总缓解率（CR＋PR）	66（58%）	45（57%）	21（60%）

a 1例缓解未知。

b 4例缓解未知。

图10.8显示了同一研究中肿瘤患者对色瑞替尼的治疗反应。总体而言，色瑞替尼对大多数患者有效。图10.9显示了接受色瑞替尼（≥ 400 mg/d）治疗后患者的典型反应。

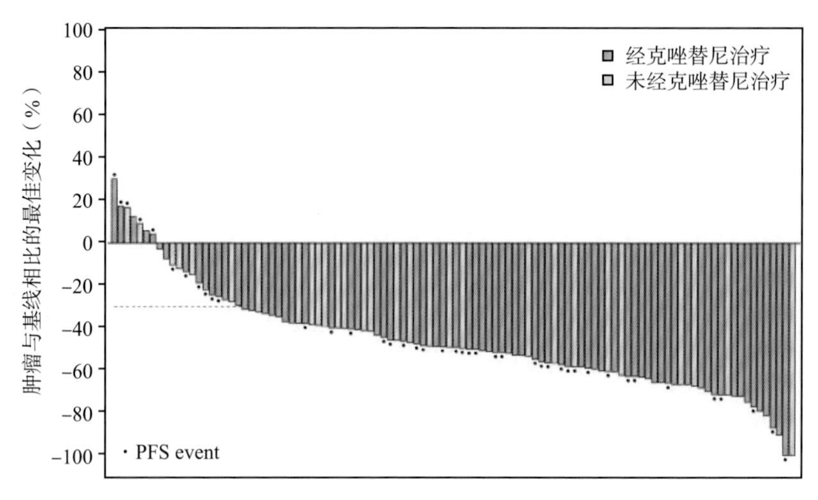

图10.8 色瑞替尼在ALK阳性患者中的肿瘤反应（Ⅰ期临床研究）

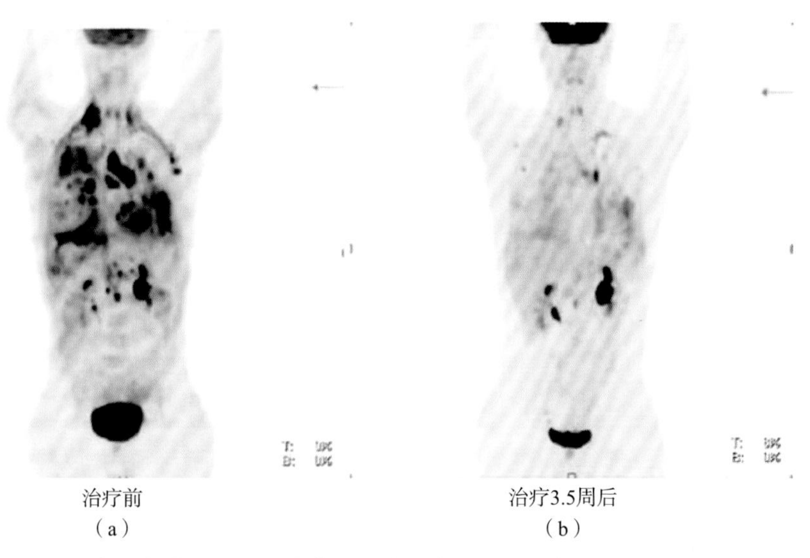

图10.9 患者对色瑞替尼治疗的典型反应。该图显示了在以400 mg剂量色瑞替尼进行治疗前（a）和治疗3.5周之后（b）患者的正电子发射断层扫描图

色瑞替尼的常见不良反应是胃肠道不良反应。在经色瑞替尼治疗的130例患者中，有9例（7%）出现了3级或4级与药物相关的腹泻，5% 的患者出现了3级或4级的恶心。色瑞替尼与肝功能异常有关，最常见的是丙氨酸氨基转移酶水平升高（21%的患者）。这些异常与胆红素水平升高无关，并可通过暂时停用药物得以缓解。

在Ⅰ期临床研究截止时，中位无进展生存期（progression-free survival，PFS）为8.6个月（由于研究截止而未达到最大耐受量的中位无进展生存期），且反应持续时间（duration of response，DOR）为8.2个月。在脑转移患者中也观察到了强效的颅内疗效[47]。最近完成的一项Ⅱ期临床研究表明，以ALK抑制剂色瑞替尼治疗的首例患者的无进展生存期为18.4个月[39]。目前Clinicaltrials.gov上公布了15项关于色瑞替尼的临床试验（表10.8）。

表10.8　正在进行的色瑞替尼相关临床试验

	研究阶段	项目名称
NCT02638909	Ⅱ	口服色瑞替尼治疗ALK和ROS1激活的胃肠道恶性肿瘤的研究
NCT02336451	Ⅱ	Ⅱ期临床研究评估口服色瑞替尼在ALK阳性NSCLC转移至脑和软脑膜的患者中的疗效和安全性（ascend-7）
NCT02450903	Ⅱ	色瑞替尼在经艾乐替尼治疗的ALK阳性的NSCLC患者中的疗效
NCT02299505	Ⅰ	成年ALK阳性转移性NSCLC患者服用低剂量色瑞替尼结合低脂饮食，以及在禁食状态下服用750 mg色瑞替尼的药代动力学和安全性研究
NCT02292550	Ⅰ/Ⅱ	LEE011和色瑞替尼在ALK阳性NSCLC患者中的安全性和有效性研究
NCT02465528	Ⅱ	色瑞替尼在ALK 阳性肿瘤中的罕见适应证研究
NCT02289144	Ⅱ	色瑞替尼用于突变和癌基因定向甲状腺癌治疗
NCT02729961	Ⅰ/Ⅱ	色瑞替尼联合维多汀-本妥昔单抗偶联物对ALK阳性间变性大细胞淋巴瘤的治疗
NCT02374489	Ⅱ	色瑞替尼在ROS1和ALK高表达的晚期肝内或肝门胆管癌中的Ⅱ期临床试验
NCT02227940	Ⅰ	色瑞替尼联合化疗治疗晚期实体瘤、局部晚期或转移性胰腺癌
NCT02605746	Ⅰ	术前色瑞替尼治疗多形性胶质母细胞瘤及中枢神经系统转移
NCT01742286	Ⅰ	色瑞替尼在间变性淋巴瘤激酶基因突变的儿童恶性肿瘤中的Ⅰ期临床研究
NCT02393625	Ⅰ	色瑞替尼联合纳武单抗治疗ALK阳性NSCLC的安全性和有效性研究
NCT01964157	Ⅱ	色瑞替尼在携带ROS1重排的NSCLC患者中的开放标签和多中心的Ⅱ期临床研究
NCT02276027	Ⅱ	AUY922、BYL719、INC280、LDK378和MEK162在中国晚期NSCLC患者中的开放标签、多臂Ⅱ期临床研究

10.11 结论

基于对早期候选药物代谢作用的深入了解，研究人员设计出了新型强效且高选择性的ALK抑制剂——色瑞替尼。通过对接受克唑替尼治疗患者耐药肿瘤细胞系的交叉分析，选择发生ALK突变的特定患者开展了针对性的色瑞替尼临床研究。研究发现，色瑞替尼在野生型和耐药模型患者中均表现出很高的总缓解率，以及18个月的无进展生存期。色瑞替尼于2013年3月被FDA认定为突破性疗法药物，并于2014年4月获批成为首个第二代ALK抑制剂，用于治疗克唑替尼耐药的NSCLC。色瑞替尼的临床研究进展迅速，从Ⅰ期临床试验到成功获批上市，仅耗时36个月。

（江　波　白仁仁）

原作者简介

皮埃尔-伊夫·米歇尔里斯（Pierre-Yves Michellys），于1995年在法国马赛的圣杰罗姆科技大学（University of Science and Techniques of Saint Jerome）获得博士学位。1995年开始，他于斯坦福大学特罗斯特（Trost）教授实验室从事博士后研究。他于1997年加入配体制药（Ligand Pharmaceuticals），开启了药物化学职业生涯，从事与核激素受体相关的研究。2003年，他加入了诺华研究基金会（Novartis Research Foundation，GNF）的基因组学研究所，担任GNF间变性淋巴瘤激酶抑制剂项目负责人，该项目成功发现了首个ALK抑制剂色瑞替尼，FDA批准其用于治疗克唑替尼耐药的NSCLC患者。他目前担任GNF药物化学部门主管，主要从事创新药物的研发。

参考文献

1. Morris, S.W., Naeve, C., Mathew, P., James, P.L., Kirstein, M.N., Cui, X., and Witte, D.P.（1997）ALK，the chromosome gene locus altered by the t（2;5）in non-Hodgkin's lymphoma，encodes a novel neural receptor tyrosine kinase that is highly related to leukocyte tyrosine kinase（LTK）. *Oncogene*，14，2175-2188.
2. Chiarle，R.，Voena，C.，Ambrogio，C.，Piva，R.，and Inghirami，G.（2008）The anaplastic lymphoma kinase in the pathogenesis of cancer. Nat. Rev. Cancer，8（1），11-23.
3. Webb，T.R.，Slavish，J.，George，R.E.，Look，A.T.，Xue，L.，Jiang，Q.，Cui，X.，Rentrop，W.B.，and Morris，S.W.（2009）Anaplastic lymphoma kinase：role in cancer pathogenesis and small-molecule inhibitor development for therapy. Expert Rev. *Anticancer Ther.*，9（3），331-356.
4. Iwahara，T.，Fujimoto，J.，Wen，D.，Cupples，R.，Bucay，N.，Arakawa，T.，Mori，S.，Ratzkin，B.，and Yamamoto，T.（1997）Molecular characterization of ALK，a receptor tyrosine kinase expressed specifically in the nervous system. *Oncogene*，14，439-449.
5. Bilsland，J.G.，Wheeldon，A.，Mead，A.，Znamenskiy，P.，Almond，S.，Waters，K.A.，Thakur，M.，Beaumont，V.，Bonnert，T.P.，Heavens，R.，Whiting，P.，McAllister，G.，and Munoz-Sanjuan，I.（2008）Behavioral and neurochemical alterations in mice deficient in anaplastic lymphoma kinase suggest therapeutic potential for psychiatric indications.

Neuropsychopharmacology, 33, 685-700.

6. Morris, S.W., Kirstein, M.N., Valentine, M.B., Dittmer, K.G., Shapiro, D.N., Saltman, D.L., and Look, A.T. (1994) Fusion of a kinase gene, ALK, to a nucleolar protein gene, NPM, in non-Hodgkin's lymphoma. *Science*, 263, 1281-1284.
7. Griffin, C.A., Hawkins, A.L., Dvorak, C., Henkle, C., Ellingham, T., and Perlman, E.J. (1999) Recurrent involvement of 2p23 in inflammatory myofibroblastic tumors. *Cancer Res.*, 59, 2776-2780.
8. Soda, M., Choi, Y.L., Enomoto, M., Takada, S., Yamashita, Y., Ishikawa, S., Fujiwara, S., Watanabe, H., Kurashina, K., Hatanaka, H., Bando, M., Ohno, S., Ishikawa, Y., Aburatani, H., Niki, T., Sohara, Y., Sugiyama, Y., and Mano, H. (2007) Identification of the transforming EML4-ALK fusion gene in non-small-cell lung cancer. *Nature*, 448, 561-566.
9. Mano, H. (2008) Non-solid oncogenes in solid tumors: EML4-ALK fusion genes in lung cancer. *Cancer Sci.*, 99, 2349-2355.
10. Shaw, A.T. and Solomon, B. (2011) Targeting anaplastic lymphoma kinase in lung cancer. *Clin. Cancer Res.*, 17 (8), 2081-2086.
11. Tuma, R.S. (2012) ALK gene amplified in most inflammatory breast cancers. *J. Natl. Cancer Inst.*, 104 (2), 87-88.
12. Osajima-Hakomori, Y., Miyake, I., Ohira, M., Nakagawara, A., Nakagawa, A., and Sakai, R. (2005) Biological role of anaplastic lymphoma kinase in neuroblastoma. *Am. J. Pathol.*, 167, 213-222.
13. Mosse, Y.P., Laudenslager, M., Longo, L., Cole, K.A., Wood, A., Attiyeh, E.F., Laquaglia, M.J., Sennett, R., Lynch, J.E., Perri, P., Laureys, G., Speleman, F., Kim, C., Hou, C., Hakonarson, H., Torkamani, A., Schork, N.J., Brodeur, G.M., Tonini, G.P., Rappaport, E., Devoto, M., and Maris, J.M. (2008) Identification of ALK as a major familial neuroblastoma predisposition gene. *Nature*, 455, 930-935.
14. Azarova, A.M., Gautam, G., and George, R.E. (2011) Emerging importance of ALK in neuroblastoma. *Semin. Cancer Biol.*, 21, 267-275.
15. Ren, H., Tan, X.Z., Crosby, C., Haack, H., Ren, J.-M., Beausoleil, S., Moritz, A., Innocenti, G., Rush, J., Zhang, Y., Zhou, X.-M., Gu, T.-L., Ynag, Y.-F., and Comb, M.J. (2012) Identification of anaplastic lymphoma kinase as a potential therapeutic target in ovarian cancer. *Cancer Res.*, 72, 3312-3323.
16. Galkin, A.V., Melnick, J.S., Kim, S., Hood, T.L., Li, N., Li, L., Xia, G., Steensma, R., Chopiuk, G., Jiang, J., Wan, Y., Ding, P., Liu, Y., Sun, F., Schultz, P.G., Gray, N.S., and Warmuth, M. (2007) Identification of NVP-TAE684, a potent, selective, and efficacious inhibitor of NPM-ALK. *Proc. Natl. Acad. Sci. U.S.A.*, 104 (1), 270-275.
17. Ott, G.R., Tripathy, R., Cheng, M., McHugh, R., Anzalone, A.V., Underiner, T.L., Curry, M.A., Quail, M.R., Lu, L., Wan, W., Angeles, T.S., Albom, M.S., Aimone, L.D., Ator, M.A., Ruggeri, B.A., and Dorsey, B.D. (2010) Discovery of a potent inhibitor of anaplastic lymphoma kinase with in vivo antitumor activity. *ACS Med. Chem. Lett.*, 1, 493-498.
18. Mesaros, E.F., Burke, J.P., Parrish, J.D., Dugan, B.J., Anzalone, A.V., Angeles, T.S.,

Albom, M.S., Aimone, L.D., Quail, M.R., Wan, W., Lu, L., Huang, Z., Ator, M.A., Ruggeri, B.A., Cheng, M., Ott, G.R., and Dorsey, B.D. (2011) Novel 2,3,4, 5-tetrahydro-benzo [d] azepine derivatives of 2, 4-diaminopyrimidine, selective and orally bioavailable ALK inhibitors with antitumor efficacy in ALCL mouse models. *Bioorg. Med. Chem. Lett.*, 21, 463-466.

19. Milkiewicz, K.L., Weinberg, L.R., Albom, M.S., Angeles, T.S., and Cheng, M. (2010) Synthesis and structure-activity relationships of 1,2,3,4-tetrahydropyrido [2,3-b] pyrazines as potent and selective inhibitors of the anaplastic lymphoma kinase. *Bioorg. Med. Chem.*, 18, 4351-4362.
20. Ott, G.R., Wells, G.J., Thieu, T.V., Quail, M.R., Lisko, G.J., Mesaros, E.F., Gingrich, D.E., Ghose, A.K., Wan, W., Lu, L., Cheng, M., Albom, M.S., Angeles, T.S., Huang, Z., Aimone, L.D., Ator, M.A., Ruggeri, B.A., and Dorsey, B.D. (2011) 2, 7-Disubstituted-pyrrolo [2,1-f] [1,2,4] triazines: new variant of an old template and application to the discovery of anaplastic lymphoma kinase (ALK) inhibitors with in vivo antitumor activity. *J. Med. Chem.*, 54 (18), 6328-6341.
21. Li, R., Xue, L., Zhu, T., Jiang, Q., Cui, X., Yan, Z., McGee, D., Wang, J., Gantla, V.R., Pickens, J.C., McGrath, D., Chucholowski, A., Morris, S.W., and Webb, T.R. (2006) Design and synthesis of 5-aryl-pyridone-carboxamides as inhibitors of anaplastic lymphoma kinase. *J. Med. Chem.*, 49, 1006-1015.
22. Ardini, E., Menichincheri, M., De Ponti, C., Amboldi, N., Ballinari, D., Saccardo, M.B., Croci, V., Stellari, F., Texido, G., Orsini, P., Perrone, E., Bandiera, T., Borgia, A.L; Lansen, J., Isacchi, A., Colotta, F., Pesenti, E., Magnaghi, P. and Galvani, A. (2009) A highly potent, selective and orally available ALK inhibitor with demonstrated antitumor efficacy in ALK dependent lymphoma and non-small cell lung cancer models. American Association for Cancer Research (AACR) Annual Meeting in San Diego, CA.2009, abstract #3737.
23. Sabbatini, P., Korenchuk, S., Rowand, J.L., Groy, A., Liu, Q., Leperi, D., Atkins, C., Dumble, M., Yang, J., Anderson, K., Kruger, R.G., Gontarek, R.R., Maksimchuk, K.R., Suravajjala, S., Lapierre, R.R., Shotwell, J.B., Wilson, J.W., Chamberlain, S.D., Rabindran, S.K., and Kumar, R. (2009) GSK1838705A inhibits the insulin-like growth factor-1 receptor and anaplastic lymphoma kinase and shows antitumor activity in experimental models of human cancers. *Mol. Cancer Ther.*, 8 (10), 2811-2820.
24. Lewis, R.T., Bode, C.M., Choquette, D.M., Potashman, M., Romero, K., tellwagen, J.C., Teffera, Y., Moore, E., Whittington, D.A., Chen, H., Epstein, L.F., Emkey, R., Andrews, P.S., Yu, V.L., Saffran, D.C., Xu, M., Drew, A., Merkel, P., Szilvassy, S., and Brake, R.L. (2012) The discovery and optimization of a novel class of potent, selective, and orally bioavailable anaplastic lymphoma kinase (ALK) inhibitors with potential utility for the treatment of cancer. *J. Med. Chem.*, 55, 6523-6540.
25. Deng, X., Wang, J., Zhang, J., Sim, T., Kim, N.D., Sasaki, T., Luther, W.I.I., George, R.E., Jänne, P.A., and Gray, N.S. (2011) Discovery of 3, 5-diamino-1,2,4-triazole ureas as potent anaplastic lymphoma kinase inhibitors. *ACS Med. Chem. Lett.*, 2, 379-384.

26. Christensen, J.G., Zou, H.Y., Arango, M.E., Li, Q., Lee, J.H., McDonnell, S.R., Yamazaki, S., Alton, G.R., Mroczkowski, B., and Los, G. (2007) Cytoreductive antitumor activity of PF-2341066, a novel inhibitor of anaplastic lymphoma kinase and c-Met, in experimental models of anaplastic large-cell lymphoma. *Mol. Cancer Ther.*, 6 (12), 3314-3322.
27. Rodig, S.J. and Shapiro, G.I. (2010) Crizotinib. A small-molecule dual inhibitor of the c-met and ALK receptor tyrosine kinases. *Curr. Opin. Investig. Drugs*, 11, 1477-1490.
28. Cui, J.J., Tran-Dube, M., Shen, H., Nambu, M., Kung, P.-P., Pairish, M., Jia, L., Meng, J., Funk, L., Botrous, I., McTigue, M., Grodsky, N., Ryan, K., Padrique, E., Alton, G., Timofeevski, S., Yamazaki, S., Li, Q., Zou, H., Christensen, J., Mroczkowski, B., Bender, S., Kania, R.S., and Edwards, M.P. (2011) Structure based drug design of crizotinib (PF-02341066), a potent and selective dual inhibitor of mesenchymal-epithelial transition factor (c-met) kinase and anaplastic lymphoma kinase (ALK). *J. Med. Chem.*, 54 (18), 6342-6363.
29. Kwak, E.L., Bang, Y.J., Camidge, D.R., Shaw, A.T., Solomon, B., Maki, R.G., Ou, S.H., Dezube, B.J., Jänne, P.A., Costa, D.B., Varella-Garcia, M., Kim, W.H., Lynch, T.J., Fidias, P., Stubbs, H., Engelman, J.A., Sequist, L.V., Tan, W., Gandhi, L., Mino-Kenudson, M., Wei, G.C., Shreeve, S.M., Ratain, M.J., Settleman, J., Christensen, J.G., Haber, D.A., Wilner, K., Salgia, R., Shapiro,. I., Clark, J.W., and Iafrate, A.J. (2010) Anaplastic lymphoma kinase inhibition in non-small-cell lung cancer. *N.Engl. J. Med.*, 363 (18), 1693-1703.
30. Sakamoto, H., Tsukaguchi, T., Hiroshima, S., Kodama, T., Kobayashi, T., Fukami, T.A., Oikawa, N., Tsukuda, T., Ishii, N., and Aoki, Y. (2011) CH5424802, a selective ALK inhibitor capable of blocking the resistant gatekeeper mutant. *Cancer Cell*, 19, 679-690.
31. Kinoshita, K., Kobayashi, T., Asoh, K., Furuichi, N., Ito, T., Kawada, H., Hara, S., Ohwada, J., Hattori, K., Miyagi, T., Hong, W.-S., Park, M.-J., Takanashi, K., Tsukaguchi, T., Sakamoto, H., Tsukuda, T., and Oikawa, N. (2011) 9-Substituted 6, 6-dimethyl-11-oxo-6, 11-dihydro-5H-benzo [b] carbazoles as highly selective and potent anaplastic lymphoma kinase inhibitors. *J. Med. Chem.*, 54, 6286-6294.
32. Kuromitsu, S., Mori, M., Shimada, I., Kondoh Y., Shindoh N., Soga T., Furutani T., Konagai S., Sakagami H., Nakata M., Ueno Y., Saito R., Sasamata M., Kudou M., (2011) Anti-tumor activity of ASP3026, a novel and selective ALK inhibitor of anaplastic lymphoma kinase (ALK). American Association for Cancer Research (AACR) Annual Meeting in Orlando, Florida, abstract #2821.
33. Lovly, C.M., Heuckmann, J.M., De Stanchina, E., Chen, H., Thomas, R.K., Liang, C., and Pao, W. (2011) Insights into ALK-driven cancers revealed through development of novel alk tyrosine kinase inhibitors. *Cancer Res.*, 71 (14), 4920-4931.
34. Katayama, R., Khan, T.M., Benes, C., Lifshits, E., Eb, H., River, V.M., Shakespeare, W.C., Iafrate, A.J., Engelman, J.A., and Shaw, A.T. (2011) Therapeutic strategies to overcome crizotinib resistance in non-small cell lung cancers harboring the fusion oncogene EML4-ALK. *Proc. Natl. Acad. Sci. U.S.A.*, 108 (18), 7535-7540.

35. Rivera, V.M., Anjum, R., Wang, F., Zhang, S., Keats, J., Ning, Y., Wardwell, S.D., Moran, L., Ye, E., Chun, D.Y., Mohemmad, K.Q., Liu, S., Huang, W.-S., Wang, Y., Thomas, M., Li, F., Qi, J., Miret, J., Iuliucci, J.D., Dalgarno, D., Narasimhan, N.I., Clackson, T., Shakespeare, W.C., (2010) Efficacy and pharmacodynamic analysis of AP26113, a potent and selective orally active inhibitor of anaplastic lymphoma kinase (ALK). American Association for Cancer Research (AACR) Annual Meeting in Washington, DC, abstract #3623.
36. Li, N., Michellys, P.-Y., Kim, S., Pferdekamper, A.C., Li, J., Kasibhatla, S., Tompkins, C.S., Steffy, A., Li, A., Sun, F., Sun, X., Hua, S., Tiedt, R., Sarkisova, Y., Marsilje, T.H., McNamara, P., Harris, J.L., (2011) Activity of a potent and selective phase I ALK inhibitor LDK378 in naive and crizotinib-resistant preclinical tumor models. AACR-NCI-EORTC International Conference: Molecular Targets and Cancer Therapeutics in San Francisco, CA, abstract # B232.
37. Johnson, T.W., Richardson, P.F., Bailey, S., Brooun, A., Burke, B.J., Collins, M.R., Cui, J.J., Deal, J.G., Deng, Y.-L., Dinh, D., Engstrom, L.D., He, M., Hoffman, J., Hoffman, R.L., Huang, Q., Kania, R.S., Kath, J.C., Lam, H., Lam, J.L., Le, P.T., Lingardo, L., Liu, W., McTigue, M., Palmer, C.L., Sach, N.W., Smeal, T., Smith, G.L., Stewart, A.E., Timofeevski, S., Zhu, H., Zhu, J., Zou, H.Y., and Edwards, M.P. (2014) Discovery of (10R) -7-Amino-12-fluoro-2, 10, 16-trimethyl-15-oxo-10, 15,16,17-tetrahydro-2H-8,4- (metheno) pyrazolo [4,3-h] [2,5,11] -benzoxadiazacyclotetradecine-3-carbonitrile (PF-06463922), a macrocyclic inhibitor of anaplastic lymphoma kinase (ALK) and c-ros oncogene 1 (ROS1) with preclinical brain exposure and broad-spectrum potency against ALK-resistant mutations. *J. Med. Chem.*, 57 (11), 4720-4744.
38. Marsilje, T.H., Pei, W., Chen, B., Lu, W., Uno, T., Jin, Y., Jiang, T., Kim, S., Li, N., Warmuth, M., Sarkisova, Y., Sun, F., Steffy, A., Pferdekamper, A.C., Li, A.G., Joseph, S.B., Kim, Y., Liu, B., Tuntland, T., Cui, X., Gray, N.S., Steensma, R., Wan, Y., Jiang, J., Chopiuk, G., Li, J., Gordon, W.P., Richmond, W., Johnson, K., Chang, J., Groessl, T., He, Y.-Q., Phimister, A., Aycinena, A., Lee, C.C., Bursulaya, B., Karanewsky, D.S., Seidel, H.M., Harris, J.L., and Michellys, P.-Y. (2013) Synthesis, structure-activity relationships, and in vivo efficacy of the novel potent and selective anaplastic lymphoma kinase (ALK) inhibitor 5-chloro-N2- (2-isopropoxy-5-methyl-4- (piperidin-4-yl) phenyl) -N4- (2- (isopropylsulfonyl) phenyl) pyrimidine-2, 4-diamine (LDK378) currently in phase 1 and phase 2 clinical trials. *J. Med. Chem.*, 56, 5675-5690.
39. Felip, E., Orlov, S., Park, K., Yu, C., Tsai, C., Nishio, M., Dolls, M.C., McKeage, M., Su, W., Mok, T., Scagiotti, G., Spigel, D.R., Passos, V.Q., Chen, V., Muranini, F., Shaw, A.T., (2016) Phase 2 study of ceritinib in ALKi-naïve patients (pts) with ALK-rearranged (ALK＋) non-small cell lung cancer (NSCLC): whole body responses in the overall pt group and in pts with baseline brain metastases (BM). Abstract 12080, ESMO, Copenhagen.
40. Kinder, F.R. (2010) When should we worry about compounds with potential reactive

metabolites? J. Label. Compd. Radiopharm., 53, 288-299.

41. Obach, R.S., Kalgutkar, A.S., Soglia, J.R., and Zhao, S.X. (2008) Can in vitro metabolism-dependent covalent binding data in liver microsomes distinguish hepatotoxic from nonhepatotoxic drugs? An analysis of 18 drugs with consideration of intrinsic clearance and daily dose. *Chem. Res. Toxicol.*, 21, 1814-1822.
42. Orhan, H. and Vermeulen, N.P.E. (2011) Conventional and novel approaches in generating and characterization of reactive intermediates from drugs/drug candidates. *Curr. Drug Metab.*, 12, 383-394.
43. Baillie, T.A. (2008) Metabolism and toxicity of drugs. Two decades of progress in industrial drug metabolism. *Chem. Res. Toxicol.*, 21, 129-137.
44. Friboulet, L., Li, N., Katayama, R., Lee, C.C., Gainor, J.F., Crystal, A.S., Michellys, P.-Y., Awad, M.M., Yanagitani, N., Kim, S., Pferdekamper, A.C., Li, J., Kasibhatla, S., Sun, F., Sun, X., Hua, S., McNamara, P., Mahmood, S., Lockerman, E.L., Fujita, N., Nishio, M., Harris, J.L., Shaw, A.T., and Engelman, J.A. (2014) The ALK inhibitor ceritinib overcomes crizotinib resistance in non-small cell lung cancer. *Cancer Discov.*, 4 (6), 663-673.
45. Shaw, A.T., Yasothan, U., and Kirkpatrick, P. (2011) Crizotinib. Nat. Rev. Drug Discov., 10, 897-898 and references herein.
46. Shaw, A.T., Kim, D.-W., Mehra, R., Tan, D.S.W., Felip, E., Chow, L.Q.M., Camidge, R., Vansteenkiste, J., Sharma, S., De Pas, T., Riely, G.J., Solomon, B.J., Wolf, J., Thomas, M., Schuler, M., Liu, G., Santoro, A., Lau, Y.Y., Goldwasser, M., Boral, A.L., and Engelman, J.A. (2014) Ceritinib in ALK-rearranged non-small-cell lung cancer. *N.Engl. J. Med.*, 370 (13), 1189-1197.
47. Kim, D.W., Mehra, R., Tan, D.S.W., Felip, E., Chow, L.Q.M., Camidge, D.R., Vansteenkiste, J., Sharma, S., DePas, T., Riely, G., Solomon, B.J., Wolf, J., Thomas, M., Schuler, M., Liu, G., Santoro, A., Sutradhar, S., Li, S., Szczudlo, T., Yovine, A., and Shaw, A.T. (2016) Activity and safety of ceritinib in patients with ALK-rearranged non-small-cell lung cancer (ASCEND-1); updated results from the multicentre, open-label, phase 1 trial. *Lancet Oncol.*, 17, 452-463.

第11章

曲氟尿苷-替匹嘧啶的研发

11.1 引言

几十年来，靶向核苷代谢的抗癌药物一直是癌症治疗中不可或缺的一部分，也是多种癌症化学治疗的基础，如用于结肠癌和乳腺癌的氟尿嘧啶（5-fluorouracil，5-FU，表11.1）及用于肺癌治疗的培美曲塞（pemetrexed，ALIMTA®）。然而，这些药物在给药后大多以原型或其代谢产物的形式排出体外，而不会分布并聚集在肿瘤中。因此，大部分药物由于达不到预期的抗肿瘤效果，都无法成为首选的治疗药物。

5-FU通过二氢嘧啶脱氢酶（dihydropyrimidine dehydrogenase，DPD）降解而失去抗肿瘤活性[1]，其在人体血浆和肿瘤中的存留时间较短，这限制了其抗肿瘤效果。此外，5-FU的代谢物也可能会引起副作用[2]。因此，多年来研究人员一直致力于开发DPD抑制剂，希望通过提高5-FU在肿瘤中的浓度来增强其抗肿瘤效果。此外，这些抑制剂还可能减少5-FU的副作用。因此，相关研究团队建立了自己的药物开发理念，通过抑制体内药物降解来最大限度地发挥抗肿瘤作用。研究人员首先成功开发了以5-FU为基础的复方制剂，如替加氟-尿嘧啶（tegafur-uracil，UFT）和替加氟-吉美拉西-氧嗪酸钾（tegafur-gimeracil-potassium oxonate，TS-1，表11.1）。

表11.1　用于癌症治疗的嘧啶核苷类抗代谢物

药物名称	结构
氟尿嘧啶	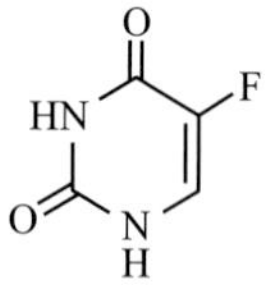
替加氟	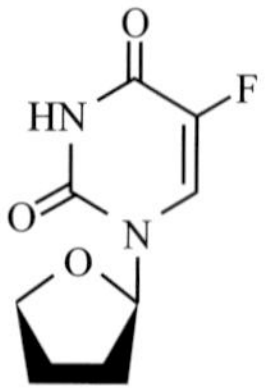

续表

药物名称	结构
替加氟-尿嘧啶	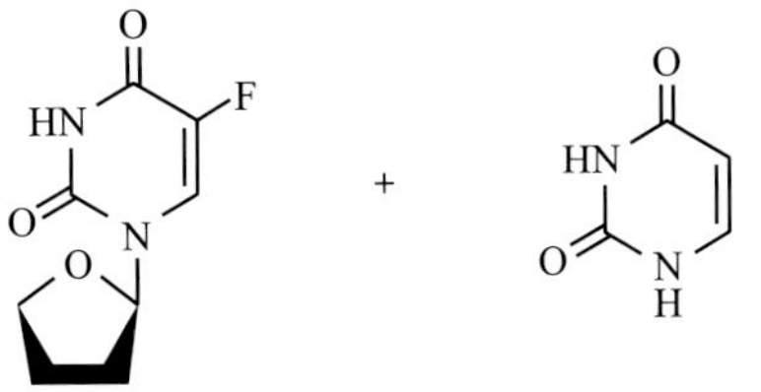 Tegafur + Uracil
替加氟-吉美拉西-氧嗪酸钾	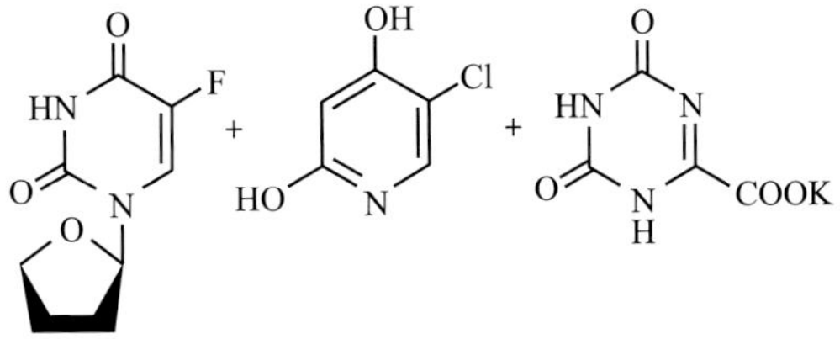 Tegafur + CDHP + Oxo
多西氟尿啶	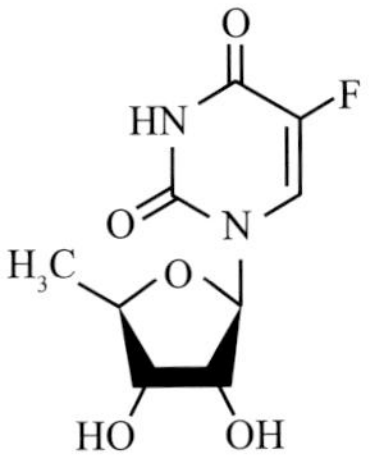
卡培他滨	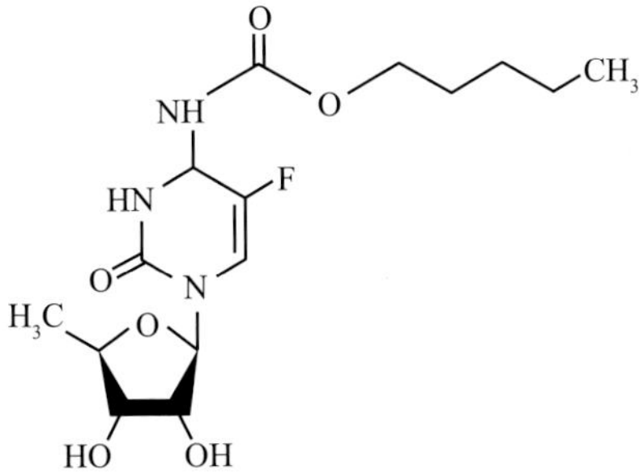

采用与UFT和TS-1相同的药物开发理念，研究人员开发了曲氟尿苷-替匹嘧啶（trifluridine-tipiracil，FTD-TPI，Lonsurf™，TAS-102，图11.1），这是一种由曲氟尿苷（trifluridine，FTD）和替匹嘧啶（tipiracil，TPI）组成的口服复方抗肿瘤药物。本章将重点介绍TPI的

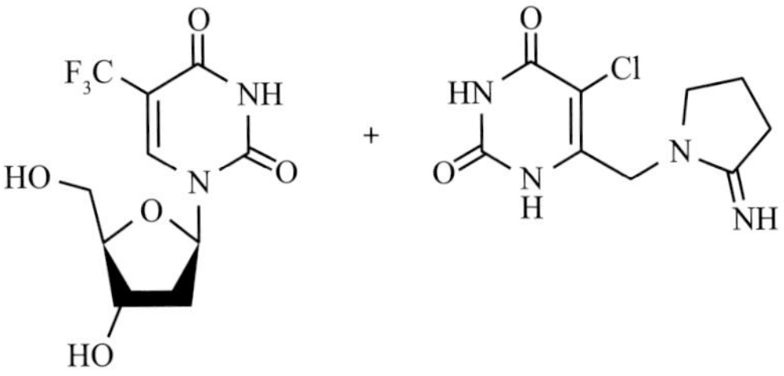

曲氟尿苷　　替匹嘧啶

图11.1　曲氟尿苷-替匹嘧啶的结构

合成和筛选、FTD和TPI最佳比例的确定、FTD-TPI独特的作用机制和抗肿瘤活性，以及FTD-TPI用于转移性结直肠癌（metastatic colorectal cancer，mCRC）的临床开发。同时将特别讨论由FTD和TPI组成的新型核苷类抗肿瘤药物在实体瘤治疗过程中面临的挑战。

11.2 使5-FU抗肿瘤作用最大化的理念

癌细胞的快速生长可导致核酸代谢的上调，因此需要大量的碱基，以合成DNA和RNA，如尿嘧啶（表11.1）。1957年，海德尔伯格博士（Dr.Heidelberger）利用肿瘤细胞的这一特性合成了5-FU，一个以尿嘧啶为基础的类似物，其C-5位的氢原子被一个氟原子取代[3]。海德尔伯格博士期望的是癌细胞能够摄取5-FU，而不是尿嘧啶。

5-FU需要在细胞内转化为其活性代谢产物氟脱氧尿苷单磷酸（fluorodeoxyuridine monophosphate，FdUMP）和三磷酸脱氧氟尿苷（fluorouridine triphosphate，FUTP）才能发挥抗癌活性（图11.2）。FdUMP是一种胸苷酸合成酶（thymidylate synthase，TS）的紧密结合抑制剂，而TS在DNA的从头合成途径中发挥核心作用。为了实现对TS的抑制作用，FdUMP需要与TS和5,10-亚甲基四氢叶酸（5,10-methylenetetrahydrofolate）[4]形成不可逆的三元复合物。TS的抑制引起脱氧胸腺嘧啶三磷酸腺苷（deoxythymidine triphosphate，dTTP）的大量消耗，导致DNA合成受到抑制，最终细胞因为缺乏胸腺嘧啶而死亡[5]。另外，5-FU的代谢物FUTP还可以被整合到RNA中，导致RNA的功能障碍[6]。5-FU 对RNA的整合程度与5-FU的细胞毒性相关，而通过静脉给药时，会导致更多5-FU整合入RNA中，持续的5-FU静脉给药也会产生更强的TS抑制作用[7]。因此，值得注意的是，5-FU的作用机制会随给药方案的不同而变化，这也是FTD-TPI的一个常见特征，本章也将对此进行介绍。

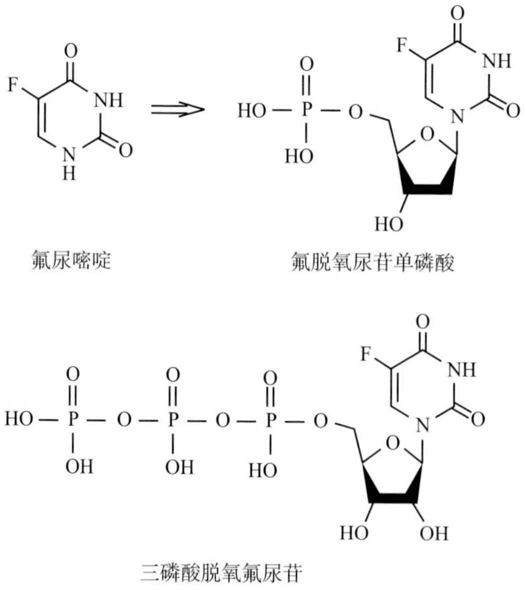

氟尿嘧啶

氟脱氧尿苷单磷酸

三磷酸脱氧氟尿苷

图11.2 5-FU生成活性代谢产物的细胞内转化

5-FU是一种静脉给药的药物，因此开发了大量口服氟嘧啶前药（表11.1），包括替加氟（tegafur）、多西氟尿啶（doxifluridine）、UFT、卡培他滨（capecitabine）和TS-1，这些药物在给药后都转化为5-FU。

替加氟的合成是在5-FU的结构中引入了一个呋喃环，口服后在肝脏中通过细胞色素P450逐渐转化为5-FU。虽然替加氟是可口服的5-FU类药物，但在大鼠模型中代谢生成的5-FU的血浆浓度和肿瘤抑制水平是有限的[8]。这表明5-FU在肝脏中可被DPD迅速降解，而DPD也是尿嘧啶和5-FU分解代谢的限速酶。为了抑制肝脏DPD活性，获得更高的5-FU血药浓度，研究人员开发了两种DPD抑制剂，与替加氟联合使用。一种为含有尿嘧啶的UFT，另一种为含有吉美拉西（gimeracil）的TS-1[8, 9]。将尿嘧啶或吉美拉西与替加氟联合使用，可以通过抑制DPD诱导的分解代谢提高5-FU的生物利用度，从而提高其血浆浓度[8, 10]。

UFT和TS-1分别于1984年和1999年在日本获批上市。在此期间，研究人员通过合成和筛选DPD抑制剂，积累了丰富的相关药物开发经验。通过药代动力学/药效学分析，确定了替加氟与DPD抑制剂的最佳配伍比例，并将这些经验成功用于FTD-TPI的发现与开发。

11.3　使FTD抗肿瘤作用最大化的理念

11.3.1　药物化学：体外及药物代谢动力学研究

自5-FU开发之后，海德尔伯格等[11]于1964年合成了一种胸苷类似物FTD。单药静脉注射给药时，FTD在人体内迅速降解，并遵循一级动力学规律，血浆半衰期仅为短短的18 min[12]。在临床试验中，由于其特殊的药代动力学性质，即使以每天3 h的给药间隔连续给药8～13天或连续输注[13]，FTD仍无法达到令人满意的抗肿瘤效果。而且这一给药方案对于患者而言太过烦琐，因此无法应用于临床。

为了克服这一挑战，研究人员合成了几种FTD的衍生物，包括FTC-092［1-（3-*O*-苄基-2-脱氧-*β*-*D*-呋喃核糖基）-5-三氟甲基-2,4（1*H*，3*H*）-嘧啶二酮，图11.3］，一种FTD的前药[14]。但是，由于FTC-092无法充分转化为FTD，且葡萄糖醛酸可与生成的FTD结合造成其快速失活，导致血浆中的FTD很难达到足够的治疗浓度，因此FTC-092的开发未通过Ⅰ期临床研究。但是，研究人员发现FTD具有一个独特之处，即该药对5-FU耐药的肿瘤细胞也有效。

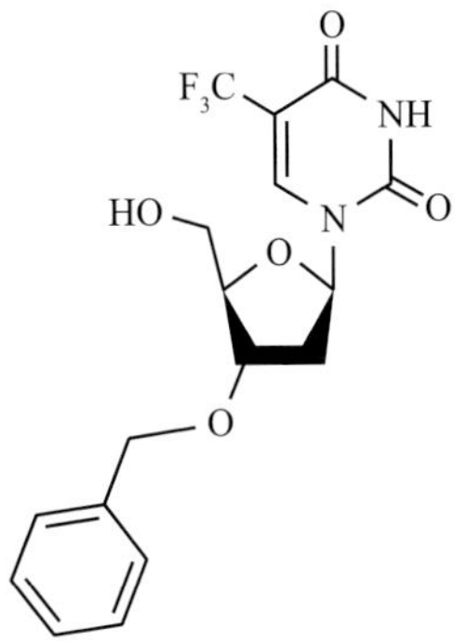

图11.3　FTC-092的结构

FTD的缺陷就在于其过短的血浆半衰期。在猴模型中，口服给药后FTD的血浆浓度非常低，研究表明这是由肝脏首过代谢和肠道胸苷磷酸化酶（thymidine phosphorylase，TP）的降解导致的[15]。基于这一观察结果，研究人员尝试通过合成TP抑制剂以增加血浆中的FTD水平，类似于11.2中所述的DPD抑制剂的合成。

在某些哺乳动物组织中已发现两种不同的嘧啶核苷磷酸化酶（pyrimidine nucleoside phosphorylases），分别是TP和尿苷磷酸化酶（uridinephosphorylase，UP）。嘧啶核苷磷酸化酶在啮齿动物和人类中的表达有所不同，与啮齿动物相比，人体具有较高的TP活性和较低的UP活性[16]。FTD被TP特异性分解，因此可推测TP抑制剂可以增强FTD在人体内的功效。从20世纪80年代到2000年，研究人员发现了5′-取代的非环尿苷类（acyclouridines）嘧啶核苷磷酸化酶抑制剂，包括BAU和5′-苄氧基苯基非环状尿苷[17]。不幸的是，这些抑制剂主要抑制UP而非TP。此外，还有其他几种化合物也被报道具有TP抑制活性[18]。但是，这些化合物对TP的抑制能力太弱，不足以抑制如（*E*）-5-（2-溴乙烯基）、5-溴脱氧尿苷、5-碘脱氧尿苷和5-氟-2′-脱氧尿苷等具有重要生物活性的嘧啶-2′-脱氧核糖核苷的体内降解（表11.2）。

表11.2 与经典的胸苷磷酸化酶抑制剂非环状尿苷（acyclouridine）联用的嘧啶-2′-脱氧核糖核苷

名称	R
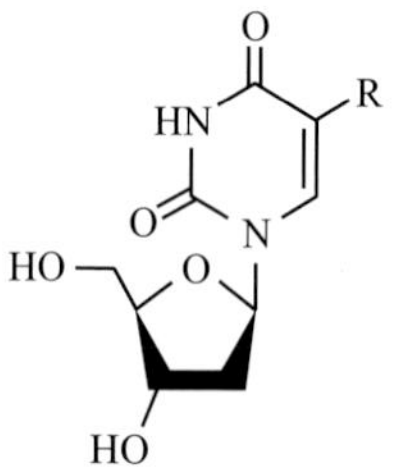 （*E*）-5-（2-溴乙烯基）-脱氧尿苷	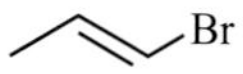 ∕∕Br（2-溴乙烯基）
5-溴脱氧尿苷	—Br
5-碘脱氧尿苷	—I
5-氟-2′-脱氧尿苷	—F

据报道，6-氨基尿嘧啶衍生物，如6-氨基胸腺嘧啶、6-氨基-5-溴尿嘧啶和6-氨基-5-氯尿嘧啶（6A5CU，表11.3）都是人或马TP的抑制剂[19]。研究人员选择了当时被认为是最强效的抑制剂——6A5CU，作为后续研究的先导化合物。6A5CU对人TP的IC_{50}值为1.5×10^{-5} mol/L，对大鼠UP的IC_{50}值为5.3×10^{-5} mol/L。贝克（Baker）的研究小组合成了几种尿嘧啶的6-苯胺基和6-（1-萘甲基氨基）衍生物，对大肠杆菌TP具有很好的抑制作用[20]。这些化合物虽被认为是6-氨基尿嘧啶衍生物，但它们不足以抑制哺乳动物的TP[21]。伍德曼（Woodman）等的报道指出，TP活性位点附近的疏水结合区域在不同动物物种之间具有很大的差异[22]。这些发现表明，有效的新型抑制剂的设计应基于人TP而非大肠杆菌TP的

筛选数据。因此，研究人员使用纯化的人TP蛋白进行TP抑制剂的筛选。

表11.3 C-6位取代的5-氯尿嘧啶对人TP和大鼠UP的抑制作用

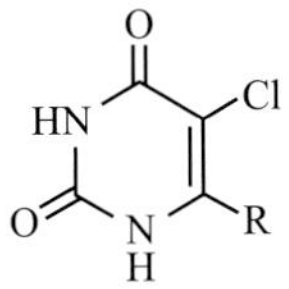

O HN Cl O N H R

	R	抑制TP的IC_{50}（mol/L）[a]	抑制UP的IC_{50}（mol/L）
6A5CU	$—NH_2$	1.5×10^{-5}	5.3×10^{-5}
	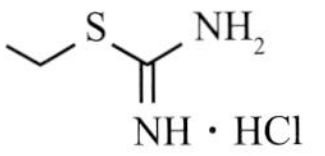 S NH_2 NH·HCl	3.5×10^{-7}	6.1×10^{-5}
	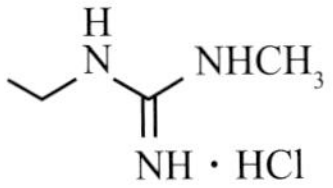 H N $NHCH_3$ NH·HCl	8.7×10^{-8}	2.3×10^{-4}
	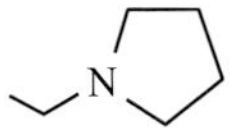 N	2.2×10^{-6}	8.6×10^{-6}
	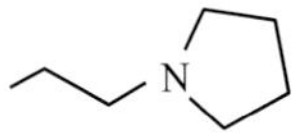 N	8.2×10^{-5}	ND[b]
TPI	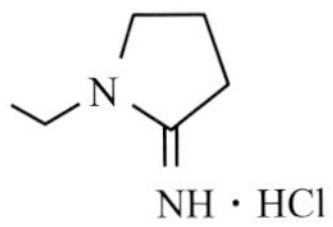 N NH·HCl	3.5×10^{-8}	$>1.0\times10^{-3}$

a TP活性被抑制50%所需的化合物浓度。

b ND，未检测。

注：每个化合物至少在3个浓度下测定抑制率。测试TP和UP反应活性的底物分别为0.6 mmol/L浓度下的［6-^{3}H］脱氧胸腺嘧啶和［5-^{3}H］尿嘧啶。

资料来源：经Elsevier许可，转载自Biochemical Pharmacology，版权归Elsevier（2000）所有[15]。

代表性的活性TP抑制剂如表11.3所示。尽管6A5CU在相同水平上抑制了TP和UP的活性，但是引入脒基硫甲基和（1-甲基胍基）甲基增加了化合物对TP的抑制活性，而未提高其对UP的抑制活性。并且，与6A5CU相比，6-((1-吡咯烷基)甲基)-5-氯尿嘧啶盐酸盐显示出减弱但相近的TP和UP抑制作用。特别值得一提的是，在5-氯尿嘧啶的C-6位上引入（2-亚氨基-1-吡咯烷-1-基）甲基（该化合物即为TPI）可特异性地增加对TP的抑制能力（$IC_{50}=3.5\times10^{-8}$ mol/L，表11.3）。该化合物在高达1×10^{-3} mol/L的浓度下也不会对UP产生抑制。随后，研究人员考察了在TPI的C-5位引入各种卤素取代基对TP抑制活性的影响（表11.4）。以其他卤素（如溴和碘）取代6-((2-亚氨基吡咯烷-1-基)甲基)尿嘧啶的C-5位氯原子，所得化合物的TP抑制活性没有变化，但是当该化合物C-5位的氯被甲基取代时，其TP抑制活性下降。

表11.4　6A5CU的C-5位取代修饰对TP抑制活性的影响

	R	抑制TP的IC_{50}（mol/L）[a]
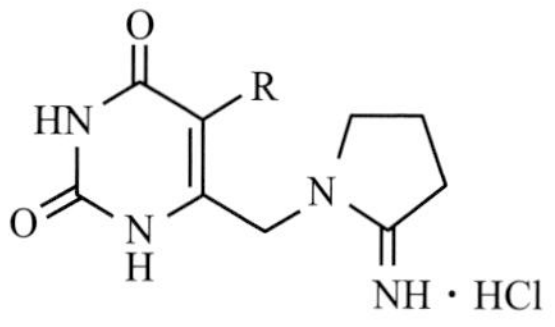	$—CH_3$	1.2×10^{-7}
	—Cl（TPI）	3.5×10^{-8}
	—Br	3.0×10^{-8}
	—I	3.0×10^{-8}

a TP活性被抑制50%所需的化合物浓度。

注：每个化合物至少在3个浓度下测定抑制率。测试TP反应活性的底物为0.6 mmol/L浓度下的［6-^{3}H］dThd。

资料来源：经Elsevier许可，转载自Biochemical Pharmacology，版权归Elsevier（2000）所有[15]。

研究人员合成了500余个化合物，其中胍衍生物（4～6）、异硫脲衍生物（12～14）、亚氨基咪唑烷基衍生物（18、19，26～28）和2-亚氨基吡咯烷基衍生物（2、38、39）显示出对TP的强效抑制作用（1×10^{-8} mol/L＜IC_{50}＜1×10^{-4} mol/L），活性如表11.5[23, 24]所示。

对于具有良好TP抑制活性且对TP的选择性优于UP的衍生物，进一步采用小鼠模型对其药代动力学性质进行评估（表11.6）。尽管啮齿动物与人类不同，具有较高的UP活性和较低的TP活性，但它们通常仍被用于评估潜在化合物的抗肿瘤活性。如果UP蛋白在肝脏中水平较高，那么FTD也会被UP降解（尽管UP特异降解的活性较低）。鉴于大鼠的UP活性高于小鼠[15]，研究人员在药代动力学研究中使用了小鼠模型。最终候选药物的选择主要基于化合物对TP的体外抑制活性（表11.5）及提高小鼠体内FTD血浆浓度的能力（表11.6）。尽管6-((1-吡咯烷基)甲基)-5-溴尿嘧啶（化合物1）在所有筛选的化合物中显示出最高的AUC值，但在临床前安全性研究中表现出神经毒性迹象，因此终止了对其进一步的开发。化合物1及其代谢物的神经毒性可能是由于脱靶效应，因为相比之下，化合物2并没有神经毒性。因此，研究人员选择了化合物2（即替匹嘧啶，TPI）作为最终的TP抑制剂。

表11.5　C-5位取代尿嘧啶衍生物对TP和UP抑制活性的SAR

化合物编号	R	X	抑制TP的IC_{50}[a, b]（μmol/L）	抑制UP的IC_{50}[a, c]（μmol/L）
1	*N*-吡咯烷基	Br	0.51	14
4	NHC（=NH）NH_2	Cl	0.27	390
5	NHC（=NH）$NHCH_3$	Cl	0.087	230
6	2-咪唑啉-2-基氨基	Cl	31	NT[d]
7	NHC（=NH）CH_3	Cl	1.5	>100
8	NHC（=S）$NHCH_3$	Cl	>100	NT[d]
10	NCH_3C（=NH）NH_2	Cl	0.031	630
12	SC（=NH）NH_2	Cl	0.35	610
13	SC（=NH）$NHCH_3$	Cl	0.15	NT[d]
14	2-咪唑啉-2-乙硫基	Cl	25	NT[d]
18	*N*-（2-亚氨基咪唑基）	Cl	0.013	>100
19	*N*-（2-亚氨基咪唑基）	Br	0.03	>100
26	*N*-（2-亚氨基-3-甲基咪唑基）	Cl	0.046	>100
27	*N*-（3-乙基-2-咪唑啉基）	Cl	0.36	>100
28	*N*-（2-亚氨基-3-异丙基亚胺基）	Cl	4	>100
33	*N*-（2-亚氨基-3-甲基咪唑基）	Cl	0.24	NT[d]
34	*N*-（3-乙基-2-咪唑啉基）	Cl	6.9	NT[d]
2（TPI）	*N*-（2-亚氨基吡咯烷基）	Cl	0.035[e]	>100
38	*N*-（2-亚氨基吡咯烷基）	CH_3	0.12	NT[d]
39	*N*-（2-亚氨基吡咯烷基）	Br	0.032	NT[d]
9	$NHCH_3$	Cl	12	7.8
40	$NHCH_2CH_3$	Cl	20	50
41	*N*-吡咯烷基	Cl	2.2	8.6
42	*N*-咪唑基	Cl	1	93

a抑制作用以IC_{50}值表示，表示将酶活性抑制50%所需的受试化合物的浓度。

b将浓度为0.6 mmol/L的［6-^{3}H］dThd作为TP反应的底物。

c将浓度为0.6 mmol/L的［5-^{3}H］Urd作为UP反应的底物。

d ND：未检测。

e通过使用重组人TP测定的TPI的K_i值为0.017μmol/L。

资料来源：经Elsevier许可，转载自Bioorganic & Medicinal Chemistry，版权归Elsevier所有[23]。

表11.6 强效选择性5-取代尿嘧啶衍生物的药代动力学参数

化合物编号[a]	C_{max}[b]（μmol/L）	T_{max}[c]（h）	$AUC_{0\sim8}$[d][μmol/(L·h)/L]
1	80	0.25	130
2（TPI）	11	0.5	17
4	3.1	0.5	7.1
5	5	0.5	5.1
12	7.4	0.5	12
18	12	0.5	26
19	6.9	0.5	5.8
26	3.1	0.5	3.4
27	1.8	0.5	1.3

a分别将化合物1、2、4、5、12和18（0.169 mmol/kg）和FTD（0.169 mmol/kg）溶解于0.5%的羟丙基甲基纤维素（HPMC）中，并对ICR小鼠（雄性，6周龄，$n=3$）口服给药。分别将化合物19、26、27（0.169 mmol/kg）和FTD（0.169 mmol/kg）溶解于0.5%的HPMC中，并对ICR小鼠（雄性，6周龄，$n=3$）口服给药。

b口服给药后的最大血浆浓度。

c达到C_{max}的时间（达峰时间）。

d口服0～8 h后，浓度-时间曲线下面积。

资料来源：经Elsevier许可，转载自Bioorganic & Medicinal Chemistry，版权归Elsevier（2004）所有[23]。

11.3.2 临床前体内活性研究

下一个重要任务是通过对猴模型的药代动力学研究确定FTD和TPI的最佳摩尔组合比，并在小鼠中测试其抗肿瘤药效。对猴的药代动力学研究包括单独给药FTD或与0.1～1 mol/L的TPI联合给药。超过0.5 mol/L的TPI和1 mol/L的FTD（10 mg/kg）联合给药会引起猴血浆FTD水平显著升高（图11.4），几乎达到了约15 μg/mL的最大恒定值（图11.5）。

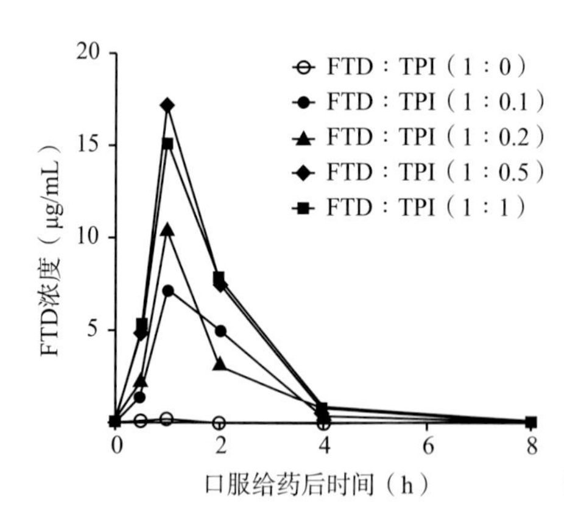

图11.4 FTD-TPI的药代动力学分析。猴口服FTD（10 mg/kg）或不同摩尔比的FTD-TPI后血浆中的FTD水平。经International Journal of Oncology，Vol. 27，Tomohiro Emura et al.，Potentiation of the antitumor activity of alpha，alpha，alpha-trifluorothymidine by the co-administration of an inhibitor of thymidine phosphorylase at a suitable molar ratio *in vivo*. Pages No.453许可转载，版权归Spandidos Publications（2005）所有

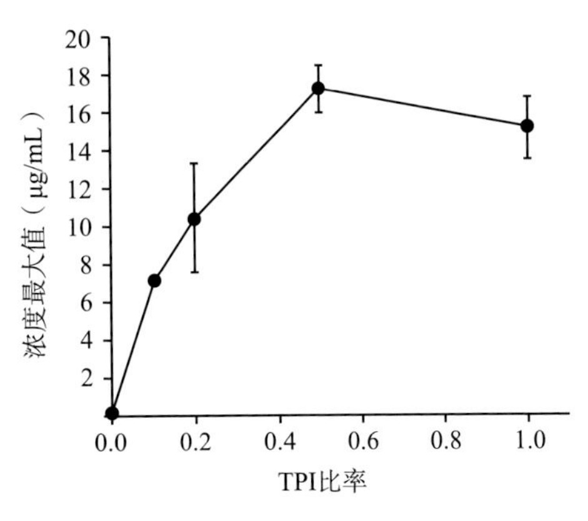

图11.5 FTD的C_{max}与各种配比的TPI-FTD之间的关系。经International Journal of Oncology，Vol. 27，Tomohiro Emura et al.，Potentiation of the antitumor activity of alpha，alpha，alpha-trifluorothymidine by the co-administration of an inhibitor of thymidine phosphorylase at a suitable molar ratio *in vivo*. Pages No.453许可转载，版权归Spandidos Publications（2005）所有

在异种移植人胃肠道癌细胞（包括CO-3）的裸鼠的实验中（表11.7），与单独服用FTD相比，通过与TPI的联合用药（TPI为0.5 mol/L，FTD为1 mol/L），FTD的抗肿瘤活性得到了有效提高。

表11.7 在小鼠异种移植模型中，不同摩尔比的FTD-TPI对人结直肠癌细胞CO-3的抗肿瘤活性

剂量比（FTD/TPI）	RTV[a] FTD剂量［mg/（kg·d）］				ED_{50}[b]［mg/（kg·d）］
	25	50	100	150	
对照	11.35±3.40	11.35±3.40	11.35±3.40	11.35±3.40	-
1∶0	9.48±2.10	6.70±1.75	3.85±0.98	-（0/6）[c]	64.4
1∶0.25	5.86±1.00	4.56±2.68	3.31±0.34	3.36±0.81	26.1
1∶0.5	5.30±0.39	4.17±2.13	3.55±0.76	3.28±1.14	16.8
1∶1	5.67±0.94	4.58±1.71	3.47±1.59	3.57±0.56	23.0
1∶2	5.37±0.71	4.25±1.00	3.21±1.17	3.18±1.00	19.0

a相对肿瘤体积=（第15天的肿瘤体积）/（第0天的肿瘤体积）。

b引起50%的肿瘤生长抑制所需的FTD剂量。

c FTD单用治疗组中的6只受试小鼠，在100 mg/kg和150 mg/kg的每日剂量下，分别有1只和6只因FTD的毒性而过早死亡。

注：经International Journal of Oncology，Vol. 27，Tomohiro Emura et al.，Potentiation of the antitumor activity of alpha，alpha，alpha-trifluorothymidine by the co-administration of an inhibitor of thymidine phosphorylase at a suitable molar ratio in vivo. Pages No. 451许可转载，版权归Spandidos Publications（2005）所有。

该摩尔比在荷瘤小鼠模型的抗肿瘤活性和毒性之间产生了良好的平衡。最后，研究人员确定FTD与TPI的最佳比例为1∶0.5。需要说明的是，研究人员先前的研究经验（包括发现FTD和DPD抑制剂的最佳组合比）对于FTD-TPI的开发

具有重要的指导作用。

11.4 FTD的抗肿瘤作用机制

类似于图11.2中所示的5-FU的代谢激活，FTD的抗癌活性需要通过FTD中脱氧核糖部分的磷酸化，以将FTD在细胞内转化为其活性代谢物——三氟-脱氧胸苷一磷酸（trifluoro-deoxy thymidine monophosphate，F_3dTMP）和三氟-脱氧胸苷三磷酸（trifluoro-deoxy thymidine triphosphate，F_3dTTP）。F_3dTMP是与TS紧密结合且可逆的TS抑制剂。然而，与5-FU代谢产物FdUMP相比，F_3dTMP不会与TS和5,10-亚甲基四氢叶酸形成不可逆的三元复合物[25]，并且如体外肿瘤细胞实验所示，药物洗脱后TS的抑制作用也会随之消失[26]。F_3dTMP进一步被磷酸化，可生成F_3dTTP（FTD的三磷酸形式），然后取代三磷酸脱氧胸苷整合入细胞的DNA中[27]。FTD整合入DNA具有时间依赖性，并且显著高于其他抗肿瘤核苷，如氟脱氧尿苷、阿糖胞苷（cytarabine）和吉西他滨（gemcitabine）[26]。F_3dTTP不会被脱氧尿苷三磷酸酶降解[28]，并且整合入DNA的过程是通过DNAα聚合酶（DNA polymerase α）催化的，主要发生在腺嘌呤（A）的相反位置，类似于胸腺嘧啶[27, 28]。这也是许多FTD分子被整合到DNA中的原因。此外，已经证明FTD整合入DNA后可以保持相对较长的时间。将NUGC-3细胞与1 μmol/L FTD孵育4 h可引起超过80%的FTD分子整合入DNA，甚至在洗脱24 h后仍持续保留[29]。该结果表明，整合入DNA的FTD难以被几种DNA糖基化酶（DNA glycosylases）切割。在哺乳动物中，将尿嘧啶和5-FU从DNA中切除的DNA糖基化酶主要包括UNG、SMUG1、胸腺嘧啶DNA糖基化酶（thymine DNA glycosylase，TDG）和甲基-CpG结构域4（methyl-CpG binding domain 4，MBD4）。因此，研究人员通过合成的DNA链来评估这些DNA糖基化酶对整合入DNA的FTD底物的特异性。UNG、SMUG1、TDG或MBD4并未切除整合入T部位（与A配对）的FTD[27]。TDG和MBD4切除了与鸟嘌呤（G）配对的FTD，但是整合入DNA的大多数FTD是与A配对而不是与G配对[27]。这些结果在一定程度上解释了整合入DNA中的FTD会保留相对较长时间的原因。

为了评估是TS的抑制作用还是FTD被整合入DNA的作用最终产生了体内的抗肿瘤活性，研究人员以FTD-TPI对皮下植入人乳腺癌MX-1细胞的小鼠进行了治疗。实验发现，口服FTD-TPI表现出更高的抗肿瘤活性（图11.6a）[26]。与先前的结果一致，口服给药后整合入异种移植肿瘤细胞DNA的FTD量较高（图11.6b）。尽管连续输注FTD可通过抑制TS来增加脱氧尿苷单磷酸（deoxyuridine monophosphate，dUMP）的水平，但口服FTD只是暂时增加dUMP的水平，在24 h后，dUMP恢复到与基线相似的水平（图11.6c）。因此，DNA的整合可能是每日二次口服FTD-TPI的主要抗肿瘤机制，而这也正是FTD-TPI临床开发中的给药方案。实际上，异种移植模型中整合入DNA的FTD含量与FTD-TPI的抗肿瘤活性呈显著正相关（图11.7）。以上结果表明FTD-TPI主要通过整合入肿瘤细胞的DNA而发挥抗肿瘤活性。

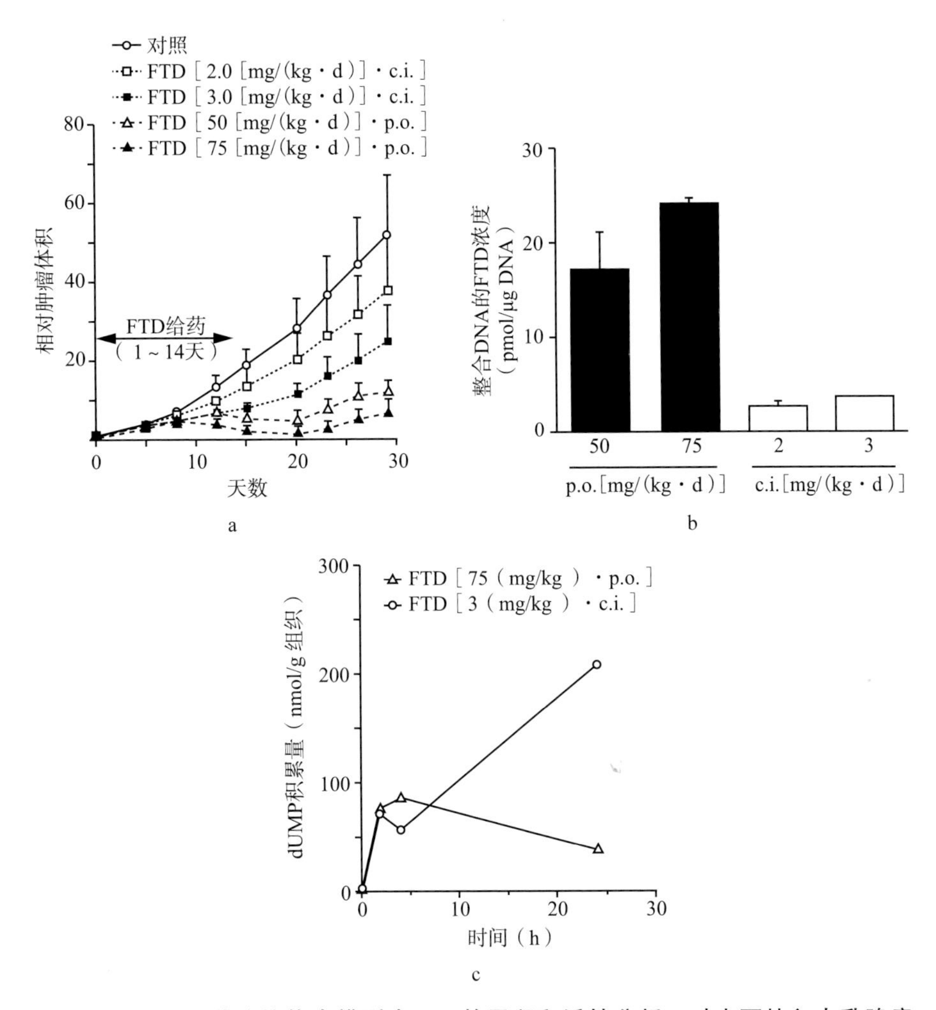

图11.6　异种移植体内模型中FTD的累积和活性分析。对皮下植入人乳腺癌MX-1细胞的小鼠每日口服给药或连续输注FTD 14天。a.异种移植肿瘤的生长曲线。每周测量肿瘤体积两次，该值表示为RTV的平均值±SD（$n=6\sim7$）。b.使用HPLC分析测定从MX-1细胞DNA中FTD的整合量。分析FTD累积量的肿瘤取自第7天，该值表示为平均值±SD（$n=3$）。c.采用HPLC分析测量从MX-1细胞中提取的dUMP水平。实验中，通过0 h口服给药或0～24 h连续注射给药FTD。经Spandidos Publications授权转载[26]

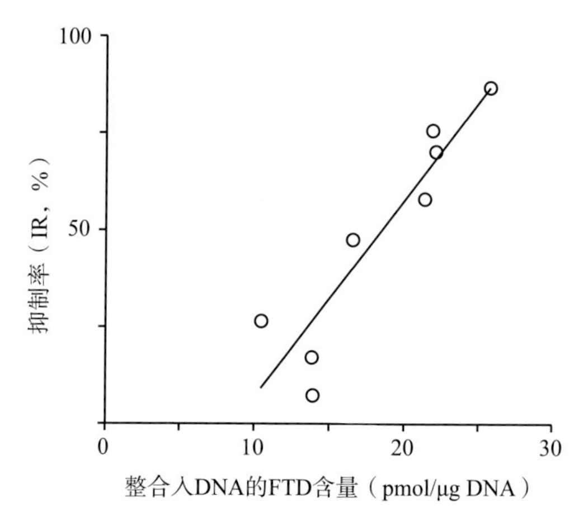

图11.7 TPI-FTD的抗肿瘤活性与FTD整合入DNA的量之间的关系。*X*轴表示在每个肿瘤样品中整合入DNA的FTD量，*Y*轴表示肿瘤抑制实验中的IR值。观察到整合入肿瘤细胞DNA的FTD量与曲氟尿苷-替匹嘧啶的抗肿瘤作用呈正相关（Pearson相关系数$r = 0.92$，$R_2 = 0.84$，$P = 0.0013$）。经Spandidos Publications授权转载[26]

另一个问题是含dsDNA的FTD是否与正常DNA链不同。通过对由12个碱基对组成的人工合成dsDNA进行热变性实验发现，这些碱基对包含1个或2个与FTD配对的腺嘌呤。实验显示，含FTD的DNA双链体的解链温度低于正常DNA[30]。这表明，整合入DNA的FTD会引起DNA的不稳定，导致DNA的功能障碍。但是具体的潜在机制仍不明确，需要进一步研究。

目前，一些研究集中在FTD对细胞周期影响的机制[31]。另外一些研究正在探究将FTD作为胸苷激酶1（thymidine kinase 1，TK1）和人平衡核苷转运蛋白1（human equilibrative nucleoside transporter 1，hENT1）的生物标记物[28]。与5-FU不同，FTD诱导了Chk1依赖的G2/M期阻滞[31, 32]和p53依赖的持续性G2期阻滞，这与蛋白酶体依赖的细胞周期蛋白B1（cyclin B1）水平的降低及抑制*ccnb1*和*cdk1*基因表达有关。另外，p21蛋白中p53依赖性的增加与FTD诱导的细胞周期蛋白B1的减少有关[31]。FTD通过hENT1转运到细胞中，并被TK1磷酸化。鉴于*h*ENT1和TK1的表达水平与FTD的细胞毒性有关[33]，这些蛋白可能是预测FTD-TPI疗效的标记物。

11.5 FTD-TPI的药理作用研究

如前所述，FTD在对5-FU耐药的肿瘤细胞中表现出了抗肿瘤活性。研究人员通过使用几种对5-FU耐药的肿瘤细胞系证实了这一活性。DLD-1/5-FU（结直肠癌细胞）和NUGC3/5-FU（胃癌细胞）对5-FU耐药的主要潜在机制是乳清酸磷酸核糖基转移酶（orotate phosphoribosyltransferase，OPRT）活性的显著降低，导致RNA片段中5-FU的整合量减少[34, 35]。但是，FTD和FTD-TPI对这些5-FU耐药肿瘤细胞是有效的。此外，FTD和FTD-TPI还能够克服MKN74/5-FU和KATO Ⅲ/5-FU细胞对5-FU的耐药性[36]。在这些对5-FU耐药性的胃癌细胞系中，TS的表达高于亲本细胞株，这被认为是产生5-FU耐药性的主要原因。以上结果表明，FTD-TPI可以克服对5-FU的获得性耐药，因为FTD-TPI不会影响5-FU的主要代谢酶，如TS和OPRT。此外，与5-FU或UFT相比，FTD-TPI在对5-FU敏感性较低的人胰腺癌细胞系（PAN-12和BxPC-3）和T.T人食道鳞状癌细胞系（T.T human esophageal squamous cell carcinoma）同样有效[37]。因此，FTD-TPI不仅对5-FU获得性耐药的细胞系有效，而且对5-FU固有耐药性的细胞系也有效。

下面将介绍FTD-TPI对肿瘤持续生长的抑制作用。在一项研究中，将KM20C人结肠癌细胞经皮下植入裸鼠，并以几种抗肿瘤药物治疗2周[38]。FTD-TPI治疗后的肿瘤生长抑制作用不如用其他细胞毒性药物［如5-FU、顺铂（cisplatin）、紫杉醇（paclitaxel）和伊立替康（irinotecan）］疗效好。然而，在FTD-TPI给药结束后很长一段时间内，肿瘤生长抑制作用仍持续存在[38]。此外，与伊立替康或西妥昔单抗（cetuximab）治疗后相比，FTD-TPI显著延长了腹膜腔内植入KM20C细胞的裸鼠的存活期[38]。在一项使用四种结直肠癌细胞系和一种胃癌细胞系的研究中评估了FTD-TPI对小鼠存活期的影响[39]。与先前的研究结果一致，在使用这些人癌细胞的腹膜扩散小鼠模型中，FTD-TPI的抗肿瘤功效优于5-FU衍生物和CDDP[39]。通过测试MKN45肿瘤中的CEA水平也验证了这一活性[39]。以上结果表明，在经FTD-TPI处理的肿瘤细胞中，FTD持久地整合到DNA中，这可能是FTD-TPI维持抗肿瘤活性和延长生存期的关键。

FTD-TPI与其他抗癌药联合使用的研究也取得了一些进展。FTD-TPI与伊立替康盐酸盐[40]、奥沙利铂（oxaliplatin）[41]、贝伐珠单抗（bevacizumab）、西妥昔单抗、帕尼单抗（panitumumab）[42]或尼达尼布（nintedanib）[43]联用在人体内表现出更强的抗结直肠癌活性，而且比单独使用这些药物中的任何一种都更加显著（包括对5-FU耐药的肿瘤）。有关FTD-TPI与抗PD-1抗体或肿瘤放疗结合的临床前评估也正在进行中。

11.6 FTD-TPI的临床药理学研究和最佳给药方案的确定

FTD-TPI在美国的临床研究始于1998年。在对标准化疗无明显疗效的实体瘤患者的三项Ⅰ期临床研究中，研究人员评估了FTD-TPI在多种每日1次给药方案下的安全性和抗肿瘤活性。然而，他们没有观察到肿瘤应答，并且疾病稳定期相对较短[44, 45]。在这三个最初的Ⅰ期临床研究中，通过每日1次或分剂量对移植有三种不同人肿瘤细胞系（人胃癌细胞系NUGC-3和AZ-521，以及人胰腺癌细胞系PAN-12）的小鼠使用FTD-TPI进行治疗。研究表明，与每日1次给药相比，分次给药FTD-TPI时，整合入DNA中的FTD量更高。基于这些临床前结果，研究人员进行了另外两项Ⅰ期临床研究，以进一步研究分次给药的安全性和抗肿瘤活性[46,47]。研究表明，在28天的给药方案中，在1～5天和8～12天每日给药2次，FTD-TPI的耐受性更好，最大耐受剂量为25 mg/m^2。这些结果为FTD-TPI最佳给药方案的安全性和有效性方面提供了重要信息。

随后，有研究者对日本的21位患者进行了Ⅰ期临床试验[48]，推荐剂量为35 mg/m^2，每日口服2次。两名患者出现了剂量限制性毒性（dose-limiting toxicities），包括给药剂量为15 mg/m^{2}时出现的4级白细胞减少、中性粒细胞减少和血小板减少；给药剂量为35 mg/m^{2}时出现的4级中性粒细胞减少。

21名患者中的18人患有结直肠癌。在这18例患者中，疾病控制率为50.0%，中位无进展生存期（median progression-free survival）为2.4个月。通常，在Ⅰ期临床研究期间不会收集患者的总体生存期数据。但是，临床前结果表明整合入肿瘤细胞DNA的FTD不仅显示出抗肿瘤活性，而且还延长了患者的生存期，因此研究人员也收集了所有患者的相关数据。所有患者和18例结直肠癌患者的平均总生存期分别为10.0个月和9.8个月。这些总体生存期数据是决定开发FTD-TPI的重要因素之一。18例结直肠癌患者对5-FU、伊立替康和奥沙利铂耐药，3例患者对抗表皮生长因子受体（anti-epidermal growth factor receptor，anti-EGFR）或抗血管内皮生长因子（anti-vascular endothelial growth factor，anti-VEGF）单克隆抗体耐药。以上结果表明，每日2次口服35 mg/m^{2}的FTD-TPI可以进一步改善那些无法进行切除治疗且接受标准化疗的mCRC患者的预后。此外，对5-FU、伊立替康、奥沙利铂、贝伐珠单抗、西妥昔单抗或帕尼单抗的标准疗法均无效或不耐受的结直肠癌患者，FTD-TPI有望显示出临床收益。因此，研究人员决定开发FTD-TPI作为结直肠癌患者的挽救疗法。Ⅱ期临床研究的推荐剂量为每日2次，每次口服35 mg/m^2。虽然日本患者FTD和TPI的PK曲线与先前美国的研究结果一致，但日本Ⅰ期临床研究中的推荐剂量（35 mg/m^2）仍高于先前美国Ⅰ期临床研究中的推荐剂量（25 mg/m^2）[47, 48]。这种剂量差异的一个原因可能是美国研究中纳入了所有患者，其中许多人接受了强化治疗及许多先前的乳腺癌治疗方案，这些治疗会对骨髓功能产生负面影响。对于胃癌患者，在美国的Ⅱ期临床研究中，25 mg/m^{2}剂量下的FTD-TPI没有发挥疗效。然而，对于结直肠癌患者，以35 mg/m^{2}的剂量进行FTD-TPI的临床开发取得了成功。在一项针对结直肠癌患者的关键性Ⅲ期临床研究之后进行的另一项Ⅱ期研究中，研究人员对胃癌患者给予35 mg/m^{2}剂量的FTD-TPI，试验显示出了潜在的疗效（中位无进展生存期和中位总生存期分别为2.9个月和8.7个月，疾病控制率为65.5%）[49]。在针对胃癌患者的一项日本

Ⅰ期临床研究和一项美国Ⅱ期临床研究之后，发现之前Ⅱ期临床研究推荐的剂量（即每日2次，每次35 mg/m^2）在西方顽固性mCRC患者的Ⅰ期临床研究中也是行之有效的[50]。

促成FTD-TPI临床应用成功开发的重要因素之一是在多个Ⅰ期临床研究中仔细选择了最佳给药时间安排和最佳推荐剂量（单位剂量35 mg/m^2）。如果在所有FTD-TPI临床试验中均选择25 mg/m^{2}作为推荐剂量，则可能无法证明FTD-TPI的疗效，因为将FTD整合入DNA是剂量依赖性的。

11.7 临床疗效、安全性研究和最终获批

日本Ⅱ期临床研究J003是一项FTD-TPI与安慰剂在无法切除、晚期且复发的结直肠癌患者中进行的随机、双盲对照研究，并且这些患者至少对两种或两种以上的标准化疗方案无效[51]。所有结直肠癌标准疗法对多数患者均无效，包含5-FU、伊立替康、奥沙利铂、抗VEGF药物，以及针对*KRAS*野生型患者的抗EGFR单抗。与安慰剂相比，FTD-TPI显著改善了总生存期（FTD-TPI组的中位总生存期为9.0个月，安慰剂组的中位总生存期为6.6个月），并显著降低了死亡的风险［死亡风险比（hazard ratio，HR），0.56；95% CI，0.39 ～ 0.81；$P=$ 0.0011］。J003研究的结果表明，对于所有标准疗法都难以治疗的结直肠癌患者，经FTD-TPI治疗后，其总体生存期得以有效延长，并有望获得更高的临床获益，因此日本是世界上第一个批准FTD-TPI上市的国家。

在进行J003研究之后，在相似的对标准化疗无效的结直肠癌人群中进行了两项全球Ⅲ期临床研究（即日本、美国、欧盟和澳大利亚的RECOURSE研究，以及中国、韩国和泰国的TERRA研究），其目标是实现FTD-TPI的全球注册[52，53]。

RECOURSE研究达到了主要疗效终点，与安慰剂相比，其总生存率在统计学上得到显著改善。试验中的多数患者被判定对所有标准疗法均无效，FTD-TPI治疗组中93.8%的患者和安慰剂组中90%的患者对5-FU耐药。FTD-TPI治疗组和安慰剂组的总中位生存期分别为7.1个月和5.3个月（死亡HR，0.68；95% CI，0.58 ～ 0.81；$P<0.001$，图11.8）。此外，FTD-TPI治疗组和安慰剂组的体力状态恶化的中位时间［体力状态恶化情况按照美国东部肿瘤协作组（Eastern Cooperative Oncology Group）制定的体力状态评分表进行评分，该评分标准以0 ～ 5分对癌症患者的健康状态进行定量描述，0分表示无症状，更高的数值表示症状更加严重］分别为5.7个月和4.0个月（死亡HR，0.66；95% CI，0.56 ～ 0.78；$P<0.001$）。基于RECOURSE研究的结果，FTD-TPI分别于2015年和2016年在美国和欧盟获批上市。

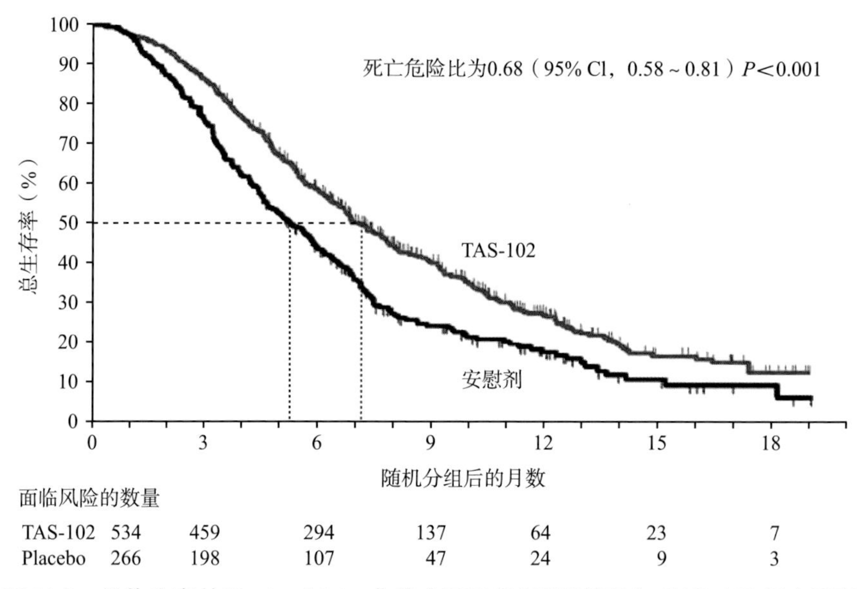

图11.8　总体生存的Kaplan-Meier曲线（RECOURSE研究）。TAS-102组（垂直红色虚线）的中位总生存期为7.1个月，安慰剂组（垂直黑色虚线）的中位总生存期为5.3个月。版权归2015 Massachusetts Medical Society所有[52]

TERRA研究也达到了主要疗效终点，即与安慰剂相比，总体生存率在统计学上具有明显改善。FTD-TPI和安慰剂组的中位总生存期分别为7.8个月和7.1个月（死亡HR，0.79；95% CI，0.62～0.99；$P=0.035$）。总体而言，根据Ⅱ期临床研究（J003研究）和两项关键的Ⅲ期临床研究（RECOURSE研究和TERRA研究）的结果，FTD-TPI对难治性mCRC患者的总生存期有所改善，并且疗效没有区域差异。

血液毒性（骨髓抑制：贫血、中性粒细胞减少症、淋巴细胞减少和血小板减少）和胃肠道毒性（恶心、呕吐和腹泻）是上述研究中观察到的主要不良反应。但是，总体而言，这些不良反应都是可控的。另外，FTD高AUC组中≥3级的中性粒细胞减少的发生率显著高于FTD低AUC组，提示在较高的FTD浓度下存在骨髓抑制的不良反应[54]。此外，在J003和RECOURSE研究中观察到FTD-TPI的疗效与中性粒细胞减少症的发作之间存在相关性。对于在第1周期和第2周期中发生3级或4级中性粒细胞减少的患者，FTD-TPI治疗组比安慰剂组具有更好的总体生存效益[55，56]。

这些结果表明，FTD-TPI具有出色的临床获益，并且可以通过减少剂量或延迟下一个给药周期来完全控制其安全风险。因此，FTD-TPI有望成为满足当前临床需求的一种重要治疗选择。

多项针对mCRC患者有关的FTD-TPI与其他药物联用的临床试验目前正

在进行中。其目的是研究FTD-TPI与其他具有不同作用机制或不同安全性的抗癌药物联合使用，进一步提升临床效益。这些研究包括FTD-TPI与细胞毒性药物联用［FTD-TPI与奥沙利铂联用（ClinicalTrials.gov编号：NCT02848443、NCT02848079）］，FTD-TPI与伊立替康联用（Japic-CTI：132099[49]和ClinicalTrials.gov编号：NCT01916447），FTD-TPI与生物药联用［FTD-TPI与贝伐珠单抗（UMIN：UMIN000012883，ClinicalTrials.gov编号：NCT02743221、NCT02654639）、帕尼单抗（ClinicalTrials.gov编号：NCT02613221）、尼达尼布（UMIN：UMIN000017114）和抗PD-1抗体（ClinicalTrials.gov编号：NCT02860546）］。针对FTD-TPI对结直肠癌以外的其他肿瘤的用途，一项基于晚期胃癌患者的全球Ⅲ期临床研究［TAS-102胃癌研究（TAGS）］目前正在评估FTD-TPI作为挽救疗法的有效性和安全性（ClinicalTrials.gov编号：NCT02500043）。

11.8 总结

目前，除5-FU和培美曲塞等常规抗代谢抗癌药物外，新型抗代谢药物的研发较少。虽然抗代谢药物不是当前的主流抗癌疗法，但FTD-TPI代表了一种创新性的抗代谢药物开发方法。FTD-TPI的活性成分FTD可整合到基因组DNA中，从而导致DNA功能障碍。对于对5-FU具有获得性耐药或对其他抗肿瘤药物具有固有耐药性的肿瘤，这种独特的作用机制也可以表现出较好的抗肿瘤活性。同时，FTP-TPI的研发也带来了一些挑战，如TPI的合成和筛选、最佳组合比例的确定，以及最佳剂量和给药时间的确定。基于“抗肿瘤作用最大化的理念”及前期积累的药物开发经验，研究人员最终成功开发出创新性的复方制剂FTP-TPI。

（李子元　姚　鸿）

原作者简介

铃木纪彦（Norihiko Suzuki），日本德岛市大鹏制药有限公司（Taiho Pharmaceutical Co.，Ltd.）转化研究实验室（Translational Research Laboratory）资深科学家。他于1985年获得日本北海道大学（Hokkaido University）兽医系生物化学硕士学位，并于2012年于该校获得博士学位。他在太和德岛和汉诺（Hanno）从事生化研究超过19年，专注于抗凝剂、抗高脂血症药物、抗高胆固醇药物，以及抗癌药物的研发。他在抗肿瘤代谢药物的发现与开发方面拥有10余年的研究经验，参与了FTD-TPI的开发，包括从TPI衍生物的初步筛选到提交新药研究（Investigational New Drug，IND）申请的全过程。

伊藤正信（Masanobu Ito），大鹏制药有限公司FTD-TPI全球临床开发的产品主席。他于1993年获得日本茨城大学（Ibaraki University）的生物学硕士学位，在临床肿瘤学领域拥有超过15年的研究经验，主要致力于各种抗癌药物的开发。在太和制药工作期间，他主要专注于开发细胞毒性药物FTD-TPI，用于治疗胃肠道肿瘤。

武智祯治（Teiji Takechi），大鹏制药公司转化研究实验室主任。他于日本东京大学（University of Tokyo）获得学士和硕士学位，并于日本冈山大学（Okayama University）获得博士学位。近30年来，他一直从事氟尿嘧啶领域的转化研究。他为TS-1的开发和批准做出了积极的贡献，并且提出了引导FTD-TPI开发的理念。在FTD-TPI新联合疗法的开发过程中，他在临床前研究中筛选了各种药物的组合，系统评估了药物的活性、毒性，并阐述了其背后的机制。

参考文献

1. Heggie, G.D., Sommadossi, J.P., Cross, D.S., Huster, W.J., and Diasio, R.B.（1987）Clinical pharmacokinetics of 5-fluorouracil and its metabolites in plasma, urine, and bile. *Cancer Res.*, 47（8）, 2203-2206.
2. Yen-Revollo, J.L., Goldberg, R.M., and McLeod, H.L.（2008）Can inhibiting dihydropyrimidine dehydrogenase limit hand-foot syndrome caused by fluoropyrimidines? *Clin. Cancer Res.*, 14（1）, 8-13.
3. Heidelberger, C., Chaudhuri, N.K., Danneberg, P., Mooren, D., Griesbach, L., Duschinsky, R., Schnitzer, R.J., Pleven, E., and Scheiner, J.（1957）Fluorinated pyrimidines, a new class of tumour-inhibitory compounds. *Nature*, 179（4561）, 663-666.
4. Santi, D.V. and McHenry, C.S.（1972）5-Fluoro-2′-deoxyuridylate: covalent complex with thymidylate synthetase. *Proc. Natl. Acad. Sci. U.S.A.*, 69（7）, 1855-1857.
5. Goulian, M., Bleile, B.M., Dickey, L.M., Grafstrom, R.H., Ingraham, H.A., Neynaber, S.A., Peterson, M.S., and Tseng, B.Y.（1986）Mechanism of thymineless death. *Adv. Exp. Med. Biol.*, 195（Pt B）, 89-95.
6. Kufe, D.W. and Major, P.P.（1981）5-Fluorouracil incorporation into human breast carcinoma RNA correlates with cytotoxicity. *J. Biol. Chem.*, 256（19）, 9802-9805.
7. Aschele, C., Sobrero, A., Faderan, M.A., and Bertino, J.R.（1992）Novel mechanism（s）of resistance to 5-fluorouracil in human colon cancer（HCT-8）sublines following exposure to two different clinically relevant dose schedules. *Cancer Res.*, 52（7）, 1855-1864.

8. Fujii, S., Kitano, S., Ikenaka, K., and Shirasaka, T. (1979) Effect of coadministration of uracil or cytosine on the anti-tumor activity of clinical doses of 1-(2-tetrahydrofuryl)-5-fluorouracil and level of 5-fluorouracil in rodents. *Gan*, 70 (2), 209-214.
9. Shirasaka, T., Shimamato, Y., Ohshimo, H., Yamaguchi, M., Kato, T., Yonekura, K., and Fukushima, M. (1996) Development of a novel form of an oral 5-fluorouracil derivative (S-1) directed to the potentiation of the tumor selective cytotoxicity of 5-fluorouracil by two biochemical modulators. *Anticancer Drugs*, 7 (5), 548-557.
10. Tatsumi, K., Fukushima, M., Shirasaka, T., and Fujii, S. (1987) Inhibitory effects of pyrimidine, barbituric acid and pyridine derivatives on 5-fluorouracil degradation in rat liver extracts. *Jpn. J. Cancer Res.*, 78 (7), 748-755.
11. Heidelberger, C., Parsons, D.G., and Remy, D.C. (1964) Syntheses of 5-trifluoromethyluracil and 5-trifluoromethyl-2′-deoxyuridine. *J. Med. Chem.*, 7, 1-5.
12. Dexter, D.L., Wolberg, W.H., Ansfield, F.J., Helson, L., and Heidelberger, C. (1972) Te clinical pharmacology of 5-trifluoromethyl-2′-deoxyuridine. *Cancer Res.*, 32, 247-253.
13. Ansfield, F.J. and Ramirez, G. (1971) Phase I and II studies of 2′-deoxy-5-(trifluoromethyl)-uridine (NSC-75520). *Cancer Chemother. Rep.*, 55, 205-208.
14. Takeda, S., Yamashita, J., Saito, H., Uchida, J., Satake, H., Yamada, Y., Unemi, N., Wataya, Y., and Hayatsu, H. (1991) Antitumor activity of FTC-092, a masked 5-trifluoromethyl-2′-deoxyuridine derivative. *Cancer Chemother. Pharmacol.*, 29, 122-126.
15. Fukushima, M., Suzuki, N., Emura, T., Yano, S., Kazuno, H., Tada, Y., Yamada, Y., and Asao, T. (2000) Structure and activity of specific inhibitors of thymidine phosphorylase to potentiate the function of antitumor 2′-deoxyribonucleosides. *Biochem. Pharmacol.*, 59, 1227-1236.
16. Maehara, Y., Nakamura, H., Nakane, Y., Kawai, K., Okamoto, M., Nagayama, S., Shirasaka, T., and Fujii, S. (1982) Activities of various enzymes of pyrimidine nucleotide and DNA syntheses in normal and neoplastic human tissues. *Gan.*, 73, 289-298.
17. Niedzwicki, J.G., Chu, S.H., el Kouni, M.H., Rowe, E.C., and Cha, S. (1982) 5-Benzylacyclouridine and 5-benzyloxybenzylacyclouridine, potent inhibitors of uridine phosphorylase. *Biochem. Pharmacol.*, 31, 1857-1861.
18. Grancharov, K., Mladenova, J., and Golovinsky, E. (1991) Inhibition of uridine phosphorylase by some pyrimidine derivatives. *Biochem. Pharmacol.*, 41, 1769-1772.
19. Miyadera, K., Sumizawa, T., Haraguchi, M., Yoshida, H., Konstanty, W., Yamada, Y., and Akiyama, S. (1995) Role of thymidine phosphorylase activity in the angiogenic effect of platelet derived endothelial cell growth factor/thymidine phosphorylase. *Cancer Res.*, 55, 1687-1690.
20. Baker, B.R. and Hopkins, S.E. (1970) Irreversible enzyme inhibitors. CLXVII.Tymidine phosphorylase. X.On the nature and dimensions of the hydrophobic bonding region. II. *J. Med. Chem.*, 13, 87-89.
21. Baker, B.R. and Kelley, J.L. (1971) Irreversible enzyme inhibitors. 188. Inhibition of mammalian thymidine phosphorylase. *J. Med. Chem.*, 14, 812-816.
22. Woodman, P.W., Sarrif, A.M., and Heidelberger, C. (1980) Inhibition of nucleoside phosphorylase cleavage of 5-fluoro-2′-deoxyuridine by 2, 4-pyrimidinedione derivatives.

Biochem. Pharmacol., 29, 1059-1063.

23. Yano, S., Kazuno, H., Sato, T., Suzuki, N., Emura, T., Wierzba, K., Yamashita, J., Tada, Y., Yamada, Y., Fukushima, M., and Asao, T. (2004) Synthesis and evaluation of 6-methylene-bridged uracil derivatives. Part 2: optimization of inhibitors of human thymidine phosphorylase and their selectivity with uridine phosphorylase. *Bioorg. Med. Chem.*, 12, 3443-3450.
24. Yano, S., Kazuno, H., Suzuki, N., Emura, T., Wierzba, K., Yamashita, J., Tada, Y., Yamada, Y., Fukushima, M., and Asao, T. (2004) Synthesis and evaluation of 6-methylene-bridged uracil derivatives. Part 1: discovery of novel orally active inhibitors of human thymidine phosphorylase. *Bioorg. Med. Chem.*, 12, 3431-3441.
25. Eckstein, J.W., Foster, P.G., Finer-Moore, J., Wataya, Y., and Santi, D.V. (1994) Mechanism-based inhibition of thymidylate synthase by 5-(trifluoromethyl)-2′-deoxyuridine 5′-monophosphate. *Biochemistry*, 33, 15086-15094.
26. Tanaka, N., Sakamoto, K., Okabe, H., Fujioka, A., Yamamura, K., Nakagawa, F., Nagase, H., Yokogawa, T., Oguchi, K., Ishida, K., Osada, A., Kazuno, H., Yamada, Y., and Matsuo, K. (2014) Repeated oral dosing of TAS-102 confers high trifluridine incorporation into DNA and sustained antitumor activity in mouse models. *Oncol. Rep.*, 32, 2319-2326.
27. Suzuki, N., Emura, T., and Fukushima, M. (2011) Mode of action of trifluorothymidine (TFT) against DNA replication and repair enzymes. *Int. J. Oncol.*, 39, 263-270.
28. Sakamoto, K., Yokogawa, T., Ueno, H., Oguchi, K., Kazuno, H., Ishida, K., Tanaka, N., Osada, A., Yamada, Y., Okabe, H., and Matsuo, K. (2015) Crucial roles of thymidine kinase 1 and deoxyUTPase in incorporating the antineoplastic nucleosides trifluridine and 2′-deoxy-5-fluorouridine into DNA.*Int. J. Oncol.*, 46, 2327-2334.
29. Emura, T., Nakagawa, F., Fujioka, A., Ohshimo, H., Yokogawa, T., Okabe, H., and Kitazato, K. (2004) An optimal dosing schedule for a novel combination antimetabolite, TAS-102, based on its intracellular metabolism and its incorporation into DNA.*Int. J. Mol. Med.*, 13, 249-255.
30. Markley, J.C., Chirakul, P., Sologub, D., and Sigurdsson, S.T. (2001) Incorporation of 2′-deoxy-5-(trifluoromethyl) uridine and 5-cyano-2′-deoxyuridine into DNA.*Bioorg. Med. Chem. Lett.*, 11, 2453-2455.
31. Matsuoka, K., Iimori, M., Niimi, S., Tsukihara, H., Watanabe, S., Kiyonari, S., Kiniwa, M., Ando, K., Tokunaga, E., Saeki, H., Oki, E., Maehara, Y., and Kitao, H. (2015) Trifluridine induces p53-dependent sustained G2 phase arrest with its massive misincorporation into DNA and few DNA strand breaks. *Mol. Cancer Ter.*, 14, 1004-1013.
32. Suzuki, N., Nakagawa, F., Nukatsuka, M., and Fukushima, M. (2011) Trifluorothymidine exhibits potent antitumor activity via the induction of DNA double-strand breaks. *Exp. Ter. Med.*, 2, 393-397.
33. Peters, G.J. (2015) Terapeutic potential of TAS-102 in the treatment of gastrointestinal malignancies. *Ter. Adv. Med. Oncol.*, 7, 340-356.
34. Murakami, Y., Kazuno, H., Emura, T., Tsujimoto, H., Suzuki, N., and Fukushima,

M.（2000）Different mechanisms of acquired resistance to fluorinated pyrimidines in human colorectal cancer cells. *Int. J. Oncol.*, 17, 277-283.

35. Inaba, M., Mitsuhashi, J., Sawada, H., Miike, N., Naoe, Y., Daimon, A., Koizumi, K., Tsujimoto, H., and Fukushima, M.（1996）Reduced activity of anabolizing enzymes in 5-fluorouracil-resistant human stomach cancer cells. *Jpn. J. Cancer Res.*, 87, 212-220.
36. Matsuoka, K., Nakagawa, F., Kobunai, T., and Takechi, T.（2018）Trifluridine/tipiracil overcomes the resistance of human gastric 5-fluorouracil-refractory cells with high thymidylate synthase expression. *Oncotarget*, in press.
37. Emura, T., Suzuki, N., Yamaguchi, M., Ohshimo, H., and Fukushima, M.（2004）A novel combination antimetabolite, TAS-102, exhibits antitumor activity in FU-resistant human cancer cells through a mechanism involving FTD incorporation in DNA.*Int. J. Oncol.*, 25, 571-578.
38. Utsugi, T.（2013）New challenges and inspired answers for anticancer drug discovery and development. *Jpn. J. Clin. Oncol.*, 43, 945-953.
39. Suzuki, N., Nakagawa, F., and Takechi, T.（2017）Trifluridine/tipiracil increases survival rates in peritoneal dissemination mouse models of human colorectal and gastric cancer. *Oncol. Lett.*, 14, 639-646.
40. Nukatsuka, M., Nakagawa, F., Saito, H., Sakata, M., Uchida, J., and Takechi, T.（2015）Efficacy of combination chemotherapy using a novel oral chemotherapeutic agent, TAS-102, with irinotecan hydrochloride on human colorectal and gastric cancer xenografts. *Anticancer Res.*, 35, 1437-1445.
41. Nukatsuka, M., Nakagawa, F., and Takechi, T.（2015）Efficacy of combination chemotherapy using a novel oral chemotherapeutic agent, TAS-102, with oxaliplatin on human colorectal and gastric cancer xenografts. *Anticancer Res.*, 35, 4605-4615.
42. Tsukihara, H., Nakagawa, F., Sakamoto, K., Ishida, K., Tanaka, N., Okabe, H., Uchida, J., Matsuo, K., and Takechi, T.（2015）Efficacy of combination chemotherapy using a novel oral chemotherapeutic agent, TAS-102, together with bevacizumab, cetuximab, or panitumumab on human colorectal cancer xenografts. *Oncol. Rep.*, 33, 2135-2142.
43. Suzuki, N., Nakagawa, F., Matsuoka, K., and Takechi, T.（2016）Effect of a novel oral chemotherapeutic agent containing a combination of trifluridine, tipiracil and the novel triple angiokinase inhibitor nintedanib, on human colorectal cancer xenografts. *Oncol. Rep.*, 36, 3123-3130.
44. Hong, D.S., Abbruzzese, J.L., Bogaard, K., Lassere, Y., Fukushima, M., Mita, A., Kuwata, K., and Hoff, P.M.（2006）Phase I study to determine the safety and pharmacokinetics of oral administration of TAS-102 in patients with solid tumors. *Cancer*, 107, 1383-1390.
45. Overman, M.J., Varadhachary, G., Kopetz, S., Tomas, M.B., Fukushima, M., Kuwata, K., Mita, A., Wolff, R.A., Hoff, P.M., Xiong, H., and Abbruzzese, J.L.（2008）Phase 1 study of TAS-102 administered once daily on a 5-day-per-week schedule in patients with solid tumors. *Invest. New Drugs*, 26, 445-454.
46. Overman, M.J., Kopetz, S., Varadhachary, G., Fukushima, M., Kuwata, K., Mita, A., Wolff, R.A., Hoff, P., Xiong, H., and Abbruzzese, J.L.（2008）Phase I clinical study of

three times a day oral administration of TAS-102 in patients with solid tumors. *Cancer Invest.*, 26, 794-799.

47. Green, M.C., Pusztai, L., Teriault, R.L., Adinin, R.B., Hofweber, M., Fukushima, M., Mita, A., Bindra, N., and Hortobagyi, G.N. (2006) Phase I study to determine the safety of oral administration of TAS-102 on a twice daily (BID) schedule for five days a week (wk) followed by two days rest for two wks, every (Q) four wks in patients (pts) with metastatic breast cancer (MBC). *Proc. Am. Soc. Clin. Oncol.*, 24 (abstract 10576).
48. Doi, T., Ohtsu, A., Yoshino, T., Boku, N., Onozawa, Y., Fukutomi, A., Hironaka, S., Koizumi, W., and Sasaki, T. (2012) Phase I study of TAS-102 treatment in Japanese patients with advanced solid tumours. *Br. J. Cancer*, 107, 429-434.
49. Bando, H., Doi, T., Muro, K., Yasui, H., Nishina, T., Yamaguchi, K., Takahashi, S., Nomura, S., Kuno, H., Shitara, K., Sato, A., and Ohtsu, A. (2016) A multicenter phase II study of TAS-102 monotherapy in patients with pre-treated advanced gastric cancer (EPOC1201). *Cancer Chemother. Pharmacol.*, 76, 46-53.
50. Bendell, J.C., Rosen, L.S., Mayer, R.J., Goldman, J.W., Infante, J.R., Benedetti, F., Lin, D., Mizuguchi, H., Zergebel, C., and Patel, M.R. (2015) Phase 1 study of oral TAS-102 in patients with refractory metastatic colorectal cancer. *Cancer Chemother. Pharmacol.*, 76, 925-932.
51. Yoshino, T., Mizunuma, N., Yamazaki, K., Nishina, T., Komatsu, Y., Baba, H., Tsuji, A., Yamaguchi, K., Muro, K., Sugimoto, N., Tsuji, Y., Moriwaki, T., Esaki, T., Hamada, C., Tanase, T., and Ohtsu, A. (2012) TAS-102 monotherapy for pretreated metastatic colorectal cancer: a double-blind, randomised, placebo-controlled phase 2 trial. *Lancet Oncol.*, 13, 993-1001.
52. Mayer, R.J., Cutsem, E.V., Falcone, A., Yoshino, T., Garcia-Carbonero, R., Mizunuma, N., Yamazaki, K., Shimada, Y., Tabernero, J., Komatsu, Y., Sobrero, A., Boucher, E., Peeters, M., Tran, B., Lenz, H.J., Zaniboni, A., Hochster, H., Cleary, J.M., Prenen, H., Benedetti, F., Mizuguchi, H., Makris, L., Ito, M., and Ohtsu, A. (2015) Randomized trial of TAS-102 for refractory metastatic colorectal cancer. *N.Engl. J. Med.*, 372, 1909-1919.
53. Kim, T.W., Lin, S., Xu, J., Sriuranpong, V., Pan, H., Xu, R., Han, S.W., Liu, T., Park, Y.S., Shir, C., Bai, Y., Bi, F., Ahn, J.B., Qin, S., Li, Q., Wu, C., Zhou, F., Ma, D., Srimuninnimit, V., and Li, J. (2016) TERRA: a randomized, double-blind, placebo-controlled phase 3 study of TAS-102 in Asian patients with metastatic colorectal cancer. *ESMO 2016*, (abstract 465PD).
54. Yoshino, T., Cleary, J.M., Mayer, R.J., Yoshida, K., Makris, L., Yamashita, F., Ohtsu, A., Lenz, H.J., and Cutsem, E.V. (2016) Pharmacokinetic and pharmacodynamic analysis results from the phase 3 RECOURSE trial of trifluridine and tipiracil (TAS-102) versus placebo in patients with refractory metastatic colorectal cancer. *ESMO 2016*, (abstract 513P).
55. Ohtsu, A., Yoshino, T., Falcone, A., Garcia-Carbonero, R., Argiles, G., Sobrero, A.F., Peeters, M., Makris, L., Benedetti, F., Zaniboni, A., Shimada, Y., Yamazaki, K., Komatsu, Y., Hochster, H.S., Lenz, H.J., Tran, B., Wahba, M., Yoshida, K.,

Cutsem, E.V., and Mayer, R.J. (2016) Onset of neutropenia as an indicator of treatment response in the phase Ⅲ RECOURSE trial of TAS-102 vs placebo in patients with metastatic colorectal cancer. *J. Clin. Oncol.*, 34, (suppl; abstr 3556).

56. Nishina, T., Yoshino, T., Shinozaki, E., Yamazaki, K., Komatsu, Y., Baba, H., Tsuji, A., Yamaguchi, K., Muro, K., Sugimoto, N., Tsuji, Y., Moriwaki, T., Esaki, T., Hamada, C., Tanase, T., and Ohtsu, A. (2016) Onset of neutropenia as an indicator of treatment response in the randomized Phase 2 of TAS-102 vs placebo in Japanese patients with metastatic colorectal cancer (Study J003-10040030). *J. Clin. Oncol.*, 34, (suppl; abstr 3557).